QUATRE ANS DE LUTTES

POUR

NOS VIGNES ET NOS VINS

DE FRANCE

M. BALBIANI

Professeur au Collège de France

Dujardin sc   Imp A Quantin

NOTA

Le portrait de M. Balbiani orne les exemplaires donnés par l'auteur, mais ne se trouve pas dans les exemplaires, en petit nombre, qu'on a mis en librairie.

QUATRE ANS DE LUTTES

POUR

NOS VIGNES ET NOS VINS

DE FRANCE

MÉMOIRES, OPUSCULES ET ARTICLES

PAR

PROSPER DE LAFITTE

ANCIEN ÉLÈVE DE L'ÉCOLE POLYTECHNIQUE

PARIS	BORDEAUX
G. MASSON, éditeur	FÉRET et FILS, éditeurs
120, Boulevard Saint-Germain	15, Cours de l'Intendance

1883

TABLE DES MATIÉRES

TROISIÈME PARTIE.

LES TRAITEMENTS.

QUATRIÈME PARTIE.

LES VIGNES AMÉRICAINES.

— III —

CINQUIÈME PARTIE.

PIÈCES DIVERSES.

TABLE ANALYTIQUE DES MATIÉRES

(Nota. — Les chiffres désignent les pages ; les lettres *m* et *b* indiquent : *m*, le deuxième tiers de la page, au milieu ; *b*, le dernier tiers, en bas. Quand un chiffre n'est suivi d'aucune lettre, il s'agit du commencement, ou du premier tiers de la page.

C

D

E

F

G

PRÉFACE

———

Les personnes qui, pour leur intérêt ou par curiosité, se sont occupées du phylloxera savent le rôle que joue l'*œuf d'hiver* dans l'histoire de l'insecte. Suffira-t-il de détruire partout l'*œuf d'hiver* pour éteindre le phylloxera? — Les découvertes de M. Balbiani donnent lieu de l'espérer ; mais pour en décider sûrement il faudrait, dans le vignoble même et non ailleurs[1], une expérience difficile, exigeant le concours et l'accord, sous une direction autorisée et acceptée, d'un grand nombre d'observateurs.

La direction, il appartenait à la Commission supérieure du phylloxera de la prendre; les observateurs, avec l'appui, avec les subventions — correctes cette fois — de l'Administration, on n'aurait eu que l'embarras du choix. Et cependant, cette expérience, qu'on pouvait commencer il y a sept ans avec les mêmes données scientifiques qu'aujourd'hui, est seulement en préparation.

1. Voir *Discussion d'une expérience relative au phylloxera*, p. 220.

C'est que l'IDÉE de M. Balbiani a contre elle un ensemble de mauvais vouloirs que nous n'avons pas réussi à désarmer; elle a eu contre elle, surtout, que, durant quatre années entières, j'ai été seul à la défendre.

Je l'ai défendue en m'y prenant de deux manières : avant tout, en creusant l'idée même; puis, en étudiant de près les remèdes que nos adversaires ont à offrir; et alors, prenant à mon tour l'offensive, j'ai montré que nos vignobles — au moins pour les trois quarts — n'ont rien à attendre des traitements connus employés seuls, et moins encore des vignes américaines.

Qu'on ne regrette pas les illusions perdues, si j'ai sauvé l'*œuf d'hiver* de l'indifférence et de l'oubli.

A présent que le second acte du drame où se joue l'existence de nos vignes et de nos vins de France va commencer avec les traitements contre l'*œuf d'hiver*, j'ai voulu, pour la cause que je défends, rassembler des feuilles éparses et en faire un volume. Les redites abondent; il ne peut pas en être autrement quand on a écrit dans un grand nombre de journaux et de revues, sur des questions qui se tiennent, se pénètrent, pour des lecteurs peu ou mal préparés. Comme ce sont les faits essentiels qui reviennent le plus souvent, le défaut en pourra paraître atténué ; pour le corriger, il aurait fallu refondre le tout dans un ouvrage d'ensemble et je n'y aurais pas réussi : je ne sais pas le français littérairement, je ne pouvais pas songer à faire un bon livre.

Pour un assemblage d'opuscules il suffira, j'imagine, que je ne prétende point à ce qui me manque. Or, de prétentions, je n'en ai aucune; j'écris les choses comme elles me viennent, au jour le jour, au petit bonheur, dédaignant avec une tranquille philosophie un art auquel je suis étranger, même la grammaire et le dictionnaire à l'occasion : si je m'inquiétais de mes misères, je ne saurais plus mettre un pied devant l'autre.

Je prie simplement les lettrés, s'il en est que le sujet intéresse, de ne pas faire attention à la forme et d'être bienveillants pour le fond.

Lajoannenque, le 30 décembre 1882.

AVERTISSEMENT

Nous avons compris dans la première partie du volume les opuscules publiés sans le secours d'un journal ni d'une revue ; dans la seconde partie, les mémoires ou articles qui ont trait aux mœurs de l'insecte ; dans la troisième, ceux qui se rapportent aux traitements ; dans la quatrième, ceux qui concernent les vignes américaines ; dans la cinquième partie, quelques études dont la place n'est pas marquée dans un autre groupe.

Toutefois, cette classification n'a rien de rigoureux ; telle quelle, nous l'avons préférée à l'ordre chronologique. Nous avons eu soin de donner la date de chaque pièce.

PREMIÈRE PARTIE

OPUSCULES

PUBLIÉS SANS LE SECOURS D'UN JOURNAL NI D'UNE REVUE

NOTICE

SUR LE

PHYLLOXERA DE LA VIGNE

LUE AU COMITÉ CENTRAL D'ÉTUDES ET DE VIGILANCE

DE LOT-ET-GARONNE

A LA SÉANCE DU 24 DÉCEMBRE 1879

I

Importation en France du Phylloxera de la vigne. — Le Phylloxera de la vigne a été importé en France au plus tard en 1865, et découvert en 1869 par M. Planchon, qui l'a nommé *vastatrix* pour le distinguer des autres Phylloxeras déjà connus.

Phylloxera du chêne. — Un de ces derniers vit sur les feuilles du chêne, se rapproche beaucoup du nôtre, en diffère cependant sous beaucoup de rapports, et en particulier par ce point capital qu'il ne vit pas sur la vigne. Une vigne plantée dans le voisinage et même sur le défrichement d'un bois de chêne n'est ni plus ni moins exposée que toutes les autres.

1

Le Phylloxera est la cause de la maladie de la vigne. — Est-ce le Phylloxera qui cause la maladie?

Est-ce la vigne, déjà malade pour une autre cause, qui attire le Phylloxera?

Une simple remarque permet de trancher la question :

Dans un vignoble malade on trouve peu ou point d'insectes sur les ceps morts ou mourants; on les rencontre plus nombreux sur les ceps moins affaiblis qui entourent les premiers; plus loin on les trouve plus abondants sur des pieds plus vigoureux; on en trouve sur quelques-uns qui ne présentent aucune lésion. L'insecte abandonne la vigne épuisée, avance vers la vigne encore saine, et aussitôt la maladie le suit; il n'en est jamais précédé.

Il est donc la *cause* et non l'*effet*.

Le Phylloxera disparaîtra-t-il de lui-même? — Y a-t-il quelques chances que l'insecte s'en aille comme il est venu? Allez visiter les départements de Vaucluse, du Gard, de l'Hérault et quelques autres : vous n'aurez plus la moindre envie de poser la question. Il n'y a plus de vignes; et si la vigne doit disparaître aussi chez nous, ce sera une consolation médiocre d'apprendre ensuite que l'insecte a disparu à son tour.

Nécessité de se défendre. — Il faut donc le détruire avant que la vigne soit morte, et ce ne sera pas trop de l'effort de tous pour y réussir. Il faut s'enquérir d'abord de ce qui a échoué ailleurs, afin de n'y pas perdre son temps; puis étudier ce qui a mieux réussi et tâcher d'y ajouter soi-même quelque chose. Une observation heureuse pourra y suffire, et, pour la faire, point n'est besoin de beaucoup de science. Quelques heures d'étude seront une préparation suffisante; il ne faudra ensuite qu'un peu de sagacité.

Le point essentiel est de faire d'abord connaissance avec l'insecte.

II

Le Phylloxera est un petit puceron qui n'est pas toujours semblable à lui-même. La fille n'y [ressemble pas toujours à la mère; parfois même elle en diffère si bien, qu'à voir la mère, la fille et les petits-enfants, on ne devinerait jamais qu'on a sous les yeux une seule et même famille.

Voici, en abrégé, cette curieuse histoire :

La mère-pondeuse. — Le Phylloxera qu'on trouve sur les racines de la vigne est un très petit puceron, de couleur jaune plus ou moins bronzée, ayant six pattes, deux antennes sur le haut de la tête, une trompe au moyen de laquelle il puise dans les racines les sucs dont il se nourrit. A l'âge adulte il a, en moyenne, 3/4 de millimètre de longueur et 1/2 millimètre de largeur. Il porte sur le dos plusieurs rangées de petits points noirs, qu'on nomme *tubercules*, et qui le font ressembler à une petite tortue. Toujours fixé sur une racine ou une radicelle, il ne bouge pas. C'est la *mère-pondeuse.*

L'Œuf. — *La Larve.* — Autour d'elle on voit de petits corps jaune clair, immobiles : ce sont ses œufs. De chaque œuf sort une larve de même couleur, très remuante et assez agile. En une vingtaine de jours, elle change trois fois de peau ; après la dernière mue elle est adulte et prête à pondre à son tour.

Toutes ces petites bêtes pondent, étant toutes femelles ; et, bien qu'il n'y ait pas de mâle, tous les œufs sont bons.

La Nymphe. — Certaines *mères-pondeuses* ont des filles qui viennent autrement que les autres; elles s'allongent davantage, ont, à la taille, une petite tache noire de chaque côté. On leur a donné le nom de *Nymphes.* Elles remontent en suivant les racines, jusqu'à la surface du sol. En chemin, ou en y arrivant, elles changent de peau une fois de plus. A la place des taches noires sont maintenant des ailes, au nombre de quatre ; deux toutes blanches, longues deux ou trois fois autant que le corps, deux plus petites, et recouvertes par les premières : les *nymphes* sont devenues des *Ailés*.

L'Ailé. — L'*Ailé*, comme sa mère, est toujours une femelle, et pond trois ou quatre œufs, toujours bons. Mais ces œufs sont de deux sortes ; les uns, plus gros, donnent naissance à des femelles ; les autres, plus petits, donnent naissance à des mâles.

Les sexués. — Ces enfants de l'*ailé* sont, dans toute l'espèce, la seule génération où l'on rencontre le mâle. Ce sont, à vrai dire, les seuls qui aient un sexe : on les nomme *les sexués*. Ils n'ont pas d'ailes et, en cela, ressemblent à leur grand'mère. Ils sont dépourvus de trompe, et ne mangent pas. Ils vivent quelques jours de leur propre substance, n'en sont pas moins assez agiles et très ardents. La femelle pond un œuf unique, emplissant tout son corps ; et, cette fois, mais cette fois seulement, l'œuf n'est *bon* que si la femelle a été fécondée par le mâle.

L'œuf d'hiver. — Cet œuf est déposé sous les écorces du cep et a été nommé *œuf d'hiver*, parce que au lieu d'éclore en sept ou huit jours, comme il arrive pour tous les autres, il n'éclôt qu'au printemps suivant, après s'être conservé tout l'hiver.

L'insecte issu de l'œuf d'hiver. — La petite larve qui sort de *l'œuf d'hiver* ne ressemble ni à ses père et mère les *sexués*, ni à sa grand'mère, l'*ailé*; mais, aux différentes périodes de son existence, elle rappelle si bien sa bisaïeule, la *mère-pondeuse*, que pour trouver dans les formes extérieures une très petite différence, il faut le microscope. Cependant, pour n'être pas apparentes, des différences essentielles existent. Et d'abord, au lieu d'une dizaine d'œufs que pondait l'autre, celle-ci en peut donner jusqu'à six cents! — tous bons! — Puis, au lieu d'aller sur les racines, elle va vivre sur les feuilles; enfin, parmi ses filles, on ne trouve jamais de *nymphes*. La *nymphe* ne reviendra qu'après un grand nombre de générations.

Les galles et les gallicoles. — En aspirant le suc des jeunes feuilles, — c'est toujours aux dépens de celles-là qu'elle se nourrit, — elle y détermine parfois une *galle*. C'est comme une petite verrue, verte, plus tard fouettée de rouge, creuse, toujours sur la face inférieure de la feuille. C'est alors dans l'intérieur de la galle que l'insecte se développe, fait ses mues, devient aussi *mère-pondeuse*, et pond. Les nouvelles larves sortent de la galle par une fente toujours située sur la face supérieure de la feuille. Elles ressemblent de tous points à leur mère, et montent le long des sarments jusqu'à ce qu'elles trouvent de jeunes feuilles où elles vont vivre à leur tour.

Passage des feuilles aux racines. — Chaque larve commençant à pondre une vingtaine de jours après sa naissance, on voit combien les générations se succèdent rapidement, et quel nombre immense d'insectes peuvent descendre d'un seul dans le courant d'une seule année. Toutefois, cette prodigieuse fécondité va s'atténuant en passant d'une génération à la suivante, et le nombre des œufs pondus diminue sans cesse. En même temps toute différence physique avec la première pondeuse dont nous sommes partis s'efface, et nos insectes quittent bientôt les feuilles pour aller s'établir et se reproduire sur les racines. C'est alors, et alors seulement qu'ils sont dangereux ; il n'y a pas à s'occuper autrement de ceux qui vivent sur les feuilles, où ils ne font aucun mal appréciable.

Les hibernants. — Parvenus sur les racines, où ils viennent se mêler à ceux qui les y ont précédés ou qui y sont nés, et dont rien ne les distingue, ils vivent et se reproduisent pendant toute la belle saison, exactement comme ces derniers. Quand les froids commencent, vers la fin d'octobre, il arrive autre chose : les œufs achèvent d'éclore, et il n'en reste plus ; les larves d'un certain âge achèvent de grandir, meurent et disparaissent à leur tour. Mais les plus jeunes restent stationnaires, se fixent à la place où elles se trouvent, et ne se développent plus. Elles passent ainsi tout l'hiver ; elles sont devenues les *hibernants*.

Réveil au printemps. — Au printemps suivant, vers le 15 avril, nos insectes se réveillent, reprennent leur évolution au point où le froid l'avait arrêtée, et continuent à croître et multiplier, comme si rien d'anormal n'était arrivé. Les générations succèdent aux générations, et la vigne s'épuise de plus en plus à les nourrir.

Le cycle. — Après un grand nombre de générations, nombre inconnu d'ailleurs, on n'a plus de chaque pondeuse que quelques œufs. Lorsqu'il n'y en a plus qu'un très petit nombre, et alors seulement, quelques-unes des larves qui en sortent, sinon toutes, deviennent des *nymphes*, se transforment en *ailés*, et recommencent la série. Le mâle, fils de l'*ailé*, en fécondant la femelle, donne au nouvel *œuf d'hiver* pondu par celle-ci la propriété de régénérer l'espèce, en lui restituant sa prodigieuse fécondité.

Ces petits êtres forment ainsi ce qu'on a appelé un *cycle*, un cercle, parce que l'évolution les ramène périodiquement au point de départ. Ainsi, imaginez qu'un Phylloxera possède sa généalogie : toujours vous trouverez à l'origine l'*ailé*, les *sexués*, l'*œuf d'hiver*. Si bien qu'il suffirait peut-être de détruire tous les *œufs d'hiver* à mesure qu'ils sont pondus, pour détruire l'espèce elle-même.

Des recherches se font dans cette voie, mais il est impossible de dire encore si elles réussiront ou non.

III

Les traitements. — On a essayé sans succès d'un très grand nombre de substances pour détruire le phylloxera. La Commission supérieure instituée à Paris auprès du ministre de l'agriculture ne peut encore en recommander que trois :

L'eau ;

Le sulfure de carbone ;

Les sulfocarbonates.

L'eau doit être employée en quantité suffisante pour couvrir tout le terrain, sans lacune, sur une hauteur de 40 centimètres au moins, et cette inondation doit durer de 40 à 50 jours. Ce traitement est bon dans les circonstances extrêmement rares où il peut être pratiqué économiquement.

Le prix *minimum* d'un traitement au sulfure de carbone est de 150 fr, par hectare ; l'emploi des sulfocarbonates est d'un prix plus élevé.

Comme ces traitements doivent être renouvelés tous les ans, nous n'en avons aucun, dans le Lot-et-Garonne, que nous puissions conseiller dans la grande culture.

Conseils. — Voici ce qu'il y a à faire pour le moment :

Surveiller attentivement ses vignes afin de reconnaître les taches aussitôt que possible, et, tout au moins, dès qu'elles seront apparentes;

Soutenir la vigne, sur les points attaqués, par des fumures abondantes. On prolongera ainsi son existence, et peut-être l'aura-t-on encore vivante le jour où un remède pratique sera découvert.

Instruire aussi promptement que possible le Comité institué dans l'arrondissement de tous les faits observés, afin de faciliter les études comparatives, les recherches spé-

ciales, *la direction des secours sur les points les plus anciennement en souffrance,* aussitôt que nous en aurons d'efficaces à
notre disposition.

Les vignes américaines. — Si le remède désiré se fait trop
attendre ou nous échappe, les vignes américaines seront
une ressource extrême, et c'est la seule que nous connaissions encore. Leur introduction dans le département de
Lot-et-Garonne n'est pas autorisée, mais ne saurait beaucoup tarder à l'être. Dès que la prohibition sera levée,
chaque propriétaire de vignes fera sagement de se munir
sans plus attendre.

Soit qu'on veuille employer les cépages étrangers pour la
culture directe, en choisissant ceux qui s'y prêtent; soit
qu'on veuille les cultiver comme porte-greffes, une dizaine
de pieds fourniront les boutures nécessaires pour renouveler, le moment venu, une vigne d'une dizaine d'ares (un
cartonnat). Rien de plus facile que de les cultiver à côté de
sa vigne, sur la vigne elle-même, au besoin, en y sacrifiant
une dizaine de pieds. C'est une dépense insignifiante, au
lieu que l'opération sera fort coûteuse s'il faut tout faire à
la fois. En s'y prenant ainsi à l'avance, on aura reconnu la
nature des cépages avant de les employer, et une opération
ruineuse en cas d'erreur sera évitée.

On ne saurait conseiller aucun cépage d'une manière
absolue. Beaucoup n'ont pas tenu ce qu'ils promettaient;
d'autres, aujourd'hui en faveur, seront peut-être abandonnés
un jour. C'est à chacun de se renseigner au moment d'un
achat, et de tenir ensuite sa petite réserve à hauteur des
connaissances acquises, en y faisant d'année en année, s'il y
a lieu, les changements opportuns.

IV

Afin d'employer cette ressource au moment propice, chacun doit apprendre au plus vite à connaître le Phylloxera, et à le découvrir là où il existe. Voici quelques indications utiles :

Recherche du Phylloxera. — La présence du Phylloxera sur un vignoble n'est certaine que lorsqu'on l'a vu.

Parfois, une parcelle de vigne plus ou moins étendue se montre dans un état de souffrance ; quelques pieds plus vigoureux que les autres, disposés irrégulièrement, se détachent sur l'ensemble de la partie malade : il est rare qu'il s'agisse alors du Phylloxera ; mais il est prudent de s'en assurer en faisant quelques fouilles ; et on les fera précisément sur les pieds les moins affaiblis.

Les symptômes. — Voici la marche habituelle de la maladie :

Elle commence toujours par être à *l'état latent*. On entend par ces mots que rien extérieurement ne révèle l'invasion. La végétation se maintient aussi vigoureuse, le feuillage aussi vert. Pendant cette première période, qui peut durer un, deux, trois ans, plus ou moins selon que le terrain est plus ou moins fertile, plus ou moins enrichi par des engrais, le hasard seul pourrait faire découvrir le mal. Il n'y a qu'à attendre, en surveillant attentivement les premiers symptômes.

Voici que quatre ou cinq pieds, toujours à côté les uns des autres, viennent à faiblir ; l'année suivante, au réveil de la végétation, ces mêmes pieds et quelques autres à côté demeurent en retard ; le sarment y reste court et ce petit espace, vu d'une certaine distance, apparaît comme une dépression régulière, comme une *cuvette*, au milieu de ceps encore vigoureux. Vers la fin de la saison, les feuilles y jaunissent quelquefois avant les autres, et donnent à ce petit espace l'apparence d'une *tache d'huile* [1]. Mais ce dernier caractère est bien loin d'être constant ; une dernière feuille, comme un dernier soupir, précède la mort de la vigne : elle est parfois du plus beau vert.

La tache va grandissant d'année en année ; la mort au centre, la santé à la circonférence, dans les parties médianes l'insecte et ses ravages.

Les Galles. — Les Ailés. — La galle est un signe certain de la présence de l'insecte. Malheureusement elle est fort rare ; je dis malheureusement, car ce symptôme, s'il était général, révélerait le mal bien avant tous les autres. Il en est un pourtant, plus ordinaire, et qui pourrait même le précéder : c'est l'*ailé*. Du 15 juillet au 15 septembre seulement on a quelques chances d'en trouver dans ce pays-ci. Il est bien visible à l'œil nu, et apparaît comme un point brun foncé, voilé de longues ailes blanches et transparentes.

Comme le moucheron, il va naïvement se prendre aux toiles d'araignée qu'on rencontre communément dans les vignes et surtout dans les haies qui les entourent ; c'est là qu'il faut le chercher.

Dans tous les cas, et dès qu'on a un soupçon, il faut visiter les racines.

Les racines. — Tubérosités. — Sur les pieds morts ou mourants, on ne trouve que les racines proprement dites, le chevelu a disparu. Quelques racines sont d'un brun noirâtre, en partie décomposées. On trouve à leur surface de petites excroissances, avec des creux, comme si elles avaient été rongées : ce sont les *tubérosités*. On ne trouve pas d'in-

---

1. Le plus souvent, les mots : *tache d'huile* sont pour marquer la manière dont la tache s'agrandit.

sectes, si ce n'est quelques retardataires : la nourriture manquant, ils sont partis.

Sur les pieds vigoureux qui circonscrivent la tache apparente, les racines sont à peine altérées, le chevelu est plus ou moins abondant, les insectes nombreux. On les voit en groupes plus ou moins étendus, figurant un dépôt jaunâtre très apparent à l'œil nu. A la loupe, il se résout en un grand nombre de petits pucerons, dont la couleur varie du jaune clair au brun. Vous y reconnaîtrez sans peine les *mères-pondeuses*, leurs œufs, leurs larves.

Les Renflements. — Ces amas se peuvent rencontrer partout, sur les racines et sur les radicelles. Sur ces dernières, quand elles sont encore jeunes, vous trouverez habituellement, mais du 15 juillet au 15 septembre seulement, de petites excroissances crochues, pouvant aller à la grosseur d'un petit pois, jaunes d'abord, tournant au brun et se décomposant ensuite. Ce sont les *renflements*. Toujours vous trouverez dans le creux du renflement l'insecte qui l'a produit; autour de lui et sur le renflement même, des œufs et une partie au moins de sa famille, s'il en a déjà une. Parmi ses filles il peut y avoir déjà des *mères-pondeuses :* on trouve de tout sur les renflements.

C'est le signe le plus apparent de la présence de l'insecte; mais faites bien attention que la radicelle soit bien une radicelle de vigne. Certaines légumineuses qui croissent dans les vignes offrent des renflements, différents sans doute, mais pàs assez pour que la confusion soit impossible : rien ne supplée à la vue de l'insecte lui-même.

Procédé opératoire. — Les outils les plus commodes pour ces recherches sont d'abord la bêche à deux pointes, mais seulement pour enlever la couche superficielle du terrain; puis la bêche plate, qu'on appelle ici *palon*. On s'en sert pour diviser la terre en petites mottes, en tranchant les racines sur toutes les faces. On émiette ces mottes à la main, en ayant soin de ne pas tirer sur les racines pour éviter de les faire glisser dans leur gaine de terre. Sans cette précaution les renflements seraient arrachés, les racines essuyées, et on risquerait de ne rien voir.

Si l'écorce de la racine est légèrement fendillée, il faut la soulever avec l'ongle ; on trouve souvent des *nids* en dessous.

En général, les racines superficielles, jusqu'à 30 ou 40 centimètres de profondeur, sont celles qui nourrissent le plus d'insectes, surtout en été, mais il ne faut pas s'y fier ; souvent on ne les trouve que sur les racines profondes. Ce n'est qu'après avoir fouillé un pied jusqu'à l'arrachement sans rien trouver, qu'on peut conclure avec quelque probabilité qu'il n'y a rien.

Insectes à la surface du sol. — A partir du 15 juillet, on pourra, avec un peu de pratique, éviter de faire des fouilles et de fatiguer inutilement la vigne. Parfois, en effet, les insectes fourmillent sur le sol. Ils se chauffent au soleil, se promènent, voyagent d'un pied à l'autre. Le mouvement les rend assez aisément visibles. Ces insectes promeneurs contribuent beaucoup à l'extension des taches. Ils font du chemin par eux-mêmes ; puis le vent peut les soulever avec la poussière et les emporter plus ou moins loin. Toutefois, le feuillage est sous ce rapport une protection, et le danger moins à craindre qu'on ne pourrait le croire.

Sans se préoccuper outre mesure, il sera prudent, après avoir parcouru un vignoble phylloxéré, d'éviter d'entrer dans une vigne saine.

Examiner les racines sur place. — Mais ce qui est fort important, c'est de ne pas transporter hors des vignobles des racines suspectes, à plus forte raison des pieds entiers. On s'expose, en le faisant, à semer l'insecte sur toute sa route.

C'est sur place qu'il faut faire toutes les recherches ; on rejette ensuite tous les débris, et on les recouvre de terre. Tout au plus pourrait-on enfermer quelques racines dans un flacon, bien bouché, avec un bon bouchon, qu'il faut bien éviter d'entourer de papier, mais qu'il faut frotter sur toutes les surfaces avec du suif ou un corps gras qui en obstrue jusqu'aux plus petits trous.

V

Nous terminerons en donnant la signification de quelques termes usuels, qui se peuvent présenter dans des articles de journaux ou dans la conversation :

Hypogées — qui vivent sous terre.

Radicicoles — qui vivent sur les racines.

Ces deux termes désignent tous les insectes qui vivent sur les racines.

Épigées — qui vivent sur terre.

Gallicoles — qui vivent dans des galles.

Ces deux termes désignent tous les insectes qui vivent sur les feuilles.

Aptères — qui n'ont pas d'ailes.

Ce terme désigne tous les insectes à l'exception de l'*ailé*.

Agames — qui n'ont pas de sexe.

Ce terme désigne tous les insectes à l'exception des *sexués*, fils de l'*ailé*.

REMERCIEMENTS

AU COMITÉ CENTRAL

APRÈS LA DEUXIÈME ÉLECTION DU BUREAU

« *Mes Chers Collègues,*

« *Je veux vous le dire à cœur ouvert : j'aurais ressenti un réel chagrin, si, après quelques mois de collaboration, j'avais déjà perdu votre confiance, votre sympathie ; c'est vous dire combien je suis touché et reconnaissant de l'honneur que je reçois.*

« *Tel vous m'avez trouvé, tel je serai toujours ; sans illusions décevantes, sans pessimisme énervant.*

« *Nous allons traverser ensemble une épreuve cruelle, car ce n'est pas la richesse seulement que nous perdons, c'est une amie qui se meurt et semble nous appeler à son aide. Un petit parasite l'épuise, et nous ne pouvons rien pour la défendre ; et un avorton d'insecte est plus fort que nous... jusqu'à présent !*

« *Travaillons ! — J'ignore quelle sera l'issue de la lutte. Ce que je sais bien, c'est qu'il y a un exemple à donner : l'exemple de l'union, de la patience, de la fermeté dans les revers. Nous le donnerons ; et si nous avons un jour à porter le deuil de la vigne, nous le porterons dignement, ayant la conscience du devoir accompli.* »

CONFÉRENCE

SUR LE PHYLLOXERA VASTATRIX

FAITE

POUR LE CONSEIL GÉNÉRAL DE LOT-ET-GARONNE

Le 24 août 1879

§ I

QUELQUES MOTS SUR L'HISTOIRE NATURELLE DE L'INSECTE

Le Phylloxera. — Tout le monde le sait aujourd'hui, le phylloxera de la vigne n'est pas toujours identique à lui-même : on y rencontre des individus ayant un mode d'existence très différent.

Les uns vivent sur les racines : on les nomme *radicoles ;* les autres vivent sur les feuilles : on les nomme *gallicoles.* Comme nombre, les premiers forment pour ainsi dire toute la race. On ne trouve pas de mâles parmi eux; tous sont des femelles, ou plutôt des *agames,* ce qui veut dire qu'ils n'ont pas de sexe. Tous pondent, et tous les œufs sont bons. L'œuf éclôt en sept à huit jours; après quoi, en quinze à dix-huit jours, l'insecte qui en est sorti change trois fois de peau, — fait trois mues, — et pond à son tour. Cette reproduction agame dure, en général, du 15 avril à la fin d'octobre.

Les hibernants. — Aux premiers froids, la ponte s'arrête

2

non brusquement, mais peu à peu. Les pondeuses meurent et disparaissent les unes après les autres. La première mue semble être alors un passage critique que l'insecte ne franchit plus. Ceux qui sont au delà achèvent leur existence, sans doute fort abrégée ; ceux qui sont en deçà s'engourdissent, fixés à une racine, ne se développent plus, et ne reprennent qu'au printemps suivant le cours interrompu de leur évolution. Les œufs achèvent d'éclore ; on n'en trouve plus en hiver. Malgré ce temps d'arrêt annuel et fort long, comme il n'est pas rare de trouver sur les racines des pondeuses qui donnent une centaine d'œufs, et davantage, on conçoit que la descendance de quelques individus puisse suffire à peupler en peu de temps toutes les racines d'un cep.

Les exceptions. — Pas de pondeuses, pas d'œufs en hiver, avons-nous dit ? Si, il y en a, mais c'est une exception, une très rare exception ; ne vous en occupez pas aujourd'hui : dans une première étude, il faut s'en tenir aux traits généraux, aux grandes lignes, au gros œuvre de l'édifice. Ceux qui aimeraient ensuite à approfondir le sujet auront recours aux livres [1]. Ils y trouveront tous les détails, et les verront alors venir d'eux-mêmes chacun à sa place, sans confusion, sans fatigue ni pour l'intelligence ni pour la mémoire. Au lieu qu'à tout vouloir embrasser en une fois, l'esprit le plus attentif risquerait de ne pas me suivre, tout au moins de ne rien retenir.

Dégénérescence spéciale. — Une circonstance heureuse ralentit notablement la multiplication du phylloxera : la vie purement agame amène une dégénérescence dans les organes de la génération, et la fille est toujours moins féconde que ne l'était sa mère. Ce fait a une telle importance, qu'il est nécessaire d'expliquer comment on a pu l'établir.

---

1. Voir le beau mémoire de M. Max Cornu, *Études sur le Phylloxera vastatrix*, 1879. — Gauthier-Villars.

Il est bien facile de prendre une larve, avec la pointe d'un petit pinceau pour ne pas la blesser ; de la déposer sur une racine bien propre, bien saine, vierge de tout parasite ; d'enfermer le tout dans un flacon. La larve se développe, pond, et on compte les œufs. Dès qu'une de ses filles est née, on la place sur une nouvelle racine, dans un second flacon, où elle grandit, pond à son tour, et on compte encore les œufs. On n'a qu'à continuer ainsi, en isolant les générations successives, pour vérifier la loi annoncée.

On peut objecter que, dans un flacon, en captivité, l'insecte peut souffrir et se conduire autrement que sur les racines ; c'est vrai. Mais à un autre caractère on reconnaît qu'à cet égard les choses se passent en pleine vigne comme dans un flacon : Les œufs se forment dans une petite poche, un ovaire, situé au fond d'un conduit qu'on nomme *tube ovigère*. Quand un œuf est à point, il se détache, descend le long du tube et est finalement évacué. Certains individus ont jusqu'à vingt-quatre de ces tubes. Isolant les générations successives, on a reconnu qu'en passant de l'une à l'autre, le nombre de ces tubes allait en diminuant, jusqu'à se réduire à deux ou trois, et, en même temps, que le nombre d'œufs fourni par chacun allait aussi en diminuant. Les entomologistes savent compter ces tubes comme vous ou moi les brins d'un écheveau. Or, si un puceron n'a plus que trois ou quatre tubes ovigères au moment où on le cueille sur une racine, ce n'est pas la vie en captivité qui les a réduits à ce petit nombre.

Toutefois, méfiez-vous des caprices dont la nature se plaît à nous surprendre : vous aurez des hauts et des bas. Telle pondeuse pondra plus que sa mère. Ainsi, en descendant la pente d'un coteau, on rencontre des ondulations de terrain qui obligent à remonter un peu, pour descendre plus rapidement ensuite ; mais, dans ce cas comme dans l'autre, la marche générale du phénomène est très nette.

Conséquence possible de cette dégénérescence. — M. Balbiani a émis l'opinion que, s'il n'y avait pas autre chose que cette reproduction agame, le Phylloxera arriverait en quelques années, dont le nombre ne peut d'ailleurs être prévu, à un état voisin de la stérilité, peut-être même à une stérilité complète, auquel cas il disparaîtrait de lui-même.

Malheureusement il y a autre chose :

La nymphe ; l'ailé. — Certaines pondeuses, alors seulement qu'elles ne donnent plus qu'un très petit nombre d'œufs, ont des filles qui viennent autrement que les autres ; elles s'allongent davantage, et ont à la taille une petite tache noire de chaque côté : ce sont les *nymphes*. Elles montent à la surface du sol, y changent de peau une fois de plus, comme on change de vêtement, et, à la place des petites taches noires, se trouvent tout d'un coup avoir des ailes : les voilà devenues des *ailés*. L'*ailé* est la *nymphe* adulte, comme la *nymphe* est l'*ailé* enfant ; c'est une seule et même bête, et, nous le verrons, la plus malfaisante de toute la famille.

L'exode. — Il faut suivre attentivement cet *exode* qui sort de ce petit peuple avec la *nymphe*, pour y rentrer ensuite avec le *gallicole*, après avoir vécu à peu près une année entière d'une vie propre et indépendante. Rien de changé d'ailleurs sous terre : les légions qui restent sur les racines continuent à croître et à multiplier, sans même s'apercevoir que des émigrants sont partis.

Comme sa mère restée sur les racines, l'*ailé* est toujours une femelle, et pond sur les parties aériennes du cep, sous les feuilles, le plus souvent sous les écorces en exfoliation, trois ou quatre œufs, toujours bons ! Mais ces œufs, différents de celui qui est pondu sur les racines, sont différents aussi entre eux : les uns, plus gros, donneront naissance à des femelles ; les autres, plus petits, donneront naissance à des mâles. Les enfants de l'*ailé* sont la seule génération où l'on rencontre le mâle et la femelle ; ce sont les seuls qui aient un sexe : on les nomme les *sexués*.

Les sexués. — Ces petits êtres sont fort intéressants. Ils n'ont pas besoin de manger et ne mangent pas, n'ayant pas d'organes à cette fin. Leur vie est courte : huit à dix jours. Ils vivent d'amour et de leur propre substance : c'est l'insecte parfait par excellence ! — Sa mission accomplie, le mâle meurt ; la femelle pond un œuf unique, emplissant tout son corps, et meurt toujours à côté. Cette fois, mais cette fois seulement, l'œuf n'est bon que si la femelle a été fécondée par le mâle.

L'œuf d'hiver. — Cet œuf, *toujours* déposé sous les écorces du cep, est l'*œuf d'hiver* ; au lieu d'éclore en sept à huit jours, comme il arrive pour tous les autres, il n'éclôt *jamais* qu'au printemps suivant, vers le 15 avril, quel que soit le moment où il ait été pondu [1].

Le premier des gallicoles. — La petite larve qui sort de l'*œuf d'hiver* ne ressemble ni à ses père et mère les *sexués*, ni à sa grand'mère l'*ailé* ; mais, aux différentes phases de son existence, elle rappelle si bien sa bisaïeule , la mère de la *nymphe*, que, pour trouver une très petite différence dans les formes extérieures, il faut le microscope ; encore faut-il se dépêcher : dès qu'elle a fait sa première mue, on n'y reconnaît à peu près plus rien. Mais, pour n'être pas apparentes, des différences essentielles existent : et d'abord, au lieu d'une dizaine d'œufs que pondait l'autre, celle-ci en donne jusqu'à *six cents !* — tous bons ! — La rencontre du mâle et de la femelle a suffi pour rendre à une race près de s'éteindre toute sa merveilleuse fécondité ! puis, au lieu de vivre sur

---

1. J'ai traité ailleurs cette question de l'*œuf d'hiver*. Je suis plus affirmatif encore aujourd'hui après les observations publiées récemment par M. Boiteau. (Comptes rendus de l'Académie des sciences ,25 juillet 1879.)

les racines, la fille des *sexués* vit sur les feuilles. Ses filles, ses petites-filles feront comme elle ; toutes y forment parfois, mais bien exceptionnellement, des galles — d'où leur nom — et puis, tous leurs descendants retourneront aux racines.

L'œuf d'hiver comme point de repère. — La sortie des *nymphes* est successive, et peut commencer vers le 15 juillet. C'est vers le 20 août qu'en général elles deviennent abondantes. Cela peut durer jusqu'à la fin de septembre ; les *ailés* et les *sexués* se montrent encore jusque vers la mi-octobre, après quoi il n'existe plus que l'*œuf d'hiver*. Cet *œuf d'hiver* est un point de repère commode, pour embrasser d'un coup d'œil tout l'*exode* : il existe seul du 15 octobre au 15 avril : six mois. — Les trois mois qui précèdent sont occupés par les *ailés*, se succédant les uns aux autres pendant cette période, et par leurs enfants les *sexués ;* les trois mois qui suivent sont occupés par deux ou trois générations de *gallicoles*, conduisant aux individus qui retournent successivement aux racines.

Pas de nymphes parmi les insectes de première année. — La *nymphe* ne revient jamais dans ces premières générations qui suivent l'*œuf d'hiver*, ni dans celles qui se succèderont au cours de la première année. La *nymphe* ne reparaît jamais qu'après un très grand nombre de générations : le petit nombre de ses œufs, le petit nombre de ses tubes ovigères suffiraient seuls à le prouver.

Pour mieux appeler votre attention sur ce fait important, prenons une autre formule : *Entre les* AILÉS *d'une année et les premiers* AILÉS *qu'on trouve ensuite dans leur descendance, il y a toujours un intervalle de deux ans* AU MOINS.

J'ai, le premier, signalé le fait dans un écrit antérieur. J'avais seulement en vue de protéger les badigeonnages insecticides contre une fausse interprétation de résultats heu-

reux, obtenus éventuellement de traitements souterrains ;
nous nous en servirons ici pour un autre objet. Remarquez-le bien, rien ne prouve que l'intervalle entre un *ailé* et
l'*ailé* dont il descend soit de deux ans seulement ; il peut
être beaucoup plus long ; mais, aussitôt que les premiers ont
paru, on peut admettre — sous la réserve d'une périodicité
possible — qu'il en reparaîtra toutes les années qui suivront.

Le cycle. — Tout reste obscur dans cette histoire, pourtant
bien simple, du Phylloxera, tant qu'on n'est pas parvenu à
voir d'ensemble le *cycle* de son évolution : on nomme ainsi
cette succession d'insectes, depuis un *ailé* jusqu'à la première *nymphe* qui apparaît dans sa descendance. Voulez-vous
suivre ce cycle en sens inverse ? — Partez d'un *ailé*, et imaginez sa généalogie ; c'est bien facile, puisque, en ligne directe, il n'a à chaque degré ascendant qu'un seul parent.
Après une longue, très longue série d'ancêtres, tous semblables entre eux, à la fécondité près, et vivant sur les racines,
vous en trouverez encore deux ou trois, à peine différents
des premiers, mais vivant sur les feuilles ; puis l'*œuf d'hiver*,
qui mérite bien une mention ; puis enfin les *sexués :* un
couple, cette fois, issu d'un *ailé* en tout pareil à celui dont
vous êtes parti. Par la pensée, rapprochez ces deux *ailés* l'un
de l'autre : qu'ils se donnent la patte et le cycle est fermé.

L'essaimage. — L'*ailé* a deux paires d'ailes ; les unes toutes
blanches, longues deux à trois fois autant que le corps, et
recouvrant les deux autres. Il peut voler et se diriger dans
un air tranquille. Saisi par le vent, un essaim entier peut
être emporté à plusieurs kilomètres. Mais l'accident doit être
assez rare, ces petites bêtes sachant fort bien se tenir à l'abri
des tempêtes. La réunion en essaim est instinctive chez eux,
et peut seule amener l'accouplement fréquent de leurs enfants les *sexués*. Chez ceux-ci, en effet, les mâles sont assez
rare, et, d'après M. Balbiani, chaque *ailé* pond, le plus sou-

vent, des œufs tous mâles ou tous femelles. Mais ces œufs se trouvant déposés en très grand nombre sous les mêmes écorces, les mâles venus de quelques *ailés* se trouveront naturellement au milieu des femelles venues des autres.

La cause la plus agissante d'infection à distance réside dans les essaims. Elle a pour elle que, s'il n'y avait à tenir compte d'importations artificielles dues à l'homme, bien rarement au gibier, ce serait la seule connue.

Étudions-la dans ses effets.

§ II

MARCHE DE L'INVASION

Invasion d'un vignoble. — Imaginons un vignoble d'une vingtaine d'hectares. Un essaim d'*ailés*, une douzaine, viennent se reposer sur quelques ceps voisins, et pondent. Quelques jours après, leurs filles, les femelles sexuées, déposeront sous les écorces les *œufs d'hiver* ; et ceux-là seulement qui auront été fécondés se conserveront ; une quinzaine, peut-être moins.

Détruisez ces œufs, et l'invasion est anéantie.

Mais comme rien ne révèle leur présence, et qu'au surplus, personne aujourd'hui ne s'en occupe, ils écloront sûrement au printemps suivant. Les jeunes qui en sortiront, leurs filles, leurs petites-filles vivront sur les feuilles, non sans y être soumis à de très nombreuses causes de destruction ; puis, les survivants des générations suivantes passeront aux racines.

Dès ce moment, le vignoble entier est perdu.

Ces immigrants commencent tout de suite leur double travail de multiplication de leur famille et de destruction de la vigne.

Deux causes seulement interviennent pour atténuer le dommage : la dégénérescence des pondeuses, relativement à leur fécondité ; le froid, qui élimine tout, chaque hiver, sauf les plus jeunes larves. Il en faut cependant mentionner une troisième : les émigrants qui s'en iront bientôt à l'état d'*ailés*, pour fonder au loin des colonies indépendantes.

Age d'une tache, au moment où elle devient apparente. — Combien faudra-t-il d'années pour que la vigne montre, dans son système aérien, les premiers symptômes de souffrance ? — En d'autres termes, quel est l'âge d'une tache au moment où elle devient apparente ? — Nous n'en savons absolument rien ! — Nous trouvons ici l'action de plusieurs facteurs qui n'appartiennent pas à l'histoire naturelle de l'insecte :

Nos cépages français n'offrent pas tous une résistance égale, et, par le fait du cépage seul, telle vigne fléchira plus tôt que telle autre ;

Les influences climatériques peuvent favoriser ou contrarier l'arbuste : une gelée, une grêle, une sécheresse prolongée, peuvent précipiter la catastrophe ;

La fertilité naturelle ou artificielle du terrain paraît avoir une influence prépondérante. La vigne en bonne terre trouve une nourriture plus abondante, plus substantielle, et peut, en partie, réparer ses pertes. — Telle vigne, commençant à faiblir, a pu être restaurée par des engrais seuls, et maintenue plusieurs années sans montrer de nouveaux signes de faiblesse.

Sans vouloir poser une règle, qui n'existe pas, nous pouvons dire que pour une vigne plantée en terrain très mauvais, et pour une autre vigne plantée en terrain excellent, celle-ci soutenue par une fumure abondante, il peut y avoir *trois ou quatre ans* de différence, peut-être plus, dans l'âge d'une tache au moment où elle devient apparente.

En d'autres termes : *Si, au moment où elle devient apparente*

*sur la première vigne, une tache est âgée de deux ans, elle peut
être âgée de cinq ou six ans au moment où elle devient apparente
sur la seconde.* Son âge sera entre les deux dans des conditions de fertilité intermédiaires.

Telles sont, sur le développement de la maladie, les principales influences qui ne dépendent pas de l'insecte ; voyons
maintenant celles qui lui sont propres.

Après qu'une colonie préparée par l'*ailé* est arrivée sur les
racines, elle y étend peu à peu son domaine. Les racines
d'un pied viennent se mêler aux racines des pieds voisins,
et les insectes y passent facilement des uns aux autres. En
été, de véritables légions remontent le long des racines, et
aussi par les crevasses du sol, et viennent s'y répandre à la
surface. Ils n'y font pas beaucoup de chemin, sans doute,
mais contribuent cependant à agrandir les foyers primitifs.
Cette émigration a lieu surtout lorsqu'un pied très affaibli
n'offre plus à ses hôtes une nourriture suffisante.

Bientôt, *mais jamais avant la troisième année*, la métamorphose en *ailé* s'accomplit sur les individus qui en sont susceptibles, et des essaims prennent naissance. Un très petit
nombre restent sur le pourtour des taches primitives, et y
entretiennent la vitalité des aptères souterrains, en y versant
des pondeuses merveilleusement fécondes. Le plus grand
nombre se répandent aux environs pour y fonder de nouvelles colonies. Il semble que l'instinct les éloigne de la
vigne en voie d'épuisement, et les attire vers la vigne saine,
où leur progéniture trouvera de meilleures conditions d'existence.

Digression. — Une digression : nous revenons à satiété sur
cette circonstance, qu'un foyer secondaire est toujours plus
jeune de deux ans au moins que le foyer primitif. C'est que,
faute d'en avoir fait à temps la remarque, on a eu quelques
mécomptes : en 1874, une tache fut reconnue à Preigny en

Suisse. On l'attaque ; et vous admettrez que les Suisses font bien les choses, quand j'aurai ajouté qu'ils ont dépensé là pas bien loin de cinquante mille francs à l'hectare ! Le premier résultat bien visible a été la disparition de la vigne elle-même. L'année 1874, puis l'année 1875 se passent ; aucun nouveau foyer ne se révèle ; on est vainqueur ! — Mais en 1876 se réunit le Congrès de Lausanne ; et voilà que l'insecte, comme pour répondre à cette déclaration de guerre, disait ces jours-ci au Sénat M. Issartier, voilà que l'insecte apparaît tout à coup autour de la vigne détruite, et cela, *sur vingt-deux points à la fois !* — Grande émotion, mais qu'on se serait épargnée, si on avait su que les taches secondaires étant, toutes choses égales d'ailleurs, de deux ans au moins plus jeunes que les taches primitives, ce n'était pas en 1875, mais en 1876 au plus tôt, qu'il fallait les attendre.

La catastrophe se prépare. — Rentrons dans notre sujet : Cette sortie des essaims continue, peut-être chaque année, sur la tache primitive, et peut commencer deux ans après sur les taches secondaires. Les unes et les autres forment d'abord comme un réseau à larges mailles, qui s'étend sur toute la surface du vignoble. Plus tard, l'essaimage continuant, de nouveaux foyers se forment autour et à côté des premiers ; ce sont maintenant les mailles du réseau qui se remplissent ; c'est comme une trame qui se forme, visible seulement sur des points isolés, mais en réalité couvrant tout ! — Dès que ces taches, encore latentes mais se touchant toutes, n'en formant plus qu'une seule, deviendront visibles.....

Voici ce que j'ai vu, il y a quelques semaines, dans le Libournais, dans le canton de Fronsac : l'année dernière, vers le mois de septembre, j'avais parcouru, pour la quatrième ou cinquième fois, la route qui mène de Libourne à Villegouge, à 10 kilomètres. J'ai pu écrire, après, que le fléau marchait avec une extrême lenteur. Peu de taches visibles de la route ; moins encore où quelques pieds avaient succombé. Un voyageur non averti serait revenu ravi de la beauté des vignes — il n'y a guère que des vignes — et aurait fort bien pu n'y rien remarquer d'inquiétant. J'ai refait cette même route il y a deux mois : aujourd'hui l'affaissement est général, complet! Cette année, on aura un semblant de vendanges : l'an prochain, on ne vendangera pas!

Les choses se passeront-elles de la même manière chez nous? — Où donc chercher les causes d'une exception qui ne s'est encore rencontrée nulle part? — Il y a plus, on peut expliquer que l'exception ne se présentera pas : une première tache est signalée; déjà, en cherchant bien comme aujourd'hui en Savoie, on en trouve dans le pays une quarantaine du même âge. Prenons des nombres faciles à suivre : S'il y a dix taches primitives, dont chacune donne dix taches secondaires, on aura, pendant une première période, *dix* taches visibles et *cent* taches latentes. Que chacune de ces cent taches, — je néglige les premières, — en donne dix : on aura, au cours d'une seconde période, *cent* taches visibles et *mille* taches latentes. Les gens paisibles ne s'alarmeront pas; les esprits forts ne croiront pas au danger. Mais, au cours d'une troisième période, on aura, — je néglige toujours ce qui précède, — on aura *mille* taches visibles et *dix mille* taches latentes : l'attention des plus engourdis s'éveille! — Lorsque ces derniers foyers commenceront à apparaître à leur tour, ce sera l'effondrement de la vigne et l'affolement du vigneron!

Il est entendu que vous ne chercherez dans la nature ni cette régularité mathématique, ni ce passage brusque d'une situation à une autre; les phénomènes y présentent une infinie variété, par une infinité de causes secondaires qui nous échappent le plus souvent. Mais, sous le bénéfice de cette restriction, le tableau est fidèle : demandez à tous ceux qui ont passé par là avant nous!

Complication extrême. — Si, par la pensée, vous faites agir simultanément toutes ces influences diverses, vous reconnaîtrez qu'au moment où un premier foyer se révèle, la situation véritable de la région où on le trouve est singulièrement difficile à démêler! Si la vigne contaminée est en terrain excellent, et abondamment fumée, l'invasion peut remonter à cinq ou six ans, les taches latentes être très nombreuses, et dans un rayon très étendu. Détruisez cette tache visible, et la situation est à peine changée.

Si le foyer constaté le premier est sur une vigne chétive, et sur un terrain très pauvre, l'invasion peut être récente, et même l'essaimage n'être pas encore commencé. Détruisez ce foyer peut-être il ne restera rien. Mais, dans ce cas, cette tache apparente peut n'être qu'une tache secondaire, produit d'une tache primitive encore invisible, et la situation être tout aussi menaçante que la première.

Ces cas extrêmes suffisent à montrer combien il est difficile d'éclaircir une situation pareille; combien il faut de recherches, et combien sont nombreux les éléments dont il faut tenir compte. Mais il ne m'en coûte pas d'avouer que je force ma peinture en couleur : nous sommes entourés de tant de gens dont rien ne peut émouvoir l'indifférence, le scepticisme, quand n'interviennent pas encore les idées métaphysiques les plus étranges, que j'aimerais bien à leur fouetter un peu le sang !

Voyons maintenant ce qu'on a trouvé jusqu'à présent pour défendre la vigne contre son parasite.

§ III

LES TRAITEMENTS

Le Phylloxera est la cause de la maladie. — En premier lieu, c'est bien le phylloxera qui est la cause de la maladie ; et, pour le bien montrer,, faisons un rapprochement : personne, à la campagne, qui n'ait vu un ormeau malade ; l'écorce se crevasse ; de chaque plaie sort un liquide parfois abondant. Vous serez averti de l'accident par un bourdonnement intense. Levez les yeux : vous apercevrez de nombreux frelons. Ils entourent l'arbre, se posent sur le tronc et sur les branches, se nourrissent du liquide sécrété. A côté est un ormeau sain : les frelons ne s'en occupent point. L'arbre malade guérit, les frelons s'en vont. C'est donc l'arbre malade qui attire l'insecte.

Entrons dans une vigne malade : au centre de la tache sont des pieds morts ou mourants ; vous n'y trouverez point de phylloxeras, si ce n'est quelques retardataires. Un peu plus loin, sur des ceps moins affaiblis, vous les trouverez plus nombreux. Ils pullulent vers les limites apparentes de la tache, sur des pieds très vigoureux. On en trouve plus loin encore, sur des ceps qui ne présentent aucune lésion. L'insecte abandonne la vigne mourante, marche vers la vigne saine, et aussitôt la maladie le suit : il n'en est jamais précédé. Il est donc la cause et non l'effet.

Les engrais. — Cette simple considération élimine toute une série de remèdes : les remèdes imaginés par les personnes pour qui la vigne souffre uniquement pour avoir été surmenée et épuisée, et cherchent à lui rendre la santé par des procédés divers de culture, et aussi par des matières fertilisantes. Dans cette voie, on pourrait guérir l'ormeau, pas la vigne.

Pour guérir la vigne, il faut détruire le Phylloxera. Allons au plus pressé, aux insectes des racines qui épuisent peu à peu la plante; les autres, tant qu'ils sont sur les feuilles, ne lui font aucun mal. Et encore faut-il s'entendre; savoir si ce que vous voulez est bien guérir et conserver la vigne malade, ou si vous visez avant tout l'insecte, consentant, au besoin, à tuer la vigne pour le tuer lui-même jusqu'au dernier. — La question n'a plus guère pour nous qu'un intérêt historique : Il n'y a plus rien à préserver dans le Lot-et-Garonne, et la vigne y est d'un trop faible revenu pour que le traitement le plus économique que nous connaissions puisse entrer dans nos méthodes de culture. Quelques mots suffiront sur cette matière.

Les insecticides. — Un insecticide doit remplir d'abord deux conditions : la substance, qu'elle soit solide, liquide ou gazeuse, doit atteindre tous les insectes; il faut de plus que l'action de la terre ne la transforme pas en quelque chose d'inoffensif. Ces conditions sont si difficiles à remplir, que sur des centaines de matières essayées, trois seulement ont pu être conseillées par la Commission supérieure : l'eau, le sulfure de carbone, les sulfocarbonates.

L'eau. — L'eau doit être employée en quantité suffisante pour couvrir tout le terrain, sans lacune, sur une hauteur de 40 centimètres, au moins, et pendant quarante-cinq à cinquante jours. On doit commencer ce traitement vers le milieu de novembre. On fera bien d'y recourir partout où on pourra le faire économiquement. D'abondantes fumures sont en même temps indispensables pour rendre au terrain ce que l'eau elle-même lui enlève.

Le sulfure de carbone. — Un traitement au sulfure de carbone, fait dans les conditions les plus favorables, coûtera au bas mot 150 francs par hectare ; et des engrais sont encore nécessaires pour remédier à l'action du toxique sur la plante elle-même.

Les sulfocarbonates. — Les sulfocarbonates agissent par le sulfure de carbone provenant de leur décomposition dans la terre, et entraînent une dépense encore plus élevée.

Le sulfure de carbone employé pur a longtemps paru inoffensif. Cette année des accidents assez graves se sont produits dans le Libournais, même sur des vignes traitées pour la première fois ; les années précédentes, on n'avait rien observé de pareil. La question est encore à l'étude.

Le prix de revient et aussi la pénurie de main-d'œuvre rendent ces traitements impossibles dans le Lot-et-Garonne ; j'ajoute que cette situation fâcheuse ne nous est point particulière, et que les chiffres ont à cet égard une éloquence navrante : pour la France entière, on a traité jusqu'à ce jour (août 1879) :

Au sulfure de carbone. . . . 2,512 hectares.
Avec les sulfocarbonates. . . 845   —
Par l'eau (submersion). . . . 2,837   —

6,194 hectares.

Or, il y a 373,443 hectares de vignes mortes, et 243,088 hectares de vignes en train de mourir ; en tout 616,481 hectares (9ᵉ *fascicule, publié par le Ministère de l'agriculture, tableaux A et B*).

Les parasites. — On a songé encore à appliquer au Phylloxera la peine du talion, en lui donnant à lui-même un parasite ; par exemple les corpuscules des vers à soie, qui s'attaquent aussi à d'autres insectes. — Venant de M. Pasteur, l'idée mérite une très sérieuse attention : attendons !

Les badigeonnages. — Nous avons vu, d'après M. Balbiani, que réduite à la reproduction agame, c'est-à-dire aux insectes souterrains, la race deviendrait peut-être stérile et s'éteindrait d'elle-même. De plus, il n'est nullement prouvé que les branches de cette étonnante famille ne finissent pas toutes, si ce n'est par un être stérile, au moins par un *ailé*. Dans l'un et l'autre cas, il suffirait de détruire tous les ans *l'œuf d'hiver*. Je dis *l'œuf d'hiver*, parce que *l'ailé* et les *sexués* qui le précèdent, puis les *gallicoles* qui le suivent, sont à peu près hors d'atteinte pour nous, tandis que *l'œuf d'hiver* même reste six mois au moins sous notre main et paraît assez accessible. Nous le savons déposé sous les écorces du bois de deux ans à dix ans d'âge. Il suffira de badigeonner cette partie du cep avec une substance qui ne fasse pas de mal à la vigne et détruise l'œuf. Or, nous sommes en possession d'une substance absolument inoffensive pour l'arbuste — je l'ai prouvé ailleurs — et très probablement mortelle pour l'œuf lui-même.

Le caractère pratique de ce traitement est qu'on n'y dépense certainement pas 30 francs par hectare, et qu'il y faut peu de main-d'œuvre.

Parviendra-t-on à détruire tous les *œufs d'hiver* au moyen du badigeonnage?

En détruisant tous les *œufs d'hiver* détruira-t-on à la longue l'insecte lui-même?

Un seul fait peut résoudre l'une et l'autre question : la disparition du Phylloxera d'un vignoble soumis le temps nécessaire à ce traitement. Des essais se font dans cette voie et seront continués; mais le résultat en est par trop incertain pour qu'on puisse conseiller cette méthode à personne.

Et cependant..... [1].

Les vignes d'Engaddi. — Il y a un peu plus de deux ans,

---

1. Nous donnons à l'episode qui suit beaucoup plus d'étendue que nous n'avions fait dans la conférence, afin de n'avoir pas à y revenir.

je lus dans les *Comptes rendus* de l'Académie des sciences une note ainsi conçue (j'y souligne un passage) :

Au moment où j'allais entreprendre l'exploration de la mer Morte, je fus informé, par un évêque indigène qui passait pour érudit, que, parmi les produits minéralogiques de cette contrée je trouverais en abondance l'asphalte, qui a donné son nom à cette mer intérieure, et d'où, au moyen âge, on avait extrait l'huile précieuse qui avait alors sauvé les vignobles du sud de la Judée, en les débarrassant d'un ver qui attaquait les racines des ceps et les faisait tous mourir (séance du 13 janvier 1879).

Cette note est de M. le comte de Bertou, dont les journaux ont annoncé la mort en 1881.

Dans le numéro suivant des *Comptes rendus*, nouvelle note de M. de Bertou :

M. Berton (lisez Bertou) transmet un document extrait d'un manuscrit de la Bibliothèque nationale (fonds latin n° 5129), à la suite d'une chronique de Robert le Moine (séance du 20 janvier 1879).

Je me permis d'écrire à M. de Bertou et de lui demander des renseignements sur ce manuscrit. Ce fut le commencement d'une correspondance qui s'est continuée jusqu'à la mort du savant voyageur. Je dois à son obligeance de pouvoir reproduire le texte même de ses notes de voyage :

L'évêque de Tyr me racontait hier soir, a u milieu de beaucoup d'autres renseignements sur le pays que je vais visiter, et particulièrement sur les environs de la mer Morte, qu'au moyen âge, les riches vignobles d'Engaddi et de tout le plateau de Juda *furent attaqués par un ver qui s'en prenait aux racines des ceps, et qu'on eut raison de cet insecte pernicieux en employant contre lui l'huile extraite de l'asphalte de la mer Morte.* L'évêque de Tyr avait souvent invoqué le témoignage d'un historien oriental, qui, disait-il, avait écrit l'histoire depuis Adam jusqu'au XIIe siècle, mais je ne sais pas si le fait relatif aux vignes d'Engaddi venait de cette source ou d'une tradition orale.

Voici maintenant la note extraite du manuscrit latin

(qu'on fait remonter au xii° siècle), avec une traduction dont je ne suis pas l'auteur :

Inter Segor et Jericho, Engadia vocatur regio, unde et vina Engaddy : ubi eximia ubertate balsamum oriri solebat. Supra lacum Asphaltidis multum alumini multumque Catrani legitur.

Alumen terræ salsugo est, quod in hieme coagulatur ex limo et aqua æstivis solibus maturatur. Alumen a lumine dictus est quod tingendis coloribus lumen præstat. Catraneum quasi liquor niger et olens ad ungendum camelos propter delendam scabiem valde necessarium, et ad fricandum vites pro expellendis vermibus consumptoribus earum.

Entre Segor et Jéricho, il existe une région appelée Engaddi. Les vins d'Engaddi viennent de là : le baume avait coutume d'y croître avec une merveilleuse facilité. Sur le lac Asphaltite on recueille beauconp d'alun et beaucoup de Catraneum.

L'alun est un sel qui se forme en hiver dans le limon et dont la chaleur évapore l'eau en été. L'alun vient du mot *lumen*, parce qu'il donne la lumière aux couleurs employées pour la teinture. Le Catraneum est une espèce de liqueur noire et nauséabonde, très nécessaire pour oindre les chameaux et leur enlever la gale, *ainsi que pour frotter les vignes et ôter à ces dernières les insectes qui les épuisent.*

Voilà deux témoignages, indépendants l'un de l'autre, qui ne laissent aucun doute sur l'authenticité du fait même. Ce *vermis* d'Engaddi était-il le Phylloxera? — Ni les textes, ni la tradition, ni la nature des choses ne s'y opposent[1]. Cet insecte attaquait les racines de l'arbuste, et, sans effet apparent sur la partie aérienne dont on ne parle pas, les endommageait au point de faire mourir les ceps; même aujourd'hui, en connaissons-nous un autre qui remplisse ces conditions? Que ce fût ou non le Phylloxera, un remède qui a permis au xii° siècle de débarrasser la vigne d'un semblable parasite ne saurait nous être indifférent.

Le vignoble d'Engaddi est — ou plutôt était — situé dans

1. Voir la note sur le lieu d'origine du Phylloxera, p. 233.

la vallée du Cédron, auprès du couvent de Saint-Saba, dont
il dépendait probablement au moyen âge :

Le couvent de Saint-Saba, à quatre heures de Bethléem et à
trois heures de Jérusalem, a l'apparence d'un château fort. Sa situation sur des rochers escarpés est fort pittoresque. Il est occupé
par trente-cinq religieux vivant très misérablement. Dans l'une des
tours il y a une pauvre bibliothèque. Mais il y a *dans un caveau
soigneusement caché, et dans lequel on pénètre en soulevant une
dalle de pierre*, au moins sept cents manuscrits d'une incompa-
rable valeur, parmi lesquels se trouvent les quatre évangiles en
caractères *grecs carrés*, qui doivent remonter au VIIe et peut-être au
VIe siècle et peut-être plus loin encore, et sept ou huit cents autres
manuscrits, parmi lesquels un certain nombre sont des rouleaux.
(Extrait des cahiers de voyage de M. de Bertou, qui croit tenir ces
renseignements du P. Ryko.)

Cette riche bibliothèque prouve qu'autrefois les religieux
de Saint-Saba étaient loin d'être des barbares ; que c'étaient
des hommes d'étude et très instruits. Peut-être ont-ils été
plus heureux que nous ne le sommes, lorsqu'ils ont eu à
défendre contre un insecte le temporel du couvent. Bien des
circonstances ont pu les favoriser. Ainsi, ils n'ont pas eu à
imaginer ce badigeonnage des souches : de nombreux documents prouvent qu'ils l'ont trouvé dans une tradition répandue dans tout l'Orient. Ils ont dû recourir aux substances
qu'ils avaient sous la main, dans le voisinage de leurs vignes ;
et s'ils ont employé l'huile minérale au lieu de l'asphalte
d'où cette huile est extraite, c'est que cette huile leur était
connue, puisqu'elle était en usage dans leur médecine vétérinaire. On voit donc qu'il a pu y avoir dans leurs traitements quelque chose de particulier à la région, différent de
tout ce qu'on a pu pratiquer ailleurs, et qui mériterait d'être
connu. Cette heureuse défense peut avoir laissé des traces
dans quelque manuscrit où un religieux prévoyant aurait
pu la décrire comme une recette bonne à conserver. De là

l'idée toute simple de recourir à l'obligeance de leurs successeurs, de leur demander la permission de travailler dans leur bibliothèque.

Les choses, malheureusement, sont bien changées. Au xive siècle, Tamerlan a saccagé le pays et coupé la tête aux religieux. Ces têtes sont encore là, rangées derrière un grillage. Les moines qui occupent de nos jours le couvent appartiennent à la religion orthodoxe, sont fort ignorants ; et, pour quelques-uns sinon pour tous, les précieux manuscrits pourraient ne contenir qu'un grimoire indéchiffrable. C'est peut-être pour cela qu'ils les cachent avec tant de soin :

...Ils les gardent avec une jalousie sauvage. L'indiscret qui me les a laissé entrevoir pendant une nuit assurait que sa complaisance lui coûterait la vie si ses compagnons en étaient informés. Ces moines, venus pour la plupart de Russie, ont l'horreur des Latins et il n'y aurait que le Czar pour leur faire entendre raison et encore ne suis-je pas certain qu'il en vînt à bout. (Lettre de M. de Bertou ; extrait.)

A ma prière, M. de Bertou voulut bien mettre à contribution l'obligeance et les souvenirs de ses amis. Voici la réponse d'un homme qui connaît bien l'Orient :

...Quant aux manuscrits de Saint-Sabas (*sic*), M. X...[1] nous en a parlé dans le temps à Jérusalem, et il ajoutait en riant qu'il n'y avait qu'un seul moyen de mettre la main dessus. Il faudrait organiser une bande de Bédouins, qui envahiraient le couvent, garrotteraient les moines, soulèveraient la dalle, s'empareraient de tous ces manuscrits et emporteraient le butin. Si vous connaissez un moyen plus pratique, je vous souhaite un succès complet.

Ce n'est pas pour moi-même que je provoquais ces informations. J'avais demandé à M. le ministre de l'agriculture de vouloir bien faire entreprendre toutes les recherches possibles en Judée, non seulement dans les manuscrits de Saint-

---

1. J'ai eu communication de cette lettre, non l'autorisation de faire connaître les noms.

Saba, mais tout autour de la mer Morte, partout où se rencontreraient, en pays de vigne, une tradition, une légende. J'étais tellement plein de mon sujet que je m'attendais à voir le Conseil des ministres aussitôt saisi, ces messieurs prendre feu, une mission formée et en route pour la Palestine : c'est pour la mission que je travaillais.

A Paris, les choses ne vont pas si vite ! Les semaines, les mois s'écoulèrent, pas de nouvelles ! Je me souvins alors que le ministre des affaires étrangères (M. de Freycinet) était mon camarade d'école; peut-être se le rappellerait-il aussi ! Je lui écrivis, et j'eus la joie d'apprendre que son collègue lui avait transmis ma supplique avec les pièces et instructions à l'appui, que M. Patrimonio, consul de France à Jérusalem, était chargé de se livrer à une enquête approfondie dans le ressort du consulat, que les renseignements que le consul pourrait recueillir me seraient communiqués.

Cette enquête a été dirigée avec une intelligence, un dévouement au-dessus de tout éloge. En voici les résultats : le couvent de Saint-Saba est toujours sur son rocher, mais les vignes d'Engaddi n'existent plus et la contrée est comme déserte; la bibliothèque est dispersée : les manuscrits les plus précieux ont été cédés à la Russie et sont allés enrichir les bibliothèques de Saint-Pétersbourg et de Moscou. Les vignes qui avoisinent la mer Morte, particulièrement dans le district d'Hébron, sont toujours les vignes de la Terre Promise et on ne se souvient pas qu'elles aient jamais été malades. Les indigènes ont peu de liant, et les essais de conversation entre chrétiens et eux ne sont pas sans danger. On avait encore l'espoir de compulser ce qui reste de manuscrits au couvent, le caveau étant plus accessible depuis qu'il n'y a à peu près plus rien, mais il est peu probable qu'on trouve quelque chose d'utile.

Si la recette en usage chez les religieux du xiie siècle est

perdue, pourquoi ne chercherions-nous pas dans l'asphalte
de la mer Morte l'huile minérale qu'ils ont su en extraire ?
Cet aperçu n'a pas échappé à M. de Bertou :

Le ministre des affaires étrangères pourrait très facilement
charger le consul de Jérusalem de lui procurer une certaine quantité de cet asphalte, lequel peut-être n'est pas absolument identique à celui dont nous nous servons en Europe, et on ferait un
essai qui mérite bien d'être tenté.

Ce n'est pas au hasard que je parle d'une différence possible
entre l'asphalte de la mer Morte et le nôtre, car cette différence
me fut indiquée par un explorateur anglais, M. Galloway, envoyé
sur les bords de la mer Morte par une compagnie anglaise avec la
pensée d'exploiter cette mine. (Lettre de M. de Bertou du 23 mai
1879.)

Je tenais à la recette des anciens moines, et c'est avec
une bienveillance touchante que mon honorable correspondant s'étudiait à ménager mon idée fixe :

Vous avez mille fois raison, monsieur, d'ajourner les demandes
que je m'étais permis de vous indiquer. Il faut avant tout vider la
question des badigeonnages, et ce n'est qu'après cela que pourra
venir utilement celle de l'asphalte de Judée. (Lettre du 28 mai 1879.)

Cependant, M. de Bertou ne perd pas de vue son idée, à lui :

Je crains, comme vous, qu'il n'y ait pas désormais beaucoup à
attendre des manuscrits de Saint-Saba pour la destruction du
Phylloxera! Mais pourquoi serions-nous moins habiles, moins avisés que les vignerons du XII_o siècle? Les chimistes ne nous manquent pas (nous verrons cela tout à l'heure!), l'asphalte de la mer
Morte non plus : il faudra mettre les uns en présence de l'autre
et, si vous m'en croyez, c'est dans cette direction que vous diri-
gerez quelques-uns de vos efforts. Quant à moi, j'avais pensé, dès
l'origine, que c'était la voie la plus naturelle; peut-être vous le
rappellerez-vous (Lettre du 21 août 1880).

M. le consul de Jérusalem a, en effet, envoyé en France
quelques fûts d'asphalte de la mer Morte[1], nous l'avons ap-

1. C'est en conséquence de notre article : *L'OEuf d'hiver au Congrès de
Nîmes,* que cet asphalte a été demandé.

pris au Congrès phylloxérique de Clermont-Ferrand. M. Dumas, alors à Royat, daigna accueillir avec sa bienveillance accoutumée la demande qui lui fut portée d'honorer de sa présence quelques-unes des séances du Congrès.

Quant à l'huile dont a parlé M. de Lafitte, voulut bien nous dire l'illustre académicien, sa composition est inconnue. On étudie en ce moment dans le laboratoire la composition de celle que l'on pourra extraire du bitume de Judée; on a de fortes raisons pour croire qu'elle aura une action toxique suffisante sur le Phylloxera? [1]

Est-ce dans ce bitume de Judée qu'on a trouvé le brôme dont il est question dans le rapport de M. le baron Thénard à la Commission supérieure du Phylloxera, au mois de décembre. Je ne sache pas que la mer Morte fût connue comme une source de brôme assez riche pour en fournir de grandes quantités à bas prix. S'il en est ainsi, il faudra bien faire attention que la difficulté n'est pas de trouver du brôme dans une matière qui en contient; que ce n'est pas davantage d'en essayer l'action sur la vigne et sur le Phylloxera. Depuis les travaux de MM. Max. Cornu et Mouillefert à Cognac (1874-1875) la méthode n'est plus à trouver; mais ce qui pouvait se faire attendre longtemps, c'est *l'idée* : l'idée d'aller chercher un remède dans la mer Morte. Si on réussit un jour à trouver ce remède, le nom de M. le comte de Bertou ne devra pas être oublié.

Vous le voyez, nous n'avons partout que des chances

1. Compte rendu du Congrès de Clermont, p. 41. — La rédaction du compte rendu est faite par MM. les secrétaires sur les notes prises en séance; ainsi, ce ne sont pas les paroles mêmes de M. Dumas, mais c'en est bien le sens.

Le 15 février 1882, le même sujet est venu à l'Académie des sciences :

« M. Dumas rappelle, à cette occasion, que l'Académie a reçu, par les soins du consul « de France à Jérusalem, et par l'entremise de notre confrère M. de Lesseps, un petit « baril de bitume de Judée recueilli sur les bords de la mer Morte. Son analyse, effec-

contraires. Quelle conduite tenir ? — soutenir les vignes attaquées par de riches fumures, afin de les avoir encore vivantes, s'il est possible, le jour où le remède, venu d'Engaddi
ou d'ailleurs, serait mis à notre portée. Puis, comme ce
remède pourrait se faire attendre, prévoir dès à présent un
désastre, et nous mettre en mesure d'en atténuer les conséquences. Les cépages à racines dites résistantes sont le seul
palliatif qui se laisse encore entrevoir.

§ IV

LES VIGNES AMÉRICAINES

La maladie, — c'est bien à dessein que je ne dis pas l'insecte [1], — a été importée avec des cépages venus d'Amérique.
Si vous lisez le contraire dans des brochures, dans des journaux, tournez la page : il n'y a plus à s'arrêter à une discussion épuisée. Qu'importe d'ailleurs ? — Nous l'avons et nous
n'en faisons le reproche à personne.

Les vignes américaines. — Aujourd'hui, toutes les vignes
américaines viendraient à disparaître, que le Phylloxera n'en
resterait pas moins sur les nôtres, et nous serions tout aussi
impuissants à les guérir. Les premières ne sont d'ailleurs pas
plus favorables que les secondes à la multiplication de l'insecte. Il y a plus, quelques-unes le sont beaucoup moins ; on

« tuée au laboratoire de l'École centrale, fera l'objet d'une communication prochaine et
« justifiera, dans une certaine mesure, la confiance que les habitants de la Palestine
« témoignaient pour son emploi comme insecticide. »

Cette communication n'a pas eu lieu jusqu'à ce jour (décembre 1882);
ainsi, trente mois n'auront pas suffi au laboratoire de l'École centrale pour
nous apprendre ce qu'il y a dans un flacon de bitume de Judée, et il meurt,
en attendant, cent mille hectares de vignes par an

1. Voir page 234 *b*.

y trouve les pucerons moins nombreux ; sur quelques espèces ils sont très rares. Il semble que les meilleurs estomacs seuls puissent en vivre. De là une résistance, sinon absolue, — nous ne saurions l'affirmer encore, — du moins d'une assez longue durée pour autoriser leur emploi à la reconstitution de nos vignobles. Quelques espèces, en effet, vivent avec le Phylloxera depuis douze ou quinze ans, sans avoir montré encore le moindre signe de faiblesse.

De quelques espèces (Æstivalis) on récolte un vin droit de goût, riche en alcool, d'une belle couleur marchande. D'autres ne peuvent servir que de porte-greffes. Mais toutes ne sont pas également résistantes ; quelques-unes (Labrusca) ne le sont pas beaucoup plus que les cépages français. Il faut s'en tenir aux meilleures, parmi celles qui ont fait leurs preuves, en tenant compte du terrain qui les doit recevoir et du greffon qu'on veut leur donner.

Les semis. — Pour avoir des cépages américains sûrement exempts de Phylloxera, on a songé tout d'abord à faire venir des graines pour en obtenir des vignes de semis. L'arrêté du 13 décembre 1878 a prévu et semble encourager cette méthode. Elle est des plus dangereuses : un pied venu de semis peut n'être qu'un hybride et ne reproduire que rarement le cep qui a porté la graine. Celui-ci, le plus souvent, étant lui-même un hybride, descendant d'hybrides, l'atavisme est une cause permanente de variation. On ne sera sûr de la résistance des vignes provenant de semis qu'après qu'elles auront fait elles-mêmes leurs preuves ; jusque-là, on aura toujours à craindre de voir le vignoble reconstitué par leur moyen succomber de nouveau au moment même où on en attendrait de pleines récoltes. Il serait déraisonnable de courir une chance pareille, et aujourd'hui personne n'y songe.

Les vignes sauvages. — On a, dans ces derniers temps, cru tourner la difficulté en prenant les graines sur les vignes

sauvages qui croissent en abondance dans les forêts du Nouveau Monde. Je n'entrerai pas dans une controverse qui exi-
gerait de vous une bonne demi-heure d'une attention soutenue. J'émets simplement l'opinion, — sauf à la justifier
ailleurs, si besoin est[1], — que, pour l'objet que nous avons
en vue, ces graines sont à rejeter d'une façon absolue, au
même titre que toutes les autres.

Il n'y a quelque sécurité qu'en prenant des boutures
sur des pieds reconnus résistants ; et cette condition sera difficile à remplir s'il en faut employer un nombre considérable.

Innocuité des vignes américaines. — Si l'on doit employer
les cépages dans une région complètement envahie, il
importe assez peu d'y introduire en même temps quelques
insectes de plus ou de moins ; si on veut les importer dans
une région indemne ou partiellement contaminée, il
importe beaucoup de n'y en pas introduire un seul. Rien de
plus facile : *du mois de décembre au mois de mars, nous ne
connaissons absolument rien, sur le bois de l'année, qui puisse
offrir un danger quelconque.* Achetez donc des boutures prises
sur ce bois de l'année, de décembre à mars, et n'achetez pas
autre chose.

Mais il y a quelques précautions à prendre : en taillant la
vigne, on retranche avec la branche à fruit de l'année
écoulée le courson de bois de deux ans qui la porte. Celui-
ci est très dangereux, parce qu'il peut recéler *l'œuf d'hiver.*
Il faut donc que le vendeur enlève avec le plus grand soin
ce bois de deux ans ; il faut, pour plus de sûreté, que l'acheteur visite, une à une, toutes les boutures reçues, et enlève
lui-même toute *crossette* oubliée, pour la brûler immédiatement. De plus, comme il arrive souvent que ces boutures

---

1. Voir : *Les Vignes américaines obtenues de semis*, p. 356.

ont été préalablement stratifiées dans un terrain phylloxéré, il n'y doit pas rester trace de terre : des œufs, des insectes même pourraient s'y trouver. Le cas échéant, il faut donc encore les laver soigneusement, une à une. Prenez, de plus, la précaution de les soumettre à un bain insecticide, formé, par exemple, d'eau additionnée de un à un et demi pour cent d'acide phénique, et aucun danger ne sera à craindre.

Messieurs, j'appelle sur ce qui suit toute votre attention.

Reconstitution d'un vignoble. — Si vous avez à reconstituer un vignoble de quelque étendue, s'il vous faut, par exemple, acheter seulement dix mille boutures à la fois, toutes ces précautions, cependant indispensables, demanderont du temps, et, circonstance plus grave, de nombreuses négligences sont à craindre. Cet obstacle n'est pas le seul. D'une part, si vous voulez de bons cépages, vous les payerez très cher, et le prix peut aller jusqu'à rendre l'opération impraticable sur des terres à faible rendement ; chacun pourra aisément traduire cela en chiffres. D'autre part, sur une telle masse de boutures, les erreurs de cépages, même involontaires, sont terriblement à craindre, singulièrement difficiles à reconnaître à temps ; et les conséquences en sont simplement ruineuses, car l'erreur ne consistera que bien rarement dans la substitution d'un cépage meilleur au cépage demandé.

Il y a un moyen, un seul, de lever toutes ces difficultés à la fois ; et que faut-il pour le mettre en œuvre ? — du temps.

Achetez tout simplement une centaine de boutures. Soit pour la culture directe, soit comme porte-greffes, choisissez toujours les meilleures, quel qu'en soit le prix : pour un si petit nombre, la dépense est insignifiante, et les erreurs plus faciles à éviter.

Plantez-les en bon terrain, avec un soin extrême. Aidez-

les par de bonnes fumures, par des arrosages fréquents, s'il
y a lieu. Tout cela coûtera bien peu pour cent pieds ! Dès
la troisième feuille, chacun vous donnera au moins cinquante boutures de 40 centimètres de longueur, et en voilà
déjà cinq mille ; encore une feuille ou deux, et le nombre en
sera plus que doublé, et vous en aurez autant chaque année.
De plus, s'il s'agit de porte-greffes, prenant sur votre propre
fond, vous pourrez ajouter autant de pieds qu'il vous plaira
aux cent premiers, en commençant dès la première feuille ;
si ce sont des cépages cultivés pour leur fruit, chaque bouture
plantée donnera du bois. Vous n'aurez pas, tout compris,
dépensé trois cents francs, et vous aurez chez vous autant et
plus de bois qu'il ne sera nécessaire pour renouveler, à
mesure qu'il s'en ira, un vignoble de cent hectares ! et s'il y
a dans votre achat quelques boutures fausses, vous les pourrez reconnaître à loisir, sûrement, les éliminer et les remplacer par d'autres prises sur vos bons pieds.

Sur une bouture de 50 centimètres, longueur adoptée
aujourd'hui par le commerce, on peut, le plus souvent, pré-
lever un greffon, formé des deux ou trois mérithalles inférieurs. Sacrifiez, pour le recevoir, quelque pied vigoureux,
en vignoble français, et vous marcherez plus rapidement
encore.

*Il faut que chacun fonde au plus vite et entretienne chez soi
sa propre réserve ; qu'il la modifie chaque année, au besoin, pour
y remplacer quelques cépages par d'autres que le temps aurait fait
reconnaître meilleurs. — Le salut est à ce prix.*

Mais quatre ans au moins sont nécessaires, et avons-nous
bien quatre ans devant nous dans toutes les communes de
Lot-et-Garonne ?.....

(Nous ne reproduisons pas les conclusions, qui sont exclusivement pour le département de Lot-et-Garonne.)

AVERTISSEMENT

Le mémoire qu'on va lire devait être communiqué à la Commission dans la séance du 12 septembre. Cette séance n'ayant pas eu lieu, M. Prosper de Lafitte le livra, pour son compte, à l'impression, en limitant le tirage à un petit nombre d'exemplaires. Considérant que ce travail, très complet et très sincère, qui avait été fait pour elle, méritait une publicité moins restreinte, la Commission, dans la séance qu'elle a tenue aujourd'hui, en a décidé la réimpression comme supplément à la cinquième livraison de ses procès-verbaux.

Agen, le 7 novembre 1878.

Le Président,

L. DE MONTESQUIOU.

L'un des Secrétaires,

AD. MAGEN..

DISCOURS

SUR LE PHYLLOXERA[1]

Le danger où le Phylloxera met la richesse publique
devient si menaçant, un temps si court peut-être nous sépare
d'une ruine totale, et cependant la situation semble faussée
par des paroles tombées de si haut, qu'il importe de la regarder en face et de la mettre dans tout son jour : pas de défail-
lances, pas d'illusions !

A la dernière séance[2], incidemment et à l'occasion du
remarquable rapport de M. Marion, j'ai dit qu'un traitement
annuel, même le moins coûteux que nous connaissions,
serait ruineux, sinon pour tous, du moins pour le plus grand
nombre ; et, en même temps, que si au moyen d'un traitement unique on parvenait à débarrasser une vigne de l'insecte, on pourrait peut-être se sauver.

Il faut tout d'abord revenir sur ce point capital avec quelques détails.

I

Rendement moyen de la vigne. — Le *Journal de l'Agriculture*
de M. Barral reproduit (janvier 1878, page 7) un tableau

1. Au fond, cette nouvelle édition ne diffère de la première que par
quelques notes ajoutées.

2. Voyez dans la quatrième livraison des Procès-verbaux des séances de
la Commission départementale du Phylloxera de Lot-et-Garonne, page 11,
notre rapport sur les travaux patronnés par la Compagnie des chemins de
fer de Paris-Lyon-Méditerranée. Vous y trouverez une étude détaillée du
sulfure de carbone, au point de vue de ses applications contre le Phylloxera.
Cette étude se rattache au travail actuel et le complète. (Voyez p. 275.)

emprunté au bulletin de statistique et de législation comparée, publié par le ministère des finances ; la première colonne fait connaître le nombre d'hectares plantés en vigne dans chaque département viticole ; la dernière colonne fait connaître la moyenne du produit récolté, en se basant sur les récoltes des dix dernières années (1867-1876) ; deux autres colonnes font connaître, par département, l'une la récolte de 1877, l'autre la récolte de 1876.

Que nous apprend ce tableau ?

Que le rendement moyen de la vigne, pour la totalité des vignobles français, est de 24 hectolitres à l'hectare (en nombre rond) ;

Que pour l'année 1876, en particulier, cette moyenne est seulement de 18 hectolitres.

Défalquons à la fois du nombre d'hectares plantés en vignes et du nombre d'hectolitres récoltés :

1° Les départements à gros rendement (Var, Hérault) ;

2° Les départements qui vendent cher (Gironde, Côte-d'Or, Saône-et-Loire).

J'admettrai *provisoirement* que, pour ceux-là, un traitement annuel soit possible : il reste 1,932,717 hectares de vignes (les 5/6 environ de la totalité), et 36,797,451 hectolitres : la moyenne tombe à 19 hectolitres.

Si l'on objecte que dans les 71 départements conservés quelques vignobles ont un gros rendement ou vendent cher, je réponds que dans les cinq que j'élimine il y en a certainement davantage qui donnent peu, et dans lesquels (même dans la Gironde) le vin se vend à bon marché.

Pour le département de Lot-et-Garonne, en particulier, la moyenne est de 14 hectolitres seulement.

Revenu brut. — Admettons le prix de 20 fr. (je suis très large) pour la valeur de l'hectolitre, soit 46 fr. environ pour la barrique de vin non logé, pris chez le propriétaire :

le produit brut est, en argent, de 380 fr. par hectare. Pour le département de Lot-et-Garonne, ce produit est de 280 fr. seulement.

Revenu net. — Pour passer du revenu *brut* au revenu *net*, il faut défalquer les frais de culture : ces frais représentent la moitié de la récolte. C'est indéniable là où les vignes sont données à moitié fruit ; et si dans les bonnes terres le rendement augmente, les frais de culture augmentent aussi, parce que là, on a intérêt à les augmenter par l'emploi des échalas, carassons, fil de fer, engrais, etc. Le revenu *net* ressort ainsi à 190 fr. par hectare pour l'ensemble, et à 140 fr. seulement pour le Lot-et-Garonne.

Où est le traitement annuel suffisant que l'on peut faire à ce prix ?

Et nous ne parlons pas de l'impôt, des réparations aux constructions, aux vaisseaux et ustensiles vinaires, de l'amortissement des capitaux représentés par ce matériel.

Et nous ne parlons pas du capital représenté par le terrain. Si le terrain est payé, c'est bien ; mais s'il est dû en partie, c'est la ruine ! Et l'objection porte sur les meilleures terres, comme sur les plus mauvaises.

Les Engrais. — On objecte que par une application abondante et intelligente des engrais on pourra transformer ces chiffres ; voyons cela ! — Un proverbe dit : Quand on veut prêter avec sûreté, on ne prête qu'aux riches. Eh bien, j'ai grand'peur que cela ne soit vrai aussi de la terre. Appliquez à deux terres différentes la même valeur d'engrais, par exemple 300 fr. à l'hectare ; je ne dis pas 300 fr. du même engrais : donnez à chaque terre celui qui lui convient le mieux. — L'augmentation du produit sera-t-elle la même ? — Je ne veux affirmer qu'une chose, c'est que je n'en crois rien du tout ! Je crois que le surcroît de rendement pourra être quelque chose comme proportionnel au rendement primitif. Exemple : Telle terre, dans l'Hérault, donne naturellement 100 hectolitres à l'hectare ; donnez-lui 300 francs d'engrais, elle en donnera, je supppose, le double, soit 200 hectolitres. Bénéfice *brut*, 100 hectolitres, à 20 francs l'un : 2,000 francs. Bénéfice *net*, en négligeant le surcroît de main-d'œuvre, ou en le comprenant dans le prix de l'engrais : 1,700 francs.

Donnez 300 francs d'engrais à tel hectare de terre de Lot-et-Garonne, qui donne naturellement 14 hectolitres, vous aurez encore le double, 28 hectolitres. Le bénéfice *brut* n'est plus que de 280 francs, et vous êtes en perte[1].

Nous ne disons pas cela pour critiquer en quoi que ce soit un emploi judicieux des engrais, même dans les mauvais terrains, bien loin de là ! Mais c'est une question de mesure, et nous voulons seulement établir que, même dans les conditions d'application les plus intelligentes, la différence entre le prix de l'engrais et la plus-value de la récolte n'infirmera pas les conclusions tirées du prix de revient d'un traitement annuel.

Danger des moyennes. — Allons plus loin : Est-ce que vous croyez qu'un homme qui n'est pas absolument un casse-cou va mettre sa fortune en équilibre sur une moyenne ? C'est bon pour vous, qui avez quelques hectares de vigne, et, par surcroît, cent mille francs de rente ! Mais celui qui n'a que vigne ? — Si la période d'où ressort la moyenne commence par hasard pour lui par les sept vaches maigres, quand la

---

1. Dans leur brochure, MM. Crolas et Falières indiquent deux engrais différents ; l'un destiné aux sols riches et profonds coûte 106 fr. par hectare ; l'autre destiné aux sols de fertilité moyenne coûte 300 fr. Il est regrettable que ces messieurs n'aient pas indiqué un troisième engrais pour les terres franchement mauvaises. Quoi qu'il en soit, cela veut dire : pour une augmentation de produit analogue, l'engrais coûte beaucoup plus cher dans la mauvaise terre ; nous disons : pour une même valeur d'engrais, l'augmentation du produit sera bien moindre dans la mauvaise terre : il me semble que nous sommes bien près de nous entendre.

première des autres arrivera, ce n'est pas lui qui en aura le profit : la vigne sera en d'autres mains.

Si un traitement annuel absorbe seulement la moitié du revenu net, personne ne le fera. Si quelques-uns le font, la moitié iront à leur ruine [1].

Notez encore que dans les bonnes terres il faut, pour que la vigne soit conservée, que non seulement il reste un revenu, mais que ce revenu surpasse celui qu'on tirerait de toute autre culture. Et, à côté de cela, combien de terres où, la vigne disparue, on ne fera pas même venir utilement un brin d'herbe !

La main-d'œuvre. — A cette impossibilité tirée du prix de revient, s'en ajoute une autre tirée des moyens d'action et de travail. Si on ne parvient à détruire totalement l'insecte nulle part, il n'y a pas un pied de vigne en France qui ne doive fatalement, et dans peu d'années, devenir sa proie. Ce sont *deux millions trois cent cinquante mille hectares* qu'il faudra traiter tous les ans. Or, tous les bras occupés à l'agriculture ont aujourd'hui leur emploi ; il n'y a même pas une commune où l'on ne se plaigne que la main-d'œuvre fait défaut. Mettez que le traitement (je n'en suppose qu'un seul par année), exige 20 journées (nous justifierons ce nombre) : où prendrez-vous ces *quarante-sept millions de journées* [2] ? Cette année même, pour traiter *2 hectares 1/2 environ*, j'ai laissé en souffrance bien des cultures diverses ; si l'année prochaine j'en voulais traiter *six*, toutes les autres récoltes seraient bientôt compromises.

Un traitement unique est possible. — Un traitement unique,

---

1. Ajoutons ici une recommandation : pour éviter toute déception en comptabilité viticole, il faut prendre de bonne heure l'habitude de dire : 2 et 2 font 3, s'il s'agit de recettes, et 2 et 2 font 5, s'il s'agit de dépenses.

2. Ne parlez pas d'arracher la moitié de vos vignes pour sauver les autres, à moins que vous ne vouliez laisser en friche les vignes arrachées. Sans cela la main-d'œuvre se transforme, mais reste.

au contraire, s'il suffit à détruire l'insecte, est, au point de vue économique, très praticable, nous l'avons expliqué à la dernière séance. De plus, non-seulement l'extension du fléau ne serait plus illimitée, mais on pourrait peut-être refouler l'insecte, d'après un plan étudié d'avance, et arriver à la longue à l'éteindre.

Mais est-il possible, avec ce que nous connaissons aujourd'hui, de détruire l'insecte en une seule fois, ou simplement de le détruire d'une façon quelconque? Attendons pour répondre qu'on ait fait rendre à chacun des traitements que nous connaissons tout ce qu'il peut donner; et, en particulier, qu'on ait effectué ces traitements en éliminant rigoureusement tous les vices d'exécution qui peuvent, qui doivent les faire échouer. Or je crois être le seul qui l'aie essayé, et je n'y suis pas encore parvenu.

Il y a mieux : dussions-nous échouer définitivement, les efforts tentés dans cette voie ne seront pas stériles : ils nous apprendront, pour la même dépense et pour la même peine, à laisser aussi peu que possible d'insectes ; et il y aura dans l'avenir une application possible de ces méthodes qu'il est bon de signaler dès maintenant.

Application éventuelle aux vignes américaines résistantes.. — Elle est relative aux vignes américaines. Quelques-unes de ces vignes résistent, depuis douze ou quinze ans au moins, dans des conditions diverses où les cépages indigènes sont morts en peu de temps. Cette résistance sera-t-elle indéfinie [1], nous le saurons peut-être lorsque la véritable cause en sera connue; et un de nos savants les plus estimés, M. Millardet,

---

1. On a dit que l'existence seule des vignes américaines, ou tout au moins de quelques-unes, était une preuve de leur résistance absolue au Phylloxera. C'est une erreur : pour que la durée d'une espèce soit assurée, il suffit que chaque individu résiste et vive assez longtemps pour pouvoir se reproduire.

est en ce moment même attaché à un beau problème, où cette question est contenue. Mais il est fort possible qu'après vingt ou vingt-cinq ans, par exemple, ces vignes elles-mêmes commencent à fléchir. Qui ne voit que si, à ce moment, on les secourt assez efficacement pour les ramener à leur santé normale, ce sera très probablement une nouvelle période de vingt ans que l'on aura devant soi? Oh! pour cette restitution à longue période, des traitements, même incomplets, sont admissibles.

Amenons-les donc, autant qu'il dépendra de nous, au plus haut degré de perfection, pendant que quelques-uns de nos collègues s'emploient avec tant de zèle et d'intelligence à l'étude des vignes américaines, question qui ne le cède en importance à aucune autre, puisque ces vignes seront peut-être notre dernière ressource; elles le seront certainement, si nous n'avons rien de mieux qu'un traitement annuel.

Mais, je l'espère encore, nous aurons mieux, et je vais essayer de vous faire partager ma confiance. Pour cela, une connaissance exacte de l'histoire de l'insecte est nécessaire. Or, même parmi ceux qui auraient le plus d'intérêt à la bien connaître, il n'est pas rare d'en rencontrer qui la savent mal. Il ne sera donc pas inutile de résumer d'abord tout ce qu'il est indispensable de savoir pour comprendre les méthodes qui nous ont été enseignées. Négligeant les théories d'ordre purement scientifique, je retiendrai seulement les faits ayant pour nous une utilité pratique au point de vue des traitements, et ceux, en très petit nombre, qui seront nécessaires pour relier entre eux les premiers, et en faire un tout de plus facile garde pour la mémoire.

II

Le Phylloxera. — Le Phylloxera de la vigne, importé en France en 1865, découvert en 1868 par M. Planchon, jusque-là inconnu des vignerons et ignoré des naturalistes (Dumas, C. r. [1], 16 juin 1873), est un très petit insecte intermédiaire entre les pucerons et les cochenilles ; son histoire se déroule suivant un cycle où l'on rencontre quatre individus essentiellement différents. Lequel des quatre a vécu le premier ? — Je n'en sais rien ; mais comme dans le nombre se rencontrent deux femelles *agames*, c'est-à-dire pondant des œufs féconds sans le concours du mâle, se reproduisant par *parthénogénèse*, j'incline à croire que c'est l'une d'elles, parce qu'ainsi un seul être aura suffi à constituer la race.

L'Ailé. — A tout hasard, partons du *Phylloxera ailé*, et aussi par cette raison, que ce point de départ est le plus commode pour cet exposé. L'*ailé* est une femelle *agame*, munie de deux paires d'ailes, les unes courtes, les autres recouvrant les premières et longues deux à trois fois autant que le corps ; les unes et les autres fort peu résistantes, lui permettant toutefois de voler assez vite et de se diriger dans un air tranquille (Boiteau, C. r. nov. 1877). Saisi par un vent tant soit peu fort, un essaim entier peut être enlevé, transporté à 15 ou 20 kilomètres, et déposé sans avarie dans une vigne. Cette manière d'expliquer une invasion nouvelle à grande distance a surtout en sa faveur que l'on n'en connaît pas de plus plausible (voyez Balbiani, C. r., 2ᵉ semestre 1874, page 1379).

1. Nous désignons par cette abréviation C. r., les Comptes rendus hebdomadaires des séances de l'Académie des Sciences. Nous la faisons suivre de la date de la séance, quelquefois de l'indication du semestre et de la page.

Quoi qu'il en soit, voici un *ailé* sur une feuille de vigne ;
ses grandes ailes blanches le rendent très apparent à l'œil
nu. Ne vous inquiétez ni d'où il vient, ni comment il est
venu, et observez-le. Son corps jaune, légèrement brun,
s'aperçoit sous ses ailes transparentes. — Je serai plus que
bref dans les descriptions : elles sont insuffisantes sans le
secours d'un dessin, si on ne connaît pas l'individu décrit,
et inutiles si on le connaît. — Si vous l'apercevez sur la face
inférieure de la feuille, où il se tient presque toujours, soyez
attentif : vous pourrez le voir se diriger vers l'angle formé
par la nervure principale et une nervure secondaire, où se
trouve un duvet parfois assez épais ; et, si la Providence vous
a départi la sagacité de M. Boiteau, vous le verrez glisser
sous ce duvet celle de ses extrémités où n'est pas la tête, et
y pondre ses œufs ; pas beaucoup, de deux à six, rarement
plus de quatre.

Œufs sexués. — Ces œufs sont d'une belle teinte jaune
clair ; les uns, plus gros, donneront naissance à des femelles ;
les autres, plus petits et d'un jaune plus clair [1] (Balbiani, C.
r., 31 août 1874), donneront naissance à des mâles. Toutefois,
l'*ailé* ne pond que rarement sur les feuilles ; le plus souvent,
il va pondre sous les couches corticales du bois de 2 à 10 ans
d'âge, quelquefois sur les gros bourgeons latéraux des sarments (Balbiani, Boiteau, C. r., 2e sem. 1875, page 585, note).

Les sexués. — Ces œufs éclosent en sept ou huit jours
d'ordinaire. Lorsque le thermomètre monte à 25 ou 30 degrés,
l'éclosion peut avoir lieu en quatre ou cinq jours (Balbiani,
C. r., 14 décembre 1874), plus vite probablement si le thermomètre monte encore. Les petits êtres de couleur jaune
clair qui en sortent sont les uns mâles, les autres femelles,
d'où leur nom de *sexués*, parce que c'est, dans toute la race,

---

1. Chez les Phylloxeras du chêne l'œuf du mâle est encore le plus petit,
mais sa couleur tire sur le rouge. (Balbiani, C. r., 20 octobre 1873.)

la seule génération qui soit dans ce cas. Ils n'ont pas d'ailes, comme en avait leur mère : ils sont *aptères :* ils ne mangent pas, n'ayant pas d'organes à cette fin, et sont par conséquent inoffensifs pour la vigne. Ils n'en vivent pas moins plusieurs jours de leur propre substance, sont assez agiles et fort ardents. Les mâles sont peu nombreux, 4 ou 5 0/0 au plus (Boiteau, C. r., 6 novembre 1874). L'accouplement a rarement lieu sur les feuilles, où les *sexués* sont en petit nombre ; ceux qui y naissent se dirigent vers les écorces en exfoliation, où se trouvent les plus nombreux, et c'est principalement là que la fécondation des femelles a lieu, quand elle a lieu. Les *ailés* vont par essaims, et ce groupement instinctif est nécessaire pour que le mâle et la femelle qui en naissent se rencontrent, à cause du petit nombre des mâles, et aussi pour cette raison que la plupart des *ailés* pondent exclusivement soit des œufs mâles, soit des œufs femelles (Balbiani, C. r., 2ᵉ sem. 1874, page 1380).

Le mâle suffit à féconder plusieurs femelles, et, à l'occasion, en quelques minutes. Cela fait, sa mission est remplie, il meurt. La femelle, qui peut vivre une huitaine de jours en captivité, se dirige le long de quelqu'une de ces galeries qui existent entre l'écorce de l'année et celle de l'année précédente, et, quand elle a trouvé un asile propice, elle pond un œuf unique emplissant tout son corps ; aussi l'opération est laborieuse et, sans exception, fatale : à côté de l'œuf on trouve toujours la dépouille de la mère.

L'Œuf fécondé ou œuf d'hiver. — Cet œuf, pondu par la fille de l'*ailé*, est l'*œuf d'hiver :* pour la taille, il tient le milieu entre les œufs *sexués*, mais en se rapprochant beaucoup de l'œuf mâle (Balbiani, C. r., 5 octobre 1875). Beaucoup d'*œufs d'hiver* non fécondés se décomposent et disparaissent (Boiteau, Association viticole de Libourne, 4ᵉ fasc., page 13). Les autres, d'abord jaune clair, brunissent, passent au vert olive, signe de la fécondité, et, au moyen d'un petit appendice situé à un bout (*pédicule*), se trouvent fixés aux écorces. Un petit point rouge situé de côté vers l'autre extrémité indique le point opposé à celui où se trouvera la tête du jeune (Balbiani, C. r., 2ᵉ sem. 1875, p. 584 et 585).

Les *œufs d'hiver* sont pondus depuis le milieu du mois d'août jusqu'au milieu du mois d'octobre. Pour tous ceux qu'on a pu observer jusqu'ici, l'éclosion n'a lieu qu'au printemps suivant, vers le 15 avril; de là leur nom. Si dans l'intervalle l'écorce qui les retient et les protège se détache et tombe, l'œuf est perdu : il se décompose et disparaît (Boiteau, *Œuf d'hiver*, p. 51). Il semble donc que tous ceux qui pourraient être pondus dans la terre, fût-ce sur une racine, seraient condamnés d'avance.

En septembre et octobre, ces œufs sont relativement faciles à trouver; leur couleur jaune les rend visibles, et les *sexués*, plus visibles encore, servent de guide. Mais à partir du mois de novembre, au plus tard, leur couleur se confond presque avec celle des écorces, et ils deviennent quasi introuvables (Balbiani-Boiteau, C. r., 2ᵉ sem. 1876, passim).

Pour la clarté de cet exposé, partons d'une date précise; admettons que les *ailés* de notre essaim soient arrivés au mois d'août de l'année même où nous sommes, 1878; qu'ils soient les premiers occupants; que quelques-unes de leurs filles, une quinzaine, aient pondu des œufs fécondés : depuis l'instant de la ponte, où elles meurent, jusqu'au mois d'avril de l'an prochain, vous n'aurez dans votre vigne rien de vivant, mais seulement une quinzaine d'œufs sous les écorces; et cependant, des quatre individus qui composent le cycle, trois ont déjà passé sous vos yeux, pour ne plus revenir : l'*ailé*, et ses enfants : le *sexué* mâle et le *sexué* femelle.

La descendance de l'*ailé* est en ce moment contenue tout

entière dans l'*œuf d'hiver :* détruisez cet œuf et l'invasion est anéantie [1].

L'Aptère agame. — Devançons le temps et arrivons au 15 avril 1879. L'*œuf d'hiver* éclôt ; le jeune qui en sort est essentiellement différent des trois que nous connaissons. C'est une très petite larve, assez agile, d'un jaune vif à la naissance. Comme sa grand'mère l'*ailé*, c'est une femelle *agame* qui pondra des œufs naturellement féconds sans le concours du mâle, et qui, elle, en pondra beaucoup : le nombre *six cents* a été imprimé (Boiteau, C. r., 20 juillet 1876). Elle est *aptère* comme ses père et mère les *sexués;* de plus que ceux-ci, elle a une trompe qu'elle implantera dans les substances où elle puisera sa nourriture, car celle-ci, hélas ! mange et digère.

A peine sortie de l'œuf, elle se dirige vers la lumière en parcourant en sens inverse le chemin suivi par sa mère. Arrivée au jour, elle prendra sans hésiter une direction ascendante [2], suivra les pampres jusqu'à ce qu'elle trouve un jeune bourgeon en éclosion, qui lui offre quelques feuilles à peine ouvertes, larges de quelques millimètres seulement. Trois ou quatre jours après sa naissance, elle se fixera sur la face *supérieure* d'une de ces jeunes feuilles, dans le duvet cotonneux qui la recouvre encore, y implantera sa trompe, et, la feuille se développant autour de la piqûre, il se formera une galle dans l'intérieur de laquelle notre larve descendra, et se trouvera bientôt renfermée.

Les Galles. — La galle est verte, bientôt fouettée de rouge ; elle se développe comme une petite verrue sur la face *infé-*

1. Vous vous souviendrez de ce fait capital lorsque nous parlerons du badigeonnage *comme mesure préventive.*

2. C'est principalement M. P. Boiteau, vétérinaire à Villegouge, qui va nous servir de guide dans l'étude de cet insecte et de ceux des premières générations qui en sortiront. Voyez ses belles observations dans les Comptes rendus, 2e sem. 1876, passim.

rieure de la feuille, ne présentant sur la face supérieure, où la piqûre a été faite, qu'une fente de forme variable, fermée par des poils enchevêtrés. C'est par là que sortiront les larves qui vont naître, et qui formeront la deuxième génération [1].

Par la pensée, suivez notre insecte, encore lui-même à l'état de larve, dans l'intérieur de sa galle ; sa couleur brunit ; 4 ou 5 jours après la piqûre (8 environ après la naissance) elle change de peau et redevient jaune clair. 4 ou 5 jours après, elle fait une nouvelle mue, et 4 ou 5 jours après, elle en fait une dernière [2].

Les Tubercules. — Après la première mue, la larve brunit encore, et vous lui verrez sur le dos plusieurs rangées de points noirs qui la font ressembler à une petite tortue : ce sont les *tubercules*. Elle les perd en muant de nouveau pour les reprendre ensuite. Après la troisième mue, c'est-à-dire 15 à 18 jours après la naissance, elle est devenue adulte, et passe à l'état de *mère-pondeuse*. La ponte commence, s'achève, la mère meurt, et dans la galle, à côté de sa dépouille, on retrouve les trois peaux qu'elle a successivement abandonnées. Ni la durée de la ponte, ni la durée de la vie de la pondeuse ne sont connues.

Œuf de l'Aptère agame. — Pour chaque œuf l'éclosion a lieu 7 à 8 jours après la ponte, et, en résumé, 24 jours environ après la naissance de la mère pour les premiers œufs pondus. Cet œuf de *l'aptère agame* est le plus petit des quatre, mais très voisin de l'œuf *sexué* mâle. L'œuf femelle de *l'ailé*

1. Nous compterons les générations à partir des *sexués*, disons plus simplement de *l'œuf d'hiver*.

2. Nous prenons une durée moyenne pour les diverses phases. Cette durée est variable avec la température, les circonstances météorologiques, la nourriture, etc... (Voir pour plus de détails : Max. Cornu, C. r., 21 avril, 21 juillet, 1er octobre 1873. — Lichtcinstein, C. r., 21 août 1872 ; — Balbiani, C. r., 14 déc. 1874 ; — Boiteau, passim, etc.)

est franchement le plus gros ; les trois autres sont assez voisins, et les inversions de taille sans doute fréquentes entre eux.

Les Gallicoles. Générations successives. — Tirant de leur berceau le nom de *gallicoles*, que porte aussi leur mère, les nouvelles larves sortent de la galle par la fente, sont fort agiles, hésitent rarement, et prennent de suite une marche ascendante le long des pampres, à la recherche des jeunes bourgeons en éclosion, et, semblables à leur mère, y vivent et s'y développent en passant exactement par les mêmes phases. A partir de ce moment, nous ne rencontrerons plus que des femelles, pondant des œufs féconds sans l'intervention du mâle.

La troisième génération succédera à la seconde, les mêmes phénomènes se reproduisant dans le même ordre. Il faut ajouter tout de suite que la fécondité va en diminuant d'une génération à la suivante, et assez rapidement.

Interrompons ici notre récit pour une digression nécessaire.

Rareté des Galles. — Disons tout de suite que les galles, bien loin d'être le cas général, sont la très grande exception. Sur les vignes françaises, en particulier, elles sont très rares ; probablement parce que les feuilles s'y développent ou trop lentement ou trop vite. Impossibles à trouver sur certains vignobles, elles sont au contraire très abondantes sur d'autres, ainsi que j'aurai à le dire en son lieu. Rien ne prouve, jusqu'ici, que la galle soit nécessaire pour que l'insecte ponde. Où pondent les insectes qui n'ont pas réussi à former de galles ? Probablement sur les feuilles, les pétioles, les pampres, un peu partout ; et il doit y avoir une déperdition énorme d'œufs ainsi abandonnés sans protection. Les feuilles de la vigne portent d'autres galles renfermant aussi des insectes, mais aucune qu'il soit possible de confondre avec celle du Phylloxera. La croissance des feuilles n'est donc pas tout dans la formation des galles ; l'insecte intervient par la nature de la piqûre, l'action mécanique de la trompe dans la plaie, le mode d'aspiration des sucs, et bien d'autres choses encore peut-être [1].

Comment on distingue les générations les unes des autres. — Expliquons maintenant comment les générations se distinguent les unes des autres. L'insecte porte à la tête deux *antennes* composées de trois articles, comme le doigt se compose de trois phalanges, sauf que la réunion en est tout autre. L'article extérieur porte à son extrémité une échancrure où réside un organe du tact, peut-être de l'ouïe ou de l'odorat, d'où quelquefois le nom de *fossette olfactive* (Max. Cornu, C. r., 21 avril 1873). Chez l'insecte issu de l'*œuf d'hiver*, cet article lui-même est *fusiforme* (comme un fuseau), atténué à la base ; chez les générations éloignées, il est court, massif et coupé extérieurement en biseau (Balbiani, C. r., 10 avril 76). Ce biseau, nommé parfois *coupe ovalaire*, va en s'accusant

1. A mon avis, tout ce qui a été écrit jusqu'à ce jour pour faire connaître la cause qui produit les galles et le mécanisme de leur développement est à rejeter, et la question reste entière. Sur la feuille de la vigne, la substance de la feuille et celle de la galle ne sont pas assez différentes pour que l'une ne puisse pas être considérée comme la continuation de l'autre. Mais on trouve sur les feuilles d'autres essences des galles formées également par une larve qui vit et se développe à leur intérieur ; et, pour toutes, la véritable explication doit dériver du même principe, et ne différer que par les circonstances accessoires et secondaires qui tiennent aux différences spécifiques de la feuille et à celles de l'insecte. Parmi ces galles, la plus étonnante que j'aie encore rencontrée est celle que je viens de voir (15 septembre) à profusion sur des feuilles de hêtre. N'ayant pas étudié l'histoire naturelle, j'ignore ce que les auteurs ont pu en dire ; mais dans tout ce que j'ai lu sur la galle de la vigne, sans parler des vues obscures ou arbitraires qu'on y rencontre, il n'y a rien qui puisse mettre sur la voie d'une explication simplement vraisemblable relativement à celle du hêtre. Il n'en faut pas plus pour affirmer que la vérité n'a pas encore été entrevue. Cette question, heureusement, n'est pas de celles où il soit nécessaire de marcher avec quelque hardiesse. La science et la pratique peuvent avancer sans être en rien gênées par notre ignorance sur ce point ; et dès lors ces théories prématurées ne font qu'encombrer un terrain où on a déjà tant de peine à se reconnaître.

davantage d'une génération à la suivante; il s'élargit et occupe une longueur de plus en plus grande. Sur ce troisième article, extérieurement et vers le milieu, existe toujours un poil unique. A la quatrième génération, la *coupe ovalaire* ne descend pas encore jusqu'à ce poil; dès la cinquième elle descend au-dessous, et a dès lors acquis toute sa longueur. A partir de ce moment, on n'aperçoit plus aucune différence entre les générations suivantes, non plus qu'entre celles que nous allons rencontrer sur les racines (Boiteau, C. r., 10 août et 6 nov. 1876). Je n'ai pas besoin d'ajouter que ces détails ne peuvent être aperçus qu'à l'aide d'un microscope.

Existence simultanée de plusieurs générations. — Il ne faut pas croire que chaque génération remplace tout d'un coup la précédente; pour chaque *pondeuse,* il est des œufs qui sont pondus le premier jour, d'autres qui sont pondus le dernier jour de la ponte. Pour les prémiers, et en admettant les données précédemment indiquées, une nouvelle génération apparaîtra tous les vingt-cinq jours environ. Pour les derniers, si on admet que la ponte dure par exemple trente-cinq jours, il y aura deux mois d'intervalle d'une génération à la suivante. Les filles d'une *mère-pondeuse* auront ainsi des enfants avant que leur mère ait cessé de pondre; chez ces petites bêtes comme chez nous on rencontrera des tantes plus jeunes que leurs nièces, et si nous franchissons par la pensée un intervalle de temps un peu long, alors que nous aurons des insectes appartenant à peine à la vingt-cinquième génération, par exemple, il y en aura déjà qui appartiendront à la soixantième. Il y a là autre chose qu'une curiosité futile; ce fait, d'ailleurs très simple, nous sera bientôt nécessaire pour une interprétation exacte de quelques faits fort importants dans notre lutte contre cet ennemi, bien petit sans doute, mais pour le moment insaisissable.

Migration des Gallicoles sur les racines. — Revenons maintenant à nos insectes de la troisième génération. Pour quelques-uns d'entre eux au moins, cela nous place en juillet. A ce moment les jeunes feuilles et les jeunes bourgeons sont rares, et par suite les galles difficiles à former. Quelques insectes, ne trouvant pas sur les feuilles un confortable suffisant, et aptes déjà à prendre une nourriture différente, vont chercher fortune ailleurs. Ils descendent le long des pampres et arrivent sur le sol ; les plus avisés y vont par le chemin le plus court, tout bonnement en se laissant tomber (voyez, au sujet de cette tendance des insectes à se laisser choir quand ils ne se trouvent pas agréablement là où ils sont, Max. Cornu, C. r. 13 octobre 1873). Une fois là, les uns en suivant le tronc des ceps, les autres en pénétrant par les crevasses du sol, tous viennent se fixer sur les racines, où ils implantent leur trompe comme ils ont fait jusqu'ici sur les feuilles (Marion, C. 3. 2 juillet 1876 ; Balbiani, C. r. 17 juillet 1876). A partir de ce moment et jusqu'à la fin d'octobre, on assiste à ce double phénomène : pendant que quelques insectes continuent à accomplir sur les feuilles les diverses phases de leur existence, les autres vont se fixer sur les racines, et là, croître et multiplier dans des conditions si différentes pour eux, si différentes aussi pour nous puisque les premiers sont inoffensifs pour la vigne tandis que ceux-ci vont la tuer !

Les Radicicoles. — Devenu *radicicole,* notre petit monde ira de préférence, et autant qu'il y aura de la place, se fixer sur le chevelu, à l'extrémité des radicelles. Là, chaque larve implante sa trompe, fait ses mues, devient adulte, pond en distribuant ses œufs autour d'elle, et meurt. Ses filles, au sortir de l'œuf, vont et viennent avec une sorte d'inquiétude et une tendance très marquée à s'éloigner du lieu de leur naissance (divers observateurs), et à leur tour se fixent quelque part, comme a fait leur mère.

Tubérosités , Nodosités ou Renflements. — Quelques-unes s'arrêtent sur les racines mêmes. Autour d'elles se forme une petite bosselure ronde, déprimée au centre, où est la piqûre. D'autres viennent parfois se fixer à côté ; ces petites bosselures empiètent alors les unes sur les autres et forment une excroissance plus ou moins irrégulière sans cesser d'être lisse ; ce sont les *tubérosités*.

Si l'insecte se fixe à l'extrémité d'une radicelle dont le développement en longueur ne soit pas terminé, il se forme une *nodosité*, un *renflement*. C'est une excroissance crochue *sui generis*, jaune clair, qui saute aux yeux et peut devenir assez volumineuse. C'est dans le crochet que vous trouverez toujours la coupable. Quelques-unes de ses filles se fixeront sur le *renflement* même, y pourront devenir adultes et pondre à leur tour : on trouve de tout sur les *renflements*.

Les *renflements*, le signe le plus apparent de la présence de l'insecte, mais pas le plus certain, comme on l'a dit (le plus certain, c'est l'insecte lui-même), n'apparaissent guère avant le mois de juillet ; ils pourrissent et se décomposent tous ensemble vers la fin de l'été (Balbiani, Max. Cornu et autres), par une cause que M. Millardet nous fera peut-être bientôt connaître, et, amenant la décomposition du système radicellaire tout entier, suppriment les organes même de la nutrition chez la vigne, qui meurt de faim.

Migration totale sur les racines. — Aux premiers froids, au plus tard au commencement de novembre, tous les descendants de nos *ailés* se seront retrouvés : les derniers *gallicoles* seront passés à leur tour sur les racines, les profondeurs du sol leur offrant contre le froid le seul abri qu'ils puissent trouver, et il ne restera absolument plus rien au dehors.

Les Hibernants. — Mais l'hiver approche ; la température baisse, dans l'air d'abord, puis dans le sol lui-même. Dès

qu'elle descend aux environs de 10 degrés (M. Cornu, C. r.
4 mai 1874), les *pondeuses* achèvent de pondre et meurent ;
les œufs éclosent et il n'en reste plus (Faucon, C. r. 24 mars 73.
— Marion, rapport de 1878, p. 20). Les jeunes larves brunissent, restent en place, leur trompe, implantée dans une
racine, s'engourdissent et ne se développent plus. Tout
l'hiver passera sur elles sans les tuer ni les réveiller de leur
torpeur ; elles sont devenues les *hibernants*.

Absence des œufs de l'aptère agame en hiver. — Il y a là un
fait encore assez obscur. Il semble que le froid engourdit les
jeunes qui n'ont pas encore fait de mue, et que tout ce
qui est plus ou moins avancé qu'eux continue son évolution.
Ainsi, d'une part, les œufs achèvent d'éclore, puisqu'il n'en
reste plus ensuite [1] ; les insectes qui ont mué une fois achèvent de se développer, puis pondent et ne disparaissent que
leur évolution terminée, car tous les jeunes qui restent sont
de la même taille et de la plus petite (Max. Cornu, C. r.,
21 avril et 15 décembre 73). Le fait suivant semble venir à
l'appui : le 26 décembre 77, j'avais l'honneur de recevoir,
avec MM. E. Falières et Duffour, la gracieuse et cordiale
hospitalité du château de Ménars, chez M. Piola, président
de l'association viticole de Libourne. M. Falières vit et nous
montra sur une racine une *pondeuse* entourée de *jeunes*, et

---

1. Toutefois, pour les œufs, une autre explication est possible. Si l'œuf
saisi par le froid s'arrête dans son évolution et devient un *œuf hibernant*, il
est très probable qu'au contact du sol et des agents qui y sont contenus, il
se décompose et disparaît, comme il arrive, d'après M. Boiteau, pour l'*œuf
d'hiver* lorsque l'écorce qui le protège se détache et tombe. Il est à souhaiter
qu'ils disparaissent en effet de cette façon ; dans ce cas, on n'aurait pas à se
préoccuper des *œufs d'hiver* pondus ailleurs que sous l'abri protecteur des
écorces, par exemple dans le sol, sur les racines, même sous l'épiderme, là
où il se détache. Si je reviens sur cette considération, pour la rattacher à
cette disparition des œufs de l'*aptère agame*, c'est qu'elle paraît avoir une
importance extrême en ce moment : je dois garder une grande réserve jusqu'à ce que M. Boiteau croie pouvoir utilement faire connaître le résultat
de ses recherches actuelles. (Voir page 191 *m*.)

immédiatement nous aperçûmes des œufs à la loupe. Or, au 26 décembre, il y a bien deux mois que *l'hibernation* a commencé dans les palus de la Dordogne. Cette *pondeuse* était donc la suite d'un *jeune* qui avait continué à se développer, sans doute parce qu'il avait mué une première fois. Il semble donc que cette première mue soit le point critique que le froid empêche de franchir (Conf. Max. Cornu, C. r. 4 mai 74).

Le point essentiel est le fait même de la disparition des œufs, parce qu'ils offrent aux insecticides une résistance plus grande que les insectes eux-mêmes (Balbiani, C. r. 2ᵉ sem. 71, pages 954, 1028, 1160).

Nos *ailés* sont venus en août 1878, nous avons fait l'histoire des deux premières années 1878 et 1879. Prenons encore une date pour fixer nos idées, et disons qu'en janvier 1880, par exemple, nous aurons les premiers *hibernants* sur les racines, et pas autre chose, ni au dedans ni au dehors. L'invasion, vous le voyez, se fait lentement, mais, il faut le dire, à coup sûr.

La Vigne. — Pendant que nos insectes sommeillent, reconnaissons le domaine où ils vont se mouvoir à leur réveil. Si la vigne végète dans un terrain peu profond, peu fertile, les sarments seront courts, les racines pas bien longues ; pour peu que les pieds soient espacés, chacun restera isolé, les racines ne se rencontrant pas. Si le terrain est au contraire profond et fertile, les pampres de 7 et 8 mètres de longueur ne seront pas rares, les racines seront plus longues encore. Des pieds à 12 et 15 mètres de distance se trouveront en contact souterrain, et leurs racines formeront sous la surface du sol un réseau continu partout à peu près également dense.

Si l'invasion a lieu dans la vigne maigre, la résistance ne sera pas longue ; l'insecte ne trouvera que quelques chétives radicelles et les aura bientôt dévorées ; — dévorées n'est pas le mot propre : le vampire implante son suçoir, pompe la sève, et épuise peu à peu sa victime. Même en bon terrain, une très jeune vigne se conduira de même, son système radiculaire étant encore peu développé.

Dans la vigne vigoureuse, au contraire, la résistance sera bien plus longue ; par ses radicelles non encore atteintes, la vigne non seulement pourra vivre, mais encore conserver la vigueur nécessaire pour réparer en partie ses pertes. Sur la première, la *tache* sera apparente au plus tard la troisième année, en 1880, et cette tache sera peu étendue, les insectes ayant eu peu de temps pour leur œuvre, et peu de facilité pour passer d'un pied à l'autre. Pour la seconde, la *tache* ne sera apparente que plusieurs années après ; quelques colonies auront pu déjà se détacher et porter le fléau aux alentours du foyer primitif sur un espace considérable, où le mal sera encore à l'*état latent*.

Réveil des hibernants. — Reprenons notre récit et arrivons au 15 avril 1880. La température est remontée dans le sol au-dessus de 10 degrés ; nos *hibernants* sortent de leur torpeur, et, en dépit de ce long engourdissement, reprennent et achèvent l'évolution commencée. Les filles qui en proviennent succèdent à leurs mères ; elles naissent, s'agitent, se fixent, muent, pondent et meurent comme elles, et, cette reproduction parthénogénésique se continuant sans modifications, nous n'avons plus rien à en dire, si ce n'est que chaque année vous enrichira de dix à douze générations nouvelles.

Fécondité de l'espèce ; pullulation. — Nous avons vu avec quelle fécondité menaçante s'offre à nous l'insecte issu de l'*œuf d'hiver*, et que cette fécondité va s'atténuant en passant d'une génération à la suivante. Admettant du 15 avril au 15 octobre cinq générations équivalentes et cent œufs pour chaque *pondeuse*, M. Max. Cornu (*Revue scientifique*, 23 février 1878, page 805, col. 2, lig. 28) donne pour la descendance d'un seul insecte le nombre *dix milliards*. C'est un joli nombre, mais ne vous en laissez point effrayer ; d'abord parce qu'il n'est pas exact : il ne le serait que si tous les œufs étaient pondus le premier jour de la ponte, c'est-à-dire, avec les données de M. Cornu, le trentième après celui où a été pondu l'œuf d'où est sorti l'insecte qui pond à son tour ; ensuite parce que la nature elle-même nous protège. Une innombrable quantité d'insectes disparaît sans que l'homme s'en mêle, et ce qui en reste est un rien dans cette immensité. Leur nombre, chaque année, doit être à peu près proportionnel à l'étendue des surfaces envahies, ce qui ne va certainement pas du simple au double : ne nous laissons pas troubler et continuons notre étude.

Migration des hypogés sur le sol. — Cette troisième année 1880 va nous présenter un fait nouveau. En 1879 nous avons vu les insectes passer successivement du dehors au dedans du sol. En 1880 nous verrons l'inverse ; non pas que tous abandonnent une fois ou autre leur empire souterrain, rien du moins n'autorise à le dire ; mais quelques-uns, beaucoup même, plus aventureux que les autres — ou se souvenant des cieux — remontent, qui le long des racines et du tronc, qui par le chemin plus direct des crevasses du sol, et arrivent à la lumière. M. Faucon les y a vus le premier, d'abord en septembre (C. r., septembre 1872), puis dès le 15 juin (C. r. 16 juin 1873). Là, ils cheminent à l'aventure, se chauffant au soleil, parfois cherchant l'abri des feuilles, leur protection contre une pluie intempestive (Balbiani). Très prudents, ils s'avancent avec précaution, palpant le terrain de leurs antennes ; leur marche est lente, incertaine, chancelante ; le moindre obstacle les arrête, le souffle de l'observateur penché sur eux les renverse. Les uns remonteraient même sur les feuilles, qui leur offrent une nourriture adaptée à leurs besoins (Lichtenstein, C. r., 4 août 1873 ; Balbiani,

C. r., 2 novembre 1874), et y feraient des galles (Marion,
rap. de 1878) [1]; d'autres rentrent sous terre par les mêmes
voies. Quelques-uns, pris par le vent, peuvent être répandus
dans le voisinage, et agrandir la tache primitive ou même
en former de nouvelles. Mais toutes ces allées et venues qui
s'accomplissent au courant de la belle saison ne changent
pas la situation finale : vers la fin d'octobre tout retourne
encore aux racines, et au 15 janvier 1881 (4ᵉ année) vous
aurez les seconds *hibernants* sur les racines, et peut-être rien
encore au dehors. Et en ce qui concerne les *aptères agames*, il
en sera de même au 15 janvier de chaque année.

Mais il ne va pas tarder à se produire autre chose, si ce
n'est déjà fait.

M. Balbiani a émis l'opinion que si les générations se
succédaient uniquement par parthénogénèse, la race ne tar-
derait pas à devenir stérile et à s'éteindre d'elle-même (C. r.,
4 octobre 75 et 17 juillet 76). Mais si la nature nous protège,
elle veille aussi sur ces petits êtres, et elle a pourvu à leur
conservation par un artifice vraiment merveilleux. Vous avez
vu le cycle s'ouvrir avec l'*ailé*, et passer par les *sexués* et les
générations successives d'*aptères agames;* eh bien, vous allez
maintenant le voir se fermer.

Nous voici à la mi-juillet; fouillez un pied de vigne, prenez une touffe de chevelu, examinez un renflement à la
loupe : vous y trouverez cinq ou six insectes, peut-être beaucoup plus, *pondeuses ou jeunes*. Voici une larve dont l'aspect
vous frappera. Plus allongée que ses sœurs, elle est plus élé-
gante de forme; elle a comme une taille dessinée (Balbiani,
C. r. 14 décembre 74); au-dessus, à droite et à gauche, deux
petites taches noires, comme deux petits nœuds de velours;
ce sont des rudiments d'ailes :

1. Voir page 291, note.

Je vous présente la *nymphe*.

La Nymphe. — La larve d'où elle provient fait ses mues, probablement trois comme les autres; puis, au lieu de pondre, elle fait une mue supplémentaire, d'où elle sort telle que je vous la montre. Sous cette forme, elle quitte les racines et s'élève à la surface du sol (Balbiani, C. r., 14 décembre 74; cette communication est à lire depuis la première jusqu'à la dernière ligne), et, seulement alors, elle accomplit une dernière mue qui en fait un insecte *ailé*, en tout semblable à celui dont nous sommes partis [1] (Balbiani, C. r., 14 décembre 74) : sur cette précieuse bestiole le cycle ancien se ferme et un cycle nouveau commence.

Restons un moment avec elle, le sujet en vaut la peine [2].

M. Balbiani a émis l'opinion que la *nymphe* était amenée à cet état plus parfait par une nourriture spéciale (rapporté par M. Mouillefert, brochure citée, p. 35). M. Max. Cornu reprend cette doctrine (*Rev. scient.* 23 février 78, p. 306). Mais l'analogie ne suffit pas à établir un tel fait. La nymphe se nourrit sur les renflements à côté d'autres insectes qui restent *aptères* (Max. Cornu, C. r., 22 septembre 73); on la trouve sur les grosses racines, et « … dans certaines circon « stances spéciales, l'évolution dont le dernier terme est « l'apparition des individus sexués peut s'y faire d'une ma « nière tout aussi abondante et active que sur les renfle « ments » (Balbiani, C. r., 14 décembre 74); on en rencontre dans les mottes de terre, sans relation avec les racines (Marion, rapp. cité p. 22), ce qui prouve qu'après leur transformation, tout au moins, elles peuvent s'accommoder d'une sobriété assez grande; de plus, les *aptères* qui se nourrissent

---

1. La *nymphe* est très riche en tubercules; elle les perd à la dernière mue, et l'*ailé* n'en a pas (Max. Cornu, C. r. 8 déc. 73).

2. Aux citations près, je dois prendre toute la responsabilité de ce que je vais dire à l'occasion de la *nymphe*.

sur les renflements sont plus féconds et pondent plus tôt que les autres (Balbiani, C. r., 14 décembre 74), tandis que c'est l'inverse pour la *nymphe*, dont l'évolution semble plus lente, et qui, devenue *ailé*, ne pondra que trois ou quatre œufs. D'après cela et jusqu'à preuve contraire, je croirai que la différence spécifique existe dès l'œuf, et vient des ancêtres ; ainsi encore les *nymphes* se rencontrent généralement par groupe de 4 ou 5, d'où la présomption, tout au moins, qu'elles sont filles de la même mère.

A quel moment apparaît la *nymphe?* — J'ai montré à la dernière séance l'intérêt de la question. Le petit nombre de ses œufs tend à indiquer qu'elle arrive alors seulement que la branche qu'elle continue dans la famille de l'*ailé* est au moment d'être stérile, et que, par suite, elle n'est avec cet *ailé* qu'à un degré de parenté fort éloigné [1]. Une cause accidentelle pourrait-elle, en affectant un individu, hâter la stérilité de sa lignée? Oui, sans doute ; mais je pense que la conséquence serait à la fin un être tout bonnement stérile ou finirait une branche. Je crois que la *nymphe*, être plus parfait que l'*aptère*, ne peut être que le terme d'une évolution parfaitement normale dans tous les individus qui y figurent. J'admettrais plus volontiers, ce qui nous rapproche de l'hy-

[1]. M. Boiteau a trouvé dans ses flacons quelques *ailés* à la 6e génération, en septembre (C. r. 6 nov. 76). Suivant une remarque de M. Balbiani, à l'air libre ou en captivité, l'évolution peut offrir de grandes différences; de plus, l'insecte n'est pas gros, et comment répondre qu'on n'a introduit dans un flacon rien autre chose que ce qu'on a voulu y mettre? Je ne crois donc pas que ce fait isolé soit suffisant pour décourager les espérances fondées sur les considérations précédentes.

M. Balbiani a écrit : « ... Il en résulte que les générations se succèdent bien plus rapidement sur les renflements que sur les autres parties du système radical, et que par conséquent les cycles de reproduction s'y fermeront beaucoup plus tôt, par l'apparition de la génération sexuée, qui dérive de la forme ailée. » (C. r., 14 déc. 74.)

L'idée que la nymphe est toujours très éloignée de l'*ailé* me semble implicitement, mais très nettement contenue dans ces lignes.

pothèse de **M.** Balbiani, une cause accidentelle donnant à quelques individus consécutifs, assez voisins d'ailleurs de celui chez lequel la transformation se ferait naturellement, un surcroît d'énergie vitale d'une nature particulière et capable de précipiter l'évolution ; tel pourrait être en effet le cas de plusieurs générations se succédant sur les renflements, où la vie est plus intense.

Et est-il enfin déraisonnable de penser que, de tous les œufs pondus par un *aptère*, quelques-uns seulement, ceux, par exemple, venus durant une période déterminée de la ponte (les premiers pondus peut-être)[1], seraient propres à donner des insectes ayant en eux la cause de cette transformation, et capables, soit de la subir eux-mêmes, soit d'en transmettre le principe à leurs descendants ? Et ne serait-il pas possible alors, ce qui vaut tout au moins la peine d'être espéré, que si l'on détruisait pendant un temps dans *l'œuf d'hiver*, où elles viennent fatalement aboutir, toutes les branches qui jusque-là se seraient montrées capables de cette transformation, il ne restât plus que des branches ayant subi un affaiblissement spécial à un degré suffisant pour qu'aucune transformation ne fût désormais possible, auquel cas la race disparaîtrait d'elle-même[2] ?

C'est bien à dessein que j'ai évité le terme, si usité ici, de *dégénérescence*. Les générations *dégénèrent* bien, en effet, *au point de vue de la fécondité* ; mais cette fécondité même n'est que le résultat d'une activité vitale d'espèce particulière, pouvant être fort différente de celle qui préside aux transformations de l'espèce ; et les rapports de l'une à l'autre sont, pour le moment, profondément cachés. Tout au plus semble-t-il qu'il y ait entre elles un certain antagonisme.

---

1. Peut-être les œufs produits par un tube ovigère spécial.

2. On verra, pages 79 et 91 *b*, que ce n'est pas là une hypothèse arbitraire, mais que c'est une interprétation possible d'un fait observé.

C'est ainsi que chez l'homme, l'énergie intellectuelle et l'énergie physique ne dépendent pas des mêmes organes, ne vont pas toujours de pair, si même elles ne sont pas quelquefois en raison inverse l'une de l'autre : je ne fais pas d'assimilation, j'explique ma pensée.

Nous avons dit que la *nymphe* n'apparaît que vers le 15 juillet, parce que tous les observateurs sont d'accord sur ce point. Cependant, comment admettre que parmi les larves qui hibernent, aucune ne soit apte à cette transformation ? Aucune ne la subit cependant, puisque toutes arrivent à l'état adulte en mai. Il semble donc que la chaleur en soit un élément important, prépondérant peut-être. Un climat favorable pourrait peut-être la hâter, et la hâter si bien qu'elle s'accomplît sur l'insecte même issu de *l'œuf d'hiver*. Un tel climat existe-t-il et y trouve-t-on la vigne ? Là, le phylloxera serait aussi inoffensif qu'une mouche.

Ce n'est pas pour le plaisir de discourir et d'édifier des hypothèses que je suis entré dans ces détails, mais parce que nous en tirerons parti pour l'interprétation, j'allais dire pour la prévision de certains faits ; nous n'y trouverons peut-être pas une arme nouvelle pour la lutte, mais nous y apprendrons à mieux manier une de celles que nous possédons déjà.

Fermeture du cycle. — Nous pouvons compléter maintenant le tableau de l'invasion.

Une année plus tôt, une année plus tard, mais toujours au 15 juillet, apparaissent les premières *nymphes*, qui se transforment en *ailés*. Chacun de ces *ailés* ouvre un cycle nouveau qui viendra se dérouler à côté de ceux qui l'auront précédé et se confondre entièrement avec eux à partir des insectes de la cinquième génération. On aura ainsi à chaque instant, vivant au milieu les uns des autres, des insectes de toute génération et de tout âge ; les uns comptant parmi leurs aïeux un ou plusieurs de ces héros, petits-neveux du premier conquérant, apparus à l'heure propice pour rajeunir le sang de leur lignée ; le plus grand nombre, *ignobile vulgus*, déshérités sans retour du principe réparateur, et ne figurant plus dans la famille que pour continuer une branche condamnée à s'éteindre dans une irrémédiable impuissance.

Récapitulation. — Au point où nous voilà parvenus, l'histoire du phylloxera de la vigne, restreinte à ce qui nous intéresse, me semble facile à embrasser d'un coup d'œil.

La première année, du 15 juillet au 15 octobre, arrivent les premiers *ailés*, que nous supposons les premiers occupants ; puis viennent les *sexués* leurs enfants, puis l'*œuf d'hiver* pondu par la femelle sexuée, et destiné à n'éclore qu'au printemps suivant, vers le 15 avril.

La seconde année, succession des huit à dix premières générations d'*aptères agames* sur les feuilles, où elles font accidentellement des galles, et migrations, partielles d'abord dès la troisième génération, puis totales en octobre, sur les racines. — *Hibernage.*

La troisième année, réveil au printemps ; générations successives, toutes semblables entre elles ; migrations partielles sur le sol et très probablement sur les feuilles (voir procès-verbal de la dernière séance, note p. 28) ; en juillet et août, apparition des premières *nymphes*, puis d'*ailés*, point de départ de cycles nouveaux. Second *hibernage*, et, cette fois, *œufs d'hiver* sous les écorces.

La colonie est dès maintenant constituée, et demeurera telle jusqu'à la mort de la vigne.

Sur une vigne quelque peu vigoureuse, au moment où une tache devient apparente, l'invasion est assez ancienne pour que les *nymphes* et les *ailés* aient paru, et l'organisation est déjà complète.

Observations diverses : sexués hypogés. — 1° M. Balbiani a signalé sur les racines des femelles sexuées n'offrant aucune différence avec les filles de l'*ailé* (C. r. 2 nov. 1874) ; d'où proviennent-elles ? — Chez les phylloxeras du chêne, les *aptères agames* (qui correspondent à nos insectes souterrains) produisent des *sexués* en tout semblables[1] à ceux de l'ailé (Balbiani, C. r. 20 oct. 1873) ; mais, M. Balbiani le dit (C. r. 13 oct. 1873), les *aptères agames* du chêne, vivant à l'air libre et à la lumière, sont dans des conditions d'existence et de reproduction essentiellement différentes, et on ne peut pas conclure des unes aux autres. Les *sexués* vus vers la fin de la saison par M. Balbiani sur les racines sont probablement des enfants de l'*ailé*, venus pour chercher un abri contre des froids précoces. On n'y a jamais vu de mâle ; M. Boiteau n'est parvenu à en trouver d'aucune espèce[2]. Toutefois on

1. Je pense, au contraire, qu'entre ces *sexués* et ceux venant de l'*ailé*, il doit exister une différence essentielle qui reste encore à trouver.

2. M. Balbiani a rencontré des *sexués hypogés* par centaines sur certaines racines, tandis qu'il n'en a pas rencontré sur d'autres. Malgré la rareté des mâles parmi les enfants de l'*ailé*, le hasard aurait difficilement fait que, sur des centaines d'individus observés, pas un mâle ne se fût rencontré. Il y a donc *une cause*, et alors le mâle *hypogé* n'existerait jamais. Pour qu'un observateur tel que M. Boiteau, attaché à cette recherche, n'ait rien vu de pareil, cette cause doit être locale, accidentelle, rarement agissante. Quelle est-elle ? — M. Balbiani parle bien des œufs d'où naissent ces femelles *hypogées*, mais il ne dit pas un mot (du moins dans les Comptes rendus) de l'œuf unique qu'elles pondent. Si l'illustre savant a vu quelques-uns de ces œufs éclore, pas de doute : malgré leur ressemblance complète avec la femelle sexuée, et en dépit de ce qui se passe chez le Phylloxera du chêne, ce sont certainement des *agames*, et il n'y a pas à s'en occuper. S'il a vu, au contraire, tous ces œufs s'atrophier et se décomposer, cet avortement ne pouvant provenir que d'un défaut de fécondation, ce sont des *sexués ;* et, dans ce cas encore, l'absence du mâle les rend inoffensifs. Sur ce point tout reste à faire.

M. Valery Mayet, professeur à l'École d'agriculture de Montpellier, annonce l'intention (*Messager agricole*, 10 mai 78, page 175) de disséquer bon nombre de Phylloxeras *hypogés*. Cette très utile entreprise pourrait bien nous valoir quelque heureuse trouvaille, mais à la condition que M. Mayet apporte dans son dessein la persévérance nécessaire. Ce n'est pas

se préoccupe beaucoup des *œufs d'hiver* que les femelles
sexuées pourraient pondre sur les racines même. Pour mon
compte, ils me sont fort indifférents. S'ils ne sont pas fécondés, ce qui est probable puisqu'on n'a jamais vu de mâle, il
n'y a pas à s'en inquiéter ; et qu'ils le soient ou non, le sol.
je l'ai déjà indiqué, se chargera de les détruire.

Éclosion estivale des œufs fécondés. — 2° J'ai expliqué à la
précédente séance la crainte où on était que les œufs fécondés ne vinssent à éclore quelques jours après la ponte ; s'il
en était ainsi, l'*aptère agame* qui en sort serait depuis longtemps sur les racines, au moment où nous chercherions à le
détruire dans son œuf par le badigeonnage ; il succomberait
toujours au traitement souterrain, mais non pas sur les taches
à l'état latent, où ce traitement ne se fait pas, et les badigeonnages deviendraient illusoires comme mesure préventive.
Nous saurons bientôt de M. Boiteau si cette éclosion a lieu.
Je veux dire simplement ceci. Si elle a lieu, ceux de ces
œufs qu'on a observés comme *œufs d'hiver* sont des œufs
arrêtés dans leur évolution par l'abaissement de la température, et devenus des *œufs hibernants*. Or cela ne peut arriver qu'à la fin de la saison. De même qu'il n'y a pas d'insectes
hibernants au mois d'août, de même qu'il n'y aura pas non
plus de tels œufs : si donc on rencontre en août un seul *œuf
fécondé* dont l'éclosion n'ait pas lieu, on peut conclure hardiment qu'elle n'a lieu pour aucun.

Vignes renaissantes. — 3° M. Marès avait sur sa terrasse
quatre pieds phylloxérés cultivés en pots ; à la quatrième
année, sans traitement aucun, l'insecte disparaît (*Journal
d'agr. prat.* 1877, n° ii, p. 450). Beaucoup de faits de ce
genre sont signalés. Est-ce toute la colonie qui s'est tout
d'un coup transformée en *ailés*, a pris son vol et a disparu ?

du premier coup que son scalpel rencontrera dans cette multitude un individu caractéristique, et pris au moment psychologique.

Comme il y a, à chaque instant, des insectes ayant avec l'ancêtre commun les degrés de parenté les plus divers, cette transformation simultanée est invraisemblable, pour ne rien dire de plus. Mais, pendant deux ou trois ans, les *ailés* apparus chaque année ont pu s'en aller ; tous les observateurs signalent leur tendance à s'éloigner du lieu où ils sont nés, et dans le cas de M. Marès, il a suffi d'un coup d'aile et d'un peu de vent pour qu'ils fussent perdus. Suivant une remarque faite plus haut, la colonie, après ces pertes successives, a pu ne conserver aucun sujet capable de se transformer en *ailé*, et s'éteindre tout naturellement.

Un fait analogue a pu se produire pour une vigne isolée de peu d'étendue (Marion, C. r. 3 juillet 1876 ; Balbiani, C. r. 17 juillet 1876). On cite beaucoup de faits de ce genre, mais on ne donne jamais de détail topographique ou autre, et c'est un grand tort.

Lorsque le système radicellaire a disparu, l'insecte ne trouvant plus d'aliments, va en chercher ailleurs. La vigne, si elle a conservé un reste de vie, peut renaître avec le temps : il faut si peu de chose, un fragment de sarment, un fragment de racine, pour donner naissance à une souche nouvelle ! Un recepage a quelquefois favorisé le retour à la vie. Mais en général l'insecte n'est pas loin, et un retour offensif sur sa victime l'achèvera sûrement.

Ces causes sont les seules que je puisse indiquer, et on ne voit pas comment elles pourraient s'appliquer à un vignoble quelque peu étendu.

Phylloxeras sur d'autres essences. — 4° M. Dumas cite des observateurs qui ont trouvé le phylloxera sur des racines d'arbres fruitiers (C. r. 23 septembre 1872). Était-ce bien le Phylloxera de la vigne ? La confusion est facile et a été faite plus d'une fois, d'autres insectes se rapprochant beaucoup du nôtre. M. Lichtenstein vient de trouver un puceron spécial au peuplier, qui offre le même cycle que le Phylloxera de la vigne (C. r. 20 mai 1878). Je ne compte pas beaucoup sur les procédés protecteurs tirés de cette idée.

Conclusion. — En résumé, de cette étude se dégagent deux faits fondamentaux, sur lesquels reposent nos traitements : au 15 janvier de chaque année, il n'existe jamais que deux choses :

Des *hibernants* sur les racines ;

Des *œufs d'hiver* sous les écorces.

Et maintenant que nous connaissons la bête, étudions les moyens de la détruire.

La première chose à faire est de choisir l'insecticide. Passons en revue les principales formes sous lesquelles le sulfure de carbone a été employé jusqu'ici, et, pour ne rien négliger d'essentiel, disons un mot de deux autres modes de traitement, les inondations et l'arrachage des vignes, bien que l'un et l'autre soient en dehors de notre cadre.

Les inondations. — Les inondations, dues à M. Faucon, ont donné jusqu'ici des résultats à peu près semblables à ceux obtenus au moyen des insecticides bien employés ; résultats que je préciserai ainsi : deux mois après le traitement on ne trouve pas d'insectes, ou on en trouve très peu ; mais dès le mois d'août on en rencontre sans trop de difficulté, et cette *réinvasion* ainsi qu'on l'a très improprement appelée, exige un traitement annuel. Quant aux nouveaux insectes, prétendre qu'ils viennent d'une tache voisine n'est qu'invoquer une pauvre raison à l'appui d'une mauvaise cause : je n'ai pas à revenir sur ce que j'ai dit à ce sujet à la dernière séance (voir *réinvasion*).

Les inondations ont ceci en leur faveur, qu'en certains lieux privilégiés elles seront peu coûteuses, et qu'il est bien difficile qu'elles soient mal faites sans qu'on s'en aperçoive ;

par contre, on ne voit pas comment on en pourrait tirer plus qu'elles n'ont donné jusqu'ici. L'étendue des vignes où ce traitement peut être pratiqué est d'ailleurs, et, quoi qu'on fasse, restera si limitée, que leur vie ou leur mort n'intéresse guère que ceux qui les possèdent.

Arrachage des vignes. — Encore aujourd'hui on préconise l'arrachage des parties contaminées. Or, si l'arrachage supprimait le mal sur la tache arrachée, ce qui n'est pas, comment le supprimerait-il sur la tache latente, celle envoyée à 15 kilomètres de distance par exemple ? — Dès lors tout le vignoble français y passera, et cela aussi souvent qu'on voudra bien le replanter, et autant vaudrait tout arracher d'un coup. Cette considération seule dispense de s'occuper autrement de l'arrachage des souches [1].

Sulfure de carbone pur. — Le sulfure de carbone, conseillé par M. le baron Thénard, et employé par lui dans la Gironde en 1869, est le seul insecticide éprouvé que nous ayons encore. Pour ce qui est de la substance, je n'ai rien à ajouter aux travaux de MM. Marion, Catta et Gastine ; il me reste seulement à parler de son emploi.

On l'injecte dans des trous au moyen de *pals* divers, entr'autres du *pal Gastine*, dont vous trouverez la description détaillée dans les documents publiés par la Compagnie des chemins de fer de Paris à Lyon et à la Méditerranée. Je n'en peux rien dire, n'en ayant jamais fait usage ; M. Boiteau le trouve excellent.

Donne-t-il bien une dose constante à chaque trou, je ne dis pas quand il est neuf, mais lorsque les surfaces ont longtemps glissé l'une sur l'autre à frottement dur ?

N'est-il pas à craindre que l'orifice par où sort le liquide ne se ferme plus ou moins et d'une façon passagère, ou que

1. Voir page 382.

6

quelque accident n'arrive dans ce mécanisme délicat, et ne reste un temps inaperçu ?

M. Boiteau dit non — soit ! Mais ces ingénieuses machines (ceci s'applique à toutes les autres), opérant avec tant de mystère qu'on ne voit ni n'entend rien de ce qui se passe, me laissent soucieux, très soucieux ! Songez-vous bien qu'il suffit d'un trou où la dose normale ne sera pas parvenue, pour laisser peut-être une tache, et sinon compromettre le succès, du moins le retarder d'une année ?

Ces instruments chassent le liquide avec force, le *pulvérisent;* est-ce un bien, est-ce un mal ? Je ne sais trop. En tout cas, si c'est un mal, c'est un mal nécessaire, parce qu'on ne connaît encore aucun moyen de faire autrement.

Nécessité de faire l'opération en deux fois; danger qui en résulte. — Rappelons qu'il serait utile (je l'ai montré à la dernière séance d'après M. Marion) de faire l'opération en deux fois — en donnant seulement une demi-dose chaque fois — à 5 ou 6 jours d'intervalle. De là un danger très sérieux, surtout pour les traitements d'hiver, les seuls bons : si après la première injection, ou au cours de l'opération, vous êtes pris par une série de mauvais temps, qui vous oblige à différer la seconde, elles cessent d'être solidaires et deviennent probablement aussi impuissantes l'une que l'autre. Pour cette raison, surtout à un traitement d'hiver, je conseille d'injecter la dose entière de 10 grammes par trou en une seule opération.

Mélanges liquides. — Les mélanges de sulfure de carbone[1] avec une autre substance sont nés de cette idée, qu'il serait avantageux de modérer l'évaporation, ce qui est une question de mesure. M. Marion (rapport précité) cite des expériences de M. Ladrey d'où résulterait que cette évaporation

1. Ce corps s'unit aux huiles, aux graisses, aux résines, aux goudrons, aux savons (Dumas, C. r. 8 juin 1874).

n'est pas retardée le moins du monde, mais que la substance inerte, coaltar, huile lourde, etc., n'a d'autre effet que de retenir définitivement une partie du sulfure, qui serait ainsi purement et simplement neutralisée. Aucun détail n'est donné. Si le fait se confirmait, la question des mélanges serait résolue, d'autant plus que si le sulfure de carbone est, au moins en hiver, inoffensif pour les vignes, il en est autrement des huiles lourdes en particulier, que j'ai employées cette année, et qui la blessent cruellement. Mais il peut rester d'autres substances, les savons par exemple, qui n'offriraient pas le même inconvénient, tout en étant des modérateurs plus efficaces peut-être. En attendant, il faut garder cette méthode en réserve, sans l'oublier. Entre autres côtés séduisants, elle permet l'emploi d'un *pal* (Boiteau-Baillou) avec lequel *on voit* et *on entend* couler le liquide, d'ailleurs exactement mesuré, en sorte qu'aucune erreur n'est à craindre[1].

Le sulfure fourni par la Compagnie Paris-Lyon-Méditerranée renferme à peine des traces de soufre. Si vous employez du sulfure d'autre provenance, ne négligez pas de le vérifier. Vous en mettrez un poids connu dans une assiette plate ; au grand air l'évaporation sera complète en peu de temps, et vous n'aurez qu'à peser le résidu.

Si vous employez des mélanges, achetez les matières séparément, vérifiez le sulfure comme il vient d'être dit, et faites le mélange vous-même. De plus, il faut le faire à petites

---

1. Ce *pal* ne peut pas être employé avec le sulfure pur, parce qu'il y entre des robinets qui s'engorgent tout de suite. Le sulfure du commerce le plus pur renferme encore des traces de soufre en dissolution ; le liquide mouille la surface des robinets et la petite couche qui reste adhérente laisse déposer le soufre en s'évaporant. C'est ce soufre accumulé qui engorge les robinets. Quand le sulfure est mélangé à l'huile lourde, ce soufre abandonné reste en suspension dans l'huile et est entraîné au trou suivant.

20 °/₀ d'huile lourde (ou autre matière) suffiraient peut-être pour corriger ce défaut.

doses, chaque fois qu'on a besoin de remplir les *pals* : nous en verrons bientôt la raison.

Au surplus, le soufre en dissolution ou en suspension me semble sans inconvénient, pourvu qu'on en tienne compte ; si votre sulfure contient, par exemple, 20 °/₀ de soufre, au lieu de 10 gr. par trou, vous en mettrez 12 gr.

Sulfo-carbonates. — Les sulfo-carbonates, proposés par M. Dumas, n'ont pas la prétention de détruire l'insecte en une seule opération, mais simplement d'établir entre lui et la vigne une sorte de tolérance, ce qui dépendra en partie de la richesse du sol et de la quantité de pluie tombée en temps utile. Si on veut aller plus loin, même en ne visant pas à un résultat complet, on ne peut plus les regarder que comme un premier pas fait dans une voie où on a beaucoup avancé depuis. Les conditions de prix de revient et de main-d'œuvre les rendent inapplicables, si ce n'est dans quelques situations privilégiées, et dans les vignes à gros revenus, dont les propriétaires, par suite, sont en assez petit nombre, et ont les reins assez forts pour qu'il soit inutile de s'en occuper.

Cubes-Rohart. — On a nommé improprement *cubes-Rohart* de petits solides, inventés par M. Rohart, aujourd'hui faits de gélatine, dans lesquels se trouve emprisonné le sulfure de carbone à la dose qu'on veut mettre dans chaque trou. J'admets que vous les connaissez. Dans le cas contraire, vous trouverez des détails aussi abondants que vous pourrez le désirer dans les publications de l'inventeur.

Ces petits solides contiennent 10 gr. de sulfure et coûtent aujourd'hui 2 centimes pièce, soit 200 francs pour 100 kil. de sulfure : c'est quatre fois le prix où le livre la Compagnie Paris-Lyon-Méditerranée. Un ouvrier en place 600 dans une journée de dix heures [1] ; mais si on n'a pas réellement

---

1. Voyez la brochure de MM. Crolas et Falières, p. 25, ligne 18.

obtenu davantage, c'est qu'on avait, je pense, une mauvaise organisation du travail. J'estime que deux ouvriers, l'un faisant les trous, l'autre y plaçant la substance et les bouchant ensuite (cela demande de la force, il y faut un ouvrier fait), munis l'un et l'autre d'outils bien conçus, feront, à eux deux, le même travail qu'un *pal-Gastine*. En bon terrain cela suppose au moins 2,400 cubes placés en dix heures, soit 1,200 pour chaque ouvrier.

Cela étant, aussi longtemps que le prix de ces *cubes* n'aura pas été réduit des deux tiers *au moins*, pour mon compte je n'y songerai même pas! Je n'en parle ici qu'en vue de cette réduction, au cas où elle deviendrait possible.

Lorsque les applications ont été de part et d'autre bien faites, les résultats obtenus, à égalité de dose toxique, semblent tout à fait comparables à ceux qu'a donnés le sulfure pur ou mélangé. Examinons s'il y a quelque chance que cette égalité se maintienne jusqu'à la fin, je veux dire jusqu'à la destruction totale de l'insecte, dont on est encore tout aussi loin par cette méthode que par les autres.

Chaque *cube* renferme-t-il bien, au minimum, la dose de sulfure qu'on a voulu y mettre?

Car, remarquez-le bien, il ne s'agit pas ici *d'une moyenne;* si 4 ou 5 *cubes* ne contiennent pas la dose qu'on a voulu y mettre, et s'il arrive surtout qu'ils soient voisins dans le sol, tout l'excédent que pourraient avoir un millier d'autres ne compenserait pas ce déficit; il pourrait rester là une tache et l'opération être compromise.

Ces *cubes* conservent-ils, tout au moins avec des précautions toujours facilement réalisables, la dose de toxique qu'ils ont reçue?

A ces deux questions M. Rohart répond *oui;* si c'était *non*, il serait inutile d'aller plus loin; n'ayant jamais fait usage de cette préparation, je ne puis apporter ici aucun témoignage ; toutefois, c'est là une petite machine pour le moins aussi *mystérieuse* que les *pals* au sulfure pur, et je n'ai pas à revenir sur ce que j'ai dit de ceux-ci.

La gélatine modère et règle bien la volatilisation du toxique ; mais c'est avant tout une question de mesure. M. Rohart signale comme un grand avantage de ses *cubes*, que quatre mois après leur enfouissement, ils gardent encore du sulfure. Je lui en demande bien pardon, mais je vois là un très grave défaut. Pour un traitement d'hiver, où on n'a que des *hibernants*, il n'y a pas besoin d'insister. Pour ce qui est d'un traitement de printemps ou d'été [1], raisonnons un peu :

Voici un *cube* enfoui ; la petite couche-enveloppe est détruite, l'évaporation commence : c'est à ce moment qu'elle sera le plus active, car elle est à peu près proportionnelle aux surfaces en activité, et toutes ces surfaces vont en diminuant sans cesse. Voici maintenant un œuf qui vient d'être pondu ; 7 à 8 jours après naît un insecte, lequel 18 jours encore après sera prêt à pondre à son tour. Eh bien, s'il vit jusque-là et s'il pond, ne voyez-vous pas que ce nouvel œuf va arriver dans des circonstances plus favorables à sa conservation que celles où est venu le premier, puisque l'évaporation du toxique est à ce moment moins active, et que, si le premier œuf a donné lieu à une évolution complète, il y a toutes les chances possibles pour que le second en fasse autant ? — Si le 25ᵉ jour au plus tard après l'enfouissement

---

1. J'ai indiqué à la dernière séance que les traitements de printemps ou d'été étaient à rejeter :

L'innocuité du sulfure en été est encore controversée ;

Il y a des œufs, dont la résistance aux insecticides est plus grande ;

Il y a des insectes au dehors, et ces traitements ne les atteignent point.

Il n'est pas impossible que le sulfure soit entièrement inoffensif avec les *cubes*, mais les deux autres objections subsistent, et la dernière est péremptoire.

il y a encore des insectes vivants, il n'y a pas de raison pour qu'ils disparaissent jamais entièrement.

Mais, dit-on, et les insectes qui peuvent venir du dehors six semaines, deux mois après le traitement? — Pardon : occupons-nous de ceux qui existent *certainement*, avant de songer à ceux qui viendront *peut-être*. Et d'ailleurs, comment tuerez-vous les nouveaux venus, si vous n'avez pas réussi à tuer ceux qui ont reçu le premier choc? N'oubliez pas que dans le sol, l'insecte ayant sa trompe implantée dans une racine, une atmosphère contenant *deux millièmes* au moins de vapeurs toxiques s'est montrée parfois insuffisante.

Je sais bien ce qu'on pourra répondre : le premier insecte, s'il n'est pas mort, aura été du moins affaibli, et il y a des chances pour que sa fille soit plus ou moins chétive, et succombe dans un milieu même moins toxique que celui où la mère aura résisté ; que si la fille résiste, la petite-fille succombera peut-être ; c'est très bien! Mais pour mon compte, j'aimerais mieux que la première bête fût morte avant d'avoir pondu ; et cela serait arrivé peut-être, si tout le sulfure avait été mis en liberté en temps utile, au lieu d'être retenu en partie par la gélatine.

Non, je le crois fermement, sans prétendre exprimer autre chose qu'une opinion personnelle, cette longue durée des *cubes-Rohart* n'est pas à leur avantage.

Disons maintenant que ce vice, si c'en est vraiment un, comme je le pense, serait, ce me semble, bien aisé à corriger. Voici comment :

L'épaisseur de gélatine abandonnée par le sulfure croît en même temps de quantités égales normalement à chaque face du solide, et tout le sulfure a disparu lorsque la dimension qui est la plus petite a été parcourue. Ainsi admettons qu'on puisse découper ces petits corps de telle façon que les fragments soient des cubes géométriques, et faites-le : au premier moment, l'évaporation sera plus active, parce qu'il y aura une plus grande étendue de surfaces; plus tard elle le sera moins qu'avec la forme actuelle, parce que les surfaces restantes seront au contraire plus petites[1]; mais la durée de l'évaporation sera exactement la même, et elle le serait encore, si ces petits corps, avec les mêmes dimensions transversales, avaient un mètre de longueur, par exemple.

Cela compris, donnez une autre forme à vos solides, et faites-en des tablettes : doublez la longueur, triplez la largeur, réduisez l'épaisseur (j'appelle épaisseur la dimension actuellement la plus petite) au sixième de ce qu'elle est : le volume n'aura pas changé, et si le *cube* primitif a mis 120 jours à donner tout son sulfure, la tablette actuelle donnera tout le sien en 20 jours.

C'est, je crois, ce qu'il faudrait. L'expérience vaudrait tout au moins d'être faite. Mais j'avertis M. Rohart que s'il y a une déperdition quelconque de sulfure dans le magasinage,

---

1. D'un calcul très simple on déduit ce qui suit :

Deux parallélipipèdes rectangles ont 3 c. de longueur et 1 c. de côté à la base : l'un est divisé en trois cubes de 1 c. de côté. Jusqu'au 40e jour inclusivement, les trois cubes réunis donnent plus de vapeurs toxiques que le solide entier. A la fin du 40e jour, il reste 2 gr. 96 dans les trois cubes et 3 gr. 95 dans le solide. A partir de là, ce dernier dégage plus de vapeurs, et tout est fini, pour celui-ci comme pour les autres, le 120e jour : c'est la durée assignée par M. Rohart, et admise par hypothèse pour le solide, qui est la forme actuelle, à très peu près, des *cubes-Rohart*. Je n'ai d'ailleurs d'autre but que de montrer la marche générale du phénomène.

(Nous avons supposé que l'épaisseur de gélatine abandonnée par le sulfure de carbone croissait proportionnellement au temps, ce qui s'accorde avec les figures publiées par l'inventeur pour représenter une section du solide à différentes époques de l'enfouissement. Le sulfure est mis en liberté d'après une loi probablement beaucoup plus complexe; mais que cette loi soit ce qu'on voudra, il y aura toujours un moment où l'évaporation, d'abord plus faible pour le solide que pour les trois cubes, deviendra plus abondante, et le restera jusqu'à la fin : et que ce moment arrive un peu plus tôt ou un peu plus tard; que les quantités restantes de sulfure soient alors un peu plus fortes ou un peu plus faibles, la marche générale du phénomène sera la même.

le transport ou les opérations qui précèdent l'enfouissement, elle sera sextuplée avec la dernière forme ; en sorte que s'il n'y en a réellement aucune, cette forme sera la plus propre à le prouver.

Un temps humide, brouillard ou pluie fine, qui n'arrête pas le travail, permettra-t-il d'opérer sans déperdition sensible de sulfure ? — Avec le sulfure pur, l'évaporation, au cours des manipulations, est une perte sèche, la substance qui reste demeurant semblable à elle-même ; avec les cubes, la dépense n'est pas augmentée ; mais, ce qui est pire, l'opération elle-même est compromise, si cette déperdition a lieu.

D'un prix inabordable pour le moment, les *cubes-Rohart* pourraient avoir pour eux l'avenir. Voilà pourquoi je les ai examinés sans hostilité, mais sans complaisance.

(Le mémoire continue par la description des traitements faits par nous-même ; nous supprimons ici cette description, parce qu'on la retrouvera avec plus de détails dans la suite du volume. — *voir la table analytique des matières,* — mais nous laissons ce qui se rapporte aux résultats obtenus).

Résultats. — **Pour savoir ce qui reste d'insectes après le** traitement, il ne faut pas les chercher tout de suite, ni un, ni deux mois après : quand il y en a très peu, ils ne sont pas aussi faciles à trouver qu'on pourrait le croire, et ce n'est pas trop de plusieurs heures pour chaque pied fouillé. Dans ces conditions on ne peut pas en visiter beaucoup, et il est difficile de conclure. Plus tard, dans la première quinzaine d'août, par exemple, c'est autre chose, du moins je le croyais.

Si, me disais-je, sur un pied de vigne, un insecte, un seul, a échappé au traitement, au premier août sa descendance sera assez nombreuse pour qu'elle soit facile à rencontrer. — Vous n'aurez pas même besoin, m'ont dit des praticiens expérimentés, d'aller bien profondément ; c'est dans les couches superficielles, jusqu'à 30 centimètres de profondeur, qu'il y en a le plus. — Dès lors il faudrait peu de temps à chaque pied, et je pourrais en examiner un grand nombre.

Je commence. Je fouille un pied ; durant un gros quart d'heure je ne vois rien de suspect ; les racines sont saines, le chevelu revient. Je passe à un autre pied, mais une préoccupation me prend en chemin, et, sauf à ne pas le faire pour les autres, je me décide à examiner ce premier pied à fond. Me voilà assis par terre, visitant les racines une à une, émiettant les mottes ; cela dure une demi-heure, trois quarts d'heure ; puis voilà tout à coup un renflement qui me saute aux yeux ! Dans le crochet est fixé un jeune, un seul. Sa mère et ses sœurs devaient bien être quelque part, mais j'en savais assez ; je passe à un second pied, puis à un troisième du même rang : même résultat.

En quatre jours, y passant quatre heures par jour, j'ai fouillé une douzaine de pieds. Sur quelques-uns je n'ai rien vu, sur d'autres, j'ai trouvé un renflement : je dis *un*, parce que celui-là trouvé, je passais à un autre pied. En tout, une seule pondeuse ! Oh ! puisqu'il y en avait une, il y en avait d'autres ; mais je ne les ai pas vues, ce qui prouve qu'on peut chercher longtemps sans trouver tout ce qu'il y a.

Pour un pied nous allons à près d'un mètre de profondeur ; on l'arrache en entier : je trouve deux renflements de plus sous la souche même, sur des radicelles ; deux larves sur l'un ; une pondeuse, quelques larves, quelques œufs sur l'autre. Rien encore sur les racines mêmes.

Comment expliquerez-vous, avec ce que nous connaissons aujourd'hui, non pas qu'il y ait des insectes, mais que, en étant resté, au 13 août (dernier jour de mes recherches), il y

en ait aussi peu? — Je ne me charge pas de l'expliquer
moi-même, à moins que ce ne soit ce que je dirai tout à
l'heure.

Ce n'est pas tout! une circonstance particulière, pour le
moment sans intérêt, me fait craindre de n'avoir pas poussé
le traitement souterrain assez loin; et, en effet, je suis débordé sur tout le pourtour de la partie traitée, qui est de
deux hectares et demi environ. Mais sur les surfaces non
traitées la vigne a encore toute sa vigueur, à une nuance
près, tout au plus. Je fouille un pied avec les soins que je
viens de dire, j'y passe une heure : je trouve sur une racine,
sur une seule, un groupe de larves, puis une vingtaine de
renflements, des pondeuses en petit nombre, des larves, des
œufs.

Or, et c'est ici que l'intérêt augmente, en 1876, avant
tout traitement, des pieds situés tout à fait dans les mêmes
conditions de végétation et de voisinage des taches avaient
toutes leurs racines couvertes d'insectes. J'en ai donné plein
un petit flacon à notre collègue M. Magen, qui peut en témoigner. Un des pieds m'a servi de magasin pour montrer le
Phylloxera à tous les visiteurs qui ont voulu le voir; à la fin
il a succombé à ce régime, et je l'ai remplacé par le suivant, qui est encore vivant.

Pourquoi y avait-t-il autant d'insectes alors, et pourquoi
y en a-t-il si peu aujourd'hui?

Est-ce que, par hasard, le badigeonnage appliqué en
1877 et en 1878, deux fois seulement, en supprimant dans
l'œuf d'hiver tout ce qui a pu se transformer en *ailé*, n'aurait plus laissé dans la colonie entière que des individus
incapables de subir ou d'amener une telle transformation,
et ceux-ci toucheraient-ils déjà à la stérilité? — C'est de là
que sont nées toutes les réflexions que je vous ai soumises
au sujet de la *nymphe*. Mais deux ans de badigeonnage sont

bien peu pour un tel résultat. Au reste, l'action du sulfure de carbone pourrait avoir — et à tous les points de vue — hâté la dégénérescence (ici le mot conviendrait), et il se pourrait que les badigeonnages seuls eussent demandé plus de temps. J'ajoute que je n'ai pas vu cette année un seul insecte ailé ; mais je n'ai pas donné assez de temps à cette recherche spéciale pour rien affirmer, si ce n'est que, s'il y en a eu, il y en a eu bien peu.

Pousser plus loin les fouilles m'a paru sans intérêt. Du moment où, au 13 août, les insectes peuvent être aussi clairsemés, on passerait sur un même pied ·une journée entière sans rien trouver, qu'on ne pourrait pas affirmer qu'il n'y a rien. Et la conclusion qui s'impose, c'est que la preuve qu'un traitement a tout détruit ne pourra plus être fournie la première année. Si on ne trouve rien, même après les recherches les plus minutieuses, on aura les plus sérieuses raisons d'espérer ; rien de plus.

Et maintenant, qu'est-ce que cela va devenir ? Les badigeonnages seuls vont-ils suffire à amener la destruction de cette immense colonie ? — Je n'ose pas l'espérer ; mais l'importance de.la question me semble primer ici tout le reste, et c'est à ce point de vue seul que l'expérience doit être continuée. Il y a d'ailleurs une autre raison pour agir ainsi : cette année, pour traiter deux hectares et demi, j'ai dû laisser en souffrance bien d'autres travaux. L'année prochaine j'en aurais au moins six à traiter pour être certain d'embrasser toute la partie contaminée, et toutes les autres récoltes seraient, à leur tour, compromises.

Aussi fais-je des vœux pour que quelques-uns de nos collègues puissent et veuillent reprendre l'expérience au point de vue des insecticides et du badigeonnage réunis. Il faudrait une vigne isolée, de peu d'étendue, et une telle vigne n'est pas introuvable. Le jour où on aura prouvé qu'on peut en un an débarrasser une vigne de l'insecte, un grand pas aura été fait, et, à mon avis, ce sera le premier [1].

Pour ce qui est de moi, ai-je besoin de le dire? n'ayant pas fait de recherches originales sur cette question, je n'ai non plus rien à prétendre.

VII

Conclusions. — Nous avons démontré qu'un traitement annuel est pour le moment impossible, parce que la dépense en serait excessive, et que, fût-elle diminuée par la suite, les bras manqueraient bientôt pour faire le travail nécessaire;

Qu'un traitement unique serait dès à présent praticable, si on pouvait faire disparaître l'insecte en une seule fois;

Que c'est par là certainement que nous approchons le plus du but à atteindre, mais que la preuve n'est point faite que l'on y puisse parvenir;

Qu'un insuccès, s'il nous est réservé sur ce point, nous laissera à peu près aussi peu avancés que le premier jour; et qu'alors, si un travail persévérant et heureux ne conduit pas en peu de temps à quelque découverte suffisante pour changer la face des choses, nos vignes françaises seront perdues.

1. Disons que la partie de la vigne où a été fait le traitement interne est dans un état d'affaiblissement extrême, ce qu'on doit très probablement attribuer à l'action de l'huile lourde (non: c'est à l'action de l'eau retenue par le sol). Je m'étais proposé, non de lui rendre sa végétation normale, mais de la débarrasser de l'insecte, ce qui est un problème spécial et très différent. Ainsi nos vignes ne reçoivent jamais un atome d'engrais, et celle-ci n'en a pas reçu plus que les autres. Quelques pieds n'ont pas poussé; un grand nombre n'ont que des pousses de 15 à 20 centimètres de longueur, ce qui n'empêche pas quelques-uns de ceux-ci d'avoir cinq ou six jolies grappes qui mûriront, comme si ces pauvres vignes voulaient, à leur façon, témoigner leur reconnaissance de la peine qu'on se donne pour les défendre. Les feuilles sont partout du plus beau vert : le jaunissement des feuilles n'est donc pas un symptôme caractéristique de la présence du phylloxera.

Et maintenant quelle est la conclusion qui se dégage de cette étude?

Que les travaux accomplis et les matériaux accumulés sont précieux pour la science sans doute, mais qu'il faut envisager froidement le cas où ils resteraient absolument inutiles pour la défense de nos vignes ;

Que, partant, il faut travailler sans relâche avec ce que nous connaissons, pour arriver à ce que nous ignorons encore ;

Qu'il faut surtout nous défendre d'exagérer à plaisir les résultats obtenus dans quelques cas isolés, comme si on voulait persuader à soi-même et aux autres que la tâche est accomplie, et qu'il ne reste plus rien à faire; ce qui ne peut amener qu'une déception d'abord, et le découragement ensuite.

Aussi n'est-ce pas sans une douloureuse surprise que j'ai lu dans les Comptes rendus de l'Académie des sciences (C. r. 5 août 1878), prononcées, il est vrai, sans préparation et à la fin d'une séance, des paroles comme celles-ci :

..... En dépensant 51 francs, M. de la Vergne s'est débarrassé de la première atteinte du phylloxera.....

..... L'État seul peut dire au premier (le propriétaire riche qui veut agir et redoute l'inaction du voisin) : « Agissez pour votre compte; je me charge d'aider celui qui manque de ressources et de contraindre celui qui manque de bonne volonté..... »

..... L'Académie ne peut plus rien, et l'administration seule possède le pouvoir, comme elle a le devoir de mettre en mouvement la loi dont elle est armée.....

..... Il importe donc : 1º de considérer que le rôle de la science est terminé, et que c'est à l'industrie et à l'administration qu'il appartient d'agir aujourd'hui par des mesures d'ensemble.....

Qui dit cela ? — Un homme dont le nom restera à côté des plus grands que la science ait consacrés. Je discuterai ces doctrines avec une entière franchise ; mais si un seul mot semblait s'écarter du respect dû au grand nom ou à l'opinion d'un homme tel que M. Dumas, je le retire d'avance : l'expression aurait, à mon insu, trahi ma pensée.

En dépensant 51 francs, M. de la Vergne s'est débarrassé de la première atteinte du Phylloxera?

Où, quand, comment?

Comprenons-nous bien : *s'est débarrassé*, veut dire que le Phylloxera y *était* et qu'*il n'y est plus*. Or je relis la note de M. de la Vergne :

1° Il n'y a pas un seul mot qui affirme la disparition de l'insecte [1].

2° Il n'y est pas question de dépense ; si c'est là qu'ont été dépensés les 51 francs, comme on a traité *quatre ares* en tout, cela porte le prix du traitement par hectare à douze cent soixante-quinze francs.

3° Alors qu'un cep n'a plus que des brindilles dont la plus longue a douze centimètres de longueur, qu'une vingtaine d'autres ceps ont les racines qui leur restent couvertes de Phylloxeras, la tache occupe seulement *un are*. Eh bien, M. de La Vergne a de la chance! il le doit à cette circonstance que sa vigne était seulement à sa deuxième feuille, et que sur les très jeunes vignes l'action du puceron est quelquefois foudroyante (divers observateurs); par suite, sa présence se révèle dès le début de l'invasion.

4° M. de La Vergne utilise les eaux de pluie; mais cela ne l'empêche pas d'apporter une mise personnelle de 10 litres d'eau par mètre carré, mille hectolitres, ou quatre cents barriques à l'hectare. Et l'opération est renouvelée deux fois

---

1. En décembre 1876 (C. r., 18 déc. 1876), après un traitement fini en août, M. de la Vergne parle bien d'insectes introuvables jusqu'à la chute des feuilles, ce qui est d'autant moins surprenant qu'il n'y a plus de renflements à la fin de la saison. Aujourd'hui, au sujet de cette même expérience, il ne parle plus que de *bons effets :* c'est dire implicitement que l'insecte y est toujours.

par an ! Et nous ne parlons pas du prix des sulfo-carbonates !
Et M. de La Vergne appelle cela une opération *économique* et
pratique ! — Sur quatre arcs cela peut être une fantaisie inoffensive, rien de plus.

Ce qui est plus grave, c'est de dire à la science que son
rôle est terminé, alors qu'il commence à peine. On a beaucoup travaillé sans doute, et avec succès. Bien que le sulfure
de carbone n'ait pas été, que je sache, inventé pour la circonstance, nous en acceptons le bienfait, mais à la condition
qu'on nous donne aussi le moyen d'en faire usage. L'étude
biologique de l'insecte a été poursuivie avec persévérance et
une merveilleuse sagacité ; mais la dire achevée, c'est fermer
les yeux pour ne pas voir ce qui nous manque encore, et
vouloir que tout ce qui a été fait nous demeure inutile.

On ne voit pas bien, je le reconnais, ce que seront les
découvertes nouvelles, et je le vois encore moins qu'un autre ;
mais ce que je ne vois que trop clairement, c'est qu'on n'en
fera aucune, si, au lieu d'encourager ceux qui ont déjà beaucoup fait à travailler encore et à grandir par la difficulté
même, on les décourage d'avance, en proclamant de si haut
que l'*Académie ne peut plus rien...*, que *le rôle de la science est
terminé*.

A l'industrie de faire le reste..., à l'administration d'agir !
Et que peut-elle bien faire dans ces ténèbres, sinon des sot-
tises ! La loi ne lui donne pas (heureusement !) le droit de
faire le départ entre ceux qui manquent de ressources et
ceux qui manquent de bonne volonté ; la loi lui permet seulement d'opérer elle-même et à ses frais, aussi bien chez les
uns que chez les autres. Elle peut agir par des mesures d'ensemble, et sur telle échelle qu'il lui plaira de le faire, pour
se convaincre à gros deniers de notre impuissance et de la
sienne ; et puis, lorsqu'elle aura suffisamment roulé ce rocher de Sisyphe et englouti assez de millions dans ce labeur,

qu'un malheureux vienne lui dire au jour du désastre :
« Vous m'avez lié les bras pour agir à mon lieu et place, et
aujourd'hui je suis ruiné! Puisque vous n'en saviez pas plus
que moi, que ne me laissiez-vous faire moi-même, je me
serais peut-être sauvé? » Que répondra-t-elle? — Aider
l'homme de bonne volonté qui a besoin d'appui, c'est bien ;
contraindre qui que ce soit? — Non, le moment de le faire
n'est pas encore venu.

Quant aux savants à qui l'on dit le sujet épuisé, les travaux accomplis permettraient de tout espérer d'efforts patients
et soutenus. Loin de là, si, renonçant à la lutte, ils se désin-
téressent de nos misères pour se complaire en des félicitations
mutuelles, il n'y aura, dans tout ce qu'ils ont dit ou écrit
jusqu'à ce jour, pas un mot qui puisse servir à quoi que ce
soit. Ils pourront avoir l'estime des naturalistes, mais quel
que soit pour la science pure l'intérêt de leurs découvertes,
ils n'auront rien fait pour notre cause, et nos vignes mourantes ne demanderont pas même à connaître leur nom.

M. Dumas dit encore :

« ..... Mais sauver deux ou trois récoltes et gagner deux ou trois
« ans en pareil cas, c'est important et peut devenir décisif, si, dans
« cet intervalle, on découvre des moyens de destruction meil-
« leurs..... »

Voilà qui est parfait, et c'est sur ces lignes, de tout point
excellentes, que je m'arrête.

ÀPPENDICE

(a) — TRANSPORT DES CÉPAGES

Du 15 novembre au 15 mars, nous ne connaissons rien qui puisse se trouver sur les sarments limités au bois de l'année. Les *œufs* d'*hiver,* en effet, n'ont encore été rencontrés que sur le bois de deux à dix ans d'âge; il ne paraît donc pas que le transport ou l'introduction des sarments eux-mêmes puisse présenter aucun danger entre ces deux dates. Toutefois, comme à la taille on est amené à supprimer du bois de l'année précédente, et souvent des années antérieures, l'expéditeur devra avoir le plus grand soin d'enlever toutes ces *crossettes,* et le destinataire fera sagement de vérifier une à une toutes les broches reçues, afin de détacher et de brûler immédiatement tout le vieux bois qui pourrait avoir été oublié. Il y a encore une autre précaution à prendre : comme il n'est nullement prouvé que les *hibernants* ne puissent pas vivre, et même assez longtemps, dans des parcelles de terre sans relation avec les racines, il sera nécessaire, si les broches expédiées ont été préalablement stratifiées dans un terrain phylloxéré, de les laver soigneusement, pour enlever toute la terre qui aurait pu y rester adhérente; et, de plus, un bain insecticide serait dans tous les cas une excellente précaution. Les *eaux-mères* du badigeonnage, mélangées cette fois à 25 ou 30 fois leur volume d'eau, conviendraient très bien dans ce but.

Pour faire la part de l'inconnu, — et elle est assez grande encore pour qu'il fût téméraire de prédire ce qui sera à conseiller dans un an, dans six mois peut-être, — j'accorde qu'il serait encore plus sûr de s'abstenir et de n'introduire aucun cépage étranger dans une région encore indemne; mais il y a à considérer une autre face de la question. Partout où nos traitements demeureront en définitive impraticables, où on aura finalement pour tout expédient les vignes américaines plus ou moins résistantes il y a un intérêt considérable à être muni d'avance : d'une part, on aura pu constater l'identité des cépages achetés et cultivés d'abord en pépinière, et, de plus, quelques centaines de broches suffiront à produire, avec le temps, tous les pieds racinés dont on aura besoin. Pour qui aura eu cette prévoyance, la transformation du vignoble sera plus sûre, plus prompte, moins coûteuse, et la différence peut aller jusqu'à préserver de la ruine.

Mais pour se mettre ainsi en mesure, sûrement et à peu de frais, quelques années sont nécessaires. Il serait fâcheux, sans doute, d'apporter soi-même l'insecte avant le jour où il serait venu naturellement; mais ce danger, si tant est qu'il existe, est tout au moins très faible, et il y a là pour chacun en particulier et pour tous en général deux intérêts contraires à concilier.

Dans l'ignorance où nous sommes du résultat de nos efforts dans les directions diverses où ils s'accomplissent, je serais partisan d'une liberté réglementée avec prudence. La formule en est à chercher; les dispositions suivantes pourraient peut-être servir de base à cette recherche.

Du 25 novembre au 15 mars l'introduction des cépages étrangers est permise jusqu'à une distance de 30 kilomètres de toute tache reconnue;

Au delà de cette distance elle est encore permise, pourvu que les cépages introduits proviennent d'un vignoble distant de 30 kilomètres au moins de toute tache reconnue;

Dans aucun cas on ne pourra transporter ou introduire que des broches prises exclusivement sur le bois de la dernière pousse, et préalablement débarrassées par le lavage de toute trace de terre.

Il me semble qu'ainsi chacun aurait un temps raisonnable pour se pourvoir, et il ne paraît pas qu'un règlement soit difficile à faire sur ces données: une surveillance bien organisée ferait connaître au cours de l'invasion les communes (ou cantons, si on veut) rentrant dans l'une ou l'autre de ces catégories, soit pour l'importation, soit pour l'exportation, et de simples arrêtés préfectoraux suffiraient à tout régler.

Malheureusement tout cela pourrait bien n'avoir qu'un caractère transitoire: il est à craindre que le moment ne soit proche où, l'insecte étant partout, il n'y ait plus de possible qu'une liberté absolue.

En attendant, ce qui me semble une flagrante iniquité, c'est l'interdiction pesant sur un département tout entier, alors même qu'il est entamé, ou voisin par quelque point de son périmètre d'une région déjà envahie; les intérêts des communes voisines des taches sont ainsi complètement sacrifiés, je ne dirai pas aux intérêts des communes éloignées, mais aux craintes excessives qui y sont engendrées par l'ignorance où on vit de l'histoire vraie de l'insecte.

En attendant que la lumière soit faite, si elle doit se faire, il faut, en veillant dans une sage mesure à la sûreté du voisin, laisser à chacun la responsabilité de se défendre à sa guise et ne paralyser les efforts de personne. Le plus dangereux après l'inertie et l'inaction, c'est une prudence irréfléchie.

———

(b) — CONSEILS DONNÉS PAR L'ASSOCIATION VITICOLE DE LIBOURNE (GIRONDE)

Pendant que ce travail était à l'impression, j'ai reçu communication des «conclusions et considérations » que les membres du Bureau de l'*Association viticole de Libourne,* et les présidents des commissions cantonales d'expérimentation, ont formulées à la suite « des expériences que l'Association viticole a dirigées et des faits qu'elle a contrôlés ».

Je me sentirais très ébranlé dans mon opinion si elle était contraire à celle d'hommes qui depuis plusieurs années travaillent avec une intelligence, un courage, un dévouement au-dessus de tout éloge. Malheureusement (car je ne vois pas les choses en rose!) je suis d'accord avec ces messieurs presque sur tous les points.

1° — Ils concluent que le sulfure de carbone est « un nouvel instrument de défense suffisamment pratique et économique »; mais ils ont soin d'ajouter qu'ils parlent seulement pour leur région, « la seule à laquelle ils veulent s'adresser », et l'arrondissement de Libourne fait partie d'un département où j'ai admis *provisoirement* qu'un traitement annuel est possible. Sous leur responsabilité je n'hésite pas à l'admettre *définitivement*.

2° — Dans ce document est formulée « la condition expresse « d'introduire dans le sol la quantité réelle de sulfure de carbone, « calculée à l'état pur, dont nos expériences ont démontré la nécessité, soit, au minimum, deux cents kilogrammes par hectare, « distribués en 20,000 trous. » Or j'ai indiqué ailleurs qu'un traitement annuel pourrait être plus économique, et, — cela va de soi, — l'économie ne peut porter que sur la diminution du nombre des trous et celle de la main-d'œuvre qui en est la conséquence. Peut-être même, pour un traitement annuel, la dose de 200 kilogrammes pourrait-elle être encore réduite.

3° — Le prix de revient du traitement est fixé entre 150 et 180 fr. par hectare. — 200 kil. de sulfure coûtent 100 fr.; 20,000 trous exigent 100 heures de travail, ce qui, à 0 fr. 40 l'heure, donne 40 fr. ajoutez 10 fr. pour le transport du sulfure de la gare au lieu d'application, pour l'amortissement du prix du pal, pour les menus frais accessoires, nous arrivons à la limite inférieure de 150 fr. Cela suppose qu'il n'y a de perdu ni un atome de sulfure ni une minute de travail ; c'est dire qu'on ne restera à cette limite que dans des cas très exceptionnels. Or, ce prix de 150 fr. à l'hectare laisse subsister toutes mes conclusions à l'encontre d'un traitement annuel.

4° — Dans ce document est mise en évidence l'infériorité navrante des terres peu fertiles, au point de vue du maintien ou de la restauration des vignes.

5° — Dans une note... — mais je cite ladite note textuellement :
« Des faits très encourageants permettent d'espérer que ce traite-
« ment annuel au sulfure de carbone pourra être suspendu sans
« inconvénient pour les vignes maintenues ou restaurées, après
« la quatrième ou la cinquième application, surtout si la mé-
« thode se généralise dans les contrées envahies. En effet, dans
« nos vignes traitées, la réinvasion du mois d'août, importante à
« la première année d'application, devient assez faible à la deuxième
« année, et presque insignifiante à la troisième. Tout porte à croire
« qu'elle sera nulle ou négligeable à la quatrième ou à la cinquième
« année de traitement. Nous entrerions ainsi dans une phase où
« l'opération devrait être pratiquée au plus tous les deux ans pour
« perpétuer l'état de tolérance de la vigne vis-à-vis de l'insecte. »

Ne faire le traitement qu'une année sur deux, c'est réduire la dépense de moitié, et nous serions ainsi rapprochés (sans y être encore), du point où la défense sera possible. Mais la conclusion de la note, même en la forme dubitative où elle est présentée, me semble n'être pas contenue dans les prémisses. D'une part, j'irais volontiers plus loin que mes honorables collègues (j'ai l'honneur d'appartenir comme membre étranger à l'Association); j'admettrais qu'après trois ans de traitement, même sans le secours des badigeonnages, dont, à mon très grand regret, il n'est pas dit un mot, on pourra se dispenser de rien faire la quatrième année. Mais quelle sera la situation à la fin de cette quatrième année? Voilà ce qui n'est pas établi; et n'aura-t-on pas alors une nouvelle série de trois années, pour chacune desquelles un traitement sera nécessaire? L'économie ne serait plus que du quart.

Si les traitements sont sévèrement conduits, par exemple, par la méthode des cordeaux à nœuds, j'incline à croire que 10,000 trous (ils seraient à 1 mètre en tous sens) pourraient suffire. Si les expériences de l'Association viticole donnent la preuve indiscutable que le nombre de 20,000 est un minimum nécessaire, elles laissent la situation beaucoup plus sombre que ne la fait mon propre travail.

J'admets, en effet, non pas comme certain, mais comme n'étant pas impossible :

Que le badigeonnage seul, pratiqué avec les soins voulus un nombre d'années peut-être assez faible, puisse suffire pour arrêter toute transformation ultérieure en *ailé ;* et, à partir de ce moment, on obtiendrait, sans plus s'en occuper jamais, non pas un état de tolérance entre la vigne et l'insecte, mais la disparition à bref délai de ce dernier ;

Que, sans badigeonnage, mais avec un peu plus de temps, un traitement rigoureux au sulfure de carbone (peut-être à 10,000 trous seulement) puisse conduire au même résultat, parce que chaque année les *nymphes,* ne pouvant provenir que des insectes épargnés l'année précédente, se feront de plus en plus rares, jusqu'à disparaître entièrement. A partir de ce moment, la stérilité de la race achèvera l'œuvre ;

Que si tout cela échoue, une chance heureuse puisse mettre sur la voie d'une méthode nouvelle qui nous sauve. Mais ces sortes de chance n'arrivent qu'à ceux qui ont beaucoup travaillé et qui savent beaucoup. Ce n'est pas moi qui l'aurai !

Me voilà ramené à mes conclusions :

Travailler, travailler sans relâche — je le sais, on continuera de travailler à Libourne. Que ne puis-je voir cette vaillante association trouver plus près de nous des imitateurs!

(*c*) — LA RÉINVASION DU MOIS D'AOUT [1].

Nous avons dit un mot de la *réinvasion* du mois d'août à la séance du 31 juillet (voir 4ᵉ livᵒⁿ, p. 21). Les entomologistes viennent d'être formellement conviés à l'étude du problème ; il importe de marquer nettement le point de départ.

Après un traitement au sulfure de carbone, et durant plusieurs mois, on ne trouve pas d'insectes ; au mois d'août, en septembre et octobre surtout, on en trouve un grand nombre : voilà le fait (sous un climat plus chaud, cette *réinvasion* pourrait se produire dès le mois de juin).

Nous laisserons de côté les insectes domiciliés sur les taches voisines : les faire intervenir, c'est ne pas comprendre la question.

1. Cette note est reproduite, avec plus de détails, page 140.

Si le badigeonnage n'a pas été fait, ou a été mal fait, ce qui est à peu près la même chose, la *réinvasion* s'explique très bien par la migration sur les racines des insectes venus par générations successives de *l'œuf d'hiver*, la présence ou l'absence des galles sur les feuilles ne pouvant amener qu'une différence dans le nombre des insectes, sans que nous puissions préciser la grandeur de cette différence.

Si, au contraire, le badigeonnage a été bien fait, de rares insectes échappés au traitement souterrain peuvent-ils avoir, au mois d'août, une descendance assez nombreuse pour expliquer les faits observés?

Ce n'est pas tout :

« ... Par quel mystère nos *hibernants* épargnés restent-ils à « l'état d'immobilité pendant une grande partie de l'été? S'ils « constituent l'origine et la source de la *réinvasion,* comment « cette *réinvasion* ne nous apparaît-elle pas lente, progressive, « s'accroissant de jour en jour à partir du printemps? » (Falières).

L'objection est très bien présentée et très sérieuse. Examinons.

Pour qu'il y eût continuité dans les faits observés, il faudrait qu'il y eût continuité dans les recherches, et il n'en est pas ainsi. Si les fouilles se font à des intervalles de temps un peu grands, les faits qu'on peut prévoir seront plus exactement représentés par les termes d'une progression géométrique croissante; et, aussitôt que les phénomènes prendront une ampleur suffisante pour que l'ensemble soit difficilement embrassé d'un coup d'œil, les termes successifs grandiront, pour nous, d'une façon d'autant plus saisissante qu'on ira plus avant dans la progression. Ce qui frappera alors, c'est moins le rapport de deux termes consécutifs que la grandeur de leur différence comparée au plus petit.

Exemple : qu'à la première fouille il y ait *un seul* insecte, vous ne le verrez pas; qu'à la seconde il y en ait *trente,* vous pourrez encore n'en pas trouver; s'il y en a *neuf cents* à la troisième, vous reconnaîtrez l'invasion, et vous serez effrayé à la quatrième s'il y en a *vingt-sept mille!*

Or ces différents termes, dont chacun est trente fois plus grand que le précédent, seront assez distants les uns des autres dans les premiers mois, parce que, avec un temps relativement frais, les phases de l'évolution sont bien plus lentes; or c'est en dix, huit jours, moins peut-être, qu'au mois d'août vous pouvez passer de l'un à l'autre.

Réserve faite de l'impossibilité de raisonner ici sur des bases tout à fait certaines, je ne vois rien d'inconciliable entre les faits de cet ordre, qui ont été bien observés, et nos connaissances acquises.

Que si, en deux ou trois jours, quatre ou cinq si vous voulez, on passe d'un petit nombre à une multitude, il y a vraiment un inconnu. Examinons encore :

Rejetant, jusqu'à preuve contraire, toute idée de génération spontanée, nous ne saurions admettre une discontinuité quelconque dans l'invasion. Si, à un moment donné, il n'y a rien, il n'y aura jamais plus rien (les insectes venus du dehors étant hors de cause). Si, au printemps, après le traitement, il reste quelque chose, c'est ou un insecte ou un œuf : je cherche vainement un troisième terme. — Y aurait-il un cinquième œuf, déposé quelque part où personne ne l'aurait vu, et, celui-là, ayant besoin pour éclore des chaleurs intenses du mois d'août? — C'est bien invraisemblable; et cependant on ne voit guère où chercher, si ce n'est dans cette direction.

Je suis fort loin de m'élever contre la pensée d'investigations de cet ordre, ou de tel autre système d'expériences qu'on pourra imaginer; j'estime au contraire que les promoteurs de ces recherches auront rendu un incontestable service. Non seulement cette question, à tout prendre obscure, pourra être élucidée; mais — on l'a dit depuis longtemps — dans les sciences d'observation, quelquefois dans les autres, le hasard a encore la plus grosse part; et quand on ne trouve pas ce qu'on cherche, on trouve souvent ce qu'on ne cherchait pas.

(*d*) — NYMPHES TROUVÉES DANS DES GALLES.

Après Shimer et Riley, un professeur russe, M. Kniaseff, a observé des *ailés* dans des galles; ce fait a été récemment confirmé par une observation de M. A. Champin.

Ces galles où on a vu des *ailés* peuvent être l'œuvre d'insectes *hypogés,* ayant quitté les racines pour venir sur les feuilles (Marion, Rapp. de 1878), et distants de plusieurs années peut-être de *l'œuf d'hiver.* Les raisons que nous avons exposées, à l'appui de cette idée que la *nymphe* est toujours à un degré de parenté très éloigné avec l'*ailé* d'où elle descend, subsistent dans toute leur force, et nous pouvons penser encore qu'il n'y a ni *nymphes* ni *ailés* pendant les générations successives qui proviennent de l'*œuf d'hiver,* dans l'année où cet œuf vient à éclore.

De là résulte une conséquence qu'il est bon de signaler, ne

fût-ce qu'au point de vue de l'interprétation des faits heureux qui pourraient se produire : si on détruit deux années de suite les *hibernants*, sans s'occuper des *œufs d'hiver*, on peut avoir raison du fléau. En effet, vous avez détruit *tous* les *hibernants* cette année, en janvier 1878, par exemple; il reste seulement des *œufs d'hiver* d'où viendra une invasion nouvelle au cours de la belle saison, mais pas de *nymphes*, pas d'*ailés;* il n'y aura donc pas d'*œufs d'hiver* en janvier 1879, et si, à ce moment-là, vous détruisez encore *tous* les nouveaux *hibernants,* il ne restera rien.

NOTE. — *M. Lichtenstein émet et appuie d'arguments solides (Journal la Vigne américaine, nov. 78) l'opinion que les ailés trouvés dans les galles sont des insectes qui y sont venus chercher un refuge, mais qui n'y ont pas pris naissance. L'opinion de l'éminent entomologiste offre une chance de plus à l'idée, — et c'est pour nous le point essentiel, — que la nymphe est toujours très éloignée de l'ailé qui l'a précédée.*

(e) — RAPPROCHEMENT

ENTRE LE CYCLE BIOLOGIQUE DU PUCERON DU LENTISQUE

ET CELUI DU PHYLLOXERA DE LA VIGNE.

Le cycle biologique du puceron du lentisque, tel que M. Lichtenstein vient de le faire connaître (C. r., 18 nov. 78), offre une particularité très importante pour l'étude du phylloxera de la vigne.

Voici ce cycle (si j'ai bien compris M. Lichtenstein) : de l'*œuf d'hiver* sort un *aptère*, qui forme une galle sur la feuille du lentisque et y donne naissance à des *ailés.* Ceux-ci quittent le lentisque, volent sur des graminées et y donnent naissance, sans intermédiaire, à des *aptères agames* vivant sur les racines de ces graminées, et y fournissant une série plus ou moins longue de générations aptères. Puis apparaissent les *nymphes,* lesquelles, devenues *ailés,* retournent au lentisque et y produisent les *sexués.* La femelle pond l'*œuf d'hiver :* un cycle nouveau commence.

Nous avons donc ici deux *ailés* au lieu d'un, et deux *ailés* très différents, puisque le premier donne des *agames* et le second des *sexués.*

Au fond, le cycle est exactement le même : chez le puceron du lentisque, une génération, la deuxième à partir de l'*œuf d'hiver* (est-il bien certain que ce soit toujours la deuxième?), est formée d'insectes ayant des ailes, mais donnant naissance à des *aptères agames,* et, à partir de la génération suivante, tout rentre dans l'ordre.

Cette anomalie ne pourrait-elle pas se produire *accidentellement* chez le phylloxera de la vigne, sur une génération qui pourrait n'être pas toujours la même, et ne serait-ce pas là l'origine des insectes avec des ailes (je ne les appelle plus des *ailés*), trouvés dans les galles? N'était sa rareté, le fait semble assez accessible à l'observation : il suffirait de voir la génération suivante.

Cette explication, aussi bien que les précédentes, permettrait de croire que l'*ailé* caractéristique est toujours très éloigné de celui qui l'a précédé; c'est le seul objet que j'ai en vue.

ESSAI

SUR

LA DESTRUCTION DE L'ŒUF D'HIVER

DU

PHYLLOXERA DE LA VIGNE

(1879)

Des quatre œufs que donne le Phylloxera de la vigne, aux différentes phases de son évolution, et qui soient aujourd'hui connus [1], trois sont pondus par des femelles agames. Seuls, les enfants de l'*ailé* forment une génération où l'on rencontre le mâle et la femelle; et l'*œuf d'hiver*, pondu par la femelle sexuée, fille de l'*ailé*, est ainsi le seul qui soit fécondé.

Réduite à la reproduction agame, l'espèce arriverait assez vite, mais on ne sait pas encore après combien d'années, à un état voisin de la stérilité; peut-être même à une stérilité complète, qui en amènerait l'extinction. C'est l'opinion éclairée de M. Balbiani; et maintenue dans cette sage réserve, elle n'a été combattue par personne.

D'un autre côté, la cause la plus redoutable de l'extension du fléau est dans les essaims d'*ailés* que le vent emporte; à vrai dire, c'est la seule qu'on ait encore entrevue pour expliquer la propagation à de grandes distances.

Or, la descendance de l'*ailé* aboutit fatalement à l'*œuf d'hiver*, et y reste en germe pendant six mois.

1. Voir page 142 *b*.

Si l'opinion de M. Balbiani est fondée, détruisez cet œuf : D'une part vous arrêterez toute invasion nouvelle, d'autre part vous affaiblirez progressivement, jusqu'à les faire disparaître, les colonies déjà fixées sur vos vignes.

Mais cette opinion est-elle fondée? — elle *peut* l'être et cela me suffit pour l'objet que j'ai en vue.

C'est qu'en effet, le traitement, à la fois *curatif* et *préventif*, dirigé contre l'*œuf d'hiver*, s'offre sous des dehors singulièrement séduisants : il est très facile à faire et ne coûte presque rien. Tous les autres traitements connus sont, au contraire, et sans exception, impossibles dans les quatre cinquièmes au moins des vignes françaises, et cela pour deux raisons :

La première, que le prix de revient de ces traitements est hors de proportion avec le revenu de la vigne;

La seconde, qu'il y faut une main-d'œuvre si considérable, que bientôt vous ne la trouverez plus, à quelque prix que vous puissiez la payer[1].

Le traitement dirigé contre l'*œuf d'hiver* consiste en un simple badigeonnage des ceps avec une dilution très étendue d'huile lourde de houille. J'y emploie sept ou huit journées d'hiver, de sept ou huit heures de travail à peine ; une femme, un enfant, y peuvent suffire ; je n'y dépense pas trente francs : le tout pour un hectare contenant cinq mille pieds de vigne.

Mais parviendra-t-on à détruire tous les œufs d'hiver au moyen du badigeonnage?

En détruisant tous les œufs d'hiver, détruira-t-on l'insecte lui-même?

Un seul fait peut résoudre l'une et l'autre question : la disparition de l'insecte même.

---

1. Nous n'insisterons pas sur ces considérations déjà développées dans un premier mémoire (*Discours sur le Phylloxera*, p. 49).

Si l'insecte disparaît, que valent les objections? — S'il continue à se reproduire, il faudra sortir au plus vite d'une fausse voie et chercher dans une autre. J'aurai le regret d'avoir perdu mon temps, ma peine, et un peu d'argent; le regret plus vif encore d'avoir occupé le monde viticole d'une idée chimérique. On saura du moins qu'il faut chercher ailleurs; et nous le ferons avec d'autant plus de ténacité, que nous aurions une revanche à prendre.

Mais, dira-t-on, faites tranquillement chez vous les expériences qu'il vous plaira de faire, et ne dérangez personne puisque vous ne savez pas vous-même ce qui en sortira.

Je réponds :

Autant il est inopportun de parler d'essais qu'on peut terminer seul, autant il est nécessaire d'appeler à l'aide, quand il s'agit d'expériences qui exigent des années[1] et le concours d'un grand nombre d'observateurs. Si j'ai, comme je l'espère, un heureux résultat à annoncer un jour, on ne l'acceptera pas sans contrôle; si j'ai mis cinq ans à l'obtenir, on mettra cinq ans à le vérifier, total: dix ans; c'est à peu près le temps qui nous reste avant de voir toutes nos vignes envahies. N'est-il pas à souhaiter que dix, vingt, cent observateurs se dévouent tout de suite et étudient ce traitement ?

On en pourrait varier les conditions, améliorer les éléments, combler les lacunes; on découvrirait peut-être une substance plus maniable que l'huile lourde, et moins dange-

---

1. L'observation la plus favorable que je connaisse est celle de M. Marès (*Journal d'agr. pratique*, 1877, n° 11, p. 450). M. Marès avait sur sa terrasse quatre pieds phylloxérés cultivés en pots; à la quatrième année, sans traitement aucun, l'insecte disparaît. Je ne vois qu'une explication possible : tous les observateurs signalent la tendance des jeunes, et aussi des *ailés*, à s'éloigner du lieu où ils sont nés. Dans le cas de M. Marès, il a suffi d'un coup d'aile et d'un peu de vent pour qu'ils fussent perdus. Dès lors l'*œuf d'hiver* que nous cherchons à détruire sur nos vignes n'aurait pas même été pondu sur celles-ci; et c'est après quatre ans de reproduction agame que la petite colonie aurait disparu.

reuse pour la vigne ; et que risque-t-on ? — d'échouer ? — Cet accident arrivera à d'autres avant la bonne nouvelle ! Qu'importe ? Si quelqu'un, homme, comité, association, a l'heureuse chance de prendre le problème par le bon bout, la grandeur du résultat consolera de reste ceux qui auraient pris à côté.

J'espère montrer jusqu'à l'évidence qu'un tel succès n'est pas impossible. Je n'ignore pas que personne aujourd'hui ne protège le badigeonnage ; que des hommes de haute valeur le repoussent comme un enfantillage.

Toutefois, j'ai la satisfaction de pouvoir dire que M. Balbiani reste très ferme dans son opinion ;

Que M. Boiteau voulait bien m'annoncer récemment qu'il poursuit, bien que sur une petite échelle, et qu'il est résolu à suivre jusqu'au bout l'expérience commencée.

Il eût été cruel de voir M. Boiteau abandonner l'enfant[1] !

Quant à moi, je n'ai rien inventé ; j'apporte simplement ce que j'ai pu récolter dans l'œuvre des inventeurs.

Ce nouveau mémoire sera divisé en quatre paragraphes.

Dans le premier, nous exposerons la méthode, en insistant sur de minutieux détails qui en sont l'essence même ;

Dans le second, nous examinerons les objections ;

Nous ferons connaître nos espérances dans le troisième ;

Le quatrième renferme quelques vues d'ensemble et les conclusions.

Je renvoie à un appendice l'examen de quelques questions, trop importantes pour qu'on n'y insiste pas, et, par cela même, exigeant des développements qui auraient embarrassé notre marche.

---

1. Nous avons, hélas ! été témoin de cet abandon au congrès viticole de Clermont-Ferrand, en septembre 1880.

§ I

EXPOSÉ DE LA MÉTHODE

Tous les *œufs d'hiver* qu'on ait jamais vus ont été trouvés, sans exception aucune, sur le bois de deux à dix ans d'âge. Je crois même que ce nombre *dix*, purement empirique, est exagéré[1]. Ne nous occupons pas de ceux qui se pourraient rencontrer ailleurs. Nous verrons en son lieu (§ II) ce qu'il faut en penser.

La méthode que j'expose consiste à badigeonner cette partie du cep, et cette partie seulement avec un liquide capable de pénétrer sous les écorces et d'y détruire les œufs[2].

Le liquide que j'ai employé est préparé selon la dernière formule de M. Boiteau.

Huile lourde de houille. . . .	2 parties.
Carbonate de soude.	1 —
Eau pure.	2 —

On fait bouillir pendant une heure à un feu doux, en remuant le mélange. On obtient ainsi les *eaux-mères*, qu'on conserve et qu'on transporte dans les barriques usuelles.

On mélange ultérieurement un litre de ces *eaux-mères*

---

1. Non ; MM. Balbiani et Henneguy ont trouvé récemment *l'œuf d'hiver* sur toutes les parties de la souche (Comptes rendus, 10 avril 1882, p. 1028).

2. Balbiani, lettre du 25 septembre 1875, C. r., 4 octobre 1875. — Falières, 30 septembre 1875, Bulletin des travaux de l'association viticole de Libourne, p. 61. — Boiteau, 30 novembre 1875, même Bulletin, p. 141. — Commission du phylloxera de l'Académie des sciences, 17 janvier 1876. — Balbiani, C. r. 27 mars 1876.

avec neuf litres d'eau, et c'est ce dernier liquide qu'on emploie au badigeonnage.

On a donc sur cent parties :

Huile lourde. . . . . 4 parties.
Carbonate de soude. . . . . . 2 —
Eau pure . . . . 94 —

L'élément toxique est l'huile lourde. La puissance de pénétration en est considérable, et, employée pure, elle tuerait sûrement la vigne. Le carbonate de soude produit une saponification incomplète et insuffisante, il est vrai ; l'eau dissout très imparfaitement le produit, le mélange est instable, et les précautions les plus minutieuses sont indispensables au cours de l'opération.

Je fais introduire, par la bonde, dans la barrique qui contient les *eaux-mères*, un instrument semblable à ceux que les tonneliers emploient pour fouetter le vin, mais que j'ai fait construire selon un modèle plus fort, et armer de crins plus durs, occupant une plus grande hauteur sur la tige. Avant de commencer le travail, on donne un vigoureux coup de fouet, pendant une douzaine de minutes ; on renouvelle l'opération, mais moins longtemps, chaque fois qu'il faut puiser des *eaux-mères* à la barrique.

On mélange ces *eaux-mères* à l'eau dans de grands bidons en forme de bouteille, pouvant contenir trente litres, et munis, au haut de la partie cylindrique, de deux anses pour le transport. Ayez une mesure d'un litre de capacité pour les *eaux-mères*, une autre mesure contenant neuf litres pour l'eau, un large entonnoir : versez les *eaux-mères* et l'eau dans le bidon, et secouez fortement.

Il faut secouer encore, et sans y manquer jamais, toutes les fois qu'on doit verser du liquide dans un des récipients dont il va être question.

Au début, un seul des deux hommes employés au transport donnait ces fortes secousses ; il y faut un homme très vigoureux, et l'opération est fatigante. Puis, ils se sont mis à deux pour le faire, prenant chacun une anse : c'est encore malaisé. Ils ont essayé autre chose : tenant l'anse de la main droite, ils soutenaient le bidon avec la main gauche placée sous le fond, et opéraient debout : c'est déjà plus commode ; mais le tranchant de la partie cylindrique, qui dépasse le fond, éprouve beaucoup la main gauche. Ils m'ont fait observer qu'une deuxième paire d'anses, placées, en faveur de leurs mains gauches, sous les premières, au bas de la partie cylindrique, leur serait fort commode : je me suis empressé de les satisfaire, en faisant adapter ces nouvelles anses, et aujourd'hui tout marche à souhait.

Chaque badigeonneur est muni d'un pinceau de moyenne grosseur, et d'un récipient pour le liquide. L'ouvrier, en plongeant le pinceau dans le récipient, doit rapidement décrire un 8, donnant ainsi un coup de fouet sec, afin de bien mélanger le liquide. Il doit éviter d'appuyer sur le fond du vase, où peut se trouver un dépôt plus riche en huile lourde. Pour plus de sûreté on y place une petite grille à mailles fines, ronde comme le vase lui-même et d'un diamètre très peu inférieur, soutenue par un pivot de un centimètre de hauteur, qui y est adhérent, et repose par sa pointe sur une douille soudée au fond du récipient et dans laquelle il peut tourner.

Ces récipients sont d'une contenance de dix à douze litres, fermés par un couvercle soudé aux parois et percé, en outre, d'une ouverture ne laissant subsister qu'une bande circulaire de quatre ou cinq centimètres de largeur. Cette bande est nécessaire pour empêcher le liquide de se répandre au dehors, à chaque coup de fouet.

Tous ces ustensiles sont en zinc. J'emploie encore ceux

que j'ai achetés en 1876 à Libourne, où le fabricant avait les instructions de M. Boiteau lui-même.

Lorsque l'ouvrier plonge son pinceau dans le liquide, il doit chaque fois, sans exception aucune, donner le coup de fouet : cela peut revenir de douze à quinze fois par minute. Ce n'est pas que des agitations aussi multipliées soient nécessaires ; mais il est indispensable que l'ouvrier *ne sache plus* plonger son pinceau dans le liquide sans donner le coup de fouet ; que, pour lui, les deux opérations n'en fassent qu'une ; qu'il pratique cela involontairement, sans y penser. Sinon, vous aurez des mécomptes. S'il me fallait aujourd'hui corriger mes ouvriers de cette habitude, j'aurais certainement plus de mal pour la leur faire perdre que je n'en ai eu pour la leur donner. Il me suffit, de loin en loin, d'un simple appel à celui qui se laisse aller à quelque mollesse ; je pourrais ne plus m'en occuper du tout.

Pour la même raison, il faut secouer les grand bidons toutes les fois qu'on doit verser du liquide dans un des récipients. Cette année, j'ai employé dix récipients à la fois. Au début, ou à la reprise du travail, ils sont alignés à côté les uns des autres, et on les remplit successivement : On agite dix fois les grands bidons.

Ces diverses précautions rigoureusement prises, je fais badigeonner à grande eau, sans m'occuper des yeux de la vigne. On les mouille ou on ne les mouille pas, peu importe. On ne veille qu'à bien mouiller toutes les écorces du bois de deux à dix ans d'âge, et à aller vite : le liquide n'est pas cher, il n'y a pas à le ménager, et *le temps est de l'argent.*

Pour dix à douze badigeonneurs, il faut trois servants : un qui ne quitte pas les *eaux-mères*, et surveille les mélanges dans les grands bidons ; deux pour le transport des bidons et le service des récipients.

J'ai pris, cette année, une précaution nouvelle que je crois devoir exposer :

Chaque carreau de vigne est désigné par une lettre, et les rangs numérotés. Je fais suivre, sur mon calepin, le nom de chaque badigeonneur des numéros des rangs qu'il a traités dans chaque carreau ; et cela bien ostensiblement. Je leur dis : si, au printemps, je trouve un pied mort, je saurai qui l'aura tué. Il est vrai qu'ayant toujours moi-même un pinceau à la main, et allant de l'un à l'autre, ils auraient la ressource de répondre : ce n'est pas moi. Je crois néanmoins que cette simple mesure pourrait suppléer au besoin à toute surveillance.

Il est indispensable de faire le badigeonnage avant de tailler la vigne ; en ramassant le sarment, on oublie toujours un certain nombre de petites broches, pouvant porter du vieux bois et recéler l'*œuf d'hiver*. Ces petites broches entrent difficilement dans les javelles, et souvent les sarmenteuses les laissent à dessein. MM. Piola et Falières, qui ont bien voulu visiter la vigne de Jeandumas, où se fait mon expérience, bien longtemps après que le sarment était enlevé, en ont vu, comme moi, un grand nombre sur le sol. Si on a badigeonné avant de tailler, ces marcottes oubliées deviennent inoffensives, et le sarment peut être transporté partout sans danger.

En outre, si l'on taille d'abord, l'huile lourde venant mouiller les sections encore fraîches pourra injecter le bois sur une certaine hauteur[1]. Toutefois, ce n'est pas à cette cause qu'il faut rapporter les insuccès constatés ailleurs. La cause étant générale, l'effet le serait aussi, ce qui n'a pas lieu : beaucoup de pieds sont tués, d'autres ne souffrent

---

1. Je dis *pourra*, parce que je ne connais aucune observation propre à élucider ce point important. Des expériences vont être faites (en 1883) qui nous apprendront ce qui en est.

nullement. Le défaut de précautions dans l'emploi d'un mélange aussi instable reste, à mon avis, la cause prépondérante de tous les accidents.

§ II

LES OBJECTIONS

Très vantés à l'origine, les traitements par le badigeonnage sont abandonnés aujourd'hui. Que leur oppose-t-on?

On dit :

Avec le badigeonnage nous détruisons les yeux de la vigne, nous mortifions les coursons, nous tuons souvent le cep lui-même.

C'est vrai : sur certains vignobles, les accidents ont pris les proportions d'un désastre.

Quand nous ne tuons pas la vigne, nous ne tuons pas non plus l'œuf d'hiver.

C'est encore vrai : après un traitement interne, la prétendue *réinvasion* du mois d'août s'est montrée tout aussi abondante sur certaines vignes badigeonnées que sur celles qui ne l'avaient pas été.

Dans la plupart des vignobles, et, en particulier, partout ailleurs que dans l'arrondissement de Libourne, on ne trouve pas l'œuf d'hiver.

D'accord : M. Boiteau lui-même parcourant, au cours d'une mission, une partie du Midi, n'en a pas trouvé un seul. Je tiens de M. Rommier, qu'en Bourgogne il en a trouvé *un :* c'est le seul connu en dehors de Villegouge.

L'œuf d'hiver, — on veut bien admettre qu'il existe certainement partout, — est donc déposé parfois ailleurs que sous les écorces, et le véritable lieu d'élection est encore inconnu.

A tout prendre, je ne m'y oppose point, mais on n'en sait rien.

La réinvasion du mois d'août dans une vigne préalablement purgée d'insectes par un bon traitement interne, et badigeonnée ensuite, prouve que nous ne connaissons pas encore le cycle complet de l'évolution; dans cette ignorance on ne saurait approuver le badigeonnage.

Examinons tout cela :

I

LE BADIGEONNAGE TUE. LA VIGNE?

Deux pièces authentiques vont répondre ; je les reproduis textuellement :

(*a*) Le badigeonnage à l'huile lourde de houille a été préconisé, dès 1875 et 1876, par deux naturalistes très autorisés, MM. Balbiani et Boiteau, comme détruisant l'œuf d'hiver et amenant, par le fait, l'extinction de la race par stérilité naturelle. M. Prosper de Lafitte attribue à ce mode de traitement « une action efficace et complète » (*Discours sur le Phylloxera*, dans le supplément à la 5e livraison des travaux de la Commission départementale de Lot-et-Garonne, p. 75). Il croit lui devoir la disparition des galles qui se montraient en abondance sur ses vignes. — « En mars 1877, dit-il, a été pratiqué le premier badigeonnage ; depuis, je n'ai plus aperçu une seule galle nulle part. »

Cette opération si utile a été pourtant à peu près abandonnée, même par ceux qui, les premiers, en avaient signalé le mérite. A quoi tient ce revirement d'opinion ? Le motif allégué est des plus graves : le résultat le plus apparent du badigeonnage à l'huile lourde aurait été, dans les vignobles du Libournais et d'ailleurs, la mort, non du Phylloxera seulement, mais de la vigne elle-même.

M. Prosper de Lafitte n'avait jamais été conduit par ses expériences à un pareil résultat. Ses vignes s'étaient, à tous les points de vue, bien trouvées du traitement. Aussi, a-t-il tenu à prouver, par une expérience nouvelle, rigoureusement contrôlée et comme publique, que *ce mode de traitement, convenablement pratiqué, est inoffensif pour la vigne* [1].

En conséquence, une Commission, composée comme suit, s'est réunie aujourd'hui à Lajoannenque :

Le Préfet de Lot-et-Garonne, M. HENRY, président d'honneur de la future Commission centrale du Phylloxera ;

L'ingénieur en chef du département, M. LATERRADE, membre de droit de cette Commission ;

Le professeur de sciences physiques du Lycée, M. ROUQUAYROL, membre de droit de la même Commission ;

M. ARMAND, chef de la 3ᵉ division à la Préfecture ;

M. DE DRÈME AÎNÉ, président du Comice agricole de l'arrondissement d'Agen ;

M. DE MONTESQUIOU, président de l'ancienne Commission départementale du Phylloxera ;

M. AD. MAGEN, un des secrétaires de cette même Commission ;

M. RIBÈS, rédacteur en chef du *Journal d'Agen ;*

M. DE MONDENARD, rédacteur en chef de *la Constitution.*

M. LAMY, rédacteur en chef du *Journal de Lot-et-Garonne*, et M. GOUX, secrétaire du Comice agricole d'Agen, qui avaient bien voulu promettre leur concours, ont été empêchés au dernier moment.

L'expérience a été faite sur un des carreaux d'un vignoble situé au sud du jardin attenant à l'habitation. Ce carreau, qui est le troisième à partir du jardin, est composé de vingt-neuf rangs de vigne, contenant chacun quatre-vingt-douze pieds. Il est complanté en Carmenet-Sauvignon, et n'a pas encore subi la taille.

Il est à noter que le Phylloxera ne s'est jamais montré sur cette partie du vignoble ; du moins l'œil vigilant de M. Prosper de Lafitte ne l'y a point aperçu. C'est pour cela qu'on l'a choisi comme théâtre et sujet de l'expérience à faire. Aucune influence étrangère au badigeonnage considéré au point de vue spécial où se place la Commission ne pourra donc masquer les résultats acquis.

L'opération a été pratiquée sur les rangs *impairs,* de 1 à 29 ; les rangs *pairs,* de 2 à 28, non traités, demeurent comme témoins.

Dix ouvriers, munis chacun d'un récipient et d'un pinceau, ont effectué ce travail, en se conformant strictement aux instructions

---

1. Toutes les autres questions qui touchent à ce traitement demeurent réservées. M. de Lafitte se propose de les examiner à fond, s'il y a lieu, lorsque le résultat de l'expérience que nous exposons aura été constaté.

A. M.

données par M. de Lafitte dans le mémoire déjà cité (p. 72-75).
Signalons pourtant une précaution non recommandée dans cet
ouvrage et qui a été prise sous les yeux de la Commission. Voici
en quoi elle consiste : on introduit, par la bonde, dans la barrique contenant les *eaux-mères*, un instrument analogue à celui
que les tonneliers emploient pour le fouettage du vin, mais d'un
plus fort modèle : on imprime à cet instrument, avant le commencement de l'opération, une série de mouvements vigoureux
qui doivent prendre environ dix minutes. L'huile lourde et l'eau
alcaline s'unissent sous cette influence en un mélange suffisant,
bien qu'instable, et qu'il faut maintenir par de nouveaux coups de
fouet, — moins prolongés, il est vrai, — aussi souvent qu'on
revient puiser à la barrique.

M. de Lafitte n'avait pas préparé lui-même ces *eaux-mères*.
Aussi, sur sa demande expresse, en a-t-on rempli deux petites
bouteilles au cours de l'opération. Ces bouteilles, cachetées séance
tenante, ont été remises à M. Magen. Il analysera le contenu de
l'une d'elles et enverra l'autre à M. Falières, secrétaire général de
l'*Association viticole de Libourne*, avec prière de vouloir bien se
livrer à un travail analogue [1]. Ces *eaux-mères*, rappelons-le, ont
dû être préparées selon la dernière formule de M. Boiteau, avec
deux parties d'huile lourde de houille, deux parties d'eau et une
partie de carbonate de soude. On ne les emploie qu'étendues de
neuf fois leur volume d'eau. La dilution s'est faite, à Lajoannenque,
sous les yeux et le contrôle des membres de la Commission.

Quoi qu'il en soit à cet égard, les dix premiers rangs impairs
du côté nord ont été badigeonnés sous l'immédiate et constante
direction de M. de Lafitte. Les membres de la commission, divisés
en groupes ou isolés au milieu des travailleurs, suivaient ceux-ci
régulièrement *Ils ont vu que le badigeonnage se fait à grande eau,
que l'opérateur ne s'inquiète ni de mouiller ni de préserver de la
mouillure les yeux des sarments, travaillant sans plus s'en occuper
que s'ils n'existaient pas.*

1. M. Falières a trouvé :

Huile lourde.		488 cc
Carbonate de soude cristallisé . . . . 192 gr.	ensemble.	512 cc
Eau . . . . 384 gr.		
		1000 cc

Nous croyons devoir reproduire *in extenso* cette analyse (pièce justifica-
tive, p. 137). Les viticulteurs moins expérimentés y trouveront, à l'occasion,
un guide et un modèle. On verra que M. Magen a trouvé des nombres parfaitement concordants.

P. L.

Pour le badigeonnage des cinq derniers rangs impairs, les ouvriers ont été abandonnés à eux-mêmes et M. de Lafitte a conduit ses hôtes sur un carreau voisin où tout était disposé pour la démonstration pratique du traitement souterrain réglé par l'emploi du *cordeau à nœuds,* suivant la description si claire et si précise qu'en offre l'ouvrage précité (p. 45-48).

Les membres de la Commission ont jugé que l'opération qui a été faite devant eux est simple et facile. Il leur a paru qu'elle n'exigeait pas plus de temps que la taille. Les ouvriers, consultés à cet égard, ont été unanimement d'avis qu'on avait plus tôt fait de badigeonner les vignes d'un carreau que de tailler celles d'un autre [1]. Telle est aussi l'opinion de M. de Lafitte, opinion fondée sur une expérience personnelle de trois années.

La Commission, avant de se séparer, a convenu qu'elle se retrouverait à Lajoannenque, dans les premiers jours de mai, pour apprécier sur place les effets de l'opération qui a été faite devant elle. Un simple coup d'œil permettra, on le conçoit, de résoudre, dans un sens ou dans l'autre, la difficulté spéciale que cette expérience a pour objet d'éclaircir.

Agen, 6 février 1879.

A. HENRY.	DE DRÊME.
LATERRADE.	DE MONTESQUIOU.
ROUQUAYROL.	DE MONDENARD.
L. ARMAND.	RIBÈS.

Le Secrétaire. AD. MAGEN.

(b) La Commission qui, le 6 février dernier, s'était transportée à Lajoannenque pour voir procéder sous ses yeux au badigeonnage des rangs impairs d'un carré de vigne, s'y est rendue aujourd'hui 5 juin, pour constater les effets, quels qu'ils soient, de cette opération.

Étaient présents :

Le Préfet de Lot-et-Garonne, M. Henry, président d'honneur du Comité central d'études et de vigilance ;

L'Ingénieur en chef du département, M. Laterrade, membre de droit dudit Comité ;

1. La vigne soumise à l'expérience est dans un bon état de végétation. On a badigeonné 92 pieds en 52 minutes (résultat consigné par M. de Drême, dans un rapport au Comice agricole d'Agen).

P. L.

Le professeur de sciences physiques du Lycée, M. Rouquayrol, également membre de droit de ce Comité ;

, MM. Ad. Magen et J.-B. Goux, secrétaires dudit Comité ;
De Drême aîné, président du Comice agricole d'Agen ;
De Montesquiou, président du Comice agricole de Nérac ;
De Mondenard, rédacteur en chef du journal *la Constitu-tion.*

MM. Ribès, directeur du *Journal d'Agen,* et Lamy, directeur du *Journal de Lot-et-Garonne,* n'ayant pu accepter pour aujourd'hui l'invitation qui leur avait été faite par M. de Lafitte, ont pris l'engagement de se rendre un jour prochain.

Les membres de la Commission se sont transportés sur le champ d'expérience. Chacun d'eux a eu à examiner une allée formée de deux rangs, ayant à sa droite les pieds badigeonnés, les pieds non badigeonnés à sa gauche ; de sorte que l'entier vignoble a subi, rang à rang et pied à pied, leurs investigations. L'opération terminée, chacun d'eux a rendu compte de son impression, fondée, on le voit, sur un examen scrupuleux de détail et d'ensemble. Le résultat de ces comptes rendus personnels est absolument et unanimement favorable à l'opération du badigeonnage, telle qu'elle avait été pratiquée dans le carré de vigne en question. L'on ne perçoit, dès qu'on en approche, aucune différence entre les rangs traités et les autres, la végétation se montrant partout également active et régulière. Les pieds, étudiés un à un, ont laissé voir un nombre équivalent de rameaux, ayant le même air de santé et portant un nombre égal de raisins. Les fibres corticales des ceps se détachent sur tous les rangs avec la même facilité, et le bois sous-jacent paraît avec la même couleur et la même consistance. Le badigeonnage n'a donc exercé ombre d'action fâcheuse, ni sur les surfaces qu'il a directement recouvertes, ni sur la végétation examinée à la fois dans les rameaux, dans les feuilles et dans les fruits.

A. HENRY.   DE MONTESQUIOU.
LATERRADE.   DE MONDENARD.
ROUQUAYROL.   GOUX.
DE DRÊME.

Le Secrétaire, AD. MAGEN.

MM. Lamy et Ribès ont eu l'obligeance de venir à Lajoannenque le samedi 7 juin, et ont purement et simplement signé le procès-verbal précédent, où ils ont trouvé l'expression exacte de leur propre sentiment.

Je ferai simplement remarquer que les *eaux-mères* qui ont servi dans cette expérience contenaient, sur 1,000 parties, 488, soit 500 parties d'huile lourde, au lieu de 400 qu'elles auraient dû contenir. C'est un quart en sus.

II

LE BADIGEONNAGE NE TUE PAS L'ŒUF D'HIVER ?

L'expérience que nous venons de décrire prouve qu'une émultion à 5 pour 100 d'huile lourde, répandue abondamment sur le bois, même sur les yeux, ne produit aucun effet nuisible sur la vigne ; on irait à 6, 7 et 8 pour 100, peut-être, avant d'observer les premiers symptômes de souffrance.

Si donc vous avez tué des ceps, c'est qu'ils ont reçu une dose d'huile lourde très supérieure à ce qui leur revenait. Il faut bien alors, pour peu qu'ils soient nombreux, que les autres n'aient pas eu leur compte. Beaucoup ont pu n'être badigeonnés qu'avec de l'eau. Le premier accident étant dû à l'instabilité du mélange a pour conséquence forcée le second : c'est dire que les deux objections tombent ensemble.

La proportion de 4 pour 100 d'huile lourde, indiquée par M. Boiteau, est purement empirique. Est-elle suffisante pour détruire l'*œuf d'hiver*, ou faudrait-il l'augmenter ? — pourrait-on au contraire la réduire ? — comme il n'est possible de voir l'*œuf d'hiver* ni avant ni après l'opération, aucune vérification directe n'est possible. Il sera très facile de déterminer la proportion où le danger commence pour la vigne, — et je regrette beaucoup de ne pas l'avoir fait, — puis on en approchera autant qu'on pourra le faire, selon l'exactitude et la conscience des ouvriers qu'on devra employer. Il n'y a aucun avantage d'ailleurs, à réduire la proportion d'huile lourde : l'économie serait insignifiante.

Il n'est peut-être pas sans intérêt de montrer que ma présence n'est nullement nécessaire au succès du traitement. M. Saint-Mézard, forgeron de son état, propriétaire de vignes qu'il cultive lui-même, a pratiqué cette année le badigeonnage sur un carreau *phylloxéré* de deux hectares et demi d'étendue ; et aussi sur un carreau voisin, où, sur ma demande, il n'a badigeonné qu'un rang sur deux. Je lui ai donné une barrique de mes *eaux-mères* et prêté mes ustensiles ; il a opéré avec les membres de sa famille et quatre étrangers. Un jour j'ai donné une répétition d'une heure, employant simplement de l'eau, à lui et à sa famille. On a commencé sans moi deux jours après ; et, un jour encore après, je suis allé voir le travail. Du premier coup d'œil j'ai reconnu que tout marchait régulièrement ; j'ai passé là une demi-heure, et je n'y suis plus revenu qu'avec MM. Piola et Falières, le 11 mai, près de trois mois après le traitement. Nous n'avons pas aperçu sur la vigne le plus léger dommage ; sur le carreau où on n'avait badigeonné qu'un rang sur deux, il nous a été impossible de reconnaître (je ne les connais pas moi-même) les rangs qui étaient badigeonnés.

Il faut tout dire : par prudence, j'avais prescrit de n'employer que 3 pour 100 d'huile lourde ; mais comme les *eaux-mères* en contenaient un excès allant presque au quart de ce qu'elles devaient contenir, c'est, en réalité, avec le liquide normal que le badigeonnage a été fait.

III

ON NE TROUVE L'ŒUF D'HIVER QU'A LIBOURNE, DISONS, SI L'ON VEUT, QU'A VILLEGOUGE.

Ce qui m'étonne le plus, c'est qu'on soit parvenu à en trouver quelque part. Je suis tellement frappé, pour mon compte, des difficultés que présente cette recherche, que jamais l'idée ne m'est venue de la faire. Un jour, dans son cabinet, M. Boiteau a bien voulu me montrer *un œuf d'hiver* sur une écorce : c'est le seul que j'aie encore vu, et je m'en contente.

Que si, au temps des essaims, on surveille tous les jours un vignoble ; si on observe des groupes de ceps où les *ailés* soient et persistent particulièrement abondants, et que l'on concentre ses recherches sur ces points reconnus d'avance, en allant jusqu'à sacrifier tout le bois, c'est-à-dire les ceps eux-mêmes, on aura, si on est particulièrement bien doué, quelques chances d'en trouver ; et peut-être est-ce bien là tout le secret de M. Boiteau, qui n'en a jamais trouvé hors de chez lui. Dans tout autre cas, on se rapproche singulièrement des données de ce problème célèbre : *chercher une aiguille dans une botte de foin !*

Ajoutons que l'œuf fécondé (le seul dangereux, le seul qui se conserve) est fort rare. Parmi les *sexués*, les mâles sont peu nombreux. M. Boiteau, qui les connaît, donne la proportion de 5 pour 100 au plus. M. Balbiani nous apprend que, en général, le même *ailé* donne exclusivement soit des mâles, soit des femelles : dès lors, l'accouplement pourrait bien n'être que le cas exceptionnel. Et puis, j'admets, si l'on y tient, que le plus grand nombre des œufs fécondés puisse être déposé ailleurs que sous les écorces.

Mais ceux-ci ne m'inquiètent pas outre mesure, bien qu'il me fût infiniment agréable d'apprendre positivement qu'ils n'existent pas.

S'ils existent, où peuvent-ils bien être? — Sur les échalas, ou tuteurs? — Ni M. Boiteau, après les plus minutieuses recherches, ni personne encore n'y en a trouvé un seul.

Sur des essences différentes? — Mais combien de champs où il n'y a absolument que la vigne, où on ne tolère même pas une herbe (ce n'est pas, hélas! dans ce pays-ci).

Dans les haies? — Mais on n'observe pas que les pieds voisins des haies soient plus riches d'insectes que les autres,

Dans le sol? — Oh! pour ceux-ci, je ne m'en occupe point. M. Boiteau nous enseigne que lorsque l'écorce qui le protège se détache et tombe, l'œuf se décompose et disparaît : je me le tiens pour dit, et j'abandonne à la Terre tout œuf que la pondeuse lui confie.

Et puis, pour être franc, je ne crois pas beaucoup aux œufs qui seraient pendus ailleurs que sous les écorces : dans la nature, les choses qui servent sont les seules qui durent : à quoi peut bien servir le petit appendice[1] dont l'*œuf d'hiver* est gratifié, à l'exclusion des trois autres, bien qu'étant celui qui en a le moins besoin pour s'accrocher, parce que c'est le mieux abrité? — Serait-ce un organe de nutrition, nécessaire au développement physiologique de l'œuf, et l'écorce contiendrait-elle le principe de cette nutrition spéciale, qui permet à l'œuf de se conserver six mois? — Pour peu qu'il y eût de vérité là dedans, il serait inutile de chercher ailleurs que sous les écorces.

1. *Discours sur le Phylloxera*, page 59.

IV

On a demandé encore s'il est bien nécessaire de s'occuper de *l'œuf d'hiver*, puisque les cépages français, en général, n'ont pas de galles. J'ai répondu d'avance dans mon premier mémoire : rien ne prouve que la galle soit nécessaire pour que l'insecte ponde ; et si le plus grand nombre des œufs pondus et abandonnés sans protection doit disparaître par l'effet des causes météorologiques, il peut cependant naître assez d'insectes de ceux qui sont préservés, pour que l'œuvre de régénération s'accomplisse [1].

V

Je renvoie à la note A (page 140) l'examen de l'argument qu'on a tiré de ce qu'on appelle la *réinvasion* du mois d'août, parce que avant de discuter l'argument, il faut rechercher si le phénomène sur lequel il repose est bien réel, et cela demande quelques développements.

Si je voulais *prouver*, j'accorde que tout cela serait insuffisant. Mais ce n'est pas à moi de prouver que l'expérience doit réussir : si cette preuve pouvait être faite *à priori*, l'expérience serait inutile. C'est à ceux qui la repoussent de *prouver* qu'elle doit échouer. J'ai voulu montrer que cette preuve n'est point faite, et, pour ce dessein plus modeste, les considérations présentées me semblent décisives.

Après tout, si le badigeonnage échoue, j'accorderai tout

---

1. On a demandé encore si la vigne badigeonnée ne sera pas morte avant le Phylloxera. Pour toute tache déjà apparente, cela est certain ; mais si la tache est dans une vigne de quelque étendue, on pourra peut-être sauver la plus grande partie de celle-ci. Ce qui se passe à Jeandumas tend à le prouver.

ce qu'on voudra ; s'il réussit, il faudra bien qu'on accorde quelque chose. Que ne puis-je, en attendant, convaincre quelques hommes de bonne volonté, parmi ceux, par exemple, qui possèdent des vignes américaines phylloxérées, et les entraîner à se dévouer dès maintenant.

Essayons :

§ III

LES INDICES FAVORABLES

I

On me permettra de commencer par ce que j'ai vu.

En 1876 une tache est devenue apparente vers l'angle sud-est d'un vignoble d'environ six hectares situé au lieu de Jeandumas. Je l'ai délimitée de mon mieux, et, pendant l'hiver de 1877, j'ai fait un traitement interne au sulfure de carbone coaltaré sur un hectare et demi environ. Six petites taches, nullement visibles, de 3 à 7 pieds, ont été reconnues dans le voisinage, et traitées séparément, chacune sur trente à cinquante pieds. L'année suivante, employant un mélange de sulfure de carbone et d'huile lourde, j'ai étendu ce traitement à un peu plus de deux hectares. Les petites taches ont encore été traitées séparément.

Avec un peu plus d'expérience, j'aurais su que ces petites taches devaient, dès la première année, être réunies aux premières ; que trois hectares au moins étaient contaminés et devaient être traités. La faute est faite, mais n'est pas à regretter : je me trouve, en effet, avoir aujourd'hui sur ce vaste champ d'expérience :

1° Une partie phylloxérée, traitée deux fois au sulfure de carbone (1 hectare et demi) ;

2° Une partie phylloxérée, traitée une fois seulement au sulfure de carbone (1 hectare et demi);

3° Une partie phylloxérée, *n'ayant reçu aucun traitement interne* (1 hectare au moins);

4° Enfin une partie où l'insecte n'est certainement pas encore.

Le tout a reçu trois badigeonnages au commencement des années 1877, 1878 et 1879.

Quels étaient les résultats l'année dernière, au 15 août, après deux badigeonnages seulement?

Et d'abord sur la partie du vignoble où ont été faits deux traitements internes :

En quatre jours, y passant quatre heures par jour, j'ai fouillé une douzaine de pieds. Sur quelques-uns je n'ai pas vu d'insectes, sur d'autres j'ai trouvé un renflement : je dis *un*, parce que, celui-là trouvé, je passais à un autre pied. En tout, une seule pondeuse; rien sur les racines mêmes.

Pour un pied, nous allons à un mètre de profondeur; on l'arrache en entier : je trouve deux renflements de plus sous la souche même, sur des radicelles; deux larves sur l'un, une pondeuse, quelques larves, quelques œufs sur l'autre; — rien encore sur les racines.

Où donc est, ici, la *réinvasion* du mois d'août?[1] c'est un phénomène inverse, plus surprenant encore, qui s'offre à nous. Qu'il ne fût pas resté un seul insecte, je l'admettrais encore : le traitement interne aurait tout détruit. Mais il en reste, et comment expliquer leur petit nombre, si ce n'est par une dégénérescence spéciale amenant déjà un état voisin de la stérilité? — et à quoi attribuer ce résultat, d'après ce que nous savons aujourd'hui, si ce n'est au badigeonnage?

---

1. Voir à l'appendice la note A (page 140).

Voyons maintenant les ceps qui n'ont reçu aucun autre traitement que le badigeonnage.

Je fouille un pied avec les soins les plus minutieux, assis par terre, émiettant les mottes, visitant toutes les racines que je rencontre, jusqu'à l'arrachement du pied : je trouve sur une racine, sur une seule, un groupe de larves; puis une vingtaine de renflements, des pondeuses en petit nombre, des larves, des œufs. Or, en 1876, avant tout traitement, des pieds, situés tout à fait dans les mêmes conditions de végétation et de voisinage des taches apparentes, avaient leurs racines couvertes d'insectes. J'en ai donné plein un petit flacon à mon collègue, M. Magen, qui peut en témoigner. Un des pieds m'a servi de magasin pour montrer le phylloxera à tous les visiteurs qui sont venus le voir; à la fin, ce malheureux pied a succombé à ce régime, et je l'ai remplacé par le pied voisin, qui est encore vivant.

Pourquoi autant d'insectes en 1876, et si peu aujourd'hui? — Les badigeonnages seuls vont-ils suffire à la destruction de cette immense colonie? — je n'en sais rien, mais je le saurai. Le dernier traitement interne a été fait en février et mars 1878 ; il n'en sera pas fait d'autre.

Je n'ai encore fait aucune fouille cette année (1879); à les faire trop nombreuses, le corps même de l'expérience finirait par disparaître. J'attends tranquillement le mois d'août.

II

La galle est le fait de l'insecte issu de l'*œuf d'hiver*, de ses filles, de ses petites-filles, peut-être encore d'une génération ou deux, suivant le climat. Pas d'*œufs d'hiver*, pas de galles (réserve faite d'une observation de M. Marion); mais l'inverse n'est malheureusement pas vrai.

Or, en 1876, j'ai vu sur ce vignoble des galles en abon-

dance ; des pieds de *Carmenet-Sauvignon* en avaient autant
que j'en aie jamais vu sur le *Clinton*. Un autre cépage, nommé
ici le *Touzan* (c'est ce cépage qui donne le vin de Buzet) en
avait beaucoup aussi. On n'en trouvait pas sur tous les
pieds. Sur le même rang, il fallait suivre vingt, trente pieds
pour en trouver; mais les pieds qui en avaient en portaient
beaucoup.

Les commissions du phylloxera de trois départements
(Gers, Lot-et-Garonne, Tarn-et-Garonne) sont venues le
même jour visiter cette phylloxérière; c'est une quinzaine
de personnes qui ont vu, ce jour-là, les galles. Des rapports
officiels, qui le constatent, ont été rédigés et publiés dans
les feuilles locales; une trentaine au moins de visiteurs isolés
les ont vues dans le courant de la saison, et cependant j'en
faisais chaque semaine une cueillette pour les brûler : j'en
oubliais toujours. J'en ai rempli un flacon, que j'ai porté à
M. Boiteau : « C'est, » m'a-t-il dit, « un des beaux échantillons de galles que j'aie vus. »

Eh bien, après le premier badigeonnage, je n'ai plus
trouvé une seule galle nulle part, et j'en ai bien cherché !

L'été dernier (1878) je n'ai pas vu un seul *ailé*; toutefois, je n'ai pas donné à cette dernière recherche un temps
suffisant pour pouvoir conclure.

L'appréciation exacte, quant aux conséquences, de cette
disparition des galles demande beaucoup de prudence, et
quelques développements sont nécessaires. J'y consacre la
note B (page 145), et j'y renvoie le lecteur, en le priant d'y
apporter quelque attention.

Nota. — Ces traitements ont cessé après le badigeonnage
effectué en janvier 1881. — En septembre 1882, visitant cette
vigne avec M. le Dr Henneguy, mon hôte me demanda où étaient
les pieds de *Carmenet-Sauvignon*, qui portaient des galles en 1876.
— Nous y sommes, lui dis-je, les voilà. — Au même moment, nous
vîmes à côté de nous trois pieds voisins chargés de galles.

J'ignore s'il y a eu des galles sur ces vignes en 1881, je n'y ai pas regardé.

III

Je viens de raconter ce que j'ai vu ; racontons maintenant ce qu'ont vu les autres :

(*a*) Je rappelle, pour mémoire, l'observation mentionnée plus haut (page 109, note de M. Marès).

Maintenant je cite :

(*b*) Des fouilles, faites le 21 août 1878, en présence de M. Lembezat, inspecteur général de l'agriculture, et de M. Roudier, député, révèlent à Juillac et à Flaujagues une invasion nouvelle assez abondante, alors qu'en juin il n'y avait pas trace d'insectes vivants.

« Chose surprenante[1] ! A Duras, le 24 août, la réinvasion est nulle ou à peu près, car, pour trouver un ou deux phylloxeras sur du chevelu nouveau, il a fallu faire des investigations longues et minutieuses sur un grand nombre de ceps.

« A quoi attribuer cette différence ? Au badigeonnage, système Boiteau, que j'ai pratiqué deux ans, non seulement sur les parties sulfurées, mais sur toute l'étendue de mon vignoble environnant ? A un isolement considérable des propriétés voisines, ce qui n'existe pas pour mes expériences de Juillac et de Flaujagues ? Probablement à ces deux motifs réunis. Quoi qu'il en soit, je ne crois pas qu'il faille abandonner si vite le badigeonnage. »

(M. Vergniol, *Bulletin de l'Association viticole de Libourne,* onzième fascicule (1878, page 19).

(*c*) Remontons à une date plus éloignée :

« Nous savons d'après la constatation de plusieurs visiteurs, et particulièrement par les rapports de MM. Bannat et Princeteau ; Baillou, Boyer et Lacroix ; Falières et Lalanne, que M. Gaston Bazile, propriétaire aux environs de Montpellier, a réussi à préserver un vignoble de deux hectares, en faisant pendant l'hiver des badigeonnages sur les souches avec un mélange d'huile lourde de gaz, 10 parties, et urine de vache, 90 parties. Cette opération n'était pas destinée à combattre le phylloxera, elle était employée

1. Mais, non !   P. L.

contre la pyrale... le contraste est frappant ! Les vignes des voisins sont mortes ou mourantes, et celles de M. Gaston Bazile conservent encore toute leur beauté (Boiteau. — *Bulletin de l'Association viticole de Libourne,* page 141).

(*d*) Nous allons remonter beaucoup plus loin dans le passé, en plein moyen âge...

(Il s'agit des vignes d'Engaddi. Nous supprimons ce passage, reproduit avec plus de développement dans notre conférence, p. 33).

§ IV

Les badigeonnages de la vigne s'offrent à nous, on vient de le voir, avec une ancienneté respectable, car on reporte à la fin xiie siècle le manuscrit de la Bibliothèque Nationale. Suffiront-ils, comme autrefois, à amener la disparition de l'insecte ? — La seule chose certaine, c'est que, si la réponse doit être un jour affirmative, c'est le salut de nos vignes françaises, et que, hors de là, on ne connaît rien encore qui puisse les sauver.

Les sulfo-carbonates sont d'un prix très supérieur à ceux que nous pourrions aborder ;

Les inondations, pratiquées sur un petit nombre d'hectares disséminés dans tout le pays viticole (9e fascicule des *Rapports et Documents,* avril 1879, tableau B), sont encore inoffensives : est-on sûr que plus tard, lorsque de vastes surfaces seront, chaque année, recouvertes d'eau stagnante pendant 40 ou 50 jours, fût-ce en hiver, est-on sûr qu'il ne surgisse pas quelque impérieuse question de salubrité publique ? — Où peut-on d'ailleurs les employer ?

D'un autre côté, voici qu'un *point noir* vient de se montrer dans l'histoire du sulfure de carbone (Boiteau, Comptes rendus de l'Académie des sciences, 4 mai 1879.)

Tous ces traitements exigent une dépense excessive, et une main-d'œuvre qui serait bientôt introuvable. On perd trop de vue *qu'il n'y a pas un seul exemple encore d'une vigne occupée par l'insecte, dont on soit parvenu à le déloger par un procédé quelconque.* Qu'on puisse retarder la propagation, je le veux bien, et on doit le tenter ; mais si l'insecte avance sans cesse, et n'abandonne aucune de ses conquêtes, n'est-il pas évident qu'avant peu il sera partout ?

J'accorderai, si on le veut, qu'on puisse éteindre un foyer ; mais quand une tache est apparente et peut être traitée, il en est déjà sorti des colonies qui forment d'autres taches, souvent à plusieurs kilomètres. Quand ces dernières seront visibles à leur tour, d'autres existeront, et la loi suivant laquelle croît le nombre de ces taches se rapproche beaucoup de celle qui caractérise une progression géométrique. Qui ne voit que, quoi qu'on fasse, l'invasion doit s'étendre à toutes les vignes ? N'est-il pas nécessaire de se préoccuper dès maintenant d'un traitement qu'on puisse appliquer partout à la fois, je veux dire sur près de trois millions d'hectares ? N'est-ce pas ce problème qui prime aujourd'hui tous les autres, puisque cette situation, si elle n'est pas, grâce à Dieu ! celle d'aujourd'hui, sera certainement celle de demain ?

Le badigeonnage, s'il réusit, sera un de ces traitements, et c'est le seul qui se laisse encore entrevoir.

Peu de main-d'œuvre, peu de dépense ; à peu près ce qui est nécessaire pour tailler la vigne ; moins, certainement, que ce qui est nécessaire pour la soufrer trois fois.

A ce point de vue, le badigeonnage l'emporte sur les vignes américaines elles-mêmes. Pour un hectare contenant cinq mille pieds d'une belle végétation, la dépense ne va pas à trente francs par année. Consacrez, une fois pour toutes, à votre vigne un *capital* de sept à huit cents francs qui donne ce revenu, et vous n'aurez plus à vous préoccuper de cette dépense.

Veut-on, au contraire, transformer cette même vigne en cépages américains? — Il faut d'abord l'arracher, ce qui coûte plus que ne vaut le bois, et ce qu'on fera seulement lorsqu'elle sera près de mourir, c'est-à-dire après une récolte médiocre et une nulle; il faut ensuite replanter : si c'est en cépages, d'une production directe, il faut les payer fort cher ; si c'est en porte-greffes, l'opération devient plus coûteuse encore. Puis, il faut attendre trois ans une première récolte assez faible, deux ans, si vous voulez. D'une part, main-d'œuvre et achat de cépages; d'autre part, perte de récoltes : les huit cents francs seront dépassés, et dans des proportions énormes pour les vignes à gros revenu.

De plus, avec cette transformation, le capital *dépensé* est définitivement perdu; — avec le badigeonnage, le capital *placé* reste, et peut devenir disponible, le jour où il serait possible de supprimer ou d'interrompre le traitement.

L'innocuité absolue du badigeonnage à base d'huile lourde de houille est, dès à présent, certaine. De nouvelles substances toxiques pourront être essayées : la meilleure est, peut-être, encore à trouver. D'autres expérimentateurs essayeront. Pour moi, au cours d'une expérience commencée et en bonne voie, je ne saurais changer ni modifier un élément aussi essentiel que la matière insecticide.

Faut-il faire remarquer qu'avec le badigeonnage on a peu ou point à s'occuper de ce que fait ou ne fait pas le voisin? — On détruit chaque année *l'œuf d'hiver*, d'où qu'il vienne. On n'a plus à redouter que la contamination par les aptères du voisinage ; or, dans ce pays-ci tout au moins, elle semble peu à craindre, pour peu que la vigne soit éloignée des vignes voisines, ou protégée par une haie (voir cependant la note D).

J'ajouterai, car il faut tout dire, que, pour apprécier mon résultat, on doit tenir compte de cette circonstance heureuse, que l'invasion marche ici très lentement. Dans les vignobles situés à l'entrée de la vallée du Gers, la situation ne s'est que très peu aggravée depuis 1876.

De la route qui mène de Libourne à Villegouge, et que j'ai parcourue plusieurs fois depuis la même époque, il m'a paru que les progrès du fléau étaient assez lents (voir p. 27 *b*.).

M. Vergniol signale une lenteur analogue chez lui.

La cause en est-elle aux terrains, au climat, à autre chose encore? — Je l'ignore. En tout cas, il n'y a pas à se décourager : je crois que nous avons du temps devant nous, mais je crois encore plus fermement qu'il n'y en a pas à perdre.

Nota. Il m'a été demandé bien souvent, depuis quelques mois, si les pluies incessantes de l'hiver dernier n'auraient pas nui au phylloxera.

Pour ce qui a lieu jusque vers le 15 avril, il n'y a rien à espérer, si ce n'est peut-être une meilleure réussite des traitements internes qu'on aura pu faire.

A partir de cette date, c'est autre chose :

Le commencement du printemps, jusque vers le 20 mai, n'a été véritablement que la continuation de l'hiver; pluie, vent, froid, rien n'a manqué[1]; si bien que, pour la végétation, la vigne est en retard de quatre bonnes semaines. Si l'*œuf d'hiver* a éprouvé le même retard, pour les mêmes causes, ce qui est possible, nous n'y aurons pas gagné grand'chose; s'il est éclos à l'époque ordinaire, ou seulement vers le 1er mai, les jeunes gallicoles ont dû singulièrement souffrir, si même, faute de feuilles, ils ne sont pas morts de faim. Il ne faut pas oublier que M. Boiteau ayant placé des insectes des premières générations sur les racines les plus appétissantes n'est jamais parvenu à les y fixer : l'insecte s'agite, n'essaye même pas d'implanter sa trompe, et meurt d'inanition. (C. r., 1876.) L'effet du temps calamiteux que nous avons subi

1. Jusqu'à la fin de mai, nous avons eu quelques nuits où la température a été plus basse que celle qui détermine l'*état hibernant*.

pourrait donc être assez analogue à ce qu'aurait produit un badigeonnage général. A ce point de vue, la recherche des galles sera particulièrement intéressante cette année.

Toutefois, je ne pense pas qu'il faille souhaiter les mêmes intempéries pour l'année prochaine. Et pourtant... c'est peut-être le moyen que la Providence tient en réserve pour sauver la vigne.

Nous expliquons, en effet (page 149), que *deux* semblables badigeonnages pourraient *peut-être* suffire.

Voyez encore la note D, page 153, et spécialement l'avant-dernier alinéa de cette note.

PIÈCE JUSTIFICATIVE

EXAMEN PAR M. E. FALIÈRES

DE L'ÉCHANTILLON D'EAUX-MÈRES A LUI TRANSMIS PAR M. MAGEN

Comme on le sait, le liquide de badigeonnage, préconisé par M. Boiteau pour la destruction de l'*œuf d'hiver* du philloxera, est un mélange d'eau, de carbonate de soude et d'huile lourde de goudron de houille ou coaltar.

On sait également que l'huile lourde est le produit de la distillation au-dessus de 100 degrés du goudron de houille.

Elle est ainsi nommée parce qu'elle est plus lourde que l'eau, par opposition à l'huile légère de goudron de houille, plus légère que l'eau, et distillant au-dessous de 100 degrés.

L'huile lourde peut être considérée comme un mélange d'acide phénique, d'huile empyreumatique et de naphtaline. Les proportions relatives des trois composants de l'huile lourde varient suivant les lieux d'origine et les modes ou époques de fabrication. J'ai pensé qu'il était sans intérêt de les doser; il suffisait, à mon sens, de connaître les quantités respectives d'eau, de carbonate de soude et d'huile lourde existant dans la liqueur-mère de badigeonnage, quelle que fût d'ailleurs la teneur de l'huile lourde en acide phénique et naphtaline. Il ne faut pas compter, je crois, pouvoir rencontrer dans la pratique de l'huile lourde présentant toujours la même composition.

On a introduit dans une capsule tarée 33 centimètres cubes de liqueur-mère émulsionnée par une longue agitation, en prenant soin de laver successivement à l'eau, à l'alcool et à l'éther le tube gradué dont on s'était servi pour la mesurer.

La liqueur-mère et les eaux de lavage réunies ont été évaporées à une douce chaleur, et le résidu calciné au rouge dans la capsule même, à l'aide d'une forte lampe à gaz à double courant d'air.

Porté sur la balance avec toutes les précautions d'usage, le résidu pesait $2^{gr} 58^c$. Un dosage alcalimétrique direct a démontré que ces $2^{gr} 58^c$ de résidu salin ne contenaient en réalité que $2^{gr} 35^c$ de carbonate de soude calculé à l'état pur et anhydre, et qui correspondent à $6^{gr} 34^c$ de carbonate de soude cristallisé à 10 équivalents d'eau ($Na O, CO^2, 10\ HO$).

De cette première constatation il ressort que 1,000 centimètres cubes, ou un litre de liqueur-mère de badigeonnage, contiennent $\dfrac{6,34 \times 1,000}{33} = 192$ grammes 12 centigrammes de carbonate de soude cristallisé, et $\dfrac{2,58 - 2,35 \times 1,000}{33} = 7$ grammes d'autres sels non déterminés, à l'état anhydre.

On a institué le mode de dosage suivant de l'huile lourde :

Un volume déterminé de liqueur-mère de badigeonnage était introduit dans une éprouvette longue et étroite, divisée en centimètres cubes et demi-centimètres cubes. On ajoutait un volume d'eau distillée égal à celui de la liqueur-mère, — cette addition a pour effet de faciliter plus tard la séparation, — puis un volume déterminé d'éther pur.

L'éprouvette munie d'un bon bouchon était violemment agitée. Après repos prolongé, la masse se séparait nettement en deux parties distinctes, la première supérieure, constituée par l'éther tenant en dissolution toute l'huile lourde, la deuxième, sous-jacente, constituée par la partie aqueuse de liqueur-mère augmentée de l'eau distillée ajoutée.

Les indications fournies par ce mode d'opérer ont permis de déterminer la richesse de la liqueur-mère de badigeonnage en huile lourde, eau et carbonate de soude, seuls éléments utiles à doser.

42^{cc} de liqueur-mère ont été introduits dans une éprouvette longue et étroite avec 42^{cc} d'eau distillée. On a ajoute 41^{cc} d'éther pur.

Après agitation et long repos, on a constaté que la liqueur éthérique surnageante était constituée par 61,5 centimètres cubes. L'huile lourde de goudron se dissolvant intégralement dans l'éther, sans augmentation ni contraction de la somme des volumes en présence, ces $61^{cc},5$ de liqueur éthérique sont formés de 41^{cc} éther et de $20^{cc},5$ d'huile lourde.

Par conséquent, 42^{cc} de liqueur-mère contiennent :

$$\text{Huile lourde} \dots\dots\dots\dots\dots\dots\dots \quad 20^{cc},5$$
$$\text{Solution saline} \dots\dots \quad 42^{cc} - 20^{cc},5 = 21^{cc},5$$

d'où, $1,000^{cc}$ ou un litre de liqueur-mère contiennent :

$$\text{Huile lourde} \dots\dots\dots\dots\dots \quad \frac{20,5 \times 1,000}{42} = 488^{cc},1$$

$$\begin{array}{l}\text{Solution saline principalement} \\ \text{composée de carbonate de} \\ \text{soude.} \dots\dots\dots\dots\dots\dots\dots\end{array} \quad \frac{21,5 \times 1,000}{42} = 511^{cc},0$$

$$\overline{ 1,000}$$

On a contrôlé directement cette première donnée.

On a décanté avec soin dans une capsule tarée 24^{cc} de liqueur éthérique d'huile lourde, que l'on a abandonnée à l'évaporation spontanée. Après 48 heures on a pesé le résidu, qui était exactement 8^{gr} 47 centigrammes, soit 21^{gr} 7 pour 61^{cc} 5.

La différence entre 20,5 centimètres cubes et 21,7 gr. représente d'une manière suffisamment approximative le rapport du poids au volume, le nom même d'huile lourde indiquant que $1,000^{cc}$ pèsent plus de $1,000^{gr}$.

D'autre part, le restant de la solution éthérique et la liqueur aqueuse sous-jacente ont été évaporés dans une capsule tarée et le résidu calciné au rouge. Il pesait 3^{gr} 07, correspondant à 8^{gr} 23 de carbonate de soude cristallisé $(NaO, CO^2, 10\ HO)$ pour les 42^{cc} de liqueur-mère en expérience. On a $\dfrac{8,23 \times 1,000}{42} = 196$ gr. pour $1,000^{cc}$ ou un litre de liqueur-mère.

Le chiffre 196 grammes se rapproche assez de celui de 192,12 trouvé dans la première expérience, pour le confirmer ; car de ce chiffre 196 grammes il y aurait lieu de déduire la petite quantité de sels autres que le carbonate de soude.

Pour se rendre compte du volume occupé par 192 grammes de carbonate de soude cristallisé, à l'état de solution saturée, on a institué l'expérience suivante :

Dans un tube gradué divisé en centimètres cubes et dixièmes de centimètres cubes, on a introduit 10^{cc} d'eau distillée et 5 grammes de carbonate de soude cristallisé pur. Après agitation prolongée, le sel est entré entièrement en dissolution, sauf un très petit cristal. A ce moment, la solution saline occupait exactement le volume de $13^{cc},5$.

Par conséquent, 192 grammes de carbonate de soude, quantité trouvée par le dosage direct dans un litre de liqueur-mère de badigeonnage, doivent occuper un volume représenté par $\dfrac{13,5 \times 192}{5} = 518^{cc}$. Ce chiffre se rapproche beaucoup de celui de 512^{cc} trouvé à la suite de l'enlèvement de l'huile lourde par l'éther à $1,000^{cc}$ de liqueur-mère ; en tenant compte des erreurs inséparables de toute analyse, les deux nombres sont confirmatifs l'un de l'autre.

En se servant des éléments fournis par ces divers essais, on voit que l'eau qui est restée pour dissoudre le carbonate de soude dans un litre de liqueur-mère de badigeonnage représente 384^{cc} ou grammes.

En résumé, la liqueur-mère de badigeonnage soumise à mon examen renferme par $1,000^{cc}$ ou litre :

Huile lourde de gaz........................ 488^{cc}
Carbonate de soude cristallisé .... 192^{gr} } formant ensemble. 512^{cc}
Eau .... 384 }

Libourne, le 10 mars 1879.

Signé : E. FALIÈRES.

M. Magen, après avoir pris connaissance du travail de son confrère, a cru devoir adopter exactement la même méthode d'analyse, et, après l'avoir appliquée à l'échantillon qu'il avait conservé, a trouvé :

Huile lourde............................	478[cc]
Carbonate de soude et eau..............	522[cc]

Ce résultat concorde avec le premier autant qu'on pouvait l'espérer.

NOTE A.

LA RÉINVASION DU MOIS D'AOUT [1]

Après un traitement au sulfure de carbone ou une inondation, et durant plusieurs mois, on ne trouve pas d'insectes; au mois d'août on en trouve *tout à coup* un grand nombre : voilà le fait (sous un climat plus chaud, cette prétendue *réinvasion* se produirait dès le mois de juin).

Quelques-uns prétendent que ces insectes proviennent des vignes voisines non traitées. Mais les « exemples sont nombreux « autour de nous de vignes attaquées seulement sur des points bien « caractérisés, ces points étant entourés de tous côtés par des « vignes saines et vigoureuses, exemptes de phylloxera. La sub- « mersion, correctement pratiquée aussi bien sur les foyers que « sur les vignes saines de la périphérie, n'empêche pas la réinva- « sion de se manifester en août, plus souvent en septembre et en « octobre [2]; cette réinvasion a lieu dans les foyers même où on « constatait l'année précédente la présence du phylloxera, les « vignes environnant les foyers restant toujours sans insectes. « Comment admettre dans ce cas l'influence d'insectes venus de « loin, qui tous auraient dû traverser un territoire circulaire « sans s'y arrêter, pour venir se joindre en un point commun ? « N'est-on pas forcé de déclarer que dans ce cas une cause latente, « mais permanente, laisse subsister au centre même des foyers « les germes de la réinvasion ? »

(M. E. Falières, Association viticole de Libourne, — Onzième fascicule.)

1. Voir p. 510.

2. N'est-on pas induit à penser que la *réinvasion* arrive plus tôt ou plus tard, suivant que le traitement a épargné plus ou moins d'insectes? P. L.

Voilà qui est net. Laissons donc de côté les insectes domiciliés sur les vignes voisines; les faire intervenir, c'est ne pas comprendre la question.

Si le badigeonnage n'a pas été fait, ou a été mal fait (c'est le cas, nous l'avons expliqué, où beaucoup de pieds ont été fatigués ou tués), la *réinvasion* s'explique très bien par la migration sur les racines des insectes venus par générations successives de *l'œuf d'hiver*, la présence ou l'absence de galles sur les feuilles ne pouvant amener qu'une différence dans le nombre des insectes, sans que nous puissions préciser la grandeur de cette différence.

Si, au contraire, le badigeonnage a été bien fait, de rares insectes échappés au traitement souterrain peuvent-ils avoir au mois d'août une descendance assez nombreuse pour expliquer les faits observés?

Ce n'est pas tout :

« .... Par quel mystère nos hibernants épargnés restent-ils à « l'état d'immobilité pendant une grande partie de l'été? s'ils « constituent l'origine et la source de la réinvasion, comment « cette réinvasion ne nous apparaît-elle pas lente, progressive, « s'accroissant de jour en jour à partir du printemps? » (M. E. Falières, *loco citato*.)

L'objection est très bien présentée; examinons :

Pour qu'il y eût continuité dans les faits observés, il faudrait qu'il y eût continuité dans les recherches, et il n'en est pas ainsi. Lorsque les fouilles se font à des intervalles de temps un peu grands, les faits qu'on peut prévoir sont plus exactement représentés par les termes d'une progression géométrique croissante ; et, aussitôt que les phénomènes prennent une ampleur suffisante pour que l'ensemble soit difficilement embrassé d'un coup d'œil, les termes grandissent pour nous d'une façon d'autant plus saisissante qu'on va plus avant dans la progression. Ce qui frappe, alors, c'est moins le *rapport*, qu'on ne sent plus, de deux termes consécutifs, que la grandeur de leur *différence* comparée au plus petit.

Exemple :

Admettons que les fouilles soient faites à des époques qui puissent caractériser, quant au nombre des insectes, la moyenne des générations successives, et que chaque moyenne soit vingt fois seulement plus forte que la précédente.

Qu'à la première fouille il y ait *un seul* insecte, vous ne le verrez pas; qu'à la seconde il y en ait *vingt*, vous aurez encore de grandes chances de n'en pas trouver; s'il y en a *quatre cents* à la troisième, vous reconnaîtrez l'invasion; s'il y en a *huit mille* à la quatrième vous serez déjà étonné, et vous serez effrayé à la cinquième s'il y en a *cent soixante mille !*

Or, ces différents termes, dont chacun est vingt fois plus grand que le précédent, seront assez distants les uns des autres dans les premiers mois du printemps, parce que avec un temps relativement frais, les phases de l'évolution sont bien plus lentes ; c'est en dix à douze jours, moins peut-être, qu'au mois d'août vous pouvez passer de l'un à l'autre.

Réserve faite de l'impossibilité de raisonner ici sur des bases tout à fait certaines, je ne vois rien d'inconciliable entre les faits de cet ordre, qui ont été bien décrits, et nos connaissances acquises sur les mœurs de l'insecte.

Que si, en deux ou trois jours, quatre ou cinq, si vous voulez on passe d'un petit nombre à une multitude, il y a vraiment un inconnu [1]. Examinons encore :

Si, au printemps, après un traitement, il reste quelque chose, c'est ou un insecte ou un œuf : je cherche vainement un troisième terme. Y aurait-il un cinquième œuf, déposé quelque part où personne ne l'aurait vu, et celui-là ayant besoin pour éclore des chaleurs intenses du mois d'août ? — C'est bien invraisemblable ; et cependant on ne voit guère où chercher, si ce n'est dans cette direction.

Mais avant de s'engager sur ce qui pourrait bien n'être qu'une fausse piste, examinons encore les observations en elles-mêmes.

En premier lieu, je crois nécessaire, pour savoir ce qu'il y a, à un moment donné, sur les racines d'un cep, de regarder partout, d'aller jusqu'à l'arrachement [2]. En 1876, lorsque j'ai travaillé, avec peu de succès, je dois le dire, à délimiter mes taches, je suivais un rang ; je fouillais les pieds de quatre en quatre ; dès que je trouvais un insecte, j'avançais. Quand je n'en avais pas trouvé après avoir arraché le pied en entier, j'admettais (bien à tort) que l'invasion locale s'arrêtait là, et je passais à d'autres rangs, les examinant de quatre en quatre, comme j'avais fait pour les pieds eux-mêmes. Eh bien, il m'est arrivé assez souvent de sacrifier, par le fait, un pied intermédiaire, et cela inutilement, parce que, le pied arraché, je trouvais, ou mon aide me montrait des insectes sur les dernières racines.

---

1. Cet inconnu a motivé un vœu de la *Commission supérieure du Phylloxera.* (Voir plus loin, page 511.) Cette idée paraît abandonnée aujourd'hui.

2. Après une inondation, en particulier, n'est-il pas probable que s'il reste des insectes, ils seront sur les racines les plus profondes ?

Voici donc comment je comprendrais la conduite de ces recherches.

Faire porter les fouilles sur une petite surface, et, à chaque visite, examiner à fond des pieds en nombre suffisant, et tellement distribués, qu'on puisse en déduire la situation d'ensemble ; renouveler ces visites assez souvent, et en tenir un journal exact et complet.

Précisons davantage par un exemple :

Prenez un rectangle comprenant quatre rangs de vigne et huit pieds à chaque rang (nous supposons les pieds à un mètre dans le rang, et les rangs espacés d'environ deux mètres).

Désignons chaque pied par deux chiffres ; le premier indiquant le numéro d'ordre du rang, le second le numéro du pied dans le rang : ainsi (3, 5) représentera le cinquième pied du troisième rang. Cela compris, faites les fouilles conformément au tableau suivant :

1re fouille (1,1), (1,2); (1,5), (1,6); (3,1), (3,2); (3,5), (3,6).
2e fouille (1,3), (1,4 ; (1,7), (1,8); (3,3), (3,4); (3,7), (3,8).
3° fouille (2,1), (2,2); (2,5), (2,6); (4,1), (4,2); (4,5), (4,6).
4e fouille (2,3), (2,4) ; (2,7), (2,8); (4,3), (4,4); (4,7), (4,8).

Faites les fouilles à cinq jours d'intervalle : il y aura quinze jours entre la première et la dernière. On opérera vers le temps où on attend la *réinvasion* et. s'il le faut, ce premier rectangle épuisé, on en entamera un second, un troisième, etc., jusqu'à ce que le phénomène se produise : si on veut des recherches sérieuses, il faut en savoir accepter la fatigue et la dépense.

Cela s'adresse, bien entendu, à ceux qui *croient* à la *réinvasion*, et qui veulent prouver qu'elle existe en la prenant sur le fait.

Ceux qui n'y croient pas ont une voie plus simple, celle de M. Vergniol (voir la citation, page 131) : faire le badigeonnage deux ou trois ans de suite, — un seul badigeonnage suffira peut-être —, et montrer qu'en octobre, par exemple, les insectes sont encore en nombre insignifiant.

En organisant de telles recherches dans une douzaine d'endroits différents, on apprendra peut-être quelque chose.

A-t-on rien fait dans ce genre jusqu'ici ? — J'en doute. Le vigneron a pour chacun de ses pieds de vigne une affection assez exigeante, et je croirais volontiers que, de tous les pieds où on a étudié cette *réinvasion*, il n'y en a pas un, peut-être, qui ne soit encore en vie. Sans cela, on n'eût pas autant tardé à voir les faits très inquiétants signalés récemment par M. Boiteau, et auxquels j'ai fait allusion, page 135, en bas.

Autre chose :

Si la *réinvasion* s'observe sur les taches qui ont été traitées, et provient d'un phénomène qui s'accomplisse sur ces taches mêmes, elle doit s'observer aussi sur les parties non traitées. Sur ces dernières, comme sur les autres, on devrait observer une recrudescence dans le nombre des insectes : personne n'a rien cité de pareil. Au mas de Las Sorrès, sur la vigne de M. Fermaud, où on n'a pas cherché à détruire l'insecte, on trouve sans doute, comme partout ailleurs, plus d'insectes au mois de juillet et d'août qu'aux mois d'avril ou de mai ; on n'y a pas signalé cette explosion soudaine, qui caractérise la *réinvasion*. La *réinvasion* n'est jamais invoquée que lorsqu'il s'agit d'expliquer l'insuccès d'un traitement :

C'est, peut-être, chercher bien loin.......

Concluons :

Je ne crois pas à la *réinvasion* du mois d'août. Mes propres essais ne m'ont jamais conduit à observer rien de semblable. (Voyez p.128 *b*.) Sous cette réserve, j'admets très franchement le principe de ces recherches, tout prêt à m'y associer dans la mesure de mes forces, dès que j'aurai la chose essentielle : la vigne préalablement traitée sous ma direction, et à une distance raisonnable de la maison que l'habite. Non seulement cette question, à tout tout prendre obscure, pourra être élucidée, mais, on l'a dit depuis longtemps[1] : « Dans les sciences d'observation, quelquefois dans les autres, le hasard a encore la plus grosse part. » Quand on ne trouve pas ce qu'on cherche, on trouve parfois ce qu'on ne cherchait pas.

NOTE B.

LES GALLES.

Dans la science, certains faits que personne n'a vus ni ne verra jamais se présentent comme conséquence d'autres faits plus accessibles à l'observation, et, s'ils en sont logi-

1. Arago, je crois.

quement déduits, n'en inspirent pas moins de confiance. Ces fécondes déductions ne sont en général possibles, que si les connaissances acquises sont assez étendues pour qu'il s'en dégage quelque loi.

Au cours d'une période moins avancée, le raisonnement ne peut plus être employé qu'à un travail d'élimination, les faits qui y résistent étant simplement *possibles*, en ce qu'ils ne contredisent à rien de connu.

Il n'est pas indifférent de réfléchir à l'avance aux conséquences de ces faits encore à l'état, non d'hypothèse, mais de prévision. On pourra éviter ainsi de négliger, peut-être de ne pas remarquer du tout tel phénomène, au fond très utile à connaître, mais en apparence insignifiant, parce qu'on n'en saurait saisir les relations avec d'autres phénomènes qui ne s'offriront que plus tard, si ceux-ci n'ont pas été prévus.

En outre, ce souci constant des choses possibles pourra ouvrir quelque voie indirecte pour étudier certaines questions, en soi peu abordables. — A la condition qu'on soit libre de tout parti pris et qu'on utilise chaque fait bien observé pour éclairer sa marche, cette méthode est sûre et féconde.

J'ai tenté de la suivre dans un premier mémoire (*Discours sur le Phylloxera*).

J'y ai établi, non sur des preuves, mais sur de fortes présomptions, que la *nymphe* est toujours séparée par un très grand nombre de générations de *l'ailé*, ou, si vous l'aimez mieux, de *l'œuf d'hiver*, d'où elle descend ;

En particulier, qu'elle ne se rencontre jamais dans l'année même où cet *œuf d'hiver* éclôt.

J'ai dû me demander ensuite, si les branches, en nombre immense, en lesquelles se divise à un moment donné la descendance d'un *ailé*, se terminent toute par une *nymphe*, ou si, le plus grand nombre devant aboutir à un être simplement stérile, quelques insectes seulement auraient en eux et seraient aptes à transmettre à-leurs descendants le principe de cette transformation ;

Si ces insectes privilégiés proviendraient d'un tube ovigère spécial, offrant, par exemple, sur le chemin parcouru par l'œuf, quelque glande encore inaperçue ;

Si ces œufs ne seraient pas, tout simplement, les premiers pondus, ou ceux venus à une période déterminée de la ponte.

Quant à admettre qu'aucune différence spécifique n'existe dès l'œuf ; que cette marche si différente de l'évolution soit amenée plus tard par des influences secondaires, non ! La constance des effets me rend réfractaire à l'idée de causes accidentelles, et, jusqu'ici, on n'en a aperçu aucune, dans les phénomènes extérieurs, qui présente un caractère quelconque de généralité.

L'observation des galles va jeter une première lueur sur l'une au moins de ces difficiles questions, sur celle qui se rattache plus spécialement au sujet de ce mémoire.

M. le docteur Despetis a greffé, en 1876, des broches de *Clinton* sur des souches françaises n'ayant point de phylloxera sur leurs racines ; en 1877, sur une moitié environ de ce champ de *Clintons* greffés sur souches françaises, les feuilles portent des galles en abondance. En 1878, il n'y a plus une seule galle sur ces mêmes vignes, et cependant on n'a pratiqué aucun badigeonnage, ni aucun traitement d'aucune sorte.

Examinons de près cette observation, qui semble embarrassante, et que M. Despetis a eu l'obligeance de me communiquer après avoir lu mon mémoire.

Vous avez des galles en 1877 ; il y a donc eu un essaim d'*ailés* en 1876, et, comme au printemps de 1876 il n'y avait pas de phylloxera sur les racines, ces *ailés* sont venus du dehors : la date et la cause de l'invasion sont certaines.

Les *œufs d'hiver* pondus en 1876 par les filles de ces *ailés* et déposés sur le greffon (bois de deux ans en 1876) ont donné naissance en 1877 à des gallicoles, auteurs des galles observées. Mais nous *prévoyons* que parmi ces gallicoles de première année il n'y a pas de *nymphes*, ou, ce qui est la même chose, pas *d'ailés* ; dès lors, pas *d'œufs d'hiver* pondus en 1877, et, par conséquent, pas de gallicoles, partant pas de galles en 1878. — L'observation vient donc confirmer le fait prévu.

Allons plus avant : si les *ailés* ne se rencontrent pas parmi les insectes de la première année, rien ne nous dit jusqu'à présent qu'ils se rencontreront parmi ceux de la seconde ; ils peuvent n'apparaître que la troisième, la quatrième, peut-être plus tard encore.

Ce n'est pas tout : quelle que soit l'année où ils reviennent, naîtront-ils tous dans cette même année, ou bien, les premiers parus, le phénomène sera-t-il continu jusqu'à l'extinction de la colonie, c'est-à-dire jusqu'à la mort de la vigne ?

Il n'y a rien d'absurde, en effet, à supposer que les *nymphes* descendant d'un *ailé* apparaissent toutes la même année, quelle que soit la cause cachée qui les produit, et se trouvent ainsi, en fait, séparées de leur ancêtre commun par un nombre variable de générations[1]. Nous savons déjà qu'elles apparaissent seulement à partir du 15 juillet, c'est-à-dire

---

1. Il ne faut pas croire que chaque génération remplace tout d'un coup la précédente. Pour chaque *pondeuse* il est des œufs qui sont pondus le premier jour, d'autres qui sont pondus le dernier jour de la ponte. Pour les premiers, et en admettant les données précédemment indiquées, une nouvelle génération apparaîtra tous les vingt-cinq jours environ. Pour les derniers, si on admet que la ponte dure, par exemple, trente-cinq jours, il y aura deux mois d'intervalle d'une génération à la suivante. Les filles d'une *mère-pondeuse*

en plein été. Il semble que l'été ait sur ces bestioles une influence spéciale amenant cette transformation, comme le printemps en a, sur les oiseaux, une différente et amenant autre chose. Certains oiseaux font deux pontes : les petits qui proviennent de la seconde ponte sont prêts, l'année suivante, au même moment que leurs aînés, à pondre à leur tour. Un phénomène analogue, bien que d'un autre ordre, peut se produire ici : dans les deux cas l'hiver viendrait tout niveler.

Si les *nymphes* naissent toutes la même année, leur apparition, et par suite l'apparition des galles, sera périodique[1] ; si, leur venue étant, au contraire, réglée par le nombre de générations qui les séparent de *l'ailé*, elles se succèdent chaque année, à partir des premières parues, il en sera de même des galles. Dans les deux cas, l'étude des galles pourra fournir quelques indications sur une des lois qui gouvernent la transformation des insectes.

Les galles peuvent ainsi apporter une indication utile pour nos traitements : *Si elles sont périodiques, et si, par exemple, la période est de deux ans, il pourra y avoir simultanément sur chaque vigne deux cycles de transformation, produits par deux essaims, dont le second serait venu un nombre impair d'années après le premier. Il suffira alors de rompre l'un et l'autre cycle par un badigeonnage répété deux années de suite, pour couper court à toute transformation ultérieure, et amener la disparition de la race par stérilité. Si la période est de trois ans, il*

auront ainsi des enfants avant que leur mère ait cessé de pondre ; chez ces petites bêtes, comme chez nous, on rencontrera des tantes plus jeunes que leurs nièces, et si nous franchissons par la pensée un intervalle de temps un peu long, alors que nous aurons des insectes appartenant à peine à la vingt-cinquième génération, par exemple, il y en aura déjà qui appartiendront à la soixantième (Extrait de notre premier mémoire).

1. S'il en est ainsi, la disparition momentanée des galles ne prouve pas l'efficacité des badigeonnages.

faudra trois années de badigeonnage, et ainsi de suite (voir le *nota,* page 135).

Si, au contraire, les *ailés* se reproduisent tous les ans après les premiers parus, il faudra badigeonner tous les ans jusqu'à ce qu'il ne reste plus rien sur les racines.

Mais il ne sera pas facile de découvrir cette période, si elle existe. Que M. le docteur Despetis n'observe pas de galles sur ses *Clintons* en 1879 : on pourra penser que la période est de trois ans au moins; mais s'il en observe, on ne peut plus conclure. Comment savoir, en effet, si ces galles sont produites par des insectes issus des *ailés* de 1876, ou si elles proviennent d'un autre essaim venu en 1878? — Les faits négatifs seuls auront ici quelque signification, mais seront rares en pays largement phylloxéré. C'est aux frontières de l'invasion, sur les taches avancées, qu'on a quelque chance de les observer, surtout s'il s'y rencontre certaines vignes américaines. — Je ne suis plus dans ce cas, et je ne puis qu'en appeler à des viticulteurs plus heureux.

Pour des raisons qu'il y aurait abus à rapporter ici, je considère comme très probable la période de deux ans.

NOTE C.

SUR UN ESSAI DE TRAITEMENT PRÉVENTIF.

M. Lasne, ingénieur des ponts et chaussées à Royan, possède un vignoble de neuf hectares environ sur le terrier de Toulon (petit village de l'arrondissement de Saintes. Le terrain, peu profond, renferme de 55 à 60 pour 100 de sable siliceux pur ; le sous-sol est calcaire.

Quelques taches étant devenues très visibles sur des vignes voisines, M. Lasne, après s'être assuré par de minutieuses recherches que les siennes étaient encore indemnes, leur a appliqué un traitement préventif commencé en avril 1877. Voici en quoi consiste ce traitement : les ceps sont décortiqués avec le plus grand soin jusqu'à la naissance des racines, puis badigeonnés. La substance employée à ce badigeonnage est le sulfocarbonate de potassium dilué dans l'eau, dans la proportion de 1/4 de sulfocarbonate et 3/4 d'eau. Pour compléter ce traitement, on applique au pinceau, sur la partie souterraine du cep, un anneau de coaltar mélangé avec 1/6 de glycérine blonde du commerce.

J'avais lu et très remarqué les détails de ce traitement, dans les quelques numéros que j'ai pu me procurer du Bulletin de la Commission départementale du phylloxera de la Charente-Inférieure. J'avais lu, sans étonnement, je dois le dire, que, tandis que sur quelques parties les vignes voisines étaient mourantes, les vignes ainsi traitées étaient encore indemnes en décembre 1878. Mais, ici, il faut citer (je souligne quelques passages) :

« Il est utile d'ajouter que la tache qui m'avoisine au sud-
« ouest, sur le terrier de Toulon, s'est considérablement dévelop-
« pée ; *qu'elle a envahi tous les terrains qui joignent les vignes*
« *que je traite depuis deux ans*, et qu'elle a même contaminé un
« plant de dix ans situé au nord-est et en dehors de ces mêmes
« vignes, plant que, faute de bras, je n'avais pu faire décortiquer
« et coaltarer. Le point d'attaque s'est développé malgré un bon
« badigeonnage [1] qui, après un examen attentif, avait d'ailleurs
« détruit bon nombre d'insectes, pendant leur descente sur les
« grosses racines des ceps. Il ne paraît presque pas douteux que ce
« point d'attaque est tout récent et doit être attribué à des
« insectes ailés partis du foyer principal situé dans le sud-ouest,
« *et qui ont dû passer au-dessus des vignobles traités préventive-*
« *ment pour établir une colonie au nord-est de ces vignes toujours*
« *indemnes.* »

Ayant appris d'un ami commun que les vignes de M. Lasne formaient l'an dernier comme une oasis de verdure entourée de vignes mourantes, et comme, après tout, il s'agit d'une question d'intérêt général, je me suis permis de solliciter directement quelques détails. M. Lasne s'y est prêté de la meilleure grâce ; mais avant de m'envoyer une notice, il a voulu faire de nouvelles

---

1. Il est clair, d'après cela, que, employé seul, le badigeonnage au sulfocarbonate de potassium est un préservatif insuffisant, au moins à la dose indiquée.

recherches sur les racines, afin de savoir si l'immunité durait toujours.

J'attendais assez tranquille.

Les recherches sont faites, mais les choses se gâtent : la vigne de M. Lasne est envahie. Les insectes sont peu nombreux, mais il y en a. — Nouvelles demandes plus précises, adressées à M. Lasne. Les voici, avec les réponses (où je souligne un passage) :

D. — Avez-vous pratiqué l'écorçage sur le bois de deux ans, sur la *marcotte* où les sarments ont poussé l'année dernière ?

R. — C'est surtout sur le bois de deux ans que j'ai fait pratiquer l'écorçage avec le plus de soin : on ne laissait absolument rien en fait d'écorce sèche sur le courson de l'année précédente, pour ne laisser aucun abri aux œufs et aux insectes contre l'action corrosive du badigeonnage. Cet écorçage s'est fait après la taille [1] : il est en effet bien plus commode de tourner autour des ceps dans ces conditions et de recueillir dans le sac Boiteau tous les débris provenant de l'opération ([2]) — débris que j'ai fait brûler sur-le-champ.

D. — Vos vignes *touchent-elles* les vignes voisines non traitées, ou en sont-elles séparées par des champs non plantés en vigne ?

R. — Mes vignes ne sont séparées des vignes infectées que par une haie double plantée, il est vrai, au milieu d'un espace qui présente 3 mètres de largeur (libre de haie) dans chacune des propriétés, ce qui fait environ 7 à 8 mètres de distance entre les ceps les plus rapprochés des deux terrains contigus. Il n'y a pas de champ intermédiaire non planté en vigne.

Malgré cette bande de 7 mètres, dure, non cultivée, les hypogés se sont glissés dans le sol jusqu'à ma vigne, et ce sont les ceps contigus à la haie qui sont le plus envahis.

D. — Le terrain des vignes voisines a-t-il une composition à peu près semblable à celle que vous avez reconnue pour le vôtre (55 à 60 pour 100 de sable pur) ?

R. — Tous ces terrains ont la même composition : je ne les ai pas tous analysés, mais leur aspect et leur façon de se comporter dans la culture permettent de préjuger cette identité. — Le sous-sol est calcaire et l'humus est généralement peu épais : conditions mauvaises pour appliquer le traitement curatif au sulfure de carbone.

---

1. C'est un tort grave, à mon avis (voyez page 115). P. L.

2. Oui, mais l'essentiel est de ne pas laisser de marcotte sur le terrain.

P. L.

D. — En quelle année les premières taches ont-elles été apparentes sur les vignes voisines, et à quel état de dépérissement sont aujourd'hui ces vignes ?

R. — C'est dans l'été de 1876 qu'on a constaté l'apparition du fléau sur les pentes du terrier de Toulon au sud-ouest ; — la végétation faiblissait et des pampres devenaient jaunes. L'insecte y était probablement depuis deux ou trois ans au moins. — On commence à arracher, mais sur quelques ares seulement. Le fléau n'a pas pris le développement rapide que j'aurais cru d'abord.

Le lecteur en sait maintenant autant que M. Lasne et moi.

De l'ensemble de la situation sur les pentes du terrier de Toulon, il n'y a rien évidemment à conclure *en faveur* de nos idées ; mais, si je ne me trompe, il n'y a rien non plus à en conclure *contre*.

Il est très possible que la contagion soit venue, non par les *ailés*, c'est-à-dire par *l'œuf d'hiver*, mais par les insectes *hypogés*, contre lesquels nous n'avons encore aucun traitement préventif. Sous ce rapport, la double haie me contrarie.

Tailler avant le traitement est une faute sur laquelle j'ai insisté dès 1878 (*Discours sur le phylloxera*).

L'*œuf d'hiver* n'aurait pas été détruit par M. Lasne, que, la substance insecticide étant très différente, il n'y aurait pas à conclure d'un traitement à l'autre ; tandis qu'un résultat favorable, c'est-à-dire l'immunité conservée à sa vigne, eût rendu très probable à la fois le fait de la destruction de l'*œuf d'hiver* et l'efficacité de cette destruction *comme mesure préventive*.

C'est sous ce rapport que j'éprouve une déception ; mais je ne veux pas en exagérer l'amertume : je comptais marquer une heureuse journée et recevoir, pour le faire, un petit *caillou blanc ;* le caillou qui m'arrive est d'une teinte grisâtre qui me chagrine, voilà tout.

NOTE D.

La première note de M. le comte de Bertou, dans les *Comptes rendus de l'Académie des sciences*, me frappa vivement, et je me promis bien, après avoir lu la seconde, de rechercher à l'occasion le document cité. Et cependant une difficulté se présentait d'elle-même : comment admettre que des populations ignorantes auraient persisté dans l'emploi d'un remède purement empirique, désagréable à pratiquer, si aucun résultat n'avait été appréciable avant la troisième, la quatrième année peut-être ? — Quelle chance alors qu'il se soit agi du phylloxera ? — et *s'il devient certain* qu'il s'agissait d'autre chose, le fait perd singulièrement de sa valeur !

La difficulté me semble, pour le moment, insurmontable si la venue des *ailés* n'est pas périodique ; elle s'aplanit d'elle-même, au contraire, si la période existe, quelle qu'en soit la durée.

Admettons la période de deux ans et l'existence possible de deux cycles de transformation. Ces deux cycles n'existeront pas simultanément partout ; il faudrait même un concours de circonstances assez rares, pour que deux essaims appartenant à deux cycles différents vinssent s'abattre deux années de suite sur la même vigne. En chaque lieu, l'un des deux arrivera d'abord, le second pourra venir plus ou moins longtemps après se superposer au premier.

Quels seront les phénomènes qui se produiront sur une vigne où un seul cycle existera, par exemple le cycle *impair*, en donnant ce nom à celui qui amène les *ailés* les années impaires ? — En 1876, pour partir de cette année, on aura des galles et pas d'*ailés;* en 1877, on **aura au contraire** des *ailés* et pas de galles ; **en 1878, des** galles ; en 1879, des *ailés,* et ainsi de suite.

Or, en ne considérant que ce qui se passe sur la vigne, et négligeant les essaims qui peuvent chaque année venir du dehors, il est clair qu'un badigeonnage fait pendant l'hiver qui suit un été où il y a eu des galles et pas d'*ailés* est inutile, puisqu'il n'y a pas d'*œufs d'hiver* à détruire. Ainsi, ayant eu des galles en 1876 à Jeandumas, le badigeonnage pratiqué l'hiver suivant n'a servi à rien. Le suivant seul, celui pratiqué en février 1878, aurait été directement utile.

Or, c'est cette même année 1878 que les résultats rapportés dans ce mémoire ont été constatés, et cela sur des vignes où on n'a fait que le badigeonnage. C'est donc dans l'année même où aurait été pratiqué un badigeonnage opportun, que la diminution des insectes deviendrait flagrante.

Si donc un certain nombre de vignes à Engaddi, toutes peut-être, n'offraient qu'un seul cycle, il a suffi que le traitement ait commencé une année propice, pour que la méthode fût sauvée.

Que l'emploi en ait duré longtemps, c'est ce qui n'a pas lieu de surprendre ; chacun n'y regardait peut-être pas d'aussi près que je le fais moi-même, et, chaque fois, plus d'un *œuf d'hiver* a pu échapper.

Il résulterait de là que le badigeonnage fait à Jeandumas en janvier 1879, présente année, était probablement fort inutile, réserve faite encore des essaims venus d'ailleurs, comme aussi fort inutiles ont été ici l'hiver et le printemps calamiteux que nous avons eus.

Puissent d'autres en avoir tiré quelque profit !

Le phylloxera a-t-il existé de tout temps en France, aussi bien qu'en Amérique et qu'en Judée, mais à l'état aptère, qui serait son état normal, c'est à dire réduit au strict nécessaire quant à la fécondité? — La transformation en *ailé* serait-elle le produit de causes accidentelles, très rares, et, quand elles se produisent, limitées, quant à leur durée ou à la durée de l'effet une fois produit, à une période plus ou moins longue? — Cette longue série de générations aptères permet peut-être de le penser. Mais je ne suis pas du tout entomologiste, et il est prudent de m'en tenir là.....

La seule chose parfaitement sûre, c'est qu'il faut se débarrasser de la bête avant que la vigne soit morte.

NOTE E.

SUR LA LIQUEUR-MÈRE DE BADIGEONNAGE.

On peut espérer qu'une substance efficace contre l'*œuf d'hiver* déposé sous les écorces, et plus facile à employer que l'huile lourde, sera trouvée par les hommes à qui leur savoir permet de réussir dans cette recherche.

Deux conditions seraient à remplir.

La première, que le nouveau mélange fût stable et toujours semblable à lui-même; la seconde, qu'il offrît, au besoin par l'addition d'une substance inerte, une coloration assez intense pour être bien apparente sur les écorces et y rester visible au moins quelques jours malgré une pluie éventuelle. — Cette seconde condition remplie, on vérifierait facilement après coup si toutes les écorces ont été mouillées.

En attendant, indiquons à MM. les fabricants des *eaux-mères* aujourd'hui en usage une précaution utile.

Ces *eaux-mères* tiennent en suspension des parties solides, qui se déposent par le repos au fond de la barrique et viennent obstruer le conduit du robinet. On est obligé de le dégager en y passant une broche, et, à chaque fois, il part un jet de liquide gênant et désagréable pour l'ouvrier. L'exactitude dans le mélange peut en souffrir, parce qu'on fait rarement bien un travail répugnant.

Il serait donc nécessaire de laisser reposer les *eaux-mères* une fois faites, puis de les décanter avec soin. C'est le liquide décanté qui devra contenir la proportion requise d'huile lourde.

DEUXIÉME PARTIE

LES MŒURS DU PHYLLOXERA

L'ŒUF D'HIVER

DU

PHYLLOXERA AU CONGRÈS DE NIMES

Monsieur et cher maître, au Congrès viticole tenu à Nîmes, les 22, 23 et 24 septembre 1879, les traitements dirigés contre *l'œuf d'hiver* n'étaient point sur le programme. Cependant j'ai obtenu la parole le 24, à la séance du matin, et j'ai pu traiter le sujet comme je l'avais fait un mois auparavant pour le Conseil général de Lot-et-Garonne.

Deux choses m'ont beaucoup étonné pendant que j'exposais succinctement l'histoire naturelle du phylloxera : la première, qu'à très peu d'exceptions près personne ne connaissait cette histoire ; la seconde, que tout le monde paraissait la suivre avec intérêt. Le public *ne va donc pas de lui-même* à ces notions scientifiques, mais les hommes intelligents les acceptent avec plaisir *quand elles viennent à eux.*

Mon but n'était point de faire un vain étalage d'érudition ; je me proposais — je l'ai annoncé en terminant, — je me proposais, lorsqu'on en serait à traduire par des vœux les impressions du Congrès, d'en demander un ayant pour objet de recommander la bibliothèque de Saint-Saba à toute la sollicitude du gouvernement. Jusque-là tout allait bien, et le vœu avait je crois, à ce moment, de grandes chances d'être accepté.

Après moi, M. Planchon a pris la parole. Si le savant correspondant de l'Académie des sciences était dans le vrai, non seulement ce que j'ai dit des vignes d'Engaddi et des documents qui s'y rapportent serait un pur enfantillage, mais encore on en serait à se demander, — un journal influent du Sud-Ouest l'a déjà fait, — si l'*œuf d'hiver* et tout ce que MM. Balbiani, Max. Cornu, Boiteau, d'autres encore, ont écrit sur le phylloxera, serait autre chose qu'un roman ou une légende.

J'étais bien préparé à répondre. Je l'avais en effet annoncé tout d'abord. Mon sujet avait donné lieu à quelques objections; dans un mémoire imprimé (*Essai sur la destruction de l'œuf d'hiver du phylloxera de la vigne*), j'avais discuté celles que je regardais comme les plus graves; pour ménager un temps précieux, qu'on voulait bien me donner mais qui ne m'était point dû, je n'en parlerais point. Toutefois, si ces objections venaient à se produire en séance, je me réservais d'y répondre, ayant sous la main les matériaux nécessaires.

L'heure étant trop avancée, sur les instances du Bureau et le désir de l'auditoire, la discussion a été renvoyée à la séance du soir. Le soir... on s'est occupé d'autre chose.

Il faut bien le dire, après le discours de M. Planchon, ma cause était perdue sans retour : bien que fort simple, cette histoire du phylloxera ne reste pas dans la mémoire après une audition aussi rapide. Le Congrès n'aurait plus ni compris ni suivi la discussion. En pareil cas, chacun se décide d'après le plus ou moins de confiance que lui inspire chaque orateur; or, entre un homme ayant l'autorité si justement acquise de M. Planchon et un inconnu, qui pouvait hésiter? — Je n'ai donc pas insisté, le soir, pour que la promesse du matin fût tenue, alors surtout que M. Planchon était absent; j'ai pris acte des convenances qui m'empêchaient de répondre, et de mon intention de porter le débat dans un journal agricole, où tous les arguments, pour et contre, seraient exposés, non d'une manière fugitive, comme dans un discours, où l'auditeur peu préparé a quelque peine à les suivre, mais à demeure, comme dans le livre, où les hommes compétents peuvent les examiner à loisir et les juger.

Les deux extraits que vous avez eu la bonté de reproduire dans le *Journal de l'Agriculture*, de ma conférence du 21 août, contiennent en substance tout ce que j'ai dit au Congrès de Nîmes, et préparent cette discussion.

J'attache une importance extrême aux renseignements sur le couvent de Saint-Saba, que j'ai communiqués d'après M. de Bertou; je considérerais comme un aveuglement déplorable de ne pas mettre tout en œuvre pour savoir ce qu'il y a dans cette bibliothèque mystérieuse. Je ne réponds en aucune façon qu'on y trouvera le remède, bien que le vrai remède puisse ne différer de ce que nous faisons aujourd'hui que par quelque détail minime;

quelque élément accessoire de la substance toxique ; quelque tour
de mains dans l'application. — Mais je dis : S'il n'y a rien, et
qu'on aille à Saint-Saba, on n'aura perdu que les frais du voyage ;
s'il y a quelque chose, et qu'on n'y aille pas, on perd chaque année
quatre-vingt mille hectares de vignes !

Si vous voulez bien, monsieur et cher maître, m'accorder
l'hospitalité dans le *Journal de l'Agriculture*, j'essayerai, en développant ce que j'ai omis au Congrès de Nîmes, volontairement
d'abord, contraint et forcé ensuite, j'essayerai de convaincre vos
lecteurs, et M. Planchon lui-même, qu'il pourrait bien y avoir
quelque chose de sérieux au couvent de Saint-Saba, comme aussi
dans l'histoire naturelle du phylloxera, telle que nous la devons à
nos savants entomologistes.

Mais il serait très utile, sinon indispensable, que M. Planchon
voulût bien reproduire et développer lui-même ses objections
dans le *Journal*, en complétant, s'il le juge convenable, sa réponse improvisée de Nîmes, et aussi en retranchant ce qu'il
croirait devoir abandonner aujourd'hui. Les deux cents auditeurs
qui ont eu la bonne fortune de l'entendre n'auraient pas moins de
plaisir à le lire. Il contribuerait, pour sa part, à ramener l'ordre
dans les idées et dans les faits, et rendrait ainsi un nouveau et
très important service à la France viticole [1].

Veuillez agréer, etc.

PROSPER DE LAFITTE.

I

M. Planchon n'admet pas la diminution graduelle, à
mesure que les générations se succèdent, de la fécondité du
phylloxera. Partant de cette idée, que M. Balbiani aurait
annoncé la dégénérescence, complète à la fin de chaque
année, de la descendance des gallicoles nés au printemps de
l'œuf fécondé, ou *œuf d'hiver*, il invoque des observations qui
y contredisent : observations de MM. Schrader, Lichtenstein,
Boiteau, de M. Planchon lui-même. M. Planchon a élevé des
phylloxeras en tubes : il a trouvé les pontes d'automne aussi
abondantes que les pontes de printemps : une trentaine

---

1. Cet appel n'a pas été entendu.

d'œufs pour les unes comme pour les autres. M. Lichtenstein aurait même trouvé les premières plus abondantes que
les secondes. La nourriture aurait, sur le phénomène, plus
d'influence que le nombre des générations.

Si cette dégénérescence spéciale n'existe pas, tous les systèmes possibles ayant pour but la destruction de *l'œuf d'hiver*
s'effondrent ; il ne s'agirait plus d'y chercher des perfectionnements ; il n'y aurait qu'à renoncer à l'idée elle-même.
L'objection est radicale : on nous permettra donc d'y insister longuement avant d'aborder les autres [1].

M. Balbiani, au sujet des difficultés qu'il a rencontrées
dans ses recherches sur le phylloxera, s'exprime ainsi :

Mais je puis les indiquer dès à présent (ces difficultés), en disant que j'avais affaire à une espèce dont la vitalité va en s'épui-
sant avec le nombre des générations qui proviennent les unes des
autres, si bien que, arrivé à un certain point de mes recherches,
je constatai un arrêt presque complet des phénomènes de la reproduction. Cet épuisement progressif des fonctions génératrices
a lieu même dans les conditions naturelles où l'insecte accomplit
les diverses phases de son évolution...

(*Comptes rendus des séances de l'Académie des sciences*, 14 décembre 1874).

Il faut noter que M. Balbiani observait à Montpellier, et
que ses observations ont duré six mois, de la fin de mai au
commencement de novembre (même compte rendu).

M. Balbiani dit encore :

... Cette variabilité dans le nombre des cæcums ovigères n'est
nullement en rapport, comme on pourrait le croire, avec l'abon-

---

1. Les idées que je défends ici appartiennent à M. Balbiani, qui les a
produites, non à moi, qui n'ai fait que les adopter. Si l'illustre entomologiste
trouvait insuffisante la défense que j'essaye, je le supplie d'intervenir lui-
même, sans craindre de me causer aucun froissement d'amour-propre. L'essentiel est que la lumière soit complète : or, il sait certainement beaucoup
mieux que moi ce qu'il a fait lui-même.

dance ou la qualité de la nourriture. Celles-ci jouent bien un rôle manifeste dans l'activité des pontes, mais sont sans influence sur l'appareil génital. Cela est surtout bien évident sur les larves vivant sur les renflements et destinées à se transformer en ailés. Après cette transformation, on ne trouve jamais plus de deux à quatre gaines arrivées à maturité.

(C. r., 17 juillet 1876.)

Encore une citation de M. Balbiani, en y soulignant quelques passages :

..... J'ai cru pouvoir émettre hypothétiquement cette idée (C. r., 4 octobre 1875), que, si l'insecte était abandonné, pour sa multiplication, aux seules ressources de la génération parthénogénésique, il finirait probablement par disparaître de lui-même par épuisement de sa force productrice, et que, pour obtenir ce résultat, il suffirait de détruire les œufs d'hiver qui viennent chaque année ranimer la vitalité des colonies souterraines. *Il est bien évident que ce n'est pas en une seule campagne qu'on atteindrait ce résultat...*

... Quant à la carrière que les colonies souterraines, soustraites à l'influence régénératrice des œufs d'hiver, sont aptes à parcourir avant de s'éteindre par épuisement, *les données nous manquent à cet égard...*

(C. r., 17 juillet 1876.)

En attribuant à M. Balbiani l'opinion que la dégénérescence s'accomplit dans une seule campagne, M. Planchon a confondu les mémoires sur le phylloxera du chêne de l'illustre entomologiste, et ceux qu'il a écrits sur le phylloxera de la vigne.

Voici maintenant l'opinion de M. Boiteau (j'y souligne quelques passages) :

... Plus on s'éloigne de l'insecte régénéré par la fécondation, moins la puissance de reproduction est considérable. Les travaux de M. Balbiani ne laissent aucun doute à cet égard. *J'ai vérifié, et je vérifie encore de mon côté, cette puissance qui me paraît aller rapidement en diminuant pendant les quatre ou cinq premières générations aériennes, mais qui va moins vite dans les générations souterraines...*

..... La génération agame commence à l'œuf d'hiver et finit à l'insecte ailé; *quelle est sa durée? nous l'ignorons*..... (C. r., 10 août 1876).

..... Les générations se succèdent ainsi pendant un nombre de descendances *qui n'est pas déterminé*... (Boiteau : *le Phylloxera ailé et sa descendance*, p. 23.)

Je me suis permis moi-même d'annoncer que la nymphe ne se rencontrerait jamais parmi les insectes *de première année*, à partir de l'œuf d'hiver (*Discours sur le phylloxera*, 1878, et C. r., 8 septembre 1879 [1]).

L'objection débarrassée de cette erreur de fait sur la durée de la dégénérescence, je l'aborde en elle-même. Je me propose de démontrer, en premier lieu que les élevages en tubes faits par MM. Schrader, Lichtenstein, Boiteau et Planchon étaient inutiles ; en second lieu que les déductions tirées des résultats obtenus de ces élevages manquent d'exactitude et sont à rejeter.

Ces élevages étaient inutiles :

.... Mais il est des faits qui parlent en faveur de la durée limitée de la reproduction parthénogénésique du phylloxera. Nous trouvons, en effet, dans l'étude anatomique de l'appareil reproducteur chez les différentes générations issues les unes des autres, la preuve irrécusable d'une diminution de la fécondité à mesure que celles-ci s'éloignent de leur auteur commun, c'est-à-dire le phylloxera issu de l'œuf d'hiver. Chez de grosses pondeuses gallicoles écloses de cet œuf et vivant sur les feuilles d'un cépage du Bordelais, qui me furent remises par M. Delachanal au mois de mai dernier, le nombre des tubes de l'ovaire s'élevait de 20 à 24. Lorsqu'on examine, au même point de vue, les individus des galles à une époque

---

1. M. Lichtenstein écrit : « ... La science nous fait bien espérer *théoriquement* que la reproduction parthénogénésique diminue et cesse tout à fait à un moment donné; mais, *pratiquement,* nous savons, par les essais de Bonnet et autres, que chez les ophidiens au moins cette reproduction peut durer plusieurs années. Ne peut-il en être de même pour le phylloxera, au moins dans le Midi? » (C. r., 23 mars 1876.) — Mais si, il en est certainement de même du phylloxera; qui le nie? — M. Lichtenstein commet ici la même confusion que M. Planchon.

plus avancée de la saison, on constate qu'un nombre plus ou moins grand de ces tubes sont en *voie d'atrophie* [1] ou ont même complètement disparu.... Vers la fin de mai 1874, j'observais à Montpelier de nombreuses pondeuses aptères à seize et même vingt gaines ovigères.... dans les générations d'automne, en octobre et novembre, je ne trouvais que rarement, au contraire, des pondeuses aptères ayant un total de plus de six à sept tubes ovariques, et le plus ordinairement même, le nombre de ceux-ci n'était que deux ou trois.....

(Balbiani, C. r., 17 juillet 1876.)

J'appelle sur ce qui suit l'impartiale attention du lecteur.

La diminution du nombre des tubes ovigères est la preuve anatomique de la dégénérescence que nous étudions ; avec cette circonstance exceptionnellement heureuse, que ce nombre se compte sur chaque insecte au moment où on le cueille sur une racine, sans qu'il soit nécessaire de l'enlever une minute à son existence normale. C'est toujours sur l'insecte issu de l'*œuf d'hiver* qu'on en observe le nombre le plus grand ; ce nombre va toujours en diminuant, et rapidement dans les premières générations, qu'on obtient sans difficulté lorsqu'elles s'isolent d'elles-mêmes, dans les galles ; les tubes en voie d'atrophie restent comme le témoignage visible de cette diminution ; c'est toujours sur la *nymphe* qu'on trouve ces tubes ovigères les moins nombreux ; il n'y en a plus jamais qu'un seul chez la femelle sexuée, fille de l'*ailé* (ou de la *nymphe*, ce qui est la même chose, à l'âge près) : n'est-il pas évident que les insectes où on rencontre ces mêmes tubes en nombre intermédiaire appartiennent eux-mêmes à des générations intermédiaires entre les *galli-coles* et la *nymphe ;* qu'on observe ainsi sur des individus existant *simultanément,* mais pouvant descendre d'*œufs d'hiver* différents, tous les états qui se rencontrent *successivement* dans la descendance d'un seul de ces œufs ? Quelle nécessité,

1. C'est moi qui souligne.

alors, d'isoler, et cela pendant des années, ces derniers insectes dans des tubes, quand on a, à chaque instant, les premiers sous la main, sur les racines du premier cép venu où on voudra les prendre ? — Est-ce que cette argumentation est nouvelle dans la science ? n'est-elle pas depuis longtemps familière à l'astronome, par exemple, lorsqu'en interrogeant le ciel, il y cherche la loi qui préside à la formation des mondes ? en dehors des mathématiques pures, en existe-t-il de plus forte ? — et qu'est-ce qu'une expérience quelconque, même bien conçue et bien faite, pourrait ajouter à cette certitude, ou en quoi pourrait-elle bien l'infirmer ?

Mais les expériences invoquées sont sans valeur, et je le prouve. Je reproduis d'abord un passage d'un mémoire imprimé en octobre 1878 [1] : ·

... Il ne faut pas croire que chaque génération remplace tout d'un coup la précédente ; pour chaque pondeuse, il est des œufs qui sont pondus le premier jour, d'autres qui sont pondus le dernier jour de la ponte. Pour les premiers, et en admettant les données précédemment indiquées, une nouvelle génération apparaîtra tous les vingt-cinq jours environ. Pour les derniers, si on admet que la ponte dure par exemple trente-cinq jours, il y aura deux mois d'intervalle d'une génération à la suivante. Les filles d'une *mère-pondeuse* auront ainsi des enfants avant que leur mère ait cessé de pondre ; chez ces petites bêtes, comme chez nous, on rencontrera des tantes plus jeunes que leurs nièces ; et si nous franchissons par la pensée un intervalle de temps un peu long, alors que nous aurons des insectes appartenant à peine à la vingt-cinquième génération, par exemple, il y en aura qui appartiendront déjà à la soixantième[2].

(*Discours sur le phylloxera.*)

1. S'il m'arrive de reproduire quelques extraits de mes propres *Mémoires*, ce n'est point pour la puérile satisfaction de me citer moi-même ; c'est parce qu'il me semble utile, pour obtenir plus de confiance du lecteur, de montrer que rien, dans ce que m'a opposé M. Planchon, n'est venu me surprendre ; que la détermination que j'ai prise de m'engager dans une expérience aussi longue, et, par sa durée même, aussi incertaine, est le fait d'une conviction mûrement réfléchie.

2. On ne connaît ni la durée de la ponte, ni la durée de la vie du phyl-

Cela étant, que vous apprendront des insectes élevés, pendant des années, dans des tubes où vous aurez bientôt pêle-mêle des générations fort inégalement éloignées de l'*œuf d'hiver*, sans que rien, absolument rien, permette de les distinguer les unes des autres ? comment saurez-vous si la pondeuse qui a formé tel tas d'œufs à l'automne est plus ou moins distante de l'œuf fécondé qu'une autre pondeuse ayant formé tel autre tas au printemps ? et puis quelle indication un peu précise peut-on recueillir d'une expérience ainsi instituée ? que conclure du nombre d'œufs qu'une pondeuse a autour d'elle à un moment donné, comme aussi des tas abandonnés — et ils sont nombreux — au milieu desquels on ne trouve plus de femelles adultes ? et encore de ceux que plusieurs insectes ont concouru à former en pondant à côté les uns des autres, quelques-uns d'ailleurs pouvant être partis sans laisser aucune trace de leur passage ? croyez-vous que les habitants d'une racine s'en partagent à l'amiable la surface, de manière à y pondre chacun chez soi ? Il y a plus : en supposant que vous puissiez répérer un tas d'œufs avec certitude, comment reconnaîtrez-vous si le nombre d'œufs augmente ou diminue, je ne dis pas d'un jour à l'autre, mais à quelques heures d'intervalle ? — des œufs sont pondus, et sont d'un jaune vif ; d'autres œufs passent du jaune au brun,

loxera. On sait seulement qu'il met, en moyenne, de quinze à dix-huit jours, depuis sa naissance, pour devenir adulte. Cela étant, on peut présumer, par analogie, que son existence peut être beaucoup plus longue que ce que nous venons de dire. Dès lors, les générations provenant des derniers œufs pondus par chacune des pondeuses successives pourraient se succéder fort lentement ; deux ou trois chaque année, peut-être moins. D'un autre côté, si la dégénérescence, quant à la fécondité, ne dépend que du nombre des générations, et qu'il en faille, par exemple, une trentaine pour qu'elle soit complète, on peut y parvenir en trois ans au plus en considérant les premiers œufs pondus, et il peut falloir une dizaine d'années en ne prenant que le dernier venu de chaque pondeuse.

Si on veut suivre avec quelque sûreté des phénomènes aussi complexes, il faut reconnaître au préalable, et avec le plus grand soin, tous les éléments qui y peuvent exercer quelque influence.

c'est-à-dire mûrissent ; d'autres, déjà mûrs, éclosent : si les jeunes larves s'en vont, ce qui est leur constante habitude, à quoi reconnaîtrez-vous ces changements ?

Quant à des expériences où on se contenterait d'une impression d'ensemble ; où on comparerait de mémoire la situation à la fin d'une année avec ce qu'elle était au commencement, ou bien encore au cours des années antérieures ; à plus forte raison où on jugerait une situation en elle-même, sans avoir vu ce qui l'aurait précédée : je ne pense pas que de telles expériences vaillent qu'on les discute.

Comme éclaircissement à ces explications, examinons ce que nous opposent nos contradicteurs.

Je ne connais pas le détail des observations de M. Schrader. M. Boiteau, que je sache, n'a donné aucune explication sur les siennes. Je ne sais de celles de M. Planchon que ce qu'il en a dit au Congrès. Si quelques précautions ont été prises, il valait la peine de les mentionner ; et nous penserons, jusqu'à preuve contraire, que les difficultés signalées plus haut n'ont pas même été entrevues.

Comme type des observations de ce genre, citons la suivante :

..... Il m'a été donné de voir des racines dans un tube de verre où le phylloxera se reproduit depuis trois ans ; les pontes actuelles sont nombreuses et n'indiquent aucune dégénérescence de force reproductive.

(Lichtenstein, C. r., 15 mai 1876.)

Par où prendre, et comment discuter des appréciations aussi personnelles et aussi vagues ?

Mais voici une observation un peu plus explicite, partant plus accessible à la discussion :

..... J'ai mis *deux*[1] phylloxeras, ayant hiverné, pris en avril sur des racines, à Sainte-Foy (Gironde), dans un tube avec des

---

1. C'est moi qui souligne.

racines de Clinton, maintenues humides par une petite éponge imbibée d'eau.

Ces insectes, datant du mois de novembre 1875, ont commencé à muer le 15 mai et à pondre le 28 mai. Les pontes étaient de deux à trois œufs par jour et ont duré douze à quinze jours, puis les mères sont mortes; huit à neuf jours après, ces œufs parthénogénésiques sont éclos; et, après quatre (*sic*) mues, en vingt à vingt-deux jours, les petits nés de ces œufs ont pondu à leur tour.

Aujourd'hui, je suis à la sixième génération de ces pucerons agames, et, loin de diminuer, la fécondité est supérieure à celle du mois de mai, sans qu'on puisse savoir exactement de combien elle a augmenté; mais les tas d'œufs à côté des pondeuses ont un volume double de celui qu'ils avaient au printemps.

(Lichtenstein; C. r., 2 octobre 1876.)

Ce dernier alinéa offre toutes les incertitudes précédemment critiquées, — puis, du mois de mai au mois d'octobre, le nombre des insectes a été constamment en grandissant, et cela a évidemment lieu aussi longtemps que chaque pondeuse donne plus d'*un* œuf, et qu'il n'apparaît pas d'*ailés*. Dès lors, les tas d'œufs observés à la fin peuvent être l'œuvre, chacun, d'un plus grand nombre de pondeuses que ceux observés au commencement. De plus, les œufs éclosent d'autant plus vite qu'il fait plus chaud. Or, *au printemps*, c'est au mois de juin, puisque les pontes ont commencé le 28 mai ; *aujourd'hui*, c'est fin septembre, puisque la communication est du 2 octobre. En conséquence, M. Balbiani répond : ces tas d'œufs sont plus gros en octobre, où il fait relativement frais, qu'en juin, où il fait très chaud, parce que les œufs qui les composent, restant plus longtemps avant d'éclore, se peuvent accumuler davantage. M. Balbiani ayant pris des tas d'œufs dans une atmosphère fraîche et les ayant transportés dans une atmosphère chaude, les a vus *fondre à vue d'œil*. (C. r., 16 octobre 1876.) Quant à ce qui s'est passé du mois de juin au mois d'octobre, pas un mot !

On remarquera que l'observation n'a pas été régulièrement suivie, puisqu'il reste trois jours d'incertitude sur la durée des pontes.

Je ne dis rien des *quatre* mues ; c'est évidemment une faute d'impression : M. Lichtenstein savait avant moi que les aptères agames n'en font que *trois*.

Les mères mortes après quinze jours de ponte sont un cas tout à fait anormal, tenant certainement à l'existence en captivité des insectes : si c'était la durée habituelle de leur vie, au moment où il deviendrait adulte, l'insecte aurait accompli *les deux tiers* de son existence. Le nombre des œufs pondus par chaque pondeuse serait d'une trentaine : cela annonce une dégénérescence déjà assez avancée, et, par suite, la période où elle devient beaucoup plus lente ; une galle de Taylor, en effet, a donné à M. Boiteau plus de *six cents* insectes. (C. r., 10 juillet 1876.) Dans une conférence faite à la Sorbonne et publiée par la *Revue scientifique* (23 février 1878), M. Max. Cornu donne des pontes de cent œufs comme représentant une moyenne.

Je reviens enfin sur cette difficulté capitale : comment M. Lichtenstein a-t-il reconnu l'apparition de la sixième génération, puisqu'il ne dit rien de ce qui s'est passé du mois de juin au mois d'octobre ? comment a-t-il distingué les insectes appartenant à cette sixième génération de ceux qui étaient plus proches parents des pondeuses primitives ? puis, est-ce huit à neuf jours après la mort des mères que les œufs sont éclos tous à la fois ? sont-ils éclos successivement ? et alors, comment savait-il l'âge de chacun ? comment a-t-il, par la suite, distingué les uns des autres les insectes venus successivement, pour reconnaître qu'ils ont mis vingt-deux jours pour arriver à la ponte ?

Il ne me paraît pas nécessaire d'insister[1].

1. Un journal agricole très répandu et très justement influent, le *Messager agricole* (10 octobre 1879, p. 323), invoquant contre nous « *des*

Pour en finir avec ces élevages en tubes, signalons, pour l'avoir apprise dans une conversation avec M. H. Marès, une cause d'erreur des plus graves : si l'atmosphère du flacon devient très sèche, les insectes situés sur les racines disparaissent comme par enchantement ; on a une peine extrême à en trouver : rendez un peu d'humidité, ils pullulent de nouveau, à faire jaunir les racines.

Par l'impossibilité où l'on est de séparer les éléments complexes qui y jouent un rôle, ces sortes d'expériences ne peuvent donc conduire qu'à l'incertitude et à l'erreur. Si on tient à une vérification expérimentale, d'ailleurs inutile, de la loi de M. Balbiani, il faut isoler rigoureusement les générations successives, et instituer l'expérience comme je l'ai indiqué à Nîmes et dans ma conférence au conseil général de Lot-et-Garonne[1], ce qui m'a été très facile, puisqu'on a signalé depuis longtemps cette méthode d'observation comme la seule sûre et rigoureuse. (Max. Cornu, C. r., 1er décembre 1873.)

..... Enfin, dit ailleurs M. Lichtenstein, je persiste à ne pas admettre la théorie de la dégénérescence ou de l'épuisement des femelles. Je ne suis pas anatomiste et ne veux pas savoir si l'aptère d'automne a plus ou moins de gaines ovigères que celui du printemps.....

(C. r., 6 novembre 1876.)

Cependant, si la preuve d'une loi se trouve dans l'anatomie, et non ailleurs, il faut bien la prendre où elle est, ou se résigner à ne la point connaître ! — On voit clairement par là comment un observateur aussi habile a pu se tromper sur ce point. Ajoutons qu'il y a, pendant le nombre d'années que dure le cycle, des insectes qui naissent en

observations faites avec le plus grand soin (il s'agit des élevages en tubes), j'ai cru devoir examiner de près la seule observation de ce genre qui ait été publiée, à ma connaissance.

1. Voyez page 19.

automne et des insectes qui naissent au printemps; mais il n'y a pas, comme chez le phylloxera du chêne, des *insectes d'automne* et des *insectes de printemps*.

Si je ne me trompe, la preuve est faite depuis longtemps : la dégénérescence du phylloxera, relativement à la fécondité, est absolument certaine. Ce qui reste à découvrir, c'est sa durée, et si elle aboutit *toujours* à une *nymphe* ou bien à un être simplement stérile. Ces deux fins laissent la même importance à la destruction de *l'œuf d'hiver*.

Cette première objection de M. Planchon portait sur le principe même de tout traitement dirigé contre *l'œuf d'hiver*. Toutes les autres laissant entière la nécessité de détruire cet œuf, et ne portant plus que sur certaines circonstances accessoires des traitements, peuvent avoir l'utilité très réelle de conduire à des perfectionnements de détail. Il en est une cependant qui compromettrait encore la méthode elle-même ; nous allons l'examiner avec soin.

II

M. Planchon conteste à l'œuf fécondé d'être un *œuf d'hiver* ; sous certains climats l'éclosion pourrait se faire peu de temps après la ponte, et ce qui est un *œuf d'hiver* dans le Libournais pourrait être un *œuf d'automne* dans l'Hérault, un *œuf d'été* dans l'Andalousie. Comment expliquer autrement que personne encore, pas même M. Boiteau, en mission pour cet objet, ne soit parvenu à trouver un seul œuf fécondé dans le Midi ? — Il y a mieux : M. Graëlls, qui est au premier rang des entomologistes espagnols[1], a assisté à l'éclosion estivale de l'œuf pondu par la femelle sexuée.

1. Je rapporte le dire de M. Planchon, ma propre compétence étant nulle en pareille matière.

Je n'ai pas attendu le Congrès de Nîmes pour me préoccuper des éclosions estivales :

..... Nous saurons bientôt de M. Boiteau si cette éclosion (l'éclosion estivale) a lieu. Je veux dire simplement ceci : si elle a lieu, ceux de ces œufs qu'on a observés comme *œufs d'hiver* sont des œufs arrêtés dans leur évolution par l'abaissement de la température, et devenus des *œufs hibernants*. Or, cela ne peut arriver qu'à la fin de la saison. De même qu'il n'y a pas d'insectes hibernants au mois d'août, de même il n'y aura pas de tels œufs : si donc on rencontre en août un seul œuf fécondé dont l'éclosion n'ait pas lieu, on pourra en conclure hardiment qu'elle n'a lieu pour aucun.
(*Discours sur le phylloxera.*)

C'est qu'en effet si, pour un seul œuf, l'éclosion n'a pas lieu au moment le plus chaud de l'année, il devient par là même certain que la longue durée de l'œuf fécondé est produite par une autre cause que l'abaissement de la température.

Aujourd'hui, les recherches dont je savais M. Boiteau occupé sont terminées et publiées. Et d'abord, quant au théâtre des observations :

..... Cette vigne, infestée depuis la plantation, était dans un très bel état de végétation, et le nombre des insectes ailés qui voltigeaient dans son intérieur était si considérable, que les vêtements des visiteurs en étaient immédiatement couverts [1].....

Puis plus loin :

..... Dans les mêmes circonstances, il y avait lieu de rechercher également si les œufs d'hiver ne donnaient pas d'éclosions estivales pouvant régénérer immédiatement l'espèce.
A cet effet, j'ai suivi attentivement les premiers œufs d'hiver rencontrés, et, depuis ceux-ci jusqu'aux derniers pondus, tous se sont comportés de la même manière; segmentation vitelline et arrêt de tout développement embryonnaire.
J'ai également vérifié une grande quantité d'insectes des racines,

1. J'ai vu alors cette vigne, et fait la chasse aux insectes sur les vêtements de M. Boiteau, pendant que lui-même la faisait sur les miens.

pris à toutes les profondeurs, et, dans aucun cas, je n'ai observé les caractères spécifiques des descendants plus ou moins immédiats de l'œuf d'hiver.

(Boiteau, C. r., 21 juillet 1879.)

Je suis maintenant sur un terrain solide : voilà des œufs fécondés qui traversent sans broncher les chaleurs intenses du mois d'août; l'hiver passe ensuite sur eux et doit quelque peu les refroidir; ils éclosent ensuite ; quand ? — au 15 avril, alors que le printemps étant à peine commencé, la température est encore relativement fraîche. *Ce n'est donc pas une question de chaleur:* Si cela était, en effet, comment se passeraient les choses? — On aurait, en divers pays, une période d'éclosion d'autant plus étendue que le climat serait plus chaud. A Malaga, cette période serait, par exemple, du 1er juillet au 15 octobre; elle commencerait plus tard et finirait plus tôt dans le midi de la France; à Montpellier, à Nîmes, elle irait, si on veut, du 15 juillet au 15 septembre. Elle ne serait plus que du 1er août au 1er septembre à Libourne; de quelques jours à peine plus au nord, comme en Allemagne; plus au nord encore, l'éclosion ne se ferait plus. — Or, ce n'est pas du tout cela qu'on observe : dans le Libournais, l'éclosion ne se fait *jamais* au mois d'août et se fait *toujours* en avril et mai. — N'est-il pas évident que *le temps* a, sur le phénomène, une action prépondérante? — Il semble que cet œuf, au moment où il est évacué, n'est pas mûr; que, pour arriver à maturité complète, il ait besoin, à l'air libre, d'un développement physiologique très lent, dont l'insecte lui-même ne saurait fournir les éléments [1].

1. Ce qui semble, au contraire, être bien réellement une question de température, c'est la transformation qui produit la *nymphe* : « Nous avons dit que la *nymphe* n'apparaît que vers le 15 juillet, parce que tous les observateurs sont d'accord sur ce point. Cependant comment admettre que parmi les larves qui hibernent, aucune ne soit apte à cette transformation? Aucune ne la subit cependant, puisque toutes arrivent à l'état adulte en mai. Il semble donc que la chaleur en soit un élément important, prépondérant peut-

Je sais fort bien que l'*œuf d'hiver* n'a pas été trouvé dans le Midi jusqu'à ce jour. Mais qu'est-ce que cela prouve, en ce qui concerne les éclosions estivales ? — Je conçois bien que si l'œuf éclôt en été ou en automne on ne puisse plus le trouver en hiver; mais comment cela empêcherait-il de le rencontrer en août, en septembre, en octobre? Puisque les femelles sexuées se succèdent sans interruption pendant ces trois mois, quel que soit le moment où vous ferez vos recherches, il y aura bien toujours les œufs pondus pendant les huit ou dix jours qui auront précédé! Il y a mieux, vous avez alors pour vous guider les *sexués*, bien plus visibles que l'œuf lui-même. Si donc vous ne trouvez rien, la cause de cet insuccès doit être cherchée ailleurs, et n'a rien à faire ici.

Il faudrait des faits précis et rigoureusement contrôlés pour mettre en péril des déductions aussi fortes. Les œufs de M. Graëlls ne me paraissent pas remplir ces conditions. Voici, en y soulignant quatre mots, comment s'exprime le compte rendu du Congrès de Montpellier (septembre 1878, page 102) :

... M. Graëlls, qui vient de faire de nouvelles et minutieuses observations *à Malaga*, apporte de nouveaux faits sur la question. En Andalousie, l'entomologiste espagnol a trouvé des ailés en juillet qui ont déposé leurs pupes [1] de suite. Il en est sorti des sexués qui ont pondu des œufs. Or ces œufs sont éclos *à Madrid* dès la première quinzaine d'août. Voilà donc l'œuf d'hiver devenu dans le Midi un œuf d'été, et éclosant longtemps avant l'hiver.

On voudra bien remarquer d'abord que ces œufs, récoltés à Malaga, sont éclos à Madrid, c'est-à-dire en tubes. Or, on admet depuis le premier jour, et avec raison, que les

être. Un climat favorable pourrait peut-être la hâter, et la hâter si bien qu'elle s'accomplît sur l'insecte même issu de *l'œuf d'hiver*. Un tel climat existe-t-il, et y trouve-t-on la vigne? Là, le phylloxera serait aussi inoffensif qu'une mouche. » (*Discours sur le phylloxera*.)

1. Le rédacteur est, sur ce point, disciple de M. Lichtenstein.

faits obtenus dans ces conditions anormales ne doivent être accueillis qu'avec une extrême réserve. — Outre que je n'aime pas voir des faits de cette gravité se révéler pour la première fois, comme par surprise, devant l'auditoire d'un Congrès, cette abondance d'œufs fécondés trouvés à Malaga, alors que dans l'Hérault et le Gard, sous un climat intermédiaire entre celui de l'Andalousie et celui du Libournais, on n'en a pas trouvé un seul, me semble suspecte ; d'autant plus que cette observation si grave était facile à répéter, et que personne, que je sache, n'a pris le soin de le faire. M. Planchon le sait bien ; que serait la science si chaque fait apporté était reçu sans examen, avant toute critique ? — Un chaos ! — Il y a à craindre ici une erreur flagrante ; erreur d'observation (était-ce bien des phylloxeras et des œufs fécondés), peut-être simplement de rédaction, car ce n'est pas M. Graëlls lui-même qui écrit.

La Commission supérieure du phylloxera, dont M. Planchon est membre, semble de cet avis, puisqu'elle demande des *recherches entomologiques* nouvelles pour expliquer la réinvasion du mois d'août : l'éclosion estivale de l'œuf fécondé, si elle était admise, serait plus que suffisante pour tout expliquer.

Cette assertion, si elle est bien de M. Graëlls, peut motiver de nouvelles recherches ; elle ne justifierait pas un temps d'arrêt dans la lutte. Mais quel que soit le résultat éventuel de ces recherches, si nous avons un moyen économique et sûr de détruire le phylloxera dans la Gironde, faudra-t-il que nous y renoncions dans la Gironde, sous le prétexte que ce même moyen pourrait échouer dans l'Hérault ou en Espagne ? — De ce que tel cépage exotique succombe dans tel terrain, renoncez-vous à le conseiller dans tel autre terrain où il semble pouvoir vivre ? — Alors, pourquoi deux poids et deux mesures ?

Je demande pardon au lecteur de ces développements, dont l'étendue dépasse mes prévisions. Mais si on reste à la surface d'une question, elle renaît sans cesse, se mouvant dans les mêmes redites, qui la laissent au même point. Aller autant qu'on le peut au fond des choses, c'est encore gagner du temps. Je supplie qu'on me permette de détacher encore et d'examiner avec quelque soin une autre objection de M. Planchon ; les dernières demanderont peu de place.

III

M. Planchon ne va pas jusqu'à prétendre que l'œuf fécondé, c'est-à-dire pondu par la femelle après accouplement avec le mâle, n'existe pas en tout pays ; mais comme, dans le Midi, des recherches minutieuses ont été faites sous les écorces, même par M. Boiteau, et que personne n'en a trouvé un seul, il pense que cet œuf pourrait être déposé autre part ; en particulier dans le sol, où on a trouvé des *sexués* en grand nombre. J'ajoute que, depuis le Congrès de Nîmes, l'œuf fécondé a été en effet trouvé dans le sol.

Que l'œuf fécondé ait été rencontré assez rarement ; qu'en certaines contrées on n'en ait pas rencontré un seul, le fait n'a pas, ce me semble, une grande importance, eu égard à l'extrême difficulté qu'il y a à le découvrir (*voy*. Balbiani, C. r., 20 mars 1876 ; — Boiteau, *le Phylloxera et sa descendance*, page 14 ; — *Essai sur la destruction de l'œuf d'hiver*, page 23). Notons en particulier ce qui suit :

.... Les insectes ailés abandonnent les vignes dont le système aérien est peu développé et se portent de préférence sur des vignes en bon état de végétation, qui paraissent leur offrir une chance de prospérité pour leur progéniture....

(Boiteau, C. r., 21 juillet 1879.)

Tous les observateurs sont d'accord sur ce point, et je pourrais multiplier les textes. Il en résulte que les œufs fécondés seront presque exclusivement déposés sur des ceps où rien, dans l'apparence extérieure, ne décélera leur présence, et ne guidera l'observateur. M. Boiteau, sur son vignoble, visité chaque jour, a pu voir les essaims d'*ailés* et concentrer ses recherches sur les ceps où il les avait vus très abondants ; hors de chez lui, plus de données préalables, et il n'a plus rien trouvé : c'est peut-être bien là tout le mystère !

Arrivons au fait : il y a très peu de chance que l'*œuf d'hiver* se rencontre jamais sur les racines — où la recherche serait plus difficile que dans la terre — par cette raison fort simple que le nombre des racines visitées à la loupe jusqu'à ce jour se comptent par milliers, et que, certainement, si cet œuf pouvait s'y trouver on l'y aurait vu ; il y serait même plus aisément visible que sur les écorces. Dans le sol même, c'est autre chose ! — Mais nous avons l'heureuse fortune de rencontrer, dès le premier pas, un fait d'une importance capitale : «... Des expériences faites l'hiver dernier m'ont démontré que tous les œufs (fécondés) mis à nu, et pouvant subir directement les variations atmosphériques ; que même ceux mis dans le sol ou sur le sol, avec des écorces qui se sont décomposées, ont été perdus pour la reproduction. » (Boiteau, C. r., 27 novembre 1866.) Et ailleurs, en parlant de ces mêmes œufs :

... Ceux qui se détachent des écorces et tombent sur le sol sont encore plus sûrement détruits[1].
(Boiteau, *Œuf d'hiver et son produit*, p. 51.)

---

1. Les quelques œufs de l'aptère agame trouvés en hiver (par exemple, par M. Lieutaud) n'auraient rien d'embarrassant. Je l'expliquerais si M. Planchon le jugeait utile.

Je pourrais m'en tenir là, en répétant ce que j'ai déjà écrit :

… Pour ceux-là, je ne m'en occupe point : M. Boiteau nous enseigne que lorsque l'écorce se détache et tombe, l'œuf se décompose et disparaît. Je me le tiens pour dit, et j'abandonne à la terre tout œuf que la pondeuse lui confie.

(*Essai sur la destruction de l'œuf d'hiver.*)

Mais il y avait mieux ; nous avions jusqu'ici conservé l'espoir que *l'œuf d'hiver* fût uniquement déposé sous les écorces du bois de deux à dix ans d'âge ; il y faut renoncer aujourd'hui ; M. Boiteau a trouvé deux œufs fécondés dans les couches superficielles du sol, l'un au milieu du mois de septembre, l'autre au commencement du mois d'octobre dernier[1]. Ni l'un ni l'autre, — je le tiens de M. Boiteau, — n'a montré le *point rouge* caractéristique[2]. Peu importe, lorsqu'à la forme générale, au pédicule, aux détails de la surface et de l'intérieur, M. Boiteau a reconnu un œuf pour un œuf fécondé de phylloxera, je le tiens pour tel. Cette trouvaille a été faite au cours d'investigations minutieuses où l'inventeur a déployé une suite, une patience, une ténacité admirables. Continuées pendant le mois d'octobre, elles n'ont rien donné de plus, nous restons avec *deux* œufs. Ce n'est pas beaucoup ; mais, bien que la méthode suivie soit très ingénieuse[3], la difficulté de découvrir ces œufs reste telle, que pour que *deux* se soient offerts, il devait, je pense, y en avoir pas mal ! M. Boiteau en croit cependant le nombre assez petit ; et, de cette opinion qui me rassure, il tire une

1. J'ai vu l'un des monstres (l'autre est détruit) entre deux lames de verre, grâce à M. Boiteau dont l'habileté est merveilleuse, la modestie instinctive, l'obligeance inépuisable, le courage… plus ferme que la foi !

2. Cette absence du *point rouge* m'alarme : y aurait-il deux œufs fécondés différents ?

3. Je connais tous les détails, et je suis autorisé à en faire usage ; mais j'aime mieux ne pas déflorer la prochaine note de M. Boiteau, et m'en tenir à ce qui a été communiqué par lui au Comité central de la Gironde.

conséquence qui m'alarmerait beaucoup. Les femelles sexuées ainsi que les œufs sexués ont été trouvés en nombre énorme dans ces mêmes couches superficielles, toujours à une faible distance de la souche ; les *ailés* eux-mêmes y sont très abondants, ce qui me dispense ici de discuter la provenance et la nature de ces femelles sexuées. Or, toutes ont dû pondre : où sont les œufs ? — M. Boiteau, frappé de la rareté des œufs fécondés, est très enclin à admettre leur éclosion estivale, *bien qu'il ne l'ait jamais vue*. Dans le nouveau courant d'idées où il travaille, il *désirerait* que cette éclosion eût lieu ; pas moi ! — et je réponds tout de suite, — le cas est assez grave pour qu'on puisse se répéter, — que l'éclosion estivale ne résoudrait nullement la difficulté, et, par suite, n'a pas à être invoquée. Il y aurait bien toujours, en effet, les œufs pondus pendant les sept à huit jours qui auraient prédédé les recherches, et ces œufs seraient en nombre sensiblement égal à celui des femelles elles-mêmes, puisque ces dernières ne vivent guère que sept à huit jours. Il y a une cause à cette rareté, cependant ; laquelle ? — Je ne le sais pas ; il me suffit, pour le moment, que celle que l'on invoque ne soit pas fondée.

En résumé, nous avions deux chances favorables : la première, que l'œuf fécondé ne se trouvât jamais dans le sol ; la seconde, que, s'y trouvant, il y fût détruit par le sol lui-même. La seconde nous reste, la première est perdue ; je la regrette, et ce regret est assez vif pour que je cherche à apprécier exactement ce que nous perdons et cela — en mettant les choses au pire : si l'œuf fécondé se rencontre dans le sol, il y est du moins extrêmement rare, l'insuccès relatif d'un observateur aussi ingénieux que M. Boiteau le prouve. Or, on ne pouvait pas espérer qu'un traitement quelconque détruisît l'*œuf d'hiver* jusqu'au dernier, fût-il déposé sous les écorces uniquement, pas plus qu'un traitement souterrain ne détruit tous les insectes. Un petit nombre devaient échapper. Nous voyons maintenant ce nombre accru de tous ceux qui sont déposés dans le sol, et que l'action du sol pourrait épargner. Ceux-ci, joints aux premiers, ne formeraient encore qu'un nombre bien minime, et je ne vois pas qu'il en résulte une infériorité quelconque de la méthode que je défends sur un quelconque des traitements dirigés contre l'aptère agame. On défend ces derniers, — M. Boiteau aussi énergiquement que personne, — pourquoi condamner l'autre, qui conserve l'avantage décisif d'un prix de revient insignifiant, et, par surcroît, d'une action directe et immédiate contre l'essaimage ? Et serions-nous si bien armés qu'il fût possible d'abandonner un seul moyen, avant d'être absolument certains qu'il n'est pas bon ?

IV

Parvenu à ce point, notre tâche est bien près d'être remplie. Autant, en effet, il faut serrer de près les objections qui peuvent compromettre tous les progrès réalisés, autant il faut accepter facilement, dans ce qu'elles ont d'admissible, les critiques qui, respectant l'œuvre accomplie, en accusent simplement les points faibles, et, par là, incitent à de nouvelles recherches, conduisent à des perfectionnements de détail ou d'ensemble. Pour celles-ci, je serais plutôt enclin à en exagérer la portée ; j'essayerai d'être juste.

Si quelqu'un redoute que l'*œuf d'hiver* puisse être déposé ailleurs que sous les écorces des ceps, je me garderai bien de le rassurer, ce qui ne servirait à rien ; j'abonderai dans ses vues, et je le pousserai à de nouvelles recherches dans ce sens, ce qui pourra servir à quelque chose. Ce qui est certain, c'est que, excepté sous les écorces du bois de deux ans à dix ans d'âge, on n'en a pas encore trouvé un seul qui soit authentique[1]. Cherchez, mais ne faites ces recherches que dans le vignoble même, ou sur son périmètre, à quelques pas, tout au plus. On conçoit très bien, en effet, comment l'*ailé* pourrait aller pondre plus loin, mais pas du tout comment la femelle sexuée ou sa progéniture aptère pourraient en revenir.

L'*œuf d'hiver*, nous dit encore mon éminent contradicteur, est-il bien nécessaire pour maintenir la fécondité de l'espèce ? — L'extrême rareté des galles prouverait le contraire, à moins d'admettre que l'insecte issu de cet œuf ne se dirige le plus souvent vers les racines. Détruisez d'ailleurs jusqu'au dernier tous les œufs fécondés : vous aurez toujours à craindre les aptères venus des vignes voisines non traitées; et, dans tous les cas, l'action du traitement sera si lente que la vigne sera morte avant la disparition totale de l'insecte.

Ces objections, sauf oubli de ma part, sont les dernières qui se rapportent à l'histoire naturelle de l'insecte; encore ne suis-je pas sûr que la dernière ait été énoncée.

... Rien ne prouve que la galle soit nécessaire pour que l'insecte ponde.
(*Discours sur le phylloxera.*)

Il est même certain que cela n'est pas nécessaire :

... Beaucoup d'insectes essayent de former des galles sans y parvenir. Ils laissent, comme témoignage de leur passage, des auréoles claires tranchant sur le vert du parenchyme. Ils ne sont cependant pas morts sur les lieux; impossible de constater la présence d'un seul cadavre.
(Boiteau, C. r., 15 mai 1876).

Très souvent, au contraire, on a constaté leur mort dans ces conditions; mais on sait aussi qu'il suffit d'un seul in-

1. Voir page 111, note 1.

sécte issu de l'*œuf d'hiver*, arrivant à bon port ainsi que sa
descendance, pour peupler abondamment les racines d'un
cep au cours d'une saison. — Des insectes, pris sur des racines par M. Balbiani, ont fort bien vécu sur les feuilles, et
cela sans la protection des galles; car, ainsi que les phylloxeras du chêne, ils se sont fixés à la surface *inférieure* des
feuilles, tandis que l'insecte qui forme une galle est toujours
fixé à la surface supérieure. (Balbiani, C. r., 2 novembre 1874
— à rapprocher de l'observation connue de M. Marion.)

Me permettra-t-on maintenant de faire remarquer qu'il y
a ici, comme il y a presque toujours eu depuis le commencement de cette discussion, une inversion des rôles : je tente
une expérience ; je veux savoir quelles conséquences peut
entraîner la destruction de l'œuf d'hiver; est-ce bien à moi
de prouver que l'expérience doit réussir? — Mais si cette
preuve pouvait être faite *a priori*, l'expérience serait inutile,
serait du temps perdu; il n'y aurait qu'à se mettre à l'œuvre,
partout et tout de suite. C'est à ceux qui la repoussent de
prouver qu'elle doit échouer ; et puis-je accepter comme une
preuve une objection fondée sur cette hypothèse, qu'à défaut
de galle le gallicole doit *toujours* périr? — Non, sans doute ;
mais en établissant la preuve que l'hypothèse n'est pas fondée, je fais acte de déférence.

Cette réserve faite, il est bien prouvé que l'insecte issu de
l'œuf d'hiver ne va jamais sur les racines : ainsi que ses filles
et ses petites-filles, il prend toujours une direction ascendante (Max. Cornu, C. r., 13 octobre 1873). M. Boiteau accumule les preuves, et ajoute, qu'ayant essayé de fixer les
insectes des deux premières générations sur les racines les
plus tendres, les plus appétissantes, il n'y a jamais réussi :
l'insecte s'agite, n'essaye même pas d'implanter sa trompe et
meurt de faim (C. r., 10 juillet 1876). Les insectes de la troisième génération, au contraire, se greffent très facilement

sur les racines, et s'y établissent même spontanément (Boiteau, C. r., 10 août 1876).

J'ai expliqué ailleurs[1] ce que l'on peut craindre des
aptères domiciliés sur les vignes voisines non traitées ; il est
donc inutile d'y revenir ici. J'ajouterai seulement que si là
destruction de *l'œuf d'hiver* peut être obtenue à peu de frais
et réussit, le traitement se généralisera vite, pour une raison
ou pour une autre, et les vignes non traitées se feront bien
rares !

Et maintenant, la destruction de *l'œuf d'hiver* suffira-t-elle
pour sauver la vigne ? — Nous n'en savons absolument rien !
— L'événement seul peut nous l'apprendre.

Nous ne savons pas en combien d'années nous arriverons
à la limite extrême de la dégénérescence ;

Nous ne savons pas si, à cette limite, nous trouverons
une stérilité complète, c'est-à-dire la disparition du phylloxera, ou simplement une fécondité extrêmement réduite ;

Nous ne savons pas combien de temps vivra la vigne sous
l'action bientôt décroissante d'année en année des insectes
réduits à la vie agame ;

Nous ne savons pas enfin si l'insecte disparaîtra avant la
vigne, ou si la vigne disparaîtra avant l'insecte.

Toutefois on doit remarquer qu'en paralysant les effets
de l'essaimage, la destruction de *l'œuf d'hiver* ralentirait singulièrement l'invasion : sous l'action des aptères seuls, une
tache ne s'agrandit que très lentement. Mais les essaims
d'*ailés* qui y prennent naissance vont fonder alentour des
taches secondaires, parfois fort nombreuses ; bientôt toutes
ces taches se réunissent, n'en forment plus qu'une seule ; et
c'est ainsi qu'après quelques années d'une sécurité trompeuse on voit un vignoble s'effondrer tout d'un coup ! de

1. Voir page 511 *b*.

telles catastrophes ne sauraient être invoquées contre nous, puisque la méthode que nous défendons aurait pour premier effet, — celui-là parfaitement certain, — de les supprimer en supprimant la cause ; *à la condition, toutefois, que* L'ŒUF D'HIVER *fût réellement détruit*.

Cette condition sera-t-elle remplie ? — Jusqu'à présent je n'ai pas eu à écrire le mot *badigeonnage* : le plan *stratégique* doit précéder le plan *tactique*. L'*œuf d'hiver*, voilà l'objectif ; le badigeonnage n'est que le moyen de l'atteindre sur place. Dans l'ensemble, le badigeonnage est, à mon avis, le point faible : si l'expérience que je poursuis depuis trois ans échoue, — et il y a de grandes chances pour qu'il en soit ainsi, — ce ne sera pas parce que la destruction de *l'œuf d'hiver* aura été inutile, mais parce qu'elle n'aura pas été obtenue. C'est mon opinion mûrement réfléchie ; opinion seulement, car aucune vérification directe n'est possible. Inutile, il n'y aurait rien à faire ; non obtenue, il faut tâcher de faire mieux. C'est avec la pensée d'y trouver un perfectionnement au moyen que nous devons à M. Boiteau ; avec l'espoir d'y changer notre canon lisse contre un canon rayé, que je voulais entraîner mes auditeurs du Congrès sur le chemin de la Palestine. — J'ai été tout de suite rencontré..... et immolé par M. Planchon ; non sans avoir été, avant le sacrifice, très obligeamment paré de fleurs et de guirlandes. Nous touchons au point le plus immédiatement utile de cette polémique : puisse la bienveillance du lecteur m'y accompagner.

V

D'après M. Planchon, le phylloxera n'est pour rien dans la maladie qui faisait périr, au xiie siècle, les vignes d'Engaddi. C'était une maladie fort anciennement connue, la *phthiriose*, qui règne encore dans tout l'Orient, qu'on guérit sans peine, sans le secours des précieux manuscrits qui pourraient dormir dans la poussière au couvent de Saint-Saba. Strabon l'a fort bien décrite, et, aussi, fort bien décrit le remède. L'insecte qui en était la cause est tout simplement le pou de la vigne, le *phtheir* de Strabon, que le savant membre correspondant de l'Académie des sciences a depuis longtemps identifié avec une cochenille, le *Dactylopius longispinus* de Targioni. Ce petit animal, il est vrai, ne fait aucun mal aux racines, et ne devient nuisible que sur les parties aériennes du végétal ; mais il *hiberne* sur les racines ; et comme au printemps on lui fermait l'accès des feuilles et du fruit, qu'il venait alors se heurter à une barrière infranchissable, il retournait de bonne grâce aux racines qu'il venait d'abandonner, s'en nourrissait, et par là même épuisait la plante.

Le remède, en effet, est tout bonnement ce qu'on a appelé la terre d'Illyrie, un bitume dont on enduit le cep, et où l'insecte, s'il voulait passer outre, viendrait fatalement s'engluer. Le texte de Strabon est formel sur ce point, et nous montre, appliqué il y a plus de vingt siècles, ce qu'on essaye péniblement d'inventer de nouveau aujourd'hui.

Ce qui a trompé M. de Lafitte, c'est ce mot *vermis* qui désigne non seulement un ver, mais tout ce que nous comprenons dans le mot vermine, en particulier des insectes ; d'où le mot *vermillon*, couleur que l'on tirait en effet d'une cochenille.

Le phylloxera n'était pas connu des anciens, et on commet ici une erreur trop bien réfutée pour qu'il y ait lieu d'y revenir. Le phylloxera est venu d'Amérique, appartient en propre à l'Amérique ; mon beau-frère, M. Lichtenstein, et moi l'avons établi avec la dernière évidence.

Il y a donc, dans tout cela, une jolie légende ; rien de sérieux.

Ainsi a parlé M. Planchon, et je rapporte l'objection le mieux que je puis.

En insistant sur cette circonstance, que le phylloxera aurait été importé d'Amérique, M. Planchon semble m'attribuer l'opinion que le *vermis* d'Engaddi était le phylloxera. Je n'ai jamais rien dit ni rien écrit de semblable. J'ai écrit : « De quoi mouraient les vignes d'Engaddi?... » (*Essai sur la destruction de l'œuf d'hiver*, page 34). — Jamais ces points n'ont voulu dire : du phylloxera ! — ils veulent dire : je n'en sais rien. — Je vais essayer de montrer que mon savant contradicteur n'en sait pas plus que moi sur cette matière.

Avant tout, il faut reproduire les textes :

L'évêque de Tyr me racontait hier soir, au milieu de beaucoup d'autres renseignements sur le pays que je vais visiter, et particulièrement sur les environs de la mer Morte, qu'au moyen âge, les riches vignobles d'Engaddi et de tout le plateau de Juda *furent attaqués par un ver qui s'en prenait aux racines des ceps, et qu'on eut raison de cet insecte pernicieux, en employant contre lui l'huile extraite de l'asphalte de la mer Morte.* L'évêque de Tyr avait souvent invoqué le témoignage d'un historien oriental, qui, disait-il, avait écrit l'histoire depuis Adam jusqu'au XII⁰ siècle, mais je ne sais pas si le fait relatif aux vignes d'Engaddi venait de cette source ou d'une tradition orale. (M. le comte de Bertou, Extrait de notes de voyage remontant à 1839.)

Entre Segor et Jéricho, il existe une région appelée Engaddi ; les vins d'Engaddi viennent de là : le baume avait coutume d'y croître avec une merveilleuse facilité. Sur le lac Asphaltite on recueille beaucoup d'alun et beaucoup de catraneum.

L'alun de la terre est un sel qui se forme en hiver dans le limon et dont la chaleur évapore l'eau en été. L'alun vient du mot *lumen*, parce qu'il donne la lumière aux couleurs employées pour la teinture. Le catraneum est une espèce de liqueur noire et nauséabonde très nécessaire *pour oindre les chameaux*, et pour leur ôter la gale, ainsi que *pour frotter les vignes et ôter à ces dernières les vers qui les épuisent* [1].

Ces textes s'appliquent à des insectes qui tuaient la vigne

_____

1. Voir page 35.

par les racines, et non pas par la partie aérienne du cep : dans ce dernier cas, en effet, c'est certainement de cette partie aérienne, et de cette partie aérienne seulement, qu'auraient parlé l'historien oriental aussi bien que le chroniqueur, parce que c'est ce qui eût été immédiatement visible, ce qui fût tombé sous les sens, tandis que l'examen des racines exige des fouilles. Ces mêmes textes ne sauraient donc s'appliquer au *dactylopius*, puisque ce dernier *ne s'attaque pas aux racines des ceps*. Mais on l'aurait contraint de rester sur les racines, et de les dévorer pour n'y pas mourir de faim ? — non, les textes s'y opposent. Dans ce cas, en effet, le remède aurait eu pour effet, non de *guérir* la vigne, mais au contraire de la *tuer*, en rendant mortel pour elle un ver jusque-là inoffensif relativement... De plus, le mot *expellendis* ne se comprendrait plus : non seulement l'on n'aurait pas *chassé* ce ver, mais on l'aurait, au contraire, *emprisonné* sur les racines.

D'un autre côté, il n'est pas possible de voir dans la substance nommée *catraneum* la terre d'Illyrie, ou, en général, un bitume quelconque : vous représentez-vous un chameau enduit de bitume sur toute la surface de son corps ? Pour la malheureuse bête, mieux eût valu lui laisser la gale ! — Ici, la tradition éclaire le texte : c'était une huile ; une huile minérale extraite de l'asphalte de la mer Morte ; quelque chose, par conséquent, de très analogue aux huiles lourdes que nous employons aujourd'hui. Or cette huile, employée pure, eût été probablement peu agréable pour le chameau, et très certainement foudroyante pour la vigne. On l'employait donc à l'état de dilution, et de dilution très étendue. Mais alors elle ne conserve absolument aucune propriété gluante : cinq minutes après qu'un de nos ceps a été badigeonné, l'insecte pourrait se promener tranquillement sur la surface badigeonnée sans que ses pattes lui révélassent l'opération accomplie.

Enfin, comment aurais-je pu être induit en erreur par le terme *vermis,* puisque je le traduis exactement par le même mot que M. Planchon lui-même : le mot *insecte* (*Essai,* page 34, 3°). — J'ai même invoqué le dictionnaire latin-français de Quicherat et Daveluy !

M. Planchon voudrait-il prétendre que la Grèce et l'Orient tout entier soient si bien inféodés au *dactylopius,* que ce soit le seul insecte ampélophage qui se soit rencontré là jusqu'à Strabon, et encore douze siècles plus tard en Judée ?

Par déférence pour mon éminent contradicteur, je ne m'en tiendrai pas à son improvisation de Nîmes, pouvant faire plus, grâce à lui-même. Nous trouverons le complément de sa doctrine dans une intéressante étude de lui, publiée dans le *Bulletin mensuel de la Société des Agriculteurs de France* (15 juillet 1870). Je ne saurais reproduire cette étude en entier, — elle occupe sept pages d'un texte compact ; — je prie le lecteur d'y recourir ; je me bornerai à quelques extraits, en y soulignant certains passages et y ajoutant quelques remarques. Pour faciliter le contrôle, je présenterai ces citations dans l'ordre même où elles s'offrent dans le travail de M. Planchon.

1. ... Ce serait la phthiriose que Strabon aurait mentionnée en l'attribuant à des insectes à forme de poux que l'on détruisait par *un mélange de naphte et d'huile d'olive.*

A Engaddi, on extrayait l'huile minérale de l'asphalte ; ici on ajoute de l'huile d'olive au naphte : ce n'est pas la même chose. Ce qu'il faut surtout ne pas oublier, c'est que les huiles minérales diffèrent notablement dans leur composition suivant l'origine des substances d'où on les extrait, et suivant les modes de préparation. Voilà pourquoi j'insiste si énergiquement pour qu'on recherche, par tous les moyens possibles, comment les religieux d'Engaddi fabriquaient leurs huiles minérales au XIIe siècle, et comment ils les employaient.

2. ... Il (M. Niedielski) constate surtout ce fait important, que ces cochenilles de la vigne (il s'agit du *dactylopius*) se réfugient souvent en hiver sur les racines de la plante nourricière, et que, dans ces conditions, si des gelées précoces (d'automne, je suppose) [1] les empêchent de pondre et de périr, elles continuent à sucer souterrainement le végétal dont elles amènent alors la destruction.

Éveillée par cette observation, mon attention s'est portée sur les habitudes du même insecte que je savais exister sur les vignes de Montpellier. Je l'ai trouvé vers la fin d'avril sur une racine de vigne et je ne doute pas qu'il ne se rencontre çà et là sur les racines de quelques ceps *sans accuser sa présence* par un affaiblissement marqué du végétal.

Il résulte de là que si l'insecte peut être accidentellement dangereux sur les racines en Crimée (où observait M. Niedielski), il est du moins à peu près inoffensif sur ces mêmes racines à Montpellier. Les gelées d'automne doivent d'ailleurs être bien rares en Judée, et ce n'est pas l'action de cet insecte sur les racines qui aurait pu frapper les religieux d'Engaddi ; ils avaient donc affaire à une autre bête.

J'appelle l'attention sur le passage suivant :

3. ... Le même auteur (Walcknaër) croit reconnaître le phtheir de Strabon dans un passage de la compilation des *Géoponiques* et dans un autre passage de Ctésias ; mais comme l'insecte n'est mentionné là qu'*incidemment, et sans description aucune, sans même un signalement quelconque,* c'est tout au plus si je crois devoir mentionner en note les quelques indications qui semblent s'y rapporter.

Et en note :

... Le mot *phtheir,* employé dans ce passage, comme sa traduction *pediculus,* n'est appuyé sur *aucune description, sur aucun*

---

1. Cette parenthèse est dans le texte.

détail de mœurs qui puisse servir à déterminer la nature de cet animalcule.

Or, dans nos textes, nous trouvons le terme *vermibus*, tout seul ! sans un traître mot de description ou de signalement, sans un détail de mœurs : par quel enchaînement d'idées M. Planchon, si réservé dans le travail actuel, reconnaît-il, *hic et nunc*, que cette simple expression : *vermibus* définit dans ces mêmes textes le pou de la vigne, le *dactylopius longispinus ?*

4. ... Le mot phylloxera ne se trouve pas dans Strabon cité par M. Moressios. Y serait-il du reste en d'autres endroits, il n'est pas probable que les Grecs aient pu voir un insecte presque microscopique *qu'on ne peut bien distinguer qu'avec des verres grossissants.*

Je n'admets pas cette assertion : J'ai un aide qui distingue très bien à l'œil nu, non seulement une pondeuse, mais un *hibernant isolé* sur une racine. J'ai vérifié bien des fois à la loupe qu'il ne se trompait pas.

Un dernier emprunt, où il s'agit du *Tholea* ou *Tholoath* des Hébreux, parfois accompagné de l'épithète *Dibaphi.*

5. ... Tholea tout seul est employé dans la Bible pour signifier *un ver, une vermine, un insecte ou larve d'insecte qui rongeait la vigne et une autre plante dont nous ignorons le nom, mais qui était un grand arbre, puisqu'elle donnait beaucoup d'ombrage (peut-être un chêne [1]) (page 272, en note).*

Eh, mais ! avec les Hébreux, nous sommes bien près de Jérusalem et d'Engaddi ; avec le chêne, nous sommes bien près du phylloxera ! — Y aurait-il un insecte vivant à la fois de l'arbre et de l'arbuste ? Y aurait-il un autre couple d'insectes, vivant l'un sur le chêne, l'autre sur la vigne, et assez voisins pour qu'on ait pu les confondre, et n'y voir qu'un

---

1. Le passage souligné est entre guillemets dans le texte, ce qui indique une citation du mémoire de Walcknaër. La parenthèse finale en fait partie.

seul et même animalcule? — Il est vrai qu'il s'agit de la Bible, ce qui nous ramène bien en arrière du xiie siècle.

Ne donnons pas à cet aperçu plus d'importance qu'il n'en a ; et terminons par une considération qui n'est pas sans valeur : Les documents produits par M. Planchon prouvent que les religieux d'Engaddi n'ont pas eu à imaginer eux-mêmes, au xiie siècle, le badigeonnage qu'ils ont pratiqué ; ils l'ont trouvé dans une tradition répandue dans tout l'Orient. Ils y ont employé les substances qu'ils avaient sous la main, dans le voisinage de leur vigne ; et s'ils ont employé une huile minérale au lieu de la substance même d'où cette huile est extraite, c'est que cette huile leur était antérieurement connue puisqu'elle était en usage dans leur médecine vétérinaire.

Et l'on voit comment il a pu y avoir, dans leurs traitements, quelque chose de particulier à la région, différant de tout ce qu'on a pu pratiquer ailleurs, et qui vaudrait la peine d'être connu.

Ils ont pu d'ailleurs détruire un œuf fécondé d'une manière inconsciente... mais je m'arrête ; je ne veux pas greffer une nouvelle discussion sur celle-ci[1].

— Nous voici au terme de cette longue étude. Je l'ai conduite avec toute la déférence due à un homme aussi éminent que M. Planchon. Comment aurais-je fait autrement? Je ne suis pas un savant ; la science n'a été pour moi que la *Terre promise;* mais je l'ai vue d'assez près pour avoir, d'instinct, le plus sincère respect pour les hommes qui y excellent, et sont, par leurs travaux, l'honneur... quelques-uns la gloire de notre pays. En contredisant parfois leurs idées, je n'ai d'autre objet que de me faire, dans la mesure où je

1. Voir page 238. N. B.

le puis, leur collaborateur. A défaut d'autorité personnelle, je m'appuie sur des noms acceptés de tous, sur des pièces authentiques et officielles. J'écarte systématiquement tout document douteux, toute relation de seconde main ; à plus forte raison, tout article de journal, lorsque celui qu'on fait parler ne l'a pas signé, a pu même ne point le connaître. Pour moi, il n'y a pas une seule observation qui m'appartienne ; je ne suis pas en situation d'en faire ; la maison que j'habite est entourée de vignes indemnes, qui ne m'appartiennent pas, et je ne voudrais pas y apporter l'ennemi avant l'heure. Cette situation semble modifiée : on n'y gagnera rien. Pour observer avec succès, il faut des aptitudes spéciales, et il est fort probable qu'elles me manqueront. Que peut bien, d'ailleurs, un homme qui, comme moi, ne sait pas un mot d'histoire naturelle? Comment pourrais-je apercevoir, plus souvent deviner par ces analogies qui s'offrent d'elles-mêmes au savant, les voies sûres et fécondes, et éviter ces sentiers, séduisants à leur point de départ, mais qui ne mènent à rien? quel fil conducteur me guidera au milieu de ces vues de l'esprit auxquelles on ne peut se soustraire, heureusement! car, suivies sagement, elles sont l'instrument de recherche le plus puissant et le plus fécond? J'en ai risqué, à l'occasion, quelques-unes sur le phylloxera, et j'en suis à me demander tous les jours si, dans le nombre, il n'y en a pas à faire dresser les cheveux d'un naturaliste!

Est-ce une raison pour ne rien faire? — Les faits sont la matière brute que la raison met en œuvre lorsqu'elle interroge la nature; il n'est pas nécessaire de les avoir découverts, il suffit de les bien connaître : Newton aurait pu écrire le *Livre des Principes* sans avoir jamais vu un télescope.

Libres de toute préoccupation de préséance ou d'amour-propre, apportons au fonds commun nos aptitudes diverses et travaillons fraternellement, chacun dans notre voie : le champ est assez vaste pour qu'il y ait place pour tous. Le premier cinquième de nos vignes françaises est parti ; nous n'arrivons pas à temps pour sauver le second : mais les trois autres ? — Allons-nous, dès à présent, les abandonner à la *vigne américaine,* avant même d'avoir la certitude qu'elle en soit digne ; qu'elle offre assez de surface pour qu'on puisse, avec prudence, lui en confier le placement ; qu'elle n'aura pas besoin d'être, elle-même, protégée un jour ?

Non, sans doute ; et beaucoup ne désespèrent pas encore. Mais je vois avec inquiétude que nos rangs s'éclaircissent ; que beaucoup déjà sont partis. Gardons le souvenir de ce qu'ont fait pour notre cause ceux qui nous ont volontairement quittés. Mais d'autres regrettent parfois, peut-être, les jours heureux pour nous, où leurs noms, à périodes rapprochées, venaient réjouir nos yeux dans les publications scientifiques. Depuis leur départ, quel vide sur le champ de bataille ! et l'insecte avance toujours ! — Travaillons ! et, tant qu'il y aura quelque chose à sauver, ne perdons pas l'espérance. Au dénouement, si, comme c'est encore à craindre, tous nos efforts sont demeurés stériles, quel empirique, n'ayant rien fait lui-même, nous jettera la première pierre ?

(Extrait du Journal de l'Agriculture, n^{os} des 15 novembre
et 20 décembre 1879, 3 et 10 janvier 1880).

OBSERVATIONS SUR LE COMPTE RENDU
DU CONGRÈS DE NIMES.

Le *Journal d'Agriculture* a publié, en trois fragments[1], une étude où j'ai essayé de répondre aux objections que l'hono-

1. 20 décembre 1879, p. 469 ; 3 janvier 1880, p. 27 ; 10 janvier 1880, page 68. C'est l'étude qui précède.

rable M. Planchon avait faites, au Congrès de Nîmes, à mon exposé de la question de *l'œuf d'hiver*, « ce tout petit point d'histoire naturelle, » fort délaissé sans doute, mais que je regarde encore, avec une conviction profonde, comme le point culminant de la question tout entière du phylloxera et de la vigne.

Le compte rendu analytique du Congrès de Nîmes vient de paraître. La réponse de M. Planchon y est analysée, mais les objections fondamentales, celles qui portent sur la *dégénérescence*, sur la nécessité de *l'œuf d'hiver* pour maintenir la fécondité de l'espèce, ont disparu sans laisser de traces. Il semble alors que j'aie imaginé à plaisir et prêté gratuitement ces objections au savant professeur pour me donner le plaisir facile de les réfuter, d'enfoncer une porte ouverte. Je n'ai point commis une supercherie semblable. Tout ce que j'ai attribué à M. Planchon a été dit par lui au Congrès et lui appartient, y compris les élevages de phylloxeras en tubes, et les conséquences qu'il en a déduites. M. Planchon avait certainement le droit d'abandonner ses opinions de Nîmes ; il n'avait plus celui de les passer sous silence.

Cette réclamation ne vise nullement MM. les secrétaires du Congrès : saisir au vol *l'analyse* d'un discours et l'écrire en même temps offre de telles difficultés, que des omissions, des inexactitudes même, seraient inévitables, si on ne prenait le soin de soumettre la rédaction définitive à chaque intéressé, quand il ne la fournit pas lui-même. Or je trouve ici la marque de M. Planchon : je trouve cité le *Bulletin de la Société des agriculteurs de France*, dont il n'a pas été question à Nîmes. Je n'ai pas perdu un mot des explications de l'orateur, et je n'ai connu ce bulletin que quelques jours après, lorsque mon obligeant contradicteur l'a mis spontanément sous mes yeux. On couperait court à des difficultés de ce genre, — à d'autres plus graves encore, — si dans les congrès à venir (deux, au moins, sont prochains) **on orga**-nisait un bon service sténographique.

Verba volant, scripta manent. Les discussions orales, bien que fort utiles en elles-mêmes, n'auront jamais, je le crains, l'autorité des discussions écrites. Pour les questions de ce genre, la tribune par excellence, c'est le journal agricole. L'auteur étudie, se possède, se sent responsable ; le lecteur compare, réfléchit, se sent à l'abri des surprises.

Mais j'entends un journal où toutes les opinions sincères soient reçues : en dehors de cette condition, on n'a plus les bienfaits d'une publication sérieuse et féconde ; on n'a plus que les vices d'un instrument de propagande et de réclame.

(Extrait du *Journal de l'Agriculture*, n° du 21 août 1880.)

L'OBSERVATION DE M. GRAËLLS

A la page 70 du numéro de mars 1880 (de *la Vigne améri-caine*), M. Planchon écrit :

A Malaga, M. Graëlls a vu, en été, le sexué, provenant des ailés ou pupifères de M. Lichtenstein.

« A vu », c'est trop dire. On pourrait croire, en effet, que l'exactitude de l'observation de M. Graëlls n'est point contestée, et elle l'est formellement. Je ne veux pas exami-ner ici qui a raison et qui a tort de ceux qui admettent l'observation de M. Graëlls et de *ceux* qui la repoussent, mais simplement faire une réserve nécessaire, la discussion de ce point, — et de beaucoup d'autres, — étant attendue dans un autre journal agricole.

Autre observation, tenant de très près à la première : à la page 284 du n° de décembre 1879, citée par lui, M. Plan-chon écrit :

... Nous nous promettons de poursuivre, au profit de tout le monde viticole, la grande enquête qui se fait sur le champ de la culture *expérimentale*, de tous les plants résistants quels qu'ils soient...

Cette fois, ce n'est peut-être pas dire assez, et il serait bien d'ajouter ceci : *discuter les observations et interpréter les faits est l'essence même de toute méthode expérimentale.* C'est certainement la pensée de l'honorable M. Planchon, et, s'il en était besoin, les propres travaux du savant professeur fourniraient à la fois la preuve et le modèle ; mais, le mot *expérimentale,* seul et souligné par lui, pourrait égarer quelques lecteurs.

Prosper de Lafitte.

Cette note est suivie des remarques suivantes de M. Planchon :

Je dois une réponse aux remarques, toujours courtoises, de M. P. de Lafitte. J'ai cité l'observation de M. le professeur Graëlls en toute confiance, parce que M. Graëlls est un savant, un entomologiste, dont le coup d'œil et le jugement ne sauraient être mis en suspicion, lorsqu'il s'agit d'un fait qu'il affirme avoir vu. Or, dans le numéro de *la Vigne américaine* de septembre 1879, M. Lichtenstein écrit positivement ceci : « Les ailés (à Malaga) ont pris leur essor le 2 juin, et l'œuf d'hiver est éclos le 8 août. Je dois ces dates aux communications amicales de M. Graëlls. » C'est donc à M. de Lafitte de fournir la preuve que M. Graëlls s'est trompé.

Quant au mot *expérimentale* que j'ai introduit dans la phrase relevée par M. de Lafitte, je n'ai jamais eu l'intention de la prendre dans un autre sens que *l'expérience* interprétée par *le jugement.* C'est ce qu'on appelle *l'expérience raisonnée,* la seule qui ait de la valeur. Mais ces choses se comprennent d'elles-mêmes et n'ont pas besoin d'être expliquées. J'ai voulu opposer *l'expérience* au pur *raisonnement* dont tant de gens, même distingués, abusent.

« Se comprennent d'elles-mêmes »...; à l'Académie des sciences, très bien ! Mais le public de *la Vigne américaine,* — M. Planchon le sait bien, — n'est pas un public d'académiciens !

Ce même numéro (avril 1840) de *la Vigne américaine* publie, après le *Journal de l'Agriculture,* la note de M. Graëlls dont il est question dans la pièce suivante.

L'OEUF D'HIVER DU PHYLLOXERA

ET

L'OBSERVATION DE M. GRAËLLS

AVANT-PROPOS

Les lecteurs du Journal de l'Agriculture *ont trouvé dans le numéro du 10 avril 1880, page 72, une note de M. Graëlls sous ce titre : Sur l'œuf d'hiver du phylloxera. M. Graëlls y décrit une observation sur l'exactitude de laquelle j'avais exprimé et motivé des doutes très sérieux*[1]. *Je n'ai pas répondu : si chacun voulait avoir le dernier mot, les discussions s'éterniseraient sans profit pour personne.*

A mon grand étonnement, j'ai trouvé la note de M. Graëlls reproduite dans le numéro d'avril 1880, page 102, du journal la Vigne américaine, *dont l'honorable M. Planchon est le directeur. Dans ce même numéro, à une simple réserve exprimée par moi, au sujet d'une note antérieure de lui, M. Planchon répond :*

« J'ai cité l'observation de M. le professeur Graëlls en toute confiance, parce que M. Graëlls est un savant, un entomologiste dont le coup d'œil et le jugement ne sauraient être mis en suspicion, lorsqu'il s'agit d'un fait qu'il affirme avoir vu. Or, dans le numéro de la Vigne américaine *de septembre 1879, M. Lichtenstein écrit ceci : « Les ailés (à Malaga) ont pris leur essor le 2 juin, et « l'œuf d'hiver est éclos le 8 août. Je dois ces dates aux commu- « nications amicales de M. Graëlls. »*

« C'est donc à M. de Lafitte de fournir la preuve que M. Graëlls s'est trompé » (c'est moi qui souligne).

1. Voir page 173.

N'est-ce pas, à mon adresse, une invitation formelle de m'expliquer pour les lecteurs de LA VIGNE AMÉRICAINE ? *et si je ne réponds pas, n'en devront-ils pas conclure que je prends condamnation ?*

J'ai répondu immédiatement ; mais la réponse est refusée... et ne paraîtra pas dans LA VIGNE AMÉRICAINE ; *pour ses propres lecteurs, M. Planchon aura raison. Le savant professeur trouve commode d'avoir seul la parole ; il n'aime pas à être contredit dans son propre journal. C'est son droit. Mais, à mon tour, j'ai le droit d'avertir les abonnés de* LA VIGNE AMÉRICAINE *que, en lisant leur journal, ils n'entendent que la cloche de la paroisse et le prône de M. le curé.*

Voici l'article écarté de M. Planchon :

L'ŒUF D'HIVER DU PHYLLOXERA ET L'OBSERVATION DE M. GRAËLLS.

Le numéro d'avril 1880 de *la Vigne américaine* contient (page 119) une note de moi, relative à l'observation de M. Graëlls. J'ai fait cette note très courte parce que le sujet ne entre pas, je le sais, dans le cadre où la Rédaction et la Direction désirent maintenir le journal. Mais, ayant lu dans le même numéro (page 102) un article de M. Graëlls, article emprunté au *Journal de l'Agriculture,* je crois pouvoir me départir de cette réserve sans risquer d'être désagréable à personne, en particulier à l'honorable M. Planchon.

M. Balbiani, M. Boiteau ont conclu d'*observations* nombreuses et concordantes que, chez le phylloxera de la vigne, l'œuf fécondé, pondu en été, soit un peu plus tôt, soit un peu plus tard, est un *œuf dormant,* et n'éclôt qu'au printemps de l'année suivante. Il est nécessaire de discuter d'abord ces conclusions, afin de bien voir où en était la question au moment où M. Graëlls est intervenu.

J'ai présenté ailleurs[1] cette remarque bien simple :

Si pour un seul de ces œufs l'éclosion n'a pas lieu au moment le plus chaud de l'année, il devient par là même certain que la longue durée de l'œuf fécondé est produite par une autre cause que l'abaissement de la température.

Puis, après avoir cité M. Boiteau, qui, au mois d'août, *observant* un très grand nombre d'œufs pondus par la femelle sexuée n'en a pas vu éclore un seul, j'ajoutais (voyez page 172) :

... Voilà des œufs fécondés qui traversent sans broncher les chaleurs intenses du mois d'août; l'hiver passe ensuite sur eux, et doit quelque peu les refroidir ; ils éclosent ensuite; quand? Au 15 avril, alors que le printemps étant à peine commencé, la température est encore relativement fraîche. *Ce n'est donc pas une question de chaleur.* Si cela était, en effet, comment se passeraient les choses? On aurait, en divers pays, une période d'éclosion d'autant plus étendue que le climat serait plus chaud. A *Malaga,* cette période serait, par exemple, du 1er juillet au 15 octobre; elle commencerait plus tard et finirait plus tôt dans le midi de la France : à Montpellier, à Nimes, elle irait, si on veut, du 15 juillet au 15 septembre. Elle ne serait plus que du 1er août au 1er septembre à Libourne ; de quelques jours à peine plus au nord, comme en Allemagne ; plus au nord encore l'éclosion ne se ferait plus. — Or ce n'est pas du tout cela qu'on observe : dans le Libournais l'éclosion ne se fait *jamais* au mois d'août, et se fait *toujours* en avril et mai. N'est-il pas évident que le temps a, sur le phénomène, une action prépondérante?...

. M. Planchon aura certainement la justice de reconnaître que c'est là une observation *raisonnée,* non un pur *raisonnement;* peut-être voudra-t-il bien m'accorder aussi que pour tout *fait* venant contredire des inductions aussi fortes, une erreur d'observation devient probable, et que, par suite, c'est à l'observateur de prouver qu'il ne se trompe point. Je vais essayer de le montrer, pour M. Graëlls cette preuve n'est point faite, au contraire !

1. Voir page 171.

Au moment où a paru mon premier travail, nous ne connaissions l'observation du savant entomologiste espagnol que par ces quelques lignes, prises dans le compte rendu du Congrës tenu à Montpellier en septembre 1878 (page 102 du compte rendu) :

M. Graëlls, qui vient de faire de nouvelles et minutieuses observations à *Malaga*, apporte de nouveaux faits sur la question. En Andalousie, l'entomologiste espagnol a trouvé des ailés en juillet, qui ont déposé leurs pupes de suite. Il en est sorti des sexués qui ont pondu des œufs. Or ces œufs sont éclos à *Madrid* dès la première quinzaine d'août. Voilà donc l'œuf d'hiver devenu, dans le midi, un œuf d'été, et éclosant longtemps avant l'hiver.

Par où prendre, pour la discuter, cette observation qui n'est point décrite? J'aurais pu faire remarquer que M. Graëlls a été singulièrement heureux! Il a *vu* les *ailés* pondre, leurs œufs éclore, la femelle sexuée pondre, son œuf éclore à son tour, le cycle complet! Et M. Balbiani n'est jamais parvenu à obtenir, en captivité, même les *sexués* (C. r.[1], 31 août 1874)! Et M. Valery-Mayet, à Montpellier, n'a pas été plus heureux l'année dernière (C. r., 24 novembre 1879)! Toutefois, me souvenant en quelle estime M. Planchon tient M. Graëlls, j'ai simplement indiqué, dans le travail mentionné ci-dessus, qu'on pouvait craindre ici une erreur : erreur d'observation (étaient-ce bien des phylloxeras et des œufs fécondés?), peut-être simplement de rédaction, car ce n'est pas M. Graëlls lui-même qui écrit.

On va voir que, sur le dernier point, cette réserve était prudente. Nous avons, en effet, maintenant la version de M. Graëlls lui-même (*Journal de l'Agriculture* et *Vigne américaine* d'avril 1880, p. 103). Il est nécessaire d'en reproduire

---

1. Je désignerai par cette abréviation : C. r. les comptes rendus hebdomadaires des séances de l'Académie des sciences.

textuellement ces deux alinéas, où je souligne deux passages :

Pour pouvoir faire mes recherches d'une manière plus minutieuse, j'emportai à Madrid des morceaux de ceps de vigne phylloxérée de l'Indiana et du Zala-Baja. Ne connaissant pas les moyens qu'emploie M. Boiteau pour découvrir l'œuf en question, dans les fentes labyrinthiques des écorces des vieux sarments et des souches des ceps, et *perdant l'espérance de pouvoir les découvrir, même avec la loupe*, il me vint l'idée d'imprimer de fortes secousses aux morceaux desséchés des vignes sur un papier blanc placé sur une table. Les coups réitérés faisaient tomber sur le papier blanc beaucoup de petits morceaux d'écorce et d'autres corpuscules attachés aux souches des ceps.

En examinant à la loupe attentivement les détritus recueillis, j'ai fini par découvrir quelques œufs des sexués bien reconnaissables par leurs singuliers caractères. Placés dans un tube d'observation, *ils éclosaient les uns au bout de trois ou quatre jours, et les autres un peu plus tard, probablement à cause du procédé des pontes plus récentes*. La naissance des mères fondatrices a eu lieu à mon observatoire de Madrid à la fin d'août.

Ce que dit M. Graëlls vaut certainement mieux que ce qu'on lui faisait dire : nous n'avons plus, en tubes, ni les *ailés*, ni leurs œufs, ni les *sexués;* le point de départ est ce que M. Graëlls considère comme l'œuf fécondé. A cet égard, il est regrettable que les jeunes, issus de ces œufs, n'aient pas été observés et suivis. M. Graëlls n'en dit pas un mot!

Rappelons que l'œuf fécondé, déposé sous les écorces, s'y trouve dans de très petits canaux compris entre l'écorce de l'année et l'écorce de l'année précédente; par conséquent, dans un tissu jeune et qui ne se désagrège pas aisément. Qu'il y est solidement fixé par le petit appendice situé à l'une de ses extrémités, organe auquel on n'a pas encore reconnu d'autre usage. Que la dépouille de la pondeuse existe toujours à côté de l'œuf, celle-ci simplement posée sur l'écorce, sans autre adhérence que celle qui résulte du contact.

La note de M. Graëlls m'avait laissé une impression très

nette. Et d'abord, une simple remarque : au milieu de tant d'œufs, qui tenaient ferme aux écorces, on ne signale aucune dépouille de pondeuse. Ces dépouilles cependant se conservent, — je l'ai vu chez M. Boiteau, — et ne tiennent à rien. Quoi qu'il en soit, craignant, pour le reste, d'être influencé par une idée préconçue, j'ai voulu savoir ce qu'en pensait M. Boiteau, l'homme de France qui a le plus manié *d'œufs d'hiver*; M. Boiteau, qui a décidément fait la conquête de M. Planchon, le jour où il a abandonné les badigeonnages, et qui a fait la mienne aussi depuis longtemps, mais... pas par le même moyen! Lui indiquant d'ailleurs que, dans une discussion pendante, j'aimerais à placer mon opinion sous la protection de la sienne. Voici quelques extraits de la réponse qu'il a eu l'obligeance de me faire :

1° Quant aux morceaux de vigne ayant encore leurs écorces adhérentes, « il me semble », dit M. Boiteau, « que « les écorces sous lesquelles se trouvent les œufs d'hiver sont « ordinairement très cohérentes, et qu'il est difficile de les « désunir par de simples secousses... » — M. Boiteau ne veut cependant pas se prononcer sur un procédé qu'il n'a pas essayé. Je serai plus hardi! Je ne crois positivement pas que des œufs *fixés sous les écorces* aient pu être projetés sur le papier blanc.

2° Mais les œufs qui auraient été mis préalablement à découvert par le décorticage? — Je crois que, ceux-là, M. Graëlls les aurait vus directement, s'il y en avait eu; et j'ai demandé à M. Boiteau si de tels œufs pouvaient échapper lorsqu'on visite minutieusement à la loupe les écorces où ils reposent. Voici la réponse : « Les œufs d'hiver, mis à décou- « vert, ne peuvent guère passer inaperçus aux yeux d'un « homme habitué à faire des recherches entomologiques. « Il est bien entendu que ces observations ne peuvent se « faire qu'à la loupe. » Il est donc permis de penser qu'il n'y avait pas d'œufs fecondés à découvert, puisque M. Graëlls, après les plus minutieuses recherches, n'en a point vu. Que, par suite, les œufs projetés sur le papier avaient une toute autre origine, et n'étaient nullement *fixés* aux écorces qui pouvaient les recouvrir : ce n'étaient pas des œufs fécondés de phylloxeras.

3° Autre question, dont je demande pardon à M. Graëlls : un entomologiste, qui ne connaîtrait *l'œuf d'hiver* que par des descriptions, pourrait-il s'y tromper? Réponse : « Si on « ne connaît l'œuf d'hiver du phylloxera que par les des- « criptions qui en ont été faites, il est possible de s'y tromper. « On rencontre sous les écorces des œufs d'occasion qui ne « ressemblent en rien aux œufs du phylloxera, mais qui « peuvent être pris pour ceux-ci par celui qui n'en a jamais « vu. Il est donc possible de se tromper et je crois même, « sans l'affirmer, du reste, que c'est le cas de M. Graëlls. »

Il est bon de noter que M. Boiteau « ne serait pas éloigné de croire qu'il doit y avoir des éclosions estivales (C. r., 10 novembre 1879) ». On ne saurait donc l'accuser d'idées préconçues. Je me range purement et simplement à son opinion ; mais je dois avouer que, livré à moi-même, j'aurais été plus affirmatif! J'ai sous les yeux ce que rapporte M. Valery-Mayet (*loco citato*) de l'obstacle que la sécheresse oppose à l'éclosion des œufs, — de l'ailé, il est vrai, mais il a bien fallu d'abord passer par ceux-là, — et la réputation du Manzanarès prouve qu'il fait sec à Madrid au mois d'août! Voyant donc cette récolte si abondante, et ces œufs éclore si bénévolement et si promptement sous les yeux de M. Graëlls, je ne puis pas ne pas songer à l'adage : *Qui prouve trop, ne prouve rien.* Je me permettrai donc de penser, jusqu'à preuve contraire, que nous n'avons pas affaire ici à des œufs de phylloxeras. Cette opinion n'a rien d'irrévérencieux pour l'honorable M. Graëlls : on a vu de tout temps de très habiles observateurs se tromper, sans en être amoindris, et prendre même un insecte pour un autre insecte. Sans sortir de l'histoire du phylloxera, nous en avons des exemples assez saillants.

De plus, comment expliquer qu'une observation si grave n'ait pas été répétée plutôt dix fois qu'une, d'abord par M. Graëlls lui-même, et surtout à Montpellier, où des efforts ont été faits, l'année dernière encore, pour trouver *l'œuf d'hiver*? Ceux qui avaient été *auditeurs* de M. Graëlls ne connaissaient-ils donc pas sa méthode? Ou cette méthode ne les a point séduits, ou ils l'ont appliquée sans succès. En tout cas, l'observation reste unique : ce n'est pas assez pour renverser les faits les mieux établis sur la biologie de l'insecte.

Bien des points seraient à relever dans la note de M. Graëlls. Mais je veux maintenir cet article dans des limites raisonnables, et il me reste à invoquer des faits précieux, signalés depuis que mon premier travail a paru. Je les prends dans un écrit signé d'un nom justement estimé, qui me vient de loin en loin, et toujours comme une bonne fortune, avec les *Comptes rendus des séances de l'Académie des sciences*. M. Lichtenstein fait connaître à l'Académie des sciences (C. r., 5 avril 1880) le cycle biologique du *puceron des galles ligneuses du peuplier noir*. C'est le même cycle que celui du *puceron du lentisque*, révélé par le même auteur (C. r., 18 novembre 1878), le même encore que celui du phylloxera, à peu de chose près[1]. M. Lichtenstein a vu, — et bien vu, lui! — la femelle sexuée du premier de ces pucerons pondre un œuf. Cela se passait au mois d'août dernier. Écoutez ceci :

Cet œuf, je l'ai conservé dans mon cabinet tout l'hiver, en

1. J'ai apprécié cette différence, à mon avis tout à fait secondaire, dans une note (e) mise à la suite d'un assez long travail paru, en 1878, sous ce titre : *Discours sur le phylloxera* (voir page 105 ci-dessus). Certes, à cette date je ne prévoyais pas la discussion actuelle!

nombreux exemplaires; car, si chaque femelle n'en donne qu'un,
il y a énormément de femelles. Il est éclos le 11 mai (*mai* est une
faute évidente, c'est *mars* qu'il faut lire)...

Eh bien, monsieur Planchon ! Est-ce bien un *œuf d'hiver*,
celui-là ? Et à Montpellier, encore ! Et il n'a pas passé son
hiver à la froidure, mais dans le cabinet de M. Lichtenstein,
cabinet bien clos, bien chaud... Ce sont encore les Comptes
rendus qui le disent, mais dans un autre numéro :

Nous avons eu, pendant tout le mois de décembre 1879, des
froids de 11° et 12° au-dessous de zéro. Non seulement le phylloxera souterrain n'en a nullement souffert, mais j'ai pu recueillir
sur les plantes et arbres de mon jardin le puceron du pêcher... du
fusain... du lierre... du chou... de la bourse du pasteur... de
l'épine-vinette, tous engourdis par l'air froid extérieur et souvent
recouverts de neige ou de givre, mais parfaitement vivants.
C'étaient tous des pucerons de la phase que j'ai appelée *bour-
geonnante (écoutez ceci :); sur la même plante, à côté d'eux, il y
avait des œufs déposés en automne (pourquoi dites-vous en
automne?) par la femelle fécondée* (c'est moi qui souligne), *morte
depuis longtemps.*

Mais, Dieu me pardonne ! voilà encore des *œufs d'hiver !* en
voilà toute une série!! et toujours à Montpellier!!!

J'ai apporté ces pucerons dans mon cabinet, chauffé à 8° ou
10°... deux ou trois jours après, tous mes pucerons se sont mis à
germer... (*mais les œufs* DORMANTS *ne se réveillent pas; lisez ce
qui suit :*)... et, ce qui est assez curieux, tandis que la chaleur
pousse immédiatement les fausses femelles ou *Pseudogynes bour-
geonnantes* à émettre leurs gemmations, *l'œuf véritable* (c'est moi
qui souligne) *n'éclôt pas et semble attendre la pousse des plantes
sur lesquelles il est fixé* - (C. r., 12 janvier 1880).

Dans ces dernières lignes, il n'y a pas un mot qui ne
porte !

Il serait bien surprenant que tous ces pucerons ayant

---

1. Pour que l'insecte issu de cet œuf puisse se nourrir des jeunes feuilles,
sa seule nourriture connue.

l'avantage de posséder un *œuf d'hiver*, seul le phylloxera, qui est aussi un puceron, ou à peu près, en fût privé [1] !

Je m'arrête. M. Lichtenstein vient de m'être trop secourable pour que je veuille le prendre à partie au sujet d'une observation qui n'a pas été publiée dans *la Vigne américaine* et qui ne m'est pas opposée en ce moment. Ce serait cependant une bonne occasion de montrer combien une idée préconçue peut devenir dangereuse, même chez un entomologiste d'une valeur exceptionnelle, d'une sagacité que lui-même semble trouver la chose la plus simple du monde, mais qui fait mon admiration... et mon envie !

Nota. — A la suite de la note de M. Graëlls, M. Planchon signale une dépouille de nymphe trouvée par lui-même parmi des phylloxeras reçus le 21 juin 1870 ; je n'y vois aucun inconvénient. Ce point pourrait être repris dans la discussion générale dont nous n'avons ici qu'un épisode. Si cette discussion a lieu, je crois bonne la cause de l'*œuf d'hiver* et pouvoir la défendre. Sans être naturaliste, je connais bien cette question particulière du phylloxera pour l'avoir beaucoup étudiée : chacun sait certainement mieux que moi ce qu'il a fait lui-même, mais peut-être moins bien que moi ce qu'ont fait les autres, pour y avoir donné moins de temps et moins d'attention.

(Extrait du *Journal de l'Agriculture*, n° du 26 juin 1880.)

LA NYMPHE DU PHYLLOXERA.

J'ai eu l'occasion de reproduire dans le *Journal de l'Agriculture*, sous forme de note au bas d'une page (n° du 3 janvier 1880, p. 28), un passage d'une brochure (*Discours sur le phylloxera*) publiée en 1878. Voici cette note que je transcris pour éviter des recherches au lecteur :

Ce qui me semble, au contraire, être bien réellement une

1. On sait qu'on trouve aujourd'hui l'œuf d'hiver à Montpellier aussi communément qu'à Libourne.

question de température, c'est la transformation qui produit la *nymphe* : nous avons dit que la *nymphe* n'apparaît que vers le 15 juillet, parce que tous les observateurs sont d'accord sur ce point. Cependant comment admettre que parmi les larves qui hibernent aucune ne soit apte à cette transformation ? Aucune ne la subit cependant, puisque toutes arrivent à l'état adulte en mai. Il semble donc que la chaleur en soit un élément important, prépondérant peut-être.

Ce n'est pas une hypothèse ; c'est une prévision basée sur l'étude de faits bien établis, et présentée avec réserve. Si cette action prévue de la chaleur est réelle, on peut penser qu'en maintenant des insectes pendant longtemps dans une atmosphère artificielle et à température relativement élevée, on pourra réussir à provoquer cette transformation en *nymphe*, et à devancer l'époque où elle se ferait naturellement à l'air libre. C'est ce que plusieurs observations viennent de confirmer. Voici, en effet, ce qu'écrit M. J. Lichtenstein dans le premier numéro de la *Revue* fondé par M. le professeur Roesler (p. 13, l. 8) :

Un jeune étudiant allemand, M. Franz Richter, qui récoltait des phylloxeras pour M. Mayet et pour moi-même, eut l'idée de mettre un bocal plein de racines dans les serres chaudes du Jardin des plantes au mois de décembre.

Or, à ma grande surprise, en examinant ce flacon il y a quelques jours, je l'ai trouvé rempli de nymphes et d'insectes ailés.

Ce qui m'aurait, au contraire, beaucoup surpris et un peu contrarié, c'eût été l'absence de ces mêmes insectes.

M. Lichtenstein ayant négligé de dater sa lettre à M. Roesler, ces trois mots : « il y a quelques jours » manquent de précision. Mais le titre de la lettre étant *situation au début du printemps* 1881, c'est très probablement à cette époque qu'ils se rapportent.

Le savant entomologiste de Montpellier ajoute un peu plus bas :

Je crois que vous avez les ailés en Autriche au mois de septembre, en Suisse et en Bourgogne au mois d'août, ici en juin et juillet, à Malaga en mai.... et en serre chaude en mars ?

Aux époques près, qui doivent d'ailleurs varier d'une année à l'autre avec les circonstances météorologiques, nous voilà enfin d'accord, mais pas pour longtemps ; M. Lichtenstein, en effet, ajoute aussitôt :

Je vais faire tout mon possible pour obtenir les pupes sexuées (lisez tout simplement : les *sexués*) et les œufs... qui ne seront plus des œufs d'hiver [1] !

Un moment ! ces mots : *œuf d'hiver* sont une locution nouvelle, un néologisme ; c'est comme un *nom*, que pour mon compte j'ai toujours écrit en *italiques*, bien qu'on puisse le considérer aujourd'hui comme appartenant au langage usuel. Ce nom a été attribué à cet œuf d'après un des caractères qu'on lui a reconnus dans la nature. Que maintenant, au moyen de quelque artifice, et en le plaçant dans des conditions anormales, on parvienne à lui enlever accidentellement ce caractère, c'est possible ; mais des récréations de laboratoire ne sauraient lui enlever son nom, ou nous tombons dans la logomachie.

La question de l'*œuf d'hiver* est dans le vignoble, non dans la serre chaude ; et comme cette question pourrait devenir la plus importante de toutes, il n'y faut laisser introduire aucune confusion.

Nota. La *Rédaction* de la Revue met au bas de la page cette note :

Le même fait s'est produit l'hiver dernier à Klosterneuburg, dans le laboratoire de M. le professeur Roesler qui, en novembre, avait mis des racines phylloxérées dans des bocaux de verre et les conservait dans une chambre chauffée. Dès le mois de février on a pu constater la présence de nymphes et d'insectes ailés (jusqu'ici

1. M. Lichtenstein n'ayant plus parlé de ces essais, nous pouvons être certains qu'il a échoué.

c'est l'observation de M. Lichtenstein) et d'un grand nombre d'œufs fécondés. Mais chose plus étonnante encore! quelques pousses émises par les petites souches étaient couvertes de galles.

Que sont ces petites souches qui émettent quelques pousses, dans des bocaux de verre où on n'a mis que des racines? — Il serait intéressant que M. le professeur Roesler voulût bien décrire cette observation avec les plus minutieux détails, afin que l'expérience pût être répétée partout dans des conditions identiques.

(Extrait du *Journal de l'Agriculture,* numéro du 3 septembre 1881.)

UN MOT

SUR

LES SEXUÉS HYPOGÉS

En présentant aux lecteurs du *Journal de l'Agriculture* un ouvrage encore inédit de M. le docteur Mullé, M. Champin transcrit — ou traduit — ce passage :

.... M. le professeur Roesler et M. Balbiani ont trouvé, parmi les insectes habitant les racines, des mâles et des femelles destinés, sans doute, à retremper la fécondité par l'accouplement....

Il y a dans ces lignes une erreur de fait que, dans les circonstances présentes, il est utile de rectifier : M. Balbiani est, à ma connaissance, le seul qui ait vu des *sexués* sur les racines, *et il n'y a pas vu de mâle.*

Voici le texte même de M. Balbiani [1] :

« Par une circonstance curieuse, tous les individus de cette « génération (les *sexués hypogés*) qui ont passé sous nos yeux « sont des femelles... »

Je ne discute pas, pour le moment; je signale une erreur matérielle. L'ouvrage de M. le docteur Mullé étant encore manuscrit, l'auteur, s'il le juge à propos, pourra la corriger avant l'impression.

(Extrait du *Journal de l'Agriculture*, 29 juillet 1882.)

1. *Comptes rendus de l'Académie des sciences;* 2 novembre 1874, p. 991, au milieu.

RÉPONSE

DE M. AIMÉ CHAMPIN.

Dans mon travail sur le savant ouvrage du Dr Mullé, je suis beaucoup moins traducteur que copiste et commentateur. En choisissant, dans le cycle biologique du phylloxera, le passage relatif aux sexués hypogés, je m'attendais à quelque controverse. Si quelque collègue suppose que c'est pour cela que j'ai choisi ce passage, je n'y contredis guère; pas plus que mon cher collègue, le père adoptif, le champion, le paladin de l'œuf d'hiver, ne contredira mon pressentiment qu'il serait le premier à relancer le lièvre.

Je me hâte de me dérober sous la barrière protectrice des guillemets, et mon ignorance entomologique — je la reconnais hautement pour éviter ce soin à d'autres — se met à couvert derrière mes auteurs à qui je passe la main pour soutenir la discussion, s'il y a lieu.

Un mot seulement : quand on trouve des femelles, c'est qu'il y en a ; quand on ne découvre pas de mâles, ce n'est pas une preuve qu'il n'y en ait pas. M. Balbiani ne dit pas qu'il n'y ait pas de mâles, il trouve même très curieux qu'il n'ait passé sous ses yeux que des femelles. Je ne sais ce que dira M. Roesler. Quant à moi, raisonnant par analogie, je ne puis admettre qu'il y ait des unes sans qu'il y ait des autres ; si l'on n'a pas découvert ceux-ci, c'est qu'on aura manqué de fouiller dans quelque recoin, comme qui dirait une caisse d'horloge.

AIMÉ CHAMPIN.

(Extrait du *Journal de l'Agriculture*, 12 août 1882.)

FEMELLES OU AGAMES.

(Réplique à M. Champin.)

M. Champin avait le « pressentiment » que je répondrais à l'extrait qu'il a « choisi » dans l'ouvrage de M. le docteur Mullé. Je le crois, parce qu'il le dit ; j'irais, au besoin, jusqu'à admettre que M. Champin avait pris la peine de faire à l'avance *ma* réponse, parce qu'il répond à une réponse imaginée par lui et pas du tout à celle que j'ai faite.

«.... M. le professeur Roesler et M. Balbiani », écrit M. Mullé, «ont *trouvé*, parmi les insectes habitant les racines, des mâles et des femelles... » J'ai rappelé, en citant le mémoire de l'auteur, que M. Balbiani « n'a pas *vu* de mâles sur les racines ». ·

Il n'y a pas autre chose dans ma note; des deux noms cités par M. le docteur Mullé, l'un est à effacer, sauf à voir plus tard ce qu'il en est de l'autre.

De cette observation négative de M. Balbiani, peut-on conclure qu'il n'y a jamais de mâle sur les racines ? — Ce point appartient à la discussion, et j'ai eu soin de dire : « Je ne discute pas, pour le moment. »

Sans attendre l'intervention éventuelle de M. Mullé ou de M. Roesler lui-même, entrons aujourd'hui dans quelques explications [1], par déférence pour les lecteurs du *Journal* et pour mon cher collègue (ou confrère, l'un et l'autre vocable me font plaisir et honneur).

Les *sexués hypogés* sont désignés par deux mots dont le second n'est pas seulement pour marquer le lieu où on les trouve, mais doit être entendu dans un sens spécifique : on aurait, chez le phylloxera de la vigne, les deux variétés de *sexués* que M. Balbiani a fait connaître chez le phylloxera du chêne où elles proviennent, l'une des *ailés*, l'autre des *aptères*. Les *sexués* que M. Boiteau a vus, par milliers, soit à la surface du sol, soit même à une petite profondeur [2], ne sont

---

1. Ce sujet m'occupe depuis longtemps; je prends ces explications, pour la majeure partie, dans un opuscule déjà ancien, qui m'a valu le commencement de mes bonnes relations avec M. Champin : *Discours sur le phylloxera*, 1878.

2. *Comptes rendus de l'Académie des sciences*. N'étant pas chez moi en ce moment, je ne peux pas donner une indication plus précise.

pas nécessairement des *hypogés*, parce que la terre est un lieu de passage, de promenade si l'on veut, au lieu que la racine serait probablement un domicile ; les *sexués* qu'on y trouverait, communément et en nombre (une observation isolée serait sans importance), seraient inquiétants à cause de la difficulté qu'il y aurait à atteindre leur produit ; c'est la meilleure des chances qui nous restent à laquelle il faudrait peut-être renoncer.

Mais il y a lieu de croire qu'il n'y en a pas. Notons d'abord que ce qui caractérise les femelles sexuées, ce ne sont pas des organes sexuels encore inconnus, c'est le fait même de l'accouplement. Leur conformation apparente annonce simplement des avortons, chez lesquels l'appareil digestif manque et les gaines ovigères sont réduites au minimum, à une seule. Cela etant, que peuvent bien être les insectes vus par M. Balbiani ? — Tant qu'on n'aura pas observé de mâle parmi eux, il n'y a aucune raison de les considérer comme des femelles plutôt que des agames parvenus au dernier degré de la dégénérescence : hypothèse d'un côté, hypothèse de l'autre.

Une circonstance remarquable, que M. Balbiani me rappelait, il y a quelques semaines, milite en faveur de la seconde : en tubes, en vases clos, on obtient rarement et très difficilement l'éclosion des œufs de l'*ailé*, qui fournissent les sexués ordinaires. M. Balbiani a signalé depuis longtemps cette difficulté et, plus récemment, M. Valery-Mayet s'y est heurté à son tour[1]. Au contraire, quand une racine en tube fournit les avortons qui nous occupent, les œufs d'où ils sortent éclosent avec la même facilité que les œufs ordinaires pondus sur les racines ; présomption, tout au moins, que les premiers sont de la même nature

1. *Comptes rendus*, et ci-dessus, p. 200.

que les derniers, et, comme ceux-ci, donnent naissance à
des agames.

L'analogie avec ce qui se passe chez une espèce bien voisine, le phylloxera du chêne, donnerait, il est vrai, quelque
probabilité à la première hypothèse; néanmoins, je crois
plutôt à la seconde; mais c'est affaire de choix, et j'entends
ne gêner en rien une opinion qui serait contraire à la
mienne.

Admettons donc, si on le veut, que ces bestioles soient
des femelles; l'embarras ne sera pas bien grand : tant qu'il
n'y a pas de mâle, les femelles sont sans danger, parce que,
à l'inverse de ce qui se passe pour les œufs des agames, un
œuf de femelle n'éclôt que s'il est fécondé; dans le cas contraire, il se décompose et disparaît. Par malheur, s'il voit
des femelles, M. Champin veut des mâles; il en veut coûte
que coûte, dût-on les chercher « dans quelque recoin, comme
qui dirait une caisse d'horloge ! »

Calmez-vous, mon spirituel critique! Si, ce qu'à Dieu ne
plaise, il vous arrive de faire naufrage, que vous abordiez
dans une île inconnue, et vous trouviez tout à coup envi-
ronné de femmes, la première émotion passée, vous pourrez
conclure avec vraisemblance qu'il y a des hommes quelque
part, la parthénogénèse n'étant pas usitée dans l'espèce
humaine; mais la *mère pondeuse* qui a engendré les préten-
dues femelles trouvées sur les racines n'ayant pas fait usage
du mâle pour les produire, il se peut très bien qu'il n'y ait
pas de mâle non plus dans sa progéniture où viendrait
s'éteindre une famille phylloxérienne.

La chose est même probable : « Malgré la rareté des mâles
parmi les enfants de l'*ailé*, le hasard aurait difficilement
fait que, sur des centaines d'individus observés, pas un
mâle ne se fût rencontré. Il y a donc *une cause*, et alors » (en
vertu de la cause même) « le mâle *hypogé* n'existerait

jamais [1]. » Attendons la découverte d'une cause qui s'annonce par ses effets, et non une trouvaille miraculeuse dans « quelque recoin ».

La question présentée sous ses diverses faces, chacun reste libre de prendre parti selon ses impressions. Une certaine indécision restera jusqu'à ce qu'une heureuse observation apporte quelque clarté nouvelle.

Les expériences projetées en pleine vigne sont aujourd'hui le moyen le plus prompt, le plus sûr, le seul, de résoudre ces difficultés et la question de *l'œuf d'hiver* tout entière, seule ancre de salut pour les trois quarts de nos vignobles.

Gardons-nous bien d'exiger, avant de nous mettre à l'œuvre, que toute incertitude soit levée par je ne sais quel impossible travail de cabinet ou de laboratoire; autant vaudrait attendre, pour commencer les canaux du Rhône, la reconnaissance et la codification préalables d'un prétendu droit de propriété que nous venons de voir surgir, comme un diable d'une boîte à surprises, sous la plume ingénieuse de M. Champin, pour mener aux calendes grecques [2]!

Je resterai, jusqu'au bout et quoi qu'il arrive, dans la mesure de mes forces, « *un* champion, *un* paladin » de notre bonne Vigne française; quant à *l'œuf d'hiver* et aux *sexués*, après que chacun de nous aura fait son devoir, tout son devoir, s'ils ne nous donnent rien qui puisse servir à la défendre, comme je suis encore moins entomologiste que M. Champin ne le dit de lui-même, je me soucierai des *sexués* et de *l'œuf d'hiver* comme un poisson d'une pomme.

(Extrait du Journal de l'Agriculture, 26 août 1882.)

1. *Discours sur le phylloxera*, 2ᵉ édit. (Voir ci-dessus, p. 77, note.)
2. Voir, dans le *Journal de l'Agriculture* du 12 août 1882, l'article de M. Champin sous ce titre : *A qui l'eau?*

L'ŒUF D'HIVER ET LE PRODUIT DE CET ŒUF.

Dans un rapport du Comité de vigilance des Pyrénées-Orientales, M. Campana, délégué départemental, écrit[1] :

Dans nos contrées méridionales, l'œuf dit d'*hiver* éclôt, en général, en septembre ; ceux qui sont pondus les derniers et qui sont surpris par les froids éclosent seuls plus tard.

Si M. Campana exprimait simplement une opinion personnelle, je n'aurais rien à dire; cette opinion est celle de M. Planchon, peut-être aussi d'autres savants distingués. Mais personne encore n'a dit d'une façon affirmative que les choses se passent comme l'annonce M. Campana. C'est qu'en effet non seulement personne n'a vu un seul *œuf d'hiver* éclore en septembre dans le midi de la France, mais personne encore n'y a vu un seul *œuf d'hiver*, en quelque saison que ce soit. L'observation plus que douteuse de M. Graëlls à Malaga n'a pas à être invoquée. Cette éclosion automnale de l'œuf fécondé est donc une pure hypothèse, rejetée d'une manière absolue par MM. Balbiani, Max. Cornu, Boiteau et beaucoup d'autres encore.

Je ne reproduirai pas ici la discussion étendue que j'ai faite ailleurs de cette question[2].

Un mot sur un autre sujet :

Dans son rapport sur les travaux patronnés par la Compagnie Paris-Lyon-Méditerranée, M. Marion rapporte quelques observations biologiques sur le phylloxera. *La Vigne française* les a reproduites. M. Marion mentionne un phylloxera issu de l'œuf d'hiver, et qu'il aurait trouvé au collet d'une vigne,

1. *La Vigne française*, 30 septembre 1880.
2. Voir pages 171 à 175, 198 à 206.

sur un petit « aiguillon radiculaire[1] ». Or, jamais l'insecte
de première génération ne vit sur les racines. Les observations de M. Boiteau[2] ne laissent aucun doute sur ce point.
On a pu fixer sur les racines quelques insectes de la
deuxième génération; à partir de la troisième, beaucoup d'insectes s'y fixent d'eux-mêmes. Il suffirait que l'insecte de
M. Marion appartînt à la seconde génération, pour que le
fait signalé n'eût rien d'exceptionnel.

De la figure donnée, il n'est pas possible de conclure
qu'il en soit autrement. On ne pourrait pas le conclure de
l'insecte vivant lui-même. C'est qu'en effet les différences
dans la forme de l'antenne qui caractérisent les premières
générations sont trop faibles pour que l'on puisse, quand
on n'a sous les yeux qu'un insecte isolé, différencier une
génération de celle qui la précède ou de celle qui la suit. Si
l'on observait un groupe d'insectes et qu'on sût d'une
manière certaine qu'ils appartiennent à la même génération, par exemple si on les trouvait dans une galle, il n'y
aurait pas de doute possible, parce que les caractères observés sur les uns compléteraient les caractères observés sur
les autres; mais on trouve dans une même galle tel insecte
à antennes moins échancrées, qu'on rapporterait volontiers à
la génération précédente; tel autre à antennes plus échancrées, qu'on classerait dans la suivante si on le trouvait isolé.

Au Congrès de Clermont, j'ai tenu à poser la question à
M. Boiteau, l'observateur qui a le plus étudié ces petites
bêtes. Sa réponse, dont j'étais parfaitement certain d'avance,
est tout à fait conforme à ce qu'on vient de lire[3].

M. Marion, ayant abandonné ce jeune insecte à son sort
sur la petite radicelle où il l'a vu, ne devait pas, ce me

1. *La Vigne française*, 31 août 1880, p. 314.
2. Voir page 181 *b*.
3. *La Vigne française*, 15 septembre 1880, p. 325.

semble, beaucoup compter sur les observations subséquentes ! Quelles qu'elles fussent par la suite, il était difficile d'en tirer quelque conclusion. Lorsque M. Marion ajoute : « Mais elle (cette observation) met hors de doute que, dans notre région provençale, les animaux de nouvelle génération provenant des essaimages de l'année précédente descendent sous terre dès leur naissance », il m'est impossible de ne pas dire que c'est précisément le contraire qui reste hors de doute.

M. Marion a une situation et une autorité trop considérables, et le rapport où son observation est décrite et discutée a reçu une publicité trop étendue, pour qu'on puisse laisser sans réponse des conclusions à mon avis inexactes. L'histoire du phylloxera, bien que très incomplète encore, est cependant assez avancée pour fournir un corps de doctrines et rendre possible une critique rationnelle des faits nouveaux qui se présentent. Il est indispensable que cette critique s'exerce sévèrement, mais sans parti pris, si on ne veut laisser le chaos prendre la place d'un ensemble de faits bien ordonnés.

(Extrait de la Vigne française, 31 octobre 1880.)

UN MOT SUR L'OEUF D'HIVER.

La Vigne française vient de publier (numéro du 15 juillet, p. 276) un rapport de M. Catta à M. le préfet des Pyrénées-Orientales.

« Si j'en crois mon expérience personnelle », dit M. Catta, « et les observations de M. Campana, délégué départemental, il faudrait admettre que les œufs des sexués, dits œufs d'hiver, éclosent parfaitement dans le courant de l'été, *de sorte que les vignes subissent deux invasions dans le courant d'une année.* » (C'est moi qui souligne.)

Les premiers mots de ce passage sont empreints d'une prudente réserve que le mot « parfaitement » vient changer vers la fin en une assurance des plus formelles.

Quelles sont les observations de M. Campana auxquelles il est fait allusion ? S'il s'agit d'un rapport du 17 septembre 1880 de l'honorable délégué départemental (*Vigne française*, n° du 30 septembre 1880), ou de la lettre du 23 décembre 1880 (n° du 15 janvier 1881, p. 90), je n'ai rien à ajouter à la note qu'on peut lire dans le n° du 31 octobre 1880, p. 385[1] car la découverte de *l'œuf d'hiver*, faite depuis dans l'Hérault où on le trouve aussi communément aujourd'hui que dans la Gironde, n'était nullement nécessaire pour montrer que M. Campana se trompait sur ce point.

M. Catta ajoute aujourd'hui : « Mon expérience personnelle »; c'est dire trop ou pas assez : qu'on cite des faits, des expériences, des observations, des arguments si on veut, permettant de soupçonner une éclosion estivale de *l'œuf d'hiver* (j'entends une éclosion de l'œuf fécondé, séparée de la ponte par un intervalle de quelques semaines seulement), tout cela pourra être étudié, contrôlé, discuté; mais, par trop de généralité, ces mots vagues : « mon expérience personnelle » échappent à toute controverse.

Un homme de la valeur, si réelle et si bien reconnue, de M. Catta ne saurait produire une assertion aussi grave sans être prié de la justifier. Est-ce, au fond, une simple conjecture? — C'est encore trop; car ce sont des conjectures de cette sorte qui ont permis de tout arrêter, depuis six ans, dans la seule voie qui offre encore une chance de salut pour les trois quarts, au moins, de nos vignobles.

(Extrait de la Vigne française, 31 juillet 1882.)

1. Voir cette note, p. 216.

DISCUSSION

EXPÉRIENCE RELATIVE AU PHYLLOXERA

Les observations anatomiques de M. Balbiani ont démontré la diminution graduelle de la fécondité du phylloxera à mesure que les générations se succèdent par voie de parthénogénèse[1].

J'ai cru pouvoir émettre hypothétiquement cette idée, ajoute l'éminent entomologiste[2], que, si l'insecte était abandonné, pour sa multiplication, aux seules ressources de la génération parthénogénésique, il finirait probablement par disparaître de lui-même, par épuisement de la force reproductive, et que, pour obtenir ce résultat, il suffirait de détruire les œufs d'hiver qui viennent chaque année ranimer la vitalité des colonies souterraines[3]. »

D'un autre côté, quelques observateurs ayant mis dans des tubes quelques racines de vigne détachées de la souche, après y avoir colonisé quelques phylloxeras, ont vu ces insectes, ainsi réduits à la vie agame, se reproduire pendant trois ans, être plus abondants à la fin de la troisième année que le premier jour et donner encore des pontes d'une trentaine d'œufs. Ils ont conclu de cette expérience que la dégénérescence découverte par M. Balbiani s'arrête probablement à une limite où la fécondité est encore assez grande; qu'en

---

1. *Comptes rendus de l'Académie des sciences,* séance du 17 juillet 1876, p. 207, ligne 13.

2. *Comptes rendus,* même séance, p. 205, en haut.

3. J'ai cité plusieurs fois, et j'aurai à citer encore cette phrase où est résumé ce qui, dans les grands travaux de M. Balbiani, intéresse plus particulièrement la viticulture.

tout cas elle ne servirait à rien, puisqu'elle se montre d'une telle lenteur que la vigne aurait disparu avant l'insecte.

Dans la présente note, je me propose uniquement de prouver que ces élevages en tube de phylloxeras n'autorisent pas les conséquences qu'on en tire et laissent entière la question de *l'œuf d'hiver*; que, par suite, il est encore permis de penser aujourd'hui que de la destruction de cet œuf, qui semble très accessible, dépend peut-être le salut de la vigne.

I

Il nous faut, avant toute chose, examiner avec soin comment se succèdent les générations dans la descendance d'un insecte. On peut compter vingt jours, en moyenne, entre la naissance d'un phylloxera et celui où il commence à pondre; l'œuf peut mettre ensuite dix jours à éclore, en sorte qu'une pondeuse est âgée d'un mois à l'éclosion de sa première fille. Quelles sont la durée de la vie et la durée de la ponte chez le phylloxera? On l'ignore. Admettons qu'après vingt jours, au moment où il devient adulte, un de ces petits êtres ait accompli entre le quart et le cinquième de son existence, et prenons trois mois pour la durée de sa vie : nous venons de voir qu'une pondeuse est âgée d'un mois au moment où naît sa première fille ; elle pourra être âgée de trois mois au moment où naîtra la dernière. Ces nombres ne sont que pour faciliter le raisonnement, et j'ai choisi les plus commodes ; on peut en prendre d'autres : le fait certain, et le seul qui importe, est qu'il existe un intervalle notable entre la naissance de la première fille et la naissance de la dernière.

Admettons, pour un moment, que chaque pondeuse ne fasse qu'une seule et unique fille, et, en premier lieu, que ce soit celle qui arrive la première, après un mois : alors nous aurons tous les mois une génération nouvelle ; et si la ponte dure six mois chaque année, il naîtra 6 générations par an, et en trois ans nous en aurons 18. Imaginons, en second lieu, que la fille unique de chaque pondeuse soit celle qui arrive la dernière, après trois mois : alors il y aura trois mois d'une génération à la suivante ; au lieu de 6 générations annuelles que nous avions dans la première hypothèse, nous n'en aurons plus que 2, et 6 seulement en trois ans. Pour en avoir 18, comme tout à l'heure, il faudrait neuf ans au lieu de trois. Or que se passe-t-il en réalité ? D'abord, que les deux séries de filles dont nous venons de suivre séparément la succession existent en même temps, en sorte que, au bout de trois ans, nous aurons à la fois la 18e génération fournie par la première série, et la 6e, celle-ci venant de la seconde série ; ensuite, que chaque insecte ayant plusieurs autres filles venues entre la première et la dernière, nous aurons, de plus, toutes les générations intermédiaires entre la 18e et la 6e.

Je ne dois pas craindre d'insister sur ce point, qui est fondamental. Nous avons commencé par prendre, parmi les enfants de la première pondeuse, la fille aînée ; parmi les enfants de celle-ci, encore la fille aînée ; parmi les enfants de cette dernière, encore la fille aînée, et ainsi de suite. Cela revient à prendre les plus petits intervalles possibles entre les générations, et nous en trouvons ainsi, avec nos données, 18 en trois ans. En second lieu, nous avons pris, parmi les enfants de la première pondeuse, la fille la plus jeune ; parmi les enfants de celle-ci, encore la plus jeune ; parmi les enfants de cette dernière, encore la plus jeune et ainsi de suite. Cela revient à prendre les plus grands intervalles possibles entre les générations, et nous en trouvons ainsi 6 seulement. En troisième lieu, prenons parmi les enfants de la première pondeuse, la 10e fille ; parmi les enfants de celle-ci, la 35e; parmi les enfants de celle-ci, la 23e, et ainsi de suite, en prenant chaque fois au hasard parmi les sœurs; il nous faudra moins de 18 générations pour faire les trois ans, parce qu'elles seront plus distantes que dans le premier cas; il en faudra plus de 6 parce qu'elles seront plus rapprochées que dans le second. Et c'est ainsi qu'en classant par la pensée, et après trois ans, cette multitude d'insectes d'après le nombre des générations qui les séparent de l'ancêtre commun, on aura autant de groupes qu'il y a de nombres entre 6 et 18 inclusivement, les groupes du milieu étant les mieux pourvus.

Que l'intervalle de temps minimum qui sépare une génération de la suivante varie avec les saisons — et c'est certain ; — qu'il en soit de même de l'intervalle de temps maximum, c'est-à-dire de la vie de l'insecte — et c'est fort possible ; — que, par suite, le nombre des générations annuelles soit plus ou moins considérable, peu importe : les nombres 6 et 18, adoptés plus haut, changeront ; l'écart entre le plus grand et le plus petit pourra augmenter ou diminuer ; ce qui reste l'évidence même, c'est que dans la descendance d'un seul et unique insecte il y a à chaque instant des individus de toute génération comme de tout âge ; que les choses sont ainsi dans les expériences que je discute, et qu'on y a constamment, pêle-mêle dans chaque tube, des générations fort inégalement éloignées du point de départ, et, par conséquent, de l'*œuf d'hiver*, sans que rien, absolument rien permette de les distinguer les unes des autres.

Les choses étant ainsi, on aura, en automne, par exemple, certains insectes qui se trouveront moins éloignés de l'ancêtre commun que ne l'étaient certains autres insectes au printemps, six mois plus tôt, peut-être même l'année précédente ; et si les premiers fournissent des pontes plus abon-

dantes que n'avaient fait les derniers, on sera porté à conclure — mais en se trompant — que la fécondité va en augmentant au lieu de diminuer. Rien, en effet, ne permet de
reconnaître si la pondeuse dont on compte les œufs à l'automne est plus ou moins éloignée de *l'œuf d'hiver* que n'é-
tait telle autre pondeuse dont on avait compté les œufs au
printemps, ou l'année précédente. Que conclure, en conséquence, du nombre d'œufs que l'une ou l'autre auront
pondus?

D'autres objections s'offrent d'elles-mêmes.

1° Comment évaluer le nombre total des œufs fournis
par une pondeuse? Les œufs ne sont pas tous déposés à la
même place ; dans les vignes, on en trouve fréquemment de
petits tas abandonnés ; souvent, au contraire, on voit plusieurs pondeuses rapprochées dont les œufs forment un seul
groupe : quelle part faire à chacune d'elles, comme à celles
qui ont pu s'éloigner de ce même tas pour aller s'établir
ailleurs ? En outre, il faudrait une surveillance minutieuse et
incessante pour suivre ce qui se passe dans ces petits groupes :
les œufs récemment pondus sont d'un jaune vif ; ils brunissent ensuite et enfin éclosent; en sorte que chaque tas,
accru d'un côté par la pondeuse, diminue de l'autre par les
éclosions successives. Si le résidu de l'œuf disparaît, ce qui
n'est pas long, et que la jeune larve s'en aille, ce qui est sa
constante habitude, à quoi reconnaître ces changements ?

2° L'inégalité de la température aux différentes périodes
peut devenir une source de méprises.. Plus la température
est élevée, plus l'éclosion des œufs est rapide. Aussi, bien
que la fécondité eût nettement diminué, vous pourriez
trouver les œufs plus nombreux en octobre qu'en juillet, par
exemple, parce qu'en octobre, dit M. Balbiani, les œufs
mettant plus de temps à éclore se peuvent accumuler davantage. L'illustre savant ayant pris des tas d'œufs dans une

atmosphère fraîche et les ayant transportés dans une atmosphère chaude, les a **v**us *fondre à vue d'œil* [1].

3° M. II. Marès a signalé un fait fort digne d'attention : si l'atmosphère contenue dans le tube devient très sèche, la pullulation diminue dans des proportions énormes pour reprendre toute son intensité dès qu'on rend un peu d'humidité.

4° Une dernière observation : on paraît n'avoir pas remarqué ce fait bien simple que la fécondité peut diminuer, même rapidement, et cependant le nombre des insectes augmenter sans cesse dans le flacon en expérience. Il en sera ainsi, évidemment, aussi longtemps que chaque pondeuse pondra *plus d'un œuf*; et ce sera *toujours*, si la vie agame a pour terme, non une stérilité absolue, mais seulement une fécondité très réduite. Il est donc tout simple que les tas d'œufs augmentent de volume à mesure que l'expérience se prolonge, parce que, les insectes devenant plus nombreux, chacun de ces petits tas peut être l'œuvre collective d'un grand nombre de pondeuses.

Est-ce à dire que ces causes d'erreur, au moins la plupart, ne puissent pas être évitées ? Je crois qu'on peut les éviter ; mais alors voici, ce me semble, comment il faudrait conduire l'expérience [2] : placer dans un tube une racine fraîche ; sur cette racine, une seule larve qu'on surveillera jusqu'à ce qu'elle se fixe et ponde ; enlever un des premiers œufs pondus, le placer sur une autre racine qu'on mettra dans un second tube. Revenons au premier : suivre l'insecte prisonnier dans tous ses déplacements ; renouveler la racine aussi souvent qu'il le faudra, en s'assurant qu'on n'introduit ni insectes, ni œufs, ce qui n'est pas aussi aisé qu'on pourrait être tenté de le croire. Enlever chaque jour, en les comptant

1. *Comptes rendus de l'Académie des sciences*, séance du 16 octobre 1876.
2. Cf. Max. Cornu, *Comptes rendus*, 1er décembre 1873.

à la loupe, les œufs pondus la veille, en inscrire le nombre
sur un registre, et continuer ainsi jusqu'à la mort de l'insecte. Faire le total des œufs pondus et inscrire en même
temps la durée de la ponte et la durée de la vie de la pondeuse.

Opérer avec le second tube exactement comme on vient
de le dire pour le premier ; ainsi, enlever un des premiers
œufs pondus dans ce second tube, le placer sur une racine
qu'on enfermera dans un troisième tube, et ainsi de suite.
Continuer de la sorte le temps nécessaire, c'est-à-dire plusieurs
années, sans perdre l'expérience de vue un seul jour. Et,
comme il suffirait qu'un insecte de la série se laissât mourir
ou qu'un œuf refusât d'éclore pour que tout fût arrêté, au lieu
de mettre en expérience un seul œuf de chaque génération,
il en faudra mettre un grand nombre, chacun dans un tube
séparé, ce qui ne laisse pas que de compliquer beaucoup de
choses.

Or si quelqu'un avait eu le loisir nécessaire pour bien
conduire l'expérience telle que nous venons de la décrire,
nous aurions aujourd'hui les nombres qui en sont le fond et
la fin, et aussi la réponse à une foule de questions qui s'offrent d'elles-mêmes : combien d'œufs à la première génération observée? Combien à la seconde? Combien à chacune
des autres? Les pontes journalières sont-elles plus abondantes,
le sont-elles moins à mesure que l'insecte avance en âge?
Quelles sont, du moins en captivité, la durée moyenne de
la vie, la durée moyenne de la ponte du phylloxera? Ces durées vont-elles en diminuant ou, au contraire, en augmentant
à mesure qu'on s'éloigne de l'*œuf d'hiver*? Il n'y a pas une
seule de ces questions à laquelle une réponse soit encore
possible. On pourrait les multiplier. Voici peut-être, après
celles qui concernent l'essaimage, celle qui serait la plus
importante : l'insecte qui sort d'*hibernage* au printemps

est-il pourvu de gaines ovigères plus nombreuses que n'étaient celles de sa mère morte l'automne précédent? M. Planchon a posé la question en 1877[1]. Je ne vois aucune raison d'y répondre, *a priori*, négativement. Cette recrudescence périodique de la fécondité n'aurait d'ailleurs en soi rien d'inconciliable avec une extinction graduelle des pontes, pourvu que le gain dû à l'*hibernage* fut inférieur à la perte subie par les ancêtres au cours de l'année précédente. Pour que le savant professeur qui a posé la question n'ait pas tenté d'y répondre, il faut que la réponse ne s'offre pas d'elle-même ; bien des circonstances, en effet, seraient à élucider, et je juge ces recherches tellement délicates, qu'il faudrait les connaître et les discuter dans leurs moindres détails pour juger du degré de confiance qu'elles méritent, quelles que fussent d'ailleurs l'habileté et la conscience de l'observateur. Je ne crois même pas que rien soit possible en dehors de l'expérience si minutieuse que j'ai décrite. Je voulais seulement établir qu'elle n'a pas été faite. Montrons maintenant qu'il est inutile de la faire.

II

Au point de vue pratique, il ne suffirait pas que la fécondité diminuât, si la diminution en était assez lente pour qu'il restât des insectes après trois ans, des insectes plus nombreux qu'au premier jour, et dont quelques-uns au moins donneraient des pontes d'une trentaine d'œufs. Si l'insecte se reproduit assez longtemps pour épuiser la vigne, ce qui pourrait arriver, une fois la vigne morte, importe peu.

Mais il faut bien faire attention que les choses ne se pas-

1. *Revue des Deux Mondes*, 15 juillet 1877, p. 267, en bas.

sent pas en plein champ comme dans un tube. Il y a entre les deux situations cette différence essentielle, qu'en tube l'insecte est soustrait à la plupart des causes de destruction qui environnent dans la nature un être aussi vulnérable. J'écrivais en 1878 : « Une innombrable quantité d'insectes disparaît sans que l'homme s'en mêle, et ce qui en reste est un rien dans cette immensité[1]. » Si ces causes de destruction sont difficiles à préciser, si la plupart même restent inconnues parce que leur action dans un temps très court est trop faible pour les déceler, un calcul bien simple — qui pourrait servir, *mutatis mutandis,* dans d'autres questions — va révéler leur existence par la mesure de leurs effets, qui sont le produit accumulé des causes. Admettons qu'il y ait chaque année, dans la descendance d'un insecte, l'équivalent de *trois* générations complètes, et que la moyenne des pontes soit de *dix* œufs seulement : je dis bien *dix*. On aura *mille* insectes provenant chaque année d'*un seul*, et personne ne contestera que ce nombre *mille* ne soit bien faible, comparé à ce qu'on observe! Suivez maintenant le calcul : adoptons pour le phylloxera les dimensions suivantes :

Longueur, 2/3 de millimètre, soit . . .	$0^m,0006$
Largeur, 1/3 de millimètre, soit. . . .	$0^m,0003$
Épaisseur, 1/3 de millimètre, soit . . .	$0^m,0003$

ces dernières dimensions (en décimales), toutes prises par défaut, donnent à l'insecte un volume V de $\dfrac{54 \text{ mètres cubes}}{1\,000\,000\,000\,000}$ mettons au numérateur 50 mètres cubes seulement, ce qui fait l'insecte plus petit et le calcul plus facile à suivre, on aura simplement

$$V = \frac{5}{100\,000\,000\,000}$$

1. *Discours sur le phylloxera*, p. 70, ligne 7.

et il tiendra dans un mètre cube un nombre d'insectes égal à $\frac{1}{V}$ ou 20 000 000 000 (vingt milliards).

Or, si le nombre des insectes devient chaque année mille fois plus grand (1,000), un seul insecte aura, à la fin de la quatrième année, une descendance actuellement vivante de 1 000 000 000 000 individus, c'est-à-dire cinquante fois ce qu'il en faudrait pour remplir un mètre cube. Si donc on avait sur une vigne, au début de la première année, un insecte par vingt-cinq mètres carrés (par carré de cinq mètres de côté), après quatre ans, si aucun ne mourait autrement que de sa belle mort, la vigne aurait disparu sous une couche de phylloxeras de deux mètres d'épaisseur. Non seulement cela n'arrive pas, mais c'est à peine si, après quatre ans, une vigne vigoureuse montre extérieurement quelques signes de souffrance. Les radicelles sont encore nombreuses, et ce n'est pas la nourriture qui manque. Par ce qui reste d'insectes, on peut se faire une idée de ce que la nature se charge de détruire elle-même, ou d'empêcher de naître.

Craignez-vous que j'aie fait le phylloxera trop gros? faites-le dix fois plus petit : il faudra une génération de plus, c'est-à-dire un mois ou six semaines pour donner ces mêmes résultats.

Les conditions sont toutes différentes dans un tube d'élevage. L'insecte y est soustrait à tous les dangers qui l'environnent en pleine vigne. Il rencontre, il est vrai, en captivité, des causes particulières, mais tout autres, d'atrophie et de mort : la racine séparée de la souche n'est plus parcourue par les courants d'une sève qui se renouvelle, et elle offre au parasite une nourriture fort différente de celle qu'il puise sur la plante vivante; l'atmosphère confinée du tube se trouve dans des conditions anormales sous le rapport de la température et de la sécheresse, etc. ; ces causes, d'autres peut-être qui nous échappent, agissent très efficacement puisque, là aussi, la pullulation est insignifiante auprès de ce qu'on devrait attendre, au moins dans les premiers temps. Leur action pourrait accidentellement devenir si intense, et cela à notre insu, que si tout venait à disparaître, rien ne permettrait d'attribuer avec certitude cette disparition à une dégénérescence quelconque ; en sorte que le résultat, quel qu'il fût, d'une semblable expérience n'apprendrait rien de ce qu'on cherche à connaître.

Disons simplement qu'il est impossible de conclure d'une situation à une autre situation de tous points différente ; qu'on ne saura bien l'histoire du phylloxera qu'après l'avoir saisie en suivant l'insecte dans le milieu qui lui est propre et les conditions normales de son existence ; que des milliers d'élevages en tube, comme ceux qu'on a faits jusqu'à ce jour, ne feraient pas avancer d'un pas, soit la question de la dégénérescence, soit celle de la durée parthénogénésique.

Le seul objet de cette étude était de le prouver. Cette preuve faite, le raisonnement ne peut plus rien ; c'est affaire d'instinct, de sentiment, et je puis dire seulement ce que je pense. Le voici en quelques lignes : je pense que si, du fait de l'homme, une atténuation, *même pas très grande*[1], de cette

---

1. Prise à intervalles égaux d'un an, la multiplication du phylloxera peut être figurée idéalement par les termes successifs d'une progression géométrique dont la raison, fonction indéchiffrable d'éléments très divers, surpasse l'unité, mais, en somme, de peu. On peut admettre, en effet, que le nombre des insectes soit proportionnel à l'étendue des surfaces envahies, et l'accroissement observé n'est pas d'un cinquième par an. Or, que la raison vînt à diminuer par une cause quelconque, naturelle ou du fait de l'homme, et seulement de ce qu'il faudrait pour devenir un peu plus petite que l'unité : la progression, de croissante qu'elle est deviendrait décroissante, et il n'en faudrait pas davantage ; le temps ferait le reste. Pour une même maladie, l'état épidémique et l'état endémique peuvent être bien plus voisins qu'on ne le croit ! J'entends que de très petites causes, aidées du temps, peuvent suffire à faire passer de l'un de ces états à l'autre.

prodigieuse fécondité venait s'ajouter aux causes de destruction qui agissent sur le phylloxera dans la nature, l'équilibre pourrait être rompu au détriment de l'insecte. Et alors la maladie disparaîtrait peut-être : il ne serait pas nécessaire pour cela que le phylloxera fût anéanti; mais les survivants pourraient être en assez petit nombre et assez disséminés pour rester inaperçus.

La destruction de *l'œuf d'hiver*, si on trouvait un traitement qui les détruisît tous, pourrait très bien amener une dégénérescence suffisante (j'apporte ici, on le voit, beaucoup de prudence et de réserve) pour que ce résultat fût obtenu et la vigne sauvée. Si, en effet, cet œuf se voit rarement, cela tient peut-être moins à sa rareté qu'à la difficulté de le découvrir; et d'ailleurs, les calculs ci-dessus prouvent surabondamment qu'un très petit nombre pourrait suffire à régénérer l'insecte sur de vastes surfaces.

Je n'ai encore réussi à faire partager à personne mon opinion sur ce point; la Commission supérieure du phylloxera en particulier s'y montre franchement rebelle, puisqu'elle n'a aucun encouragement à donner aux traitements dirigés contre *l'œuf d'hiver*. Toutefois, je ne désespère pas d'être plus heureux avec le temps, surtout si la nature continue à me venir en aide[1]. Il est deux départements pyrénéens et un arrondissement alpestre où je compte beaucoup sur elle : je dirai pourquoi si l'événement espéré se réalise et même s'il ne se réalise pas (je vais le dire en note)[2].

(Extrait de la Revue scientifique du 23 avril 1881.)

1. Voir aux *Comptes rendus*, 6 décembre 1880, notre note sur l'essaimage, et, ci-dessous, page 248 *m*.

2. Les deux départements sont l'Ariège et les Pyrénées-Orientales. Voici une note de M. J.-D. Catta, insérée dans le *Journal d'Agriculture pratique* du 9 octobre 1879, p. 476 :

« Je tiens à signaler à l'attention de tous ceux qui s'occupent d'observer « les mœurs du phylloxera un fait que j'ai eu lieu d'enregistrer tout der-

« nièrement et que j'expose sans essayer d'en chercher pour le moment
« l'explication.

« Le 20 août dernier, j'étais allé organiser le traitement de la tache
« phylloxérique de Saint-Amadou dans l'Ariège ; je fus frappé de l'impossi-
« bilité de découvrir une seule nymphe sur les racines mises à nu. J'ai fait
« pratiquer des fouilles constantes et pendant les huit jours que j'ai passés
« dans la région j'ai pu m'assurer par moi-même de l'absence constante de
« nymphe, aussi bien sur les racines volumineuses que sur les jeunes radi-
« celles.

« M. le Dr Soula, délégué départemental de l'Ariège, que j'invitai à con-
« tinuer les observations après mon départ, m'écrit encore pour m'informer
« de l'absence continuelle de nymphes sur les racines.

« Préoccupé de cette singularité, j'écrivis aux différents délégués dépar-
« tementaux de ma région pour avoir des renseignements sur ce sujet et je
« pus enregistrer que dans la Côte-d'Or on avait observé des nymphes et
« des ailés, que dans l'Aude et le Tarn les nymphes s'étaient montrées
« excessivement abondantes ; mais dans les Pyrénées-Orientales il a été im-
« possible d'en découvrir. M. Ferrer lui-même, pharmacien à Perpignan,
« trésorier du comité central du département, s'est mis sans succès à la
« recherche des nymphes et il a même pu constater qu'il ne s'en montrait
« point sur des racines conservées dans un bocal. Or, on sait avec quelle
« facilité on les voit apparaître dans de telles conditions..... »

L'explication des faits signalés par M. Catta s'offrira d'elle-même au lecteur
qui acceptera nos idées sur l'essaimage (voir p. 243 à 248) ; il n'y a eu de
nymphes (c'est-à-dire d'essaimage) en 1879 ni dans l'Ariège ni dans les Pyrénées-Orientales parce que l'invasion, alors récente dans ces deux départements, s'est faite par l'essaimage *pair* seul, et que l'essaimage *impair* ne s'y
trouvait pas encore. Dès lors, on ne devait pas trouver de nymphes en 1881,
si ce n'est en très petit nombre, et là seulement où l'essaimage pair serait
venu plus tard, par exemple de l'Aude.

Ces recherches en 1881 exigeaient la découverte de taches nouvelles, ou
au moins des taches non traitées (voir p. 104 *b*), et il n'y en a pas eu dans
l'Ariège. J'ai eu le tort de ne pas demander directement ces investigations à
qui pouvait le mieux les faire, et elles n'ont pas été faites dans les Pyrénées-
Orientales.

Il y a tout lieu de croire qu'en 1883 encore on trouvera dans ces deux
départements quelques taches nouvelles (ou non traitées) où il n'y aura pas
de nymphes ; mais l'essaimage *impair* doit exister aujourd'hui sur bien des
points.

L'arrondissement visé est celui de Nice. Je pensais qu'on n'y trouverait
pas non plus de nymphes en 1881, mais pour de tout autres raisons. On n'y
en a pas cherché.

SUR LE LIEU D'ORIGINE

DU

PHYLLÓXERA

Dans une étude très développée [1], j'ai essayé de démontrer que ni les textes ni la tradition ne permettent de dire ce qu'était le *vermis* d'Engaddi (j'ai écrit par erreur *Engadie*), mais qu'on pouvait dire sûrement ce qu'il n'était pas : ce n'était pas le pou de la vigne, le *Dactylopius longispinus* de Targioni.

Ce *vermis* était-il le phylloxera? Ni les textes ni la tradition ne s'y opposent : cet insecte attaquait les racines de l'arbuste, et, sans effet apparent sur la partie aérienne, dont on ne parle pas, les endommageait au point de faire mourir les ceps. Même aujourd'hui en connaissons-nous un autre qui remplisse ces conditions ?

Les données étant insuffisantes pour déterminer l'insecte en litige, pouvons-nous du moins pousser plus avant notre travail d'élimination ? — Pouvons-nous, par des considérations d'un autre ordre, éliminer le phylloxera comme nous avons éliminé le pou de la vigne, comme j'aurais pu éliminer la *pyrale*, le *gribouri*, le *vesperus Xatarti* et tous les insectes ampélophages connus? — Pouvons-nous, en un mot, conclure avec quelque certitude que le *vermis* d'Engaddi n'était pas le phylloxera?

A quoi bon conclure, direz-vous? — Le voici : mes honorables contradicteurs le font hardiment, et cela, non pas

1. Voir pages 183 à 190.

pour s'affermir dans quelque ordre de recherches particulières, mais pour décourager par avance les essais que je tente moi-même dans une autre voie : or, je veux montrer qu'il ne faut décourager personne.

On dit : le phylloxera est venu d'Amérique, appartient en propre à l'Amérique d'où il n'a été importé en France que dans ces vingt dernières années; jusque-là il était inconnu et n'existait pas dans l'ancien monde. Il n'a donc pas pu se rencontrer en Orient au moyen âge.

Les arguments que nous opposons à cette assertion ne s'imposent pas avec l'évidence de ceux d'où on fait sortir un théorème de géométrie ; l'impression qu'ils laissent dépend beaucoup de la disposition d'esprit où on a été amené. On peut n'y donner d'abord qu'une attention distraite ; mais quand on s'est laissé sérieusement prendre à cette question poignante, on y pense sans cesse ; même quand on n'y pense pas, il s'opère dans l'intelligence un travail inconscient, comme chez l'enfant qui récite sans faute en s'éveillant la leçon qu'il savait mal la veille ; et un jour arrive où on trouve une grande force à des déductions qu'on avait d'abord jugées peu probantes.

En en présentant discrètement quelques-unes, je n'espère pas convaincre tout d'un coup ; je voudrais simplement déposer dans l'esprit du lecteur les germes du travail qui s'est fait lentement dans le mien.

J'admets sans difficulté, — j'ai déjà fait cette distinction ailleurs, — j'admets que la *maladie* dont meurent nos vignes est bien causée par un phylloxera importé d'Amérique ; mais en conclure que l'*insecte* n'existait pas auparavant dans l'ancien monde, ou même en France, c'est aller trop vite.

Procédons par analogie :

Il est parfaitement certain que quelques personnes meurent tous les ans à Paris du choléra. On fait rentrer cela dans des affections cholériformes, mais j'entends du vrai choléra asiatique. Le malade est à l'hôpital ; ses voisins de lit ne contractent nullement la maladie. Prenez maintenant, en temps propice, un cholérique sur les bords du Gange, et par la pensée transportez-le à Paris, dans le même hôpital, à côté du premier malade : le médecin verra deux maladies identiques depuis les premiers symptômes jusqu'au dénouement. Non prévenu, il ne saurait dire quel est le parisien, quel est l'indien. Cependant, il y a entre les deux maladies cette différence que l'une s'éteindra avec la mort ou la guérison du malade, tandis que l'autre engendrera une épidémie. Quelle qu'en soit la cause inconnue, cette cause est endémique chez l'un des malades, épidémique chez l'autre.

Autre analogie : J'ai vu dans l'Agenais trois espèces d'arbres, ormeaux, pruniers, pommiers, être si bien la proie des chenilles qui en vivent, que dès le mois de juin il n'y existait pas une feuille qui ne fût à l'état de dentelle, et comme roussie au feu. Le fléau a duré sept à huit ans, je crois, puis, un beau printemps, il n'est pas revenu. Les chenilles pernicieuses existent toujours, cependant ; mais il faut bien chercher pour en trouver ou pour trouver une feuille accusatrice. La maladie, d'endémique qu'elle était d'abord, est donc pendant sept à huit ans devenue épidémique pour redevenir ensuite endémique. Peut-être trouverez-vous dans des circonstances climatériques ou autres des causes qui paraissent expliquer ces changements. Je sais fort bien qu'il n'y a pas d'effet sans cause et qu'une cause avait amené la virulence. Je n'ai pas à savoir quelle était cette cause, je n'ai à retenir ici que le fait.

Rapprochons-nous du phylloxera : le pou de la vigne avait un caractère virulent aux temps décrits par Strabon, puisqu'il a provoqué des badigeonnages dans tout l'Orient. Il semble l'avoir eu encore récemment en Crimée, d'après

M. Nidielski. A Montpellier ce n'est plus cela : M. Planchon reconnaît qu'il y existe sur des ceps, sans révéler sa présence par aucun affaiblissement du végétal[1]. Ici donc encore le même contraste : d'un côté, un vaste incendie ; de l'autre, un feu qui couve sous la cendre et n'éclatera peut-être jamais.

On pourrait multiplier les rapprochements de ce genre, et même trouver des contrastes analogues dans un autre règne. L'*oïdium* n'est sans doute pas venu d'Amérique, puisqu'on y allait chercher des cépages avec la pensée qu'ils en seraient exempts. Cependant, dans un pays où le soufre n'a pas été employé, j'ai vu l'*oïdium* tantôt désastreux, tantôt anodin et d'abord inconnu. Or, à moins d'admettre les *générations spontanées*, il existait chez nous avant l'année où prenant le caractère épidémique il s'est révélé pour la première fois.

Plus récemment, le *Mildew* a paru un nouveau présent de l'Amérique. Voilà qu'aujourd'hui M. Planchon, sans rien affirmer toutefois, admet que l'origine en peut être contestée, et que ce nouvel ennemi pourrait bien être un indigène, passé jusqu'ici inaperçu chez nous.

Il semble que nous soyons en présence d'une loi générale.

Or, l'idée d'un tel contraste devient d'autant plus séduisante quand il s'agit du phylloxera, qu'avec lui nous entrevoyons un moyen que peut employer la nature pour passer de l'état normal à l'état virulent, de l'état stagnant à l'état de torrent. Nous en voyons même deux, qui seraient exclusifs l'un de l'autre.

1° L'état normal pourrait être la vie agame, la transformation qui produit la *nymphe* ne s'opérant que très rarement, juste ce qu'il faut pour la conservation de l'espèce, dont

1. Voir page 188.

rien, si ce n'est le hasard, ne pourrait révéler l'existence. Pour deux ou trois ceps qui fléchiront ou mourront accidentellement dans une contrée, on n'ira pas visiter les racines à la loupe. Qu'une cause, quelle qu'elle soit, vienne faire de la transformation en *nymphe* le cas général ; que cette cause, que nous n'avons pas besoin de connaître ici, ait par elle-même une certaine durée, ou *que cette durée soit inhérente à l'effet une fois produit ;* qu'en un mot la maladie, d'abord endémique et très rare, devienne tout à coup épidémique, et nous tombons dans les calamités présentes : l'insecte venu d'Amérique serait comme le cholérique venu des bords du Gange.

2° Mais l'état normal pourrait, au contraire, n'admettre qu'un très petit nombre de générations agames, la transformation en *nymphe* s'opérant sur un *gallicole*. Les *gallicoles*, comme l'*ailé*, sont inoffensifs ; leur petitesse, et j'ajoute leur rareté à cause du nombre énorme de ceux que détruisent des causes naturelles[1], ont pu les soustraire aux regards dans les quelques endroits où ils ont pu réussir. Qu'une cause, peu importe laquelle, prolonge comme aujourd'hui la succession des générations agames : l'invasion est faite, et durera autant que la cause elle-même, *ou autant que l'effet une fois produit.*

Je n'insiste pas. Rien de tout cela n'existe probablement en réalité. Cela ne fait rien : tandis que nous ne savons pas venir à bout de l'insecte, il est consolant de voir une ouverture par où il puisse s'en aller tout seul, bien que la nature ait pu lui ménager une tout autre sortie que nous ne soupçonnons même pas. Remarquez, je vous prie, que des hommes de la plus haute valeur pensent et disent tout haut, même à l'Académie des sciences, que l'insecte s'en ira un

1. Voir page 228.

jour comme il est venu : sur quoi pourrait bien reposer cette croyance, sinon sur des idées métaphysiques, ou sur des raisons de l'ordre de celles que j'expose? Je peux donc invoquer implicitement de hauts patronages en faveur de ces aperçus.

Ils suffisent à prouver qu'il n'y a rien d'inconciliable entre . nos connaissances acquises et la présence, au xiie siècle, du phylloxera virulent à Engaddi. Les causes naturelles ne produiraient pas un nouvel insecte, mais amèneraient des modifications profondes chez un insecte préexistant, et les traitements dirigés contre l'*œuf d'hiver* s'attaquant à l'élément où se rencontre le germe de la virulence tendraient à ramener la maladie de l'état épidémique à l'état endémique.

Qu'on veuille bien ne pas attribuer à ces conjectures un caractère autre que celui que je leur donne moi-même : elles ont pour objet de montrer que le phylloxera, quel que soit le lieu d'où il soit originaire, a pu exister de tout temps dans l'ancien monde, et qu'il n'y a pas à se laisser ébranler par les objections tirées de l'hypothèse contraire.

N. B. Que les religieux d'Engaddi n'aient pas connu l'*œuf d'hiver*, c'est certain! s'ils l'ont détruit, c'est d'une manière insconsciente, et tout remède qui leur aurait réussi n'a pu être qu'un remède empirique. Puis, on conçoit aussi, et sans difficulté, que leurs badigeonnages aient pu réussir d'une tout autre manière; et c'est, en particulier, le cas, s'ils les faisaient après l'éclosion de l'œuf.

Toute explication sur ce point serait prématurée[1].

(Extrait du Journal de l'Agriculture, du 20 mars 1880.)

---

1. Je songeais à un empoisonnement possible de la sève par la substance employée aux badigeonnages, au moins de la sève ascendante, ce qui eût suffi pour détruire les *gallicoles;* mais j'ai pu reconnaître depuis, et à cette occasion, combien la jeune écorce, tant qu'elle est intacte, est un isolant

efficace contre les agents extérieurs, — en particulier contre l'huile lourde de houille, — et je ne crois plus guère à un effet de ce genre.

Un semblable empoisonnement de la sève, de *toute* la sève ascendante, est-il impossible par tout autre moyen ? Je l'ignore ; mais je crois que tout essai dans cette voie mérite d'être suivi avec intérêt. Il ne faut pas oublier. en effet, que la destruction des *gallicoles* serait pour nous l'équivalent de la destruction de l'*œuf d'hiver*. (Voir page 245 *b*.)

LE PHYLLOXERA ET L'OISEAU

Dans un article que la *Revue scientifique* a bien voulu accueillir, j'ai essayé de prouver que, pour une même maladie, l'état épidémique et l'état endémique peuvent être bien plus voisins qu'on ne le croit généralement ; j'entends par là que de très petites causes, aidées du temps, peuvent suffire à faire passer de l'un de ces états à l'autre [1].

C'est, en effet, une des grandes lois de la nature que, par des causes connues, ou non, mais toujours agissantes, une sorte d'équilibre s'établit entre l'insecte et la plante qui le nourrit. Cet équilibre peut être accidentellement rompu : ce sera, suivant les circonstances, tantôt au profit de l'insecte, tantôt au profit de la plante. Pour le moment, le phylloxera l'emporte : mais que faudrait-il pour que le torrent rentrât dans son lit ? — Il suffirait peut-être que, du fait de l'homme, une atténuation *même pas très grande* de cette prodigieuse fécondité vînt s'ajouter aux causes de ruine qui pèsent sur le phylloxera dans la nature, et dont j'ai prouvé l'existence (*loc. cit.*) par la mesure de leurs effets. Alors, cette progression formidable dans le nombre des insectes, de croissante qu'elle est aujourd'hui, pourrait devenir décroissante, et le temps ferait assez vite rentrer les choses dans l'ordre.

Or, pour obtenir une atténuation, et certainement *très grande*, de cette fécondité, que faudrait-il ? — Peut-être simplement intercepter et détruire cet *exode* qui sort de terre en été avec la *nymphe*, pour y rentrer, un an plus tard envi-

1. Voir page 230, note.

ron, avec le *gallicole*, c'est-à-dire l'insecte régénéré par la fécondation.

Cet *exode* se compose de l'*ailé*, de ses enfants les *sexués*, de l'*œuf d'hiver* qui mérite bien une mention spéciale, enfin du *gallicole* même.

Il y aurait, par suite, trois moyens, différents par leur objet et les procédés à mettre en œuvre, de réaliser cet utile dessein : détruire directement *l'œuf d'hiver*; si on n'y réussit pas, détruire l'*ailé* avant qu'il ait pondu ; si l'on ne peut faire ni l'une ni l'autre de ces deux choses, détruire l'insecte régénéré, le *gallicole* né de *l'œuf d'hiver*. En somme, il importe peu que ce soit à un ou à un autre de ces trois chaînons qu'on rompe le cycle : pourvu qu'on le rompe, le résultat sera le même : la régénération de l'insecte ne se fera plus. Ai-je besoin de le dire? le mieux serait de poursuivre l'ennemi dans ces trois phases de son évolution : les résultats obtenus dans chacune de ces trois directions se compléteraient les uns par les autres.

Aujourd'hui, je m'occuperai seulement de l'*ailé*.

L'*ailé* n'est pas facile à atteindre; sa vie à l'air libre, son extrême mobilité semblent le mettre à l'abri des engins dont nous puissions faire usage. Mais pour cette lutte au-dessus de nos moyens grossiers, la nature nous avait ménagé un précieux auxiliaire : l'Oiseau. Je ne demande pas à l'oiseau de gober tous les *ailés* jusqu'au dernier ; qu'il en réduise seulement le nombre et il aura beaucoup simplifié notre tâche en réduisant dans la même proportion les *œufs d'hiver*. Moins il y aura de ces derniers au début d'un traitement, moins il y en aura après.

Un détail a ici sa valeur : nous savons que parmi les enfants de l'*ailé* (les *sexués*) on rencontre très peu de mâles ; un vingtième à peine. Il y a plus : chaque *ailé* pond le plus souvent des œufs qui sont tous mâles ou tous femelles, Pour ces deux raisons, si ces insectes vivaient isolés, la rencontre du mâle et de la femelle serait un accident bien rare, bien rare aussi serait l'œuf fécondé. Mais ces bestioles ont coutume de vivre en société, de rester groupées en essaims. Presque tous les individus d'un essaim pondent en masse sous les mêmes écorces, et alors les mâles provenant de quelques-uns se trouvent naturellement au milieu des femelles provenant des autres, et s'il y a encore beaucoup de non-valeurs, bien des œufs sont bons. Or, ce groupement même favorise singulièrement l'Oiseau. Se figure-t-on bien les ravages qu'une nichée pourrait faire en un quart d'heure dans un essaim ? La *Commission supérieure du phylloxera* ne semble pas de cet avis : en 1879, elle signalait parmi les idées grotesques dont elle a mission de faire justice « la collaboration des oiseaux et des fourmis ». Les fourmis ne m'intéressent point, pour le moment ; mais la Commission ignore-t-elle que ce qu'on a encore trouvé de mieux contre l'*altise*, autre parasite de la vigne, c'est de mettre dans les vignobles des troupes de poulets, de canards, de dindonneaux[1] ? Que d'oiseaux non moins habiles pourraient avoir du goût pour le phylloxera !

Protégeons l'Oiseau : de l'appoint qu'il apportera à la défense peut dépendre le salut de nos vignes.

(Extrait du Journal de l'Agriculture du 17 septembre 1881.)

---

1. M. Gust. Foëx ; *Manuel pratique de viticulture*, p. 189, dernier tiers.

L'ESSAIMAGE

DU

PHYLLOXERA EN 1880

Quand on s'applique avec suite à l'étude d'un sujet difficile et encore peu connu, il est rare que l'esprit ne soit pas
quelque peu en avance sur les connaissances acquises. Il
s'en faut beaucoup que ce soit un mal, surtout quand il
s'agit de questions qui n'ont pas le temps d'attendre. Parlant
de déductions parfois prématurées, mais dont il est malaisé
de se défendre, j'écrivais l'année dernière :

Il n'est pas indifférent de réfléchir à l'avance aux conséquences
de ces faits (ceux qui, simplement, ne contredisent à rien de
connu) encore à l'état, non d'hypothèse, mais de prévision. On
pourra éviter ainsi de négliger, peut-être de ne pas remarquer du
tout tel phénomène, au fond très utile à connaître, mais en apparence insignifiant, parce qu'on n'en saurait saisir les relations
avec d'autres phénomènes qui ne s'offriront que plus tard, si
ceux-ci n'ont pas été prévus.

... A la condition qu'on soit libre de tout parti pris, et qu'on
utilise chaque fait bien observé pour éclairer sa marche, ce souci
constant des *choses possibles* est une méthode sûre et féconde.

Dans les circonstances présentes, deux faits de cet ordre
me semblent pouvoir être rappelés utilement. L'étude attentive des travaux de M. Balbiani sur le phylloyera m'a conduit à énoncer comme une loi, non pas certaine, mais extrêmement probable, que l'AILÉ *ne se rencontre jamais parmi*
les insectes de PREMIÈRE ANNÉE, j'entends ceux qui proviennent

par générations successives d'un *œuf d'hiver*, dans l'année qui a vu éclore cet œuf. J'ai pu invoquer plus tard, comme une première vérification de cette loi, ce fait si général, et qu'il est impossible jusqu'ici d'expliquer d'une autre manière, que la *réinvasion* d'été ou d'automne, généralement très abondante après un premier traitement, devient insignifiante à partir du second [1].

Le terrain devenant ainsi plus solide, un nouveau pas en avant est devenu possible. Avec un peu plus de hardiesse dans les déductions, j'ai énoncé comme probable, ou seulement possible, cette autre loi : *Dans la descendance d'un* AILÉ *l'essaimage est périodique.* Comme la période, si elle existe, est évidemment la même pour tous ces insectes[2], on peut dire simplement : *L'essaimage est périodique.* J'ajoutais en terminant :

Pour des raisons qu'il y aurait abus à rapporter ici, je considère comme très probable la période de deux ans [3].

Il est nécessaire de préciser. J'ai montré, il y a deux ans, que la métamorphose en *nymphe* ne saurait être attribuée à une cause accidentelle, comme serait une nourriture spéciale, mais qu'elle tenait à un principe antérieur et inhérent à l'insecte sur lequel elle s'opère[4]. La loi énoncée exprime que, dans la descendance d'un *ailé*, la transformation s'accomplira la seconde année sur tous les insectes qui en sont capables, en sorte qu'il ne restera plus sur les racines que des individus impropres à la subir eux-mêmes ou à en transmettre le principe à leurs descendants. Ainsi, le troisième essaimage viendra, non des aptères qui restent sur les racines après le second, mais des *ailés* qui composent ce

1. Voir page 101 *m.*
2. Voir cependant page 258.
3. Voir page 149 *b.*
4. Voir page 72 *m.*

second essaimage, comme ceux-ci sont venus exclusivement de ceux qui formaient le premier.

Cette période admise pour un moment, il faut bien remarquer qu'il *pourra* y avoir simultanément sur chaque vigne deux essaimages indépendants l'un de l'autre et produits par deux essaims dont le second serait venu une année, ou un nombre impair d'années, après le premier. Pour abréger, je les nomme *essaimage pair* et *essaimage impair*, selon que le *millésime* de l'année où ils se présentent est pair ou impair.

J'ai signalé le parti qu'on pourrait tirer de cette loi, pour la destruction de l'*œuf d'hiver*, et montré en même temps combien la démonstration expérimentale en serait difficile, bien que la *nymphe* semble assez commode pour ces recherches[1]. Ce qui serait commode aussi, ce sont les galles, si elles n'étaient pas si rares sur les cépages du pays, car les galles observées une année sont la preuve certaine qu'un essaimage a eu lieu l'année précédente (ou est venu du dehors).

Deux observateurs, dont aucun assurément n'a lu une seule ligne de ce que j'ai écrit sur ce sujet, apportent une première confirmation de ces idées : M. Laliman signale un *malvoisie*, placé chez lui dans le voisinage d'un *taylor*, et qui se trouve couvert de galles *tous les deux ans*; M. Coste signale la *bisannualité des galles plusieurs fois observée* à Sorgues, chez M. Villion. Ce ne sont là que deux faits isolés ; mais en voici un autre, d'un caractère très général.

Au préalable, une courte explication est nécessaire. Il y aurait trois moyens, différents par leur objet et les procédés à mettre en œuvre, d'anéantir un essaimage : 1° détruire, avant qu'ils aient pondu, soit tous les *ailés* qui le compo-

---

1. Voir page 515 *b*.

sent, soit tous leurs enfants, les *sexués*; 2° détruire tous les *œufs d'hiver* pondus par les femelles sexuées ; 3° détruire tous les *gallicoles* issus de ces *œufs d'hiver*. Il importe peu que ce soit à un ou à un autre de ces trois chaînons qu'on rompe le cycle ; pourvu qu'on parvienne à le rompre, le résultat sera le même. Et, si l'on renouvelle l'opération avec succès deux années de suite, les deux cycles seront arrêtés et *il n'y aura plus d'essaimage*. Mais il faut se souvenir qu'il restera et pourra rester longtemps sur les racines des aptères, dont aucun ne subira ultérieurement la transformation en *ailé*. *L'œuf d'hiver* semble pouvoir être détruit assez facilement et à peu de frais, tandis que les *ailés*, les *sexués*, les *gallicoles* sont, pour le moment, hors de nos atteintes : mais il arrive justement que ceux-ci, *surtout les derniers*, sont directement soumis à toutes les influences météorologiques auxquelles l'*œuf d'hiver* échappe sous les écorces. Voici ce que j'écrivais en juillet 1879, et j'arrive maintenant au cœur de mon sujet :

... Le commencement du printemps (en 1879), jusque vers le 20 mai, n'a été véritablement que la continuation de l'hiver. Pluie, vent, froid, rien n'a manqué, si bien que, pour la végétation, la vigne est en retard de quatre bonnes semaines. Si l'*œuf d'hiver* a éprouvé les mêmes retards pour les mêmes causes, nous n'y aurons pas gagné grand'chose ; s'il est éclos à l'époque ordinaire, ou seulement vers le 20 mai, les jeunes *gallicoles* ont dû singulièrement souffrir, *si même, faute de feuille, ils ne sont pas morts de faim*. Il ne faut pas oublier que M. Boiteau, ayant placé des insectes de la première génération sur les racines les plus appétissantes, n'est jamais parvenu à les y fixer : l'insecte s'agite, n'essaye même pas d'implanter sa trompe et meurt d'inanition (*Comptes rendus*, 10 juillet 1876, p. 133, au milieu). *L'effet du temps calamiteux que nous avons subi pourrait être assez analogue à ce qu'aurait produit un badigeonnage général.*

J'entendais que ce temps calamiteux pourrait avoir détruit les *gallicoles* de première génération, et l'effet être le même que si un badigeonnage *général* eût détruit *partout* les *œufs d'hiver*.

Et maintenant quelle est la situation aujourd'hui? Des observateurs nombreux signalent une atténuation sensible, cette année, de la maladie phylloxérique, *et en particulier un essaimage très peu important, à peu près nul en quelques endroits*[1], et cela, non pas sur des points particuliers, mais sur toute l'étendue du territoire viticole, en sorte que ce double phénomène se présente avec le même caractère de généralité qu'avaient les intempéries au printemps de 1879. Or les *gallicoles* de 1879 venaient de l'essaimage de 1878, qui est l'*essaimage pair*, le même par conséquent qui devait revenir en 1880. La période de deux ans admise, les avaries éprouvées par le premier essaimage en la personne des *gallicoles* permettaient donc de prévoir le peu d'importance du second, et en fournissent aujourd'hui l'explication la plus naturelle et la plus simple.

De plus, si l'on se souvient que le produit d'un essaimage reste une partie de la première année sur les feuilles et ne vit tout entier des racines que la seconde année, et par suite que son influence ne s'y accuse que cette seconde année seulement, on s'explique fort bien ces exemples, beaucoup plus nombreux, de *vignes renaissantes;* et enfin, les intempéries les plus générales étant toujours soumises à des variations locales, on arriverait peut-être à rendre compte de toutes les anomalies observées.

On a invoqué maintes fois des pluies diluviennes, survenues au cours du dernier été, pour expliquer le *quasi*-avortement de l'essaimage. Outre que ces pluies n'ont pas eu, à beaucoup près, le caractère de généralité propre au phénomène dont on cherchait la cause, elles ne donne-

1. Voir la note suivante, page 248.

raient, je crois, même dans les lieux où elles sont tombées, qu'une explication très insuffisante.

M. Balbiani a retrouvé ses *ailés* sous les feuilles, et fort bien portants, le lendemain d'une forte averse ; quant aux *sexués*, n'ayant pas à chercher leur nourriture, il leur est encore plus loisible de se mettre et de rester à l'abri. Un été présentant un déficit notable de la chaleur normale pourrait seul expliquer, et seulement dans les régions tempérées, un fait de cet ordre, parce qu'il se pourrait alors que la transformation en *ailé* ne se fît plus. Un tel été serait fort intéressant ; mais ce n'est pas le cas en 1880, et la situation présente me semble pouvoir être interprétée et invoquée en faveur de la période de deux ans.

Peut-être remarquera-t-on avec intérêt que l'étude du phylloxera de la vigne est assez avancée pour que le caractère de l'essaimage en 1880 ait pu être prévu (je ne dis pas annoncé) dix-huit mois à l'avance ; et, comme cet *essaimage pair* ne reviendra que peu à peu à son intensité normale, je n'hésite pas à annoncer aujourd'hui que, considéré dans son ensemble, il sera encore relativement faible en 1882, quelles que soient d'ailleurs les circonstances climatériques [1].

(Extrait des Comptes rendus de l'Académie, séance
du 6 décembre 1880.)

LA MALADIE PHYLLOXÉRIQUE EN 1880

« ..... Des observateurs nombreux signalent une atténuation sensible, cette année, de la maladie phylloxérique, *et*

---

1. Nous n'avons eu aucune nouvelle de l'essaimage en 1882 ; personne ne s'en est occupé, tandis qu'il y aurait fallu un grand nombre d'observateurs dans chaque région phylloxérée.

Mon nom n'a pas assez d'autorité pour que personne accorde grande attention à ce que j'écris, encore moins fasse les recherches que je conseille ; à cela je ne puis rien.

en particulier un essaimage très peu important, à peu près nul en quelques endroits; et cela, non pas sur des points particuliers, mais sur toute l'étendue du territoire viticole... »

Voilà ce que j'écrivais à l'Académie des sciences[1] dans une note que ce *Journal*[2] m'a fait l'honneur de reproduire (n° du 13 janvier 1881, p. 111, vers le bas). Il ne sera pas sans intérêt d'entrer ici dans quelques développements que j'ai dû omettre, faute de place, dans ma note à l'Académie.

Qu'on veuille bien me permettre d'emprunter quelques lignes au compte rendu de la séance tenue le 17 août 1880 par le *Comité central du phylloxera* de mon département :

M. le président dit que M. le préfet doit prochainement envoyer à M. le ministre de l'agriculture et du commerce un rapport sur l'état de la question phylloxérique ; il prie, en conséquence, MM. les membres de vouloir bien fournir des renseignements d'après les observations qu'ils ont pu faire dans leurs localités respectives.

D'après M. de Peyrelongue (arrondissement de Marmande, dont M. de Peyrelongue préside le *Comité de vigilance*), le mal s'est plus répandu, mais il a été moins grave. Un grand nombre de pieds ont été atteints qui, toutefois, ne meurent pas. De nombreuses radicelles se sont formées de nouveau ; il est vrai qu'elles sont couvertes de phylloxeras.

Au sujet de ces vignes qui semblent revenir à la vie, M. de Lafitte (arrondissement d'Agen) recommande une grande prudence dans l'interprétation des faits. Lui-même poursuit, depuis quatre ans, l'essai d'un traitement sur un vignoble d'environ 6 hectares. Un carré d'une trentaine d'ares était l'année dernière visiblement affaibli, mais d'une manière uniforme et sans taches apparentes ; on n'y a pas récolté 10 livres de raisin. La présence du phylloxera y a été constatée en 1876. Cette année, la végétation a repris toute sa vigueur ; la récolte est plus abondante que jamais, et jamais, depuis que la vigne est plantée, on n'y a mis un atome d'engrais. Mais notre collègue se garde bien de tirer argument de cette amélioration en faveur du traitement suivi. L'insecte est toujours là, à peu près stationnaire. Voici

1. Voir la note précédente, p. 147.
2. *Le Journal de l'Agriculture.*

l'explication qui paraît la plus rationnelle : l'année météorologique a été partout favorable à la végétation ; d'un autre côté, ce qui fatigue une plante, c'est la fructification et la maturité de la graine ; or, la vigne s'étant, sous ce rapport, reposée en 1879, fait un effort utile pour le moment, mais qui finira sans doute par l'épuiser.

M. Lasserre (arrondissement d'Agen) a vu des vignes phylloxérées, en bon état relatif, perdre tout à coup leurs feuilles. La végétation s'est arrêtée en huit jours et, à l'heure qu'il est, la terre est à nu dans la plupart des vignobles de la région.

Les renseignements fournis par M. Pradelle (arrondissement de Villeneuve-sur-Lot) sont analogues à ceux qu'a donnés M. de Peyrelongue. La végétation de la vigne est infiniment plus belle que l'an dernier et il y a plus de fruits.

M. de Montesquiou a constaté dans l'arrondissement de Nérac (dont il préside le *Comité de vigilance* et le *Comice agricole*) de nouveaux progrès du fléau ; la marche en est rapide et continue. La reconstitution apparente de quelques vignobles n'a pas de signification sérieuse. L'état de repos que leur ont créé une stérilité prolongée pendant trois ans et les pluies abondantes du printemps dernier, voilà le mot de l'énigme. Tous les pieds malades mourront l'an prochain, comme les arbres de nos vergers, épuisés par l'abondance excessive de leurs fruits.

Ainsi, nous avons eu, dans le Lot-et-Garonne, le fait bien accusé partout et une explication provisoire. Le lecteur qui aura lu la note précédente me croira si j'ajoute que je tenais une autre explication en réserve, et que je n'ai rien négligé ensuite de ce qui pourrait me permettre de la produire. Bien des lettres ont été échangées dans ce but ; mais des lettres particulières ne sont pas des documents imprimés dont on dispose comme on veut et, en fait de documents officiels, rien ne venait. Je commençais à être d'humeur peu maniable, lorsque le compte rendu de la séance du 8 novembre 1880 de l'Académie des sciences a été pour moi un peu comme la colombe retour dans l'arche. Voici d'abord une note de M. Henneguy, et je mets la main sur ce passage (p. 805, en haut) :

L'attention a été plusieurs fois appelée sur la reconstitution spontanée des vignes phylloxérées. Cette année, principalement [1], plusieurs cas de ce genre ont été signalés ; pour ma part, j'en ai observé de fort curieux dans l'Hérault, l'Ardèche et la Charente. A l'école d'agriculture de Montpellier, une vigne, abandonnée a elle-même depuis deux ans a donné cette année une récolte de raisins. Dans les environs de Cognac, beaucoup de vignes, qui paraissaient complètement mortes, ont porté des sarments et pourront être taillées.

La *vigne renaissante*, c'est l'atténuation prévue de la maladie phylloxérique dans les lieux où elle atteint son maximum d'effet.

Dans le même numéro, M. Boiteau signale un phénomène, d'un tout autre ordre en apparence, et pour moi le plus important : la très grande rareté des *ailés* (p. 753, en haut).

Je bénissais encore MM. Henneguy et Boiteau, lorsque le numéro suivant des Comptes rendus m'apporte une note de M. Fabre, apprenant à l'Academie que, délégué par elle et travaillant pour elle dans le département de Vaucluse, aidé de son fils et de son gendre, il n'avait pu, en pleine vigne, mettre la main sur un seul *ailé* (séance du 15 novembre 1880, p. 805, en haut).

Sans plus attendre, je fis ma *note sur l'essaimage du phylloxera*, et la présentai à l'Académie. Il y avait, je l'accorde, quelque hardiesse à marcher si vite ; mais j'avais d'assez nombreux documents particuliers, et d'autres ont paru depuis qui semblent venus pour m'absoudre. J'en invoquerai deux :

1° M. Tisserand, l'éminent et sympathique directeur de l'agriculture, écrit dans son rapport à la Commission supérieure du phylloxera :

Il paraît y avoir eu ralentissement dans l'invasion du fléau pendant l'année qui finit.

1. Ce mot : principalement, est bien entre deux virgules dans le texte.

M. Tisserand est placé mieux que personne pour juger de l'état général du pays. Cette formule, empreinte d'une sage réserve, n'autorise sans doute que des conclusions prudentes ; toutefois, comme personne n'attendait un semblable ralentissement, il serait certainement passé inaperçu s'il n'avait été très marqué.

2° M. A. Rommier écrit (*Bulletin de la Société des agricul teurs de France,* n° du 15 janvier 1881, p. 96) :

Dès son apparition (du phylloxera) en Bourgogne, nous avons été envoyé, à titre de délégué de l'Académie des sciences, pour essayer d'enrayer sa marche en lui appliquant un remède proposé par un de nos plus illustres chimistes. Depuis lors, nous avons participé à tout ce qui a été tenté pour le combattre.

M. Rommier connaît donc bien le pays, qu'il a visité chaque année. Il le visite encore en 1880 :

Au mois de septembre dernier, nous avons parcouru les deux départements de la Bourgogne envahis par le phylloxera, Saône-et-Loire et la Côte-d'Or. L'impression ressentie par cette visite n'a pas été aussi pénible que nous le pensions.

Et, pour qu'il ne reste aucun doute, M. Rommier écrit un peu plus loin :

Les causes du ralentisement dans la marche du phylloxera ne sont pas dues...

Il y a donc bien eu ralentissement dans la marche du phylloxera en Bourgogne. Il en a été de même à peu près partout.

Telle n'est pas l'opinion de M. Jules Lichtenstein. M. Lichtenstein écrit à M. le professeur Roesler (*Revue phylloxérique internationale,* p. 11, en bas) :

Si les désastres paraissent un peu moins considérables cette année-ci que les précédentes (soixante mille hectares au lieu de cent mille), cela pourrait bien tenir :

1. — A ce que les rapports de quelques départements n'étaient pas encore parvenus au ministère de l'agriculture en temps utile.

Non, les tableaux statistiques ne sont publiés que lorsque tous les rapports sont entre les mains du ministre. Ainsi, pour l'année 1878, la publication n'a eu lieu que dans le fascicule d'avril 1879, parce qu'on a attendu (le fascicule précédent nous l'apprend) les rapports en retard.

2. — A ce que les surfaces plantées en vigne dans les contrées envahies en premier lieu ont tellement diminué, que dans beaucoup de localités il ne reste plus rien à détruire.

En effet, il est bien évident que si sur 1,500,000 hectares ou signalait les années précédentes 100,000 hectares par an détruits ou envahis, à présent qu'il ne nous en reste que 1 million, le chiffre de 60,000 de perte est à peu près dans le même rapport eu égard à l'étendue totale.

Non ; l'étendue totale des surfaces plantées avant la maladie était de 2,296,206 hectares, et elle était encore au 1ᵉʳ décembre dernier de 2,047,685 hectares. (Compte rendu — je l'ai sous la main — de la session de 1880 de la Commission supérieure du phylloxera, p. 38.) Il y a cependant, depuis le début de la maladie, 558,605 hectares de détruits ; mais on plante toujours, et les vides faits par le phylloxera sont atténués d'autant.

Puis, ce ne sont pas seulement les chiffres de M. Lichtenstein qui sont inexacts, c'est aussi son raisonnement qui me semble très vulnérable. On peut apprécier l'intensité de la maladie au cours d'une année d'après deux ordres de faits : 1° la surface des vignes mortes par le fait du phylloxera au cours de cette année ; 2° la surface des vignes envahies par l'insecte au cours de cette même année.

Occupons-nous d'abord des premières. Il ne faut pas en comparer l'étendue avec l'étendue totale du vignoble ; qu'il y ait des millions, ou seulement des milliers d'hectares de vignes encore indemnes, celles-ci n'apportent aucun contingent à la mortalité ; les vignes déjà occupées par l'insecte au commencement de l'année entrent seules en ligne de compte, et encore, celles seulement où la maladie est apparente. Or, les tableaux précités nous apprennent qu'au 1ᵉʳ janvier 1879 il y avait 243,038 hectares envahis, et qu'il en est mort pendant l'année 101,317 hectares, soit 42 pour 100 ; qu'au 1ᵉʳ janvier 1880 il y avait 319,760 hectares envahis, et qu'il en est mort pendant l'année 83,845, soit 26 pour 100 seulement.

Quant à la superficie des vignobles envahis au cours de chacune de ces deux années, on l'obtiendrait en ajoutant à la totalité des vignes envahies au 31 décembre celles qui sont mortes dans l'année, et en retranchant de la somme celles qui étaient déjà envahies au 1ᵉʳ janvier. Malheureusement, je ne vois rien à tirer de ces données. Il faudrait, en effet, rapporter ces étendues à la grandeur du périmètre qui sépare les vignes saines des vignes contaminées, ou plutôt à la grandeur de la zone où les unes et les autres se trouvent en contact. Cette zone est à peu près impossible à déterminer.

Il faut considérer encore qu'on ne peut tenir compte que des vignes où l'invasion se révèle par quelque signe extérieur, et qu'il n'est pas facile alors de savoir en quelle année l'insecte est venu ; il est impossible de faire la part des différentes années, et par conséquent de savoir l'intensité de l'essaimage relatif à chacune d'elles.

La recherche des *nymphes* pourrait seule nous éclairer, et malgré tout ce que j'ai pu dire et écrire sur ce sujet, cette recherche est encore à faire.

Cette statistique est du reste des plus difficiles à établir, ajoute M. Lichtenstein, et les chiffres que je donne ne sont que pour expliquer ma pensée, car je n'ai pas les rapports officiels sous la main.

Ces statistiques sont, en effet, un peu incertaines, ce qui n'empêche pas l'éminent entomologiste d'ajouter aussitôt :

Je tiens seulement à établir que le mal ne diminue pas d'intensité d'une manière notable.

M. Lichtenstein ne peut pourtant pas prétendre *établir* quoi que ce soit sans *s'appuyer* sur quelque chose ! Les rapports ne sont pas sous sa main et, de plus, ne lui inspirent pas grande confiance : sur quoi se fonde-t-il donc pour établir, à l'encontre de tous les témoignages, « que le mal ne diminue pas d'intensité d'une manière notable ? »

(D'après le *Journal de l'Agriculture* du 10 septembre 1881.)

SUR L'ŒUF D'HIVER DU PHYLLOXERA.

M. V. Mayet, dans une note présentée à l'Académie des sciences[1], émet l'opinion que *l'œuf d'hiver* « n'est pas d'habitude déposé sur le premier cep venu », mais qu'il existe des lieux d'élection reconnaissables « aux galles qui couvrent les feuilles chaque année ». M. Mayet demande qu'un traitement *restreint aux souches susceptibles de porter l'œuf d'hiver* soit appliqué à la vigne. L'idée me semble dangereuse, et je crois utile de revenir une fois de plus sur ce sujet.

L'insecte né de *l'œuf d'hiver* vit exclusivement sur les feuilles ; mais rien ne prouve, jusqu'ici, qu'il y produise nécessairement une galle. Le phylloxera du chêne vit des feuilles seules et n'y produit jamais de galle ; chez le phylloxera de la vigne même, l'insecte ailé vit des feuilles seules, pond et ne fait jamais de galle. L'absence de galle prouve donc, non qu'il n'y a pas eu d'œuf fécondé sur le cep où elles man-

1. *Comptes rendus*, séance du 7 novembre 1881.

quent, mais que la nature de la feuille ne se prête pas à la production de cette excroissance par l'action particulière du phylloxera. Il y a mieux : dans les régions où la vigne américaine n'existait pas, où l'on n'a jamais observé de galles, on a vu se produire, en tout aussi grand nombre, ces taches avancées qui apparaissent à 15 ou 20 kilomètres de toute tache connue, et ne s'expliquent encore que par la migration d'essaims ; sur un même vignoble, on voit constamment se produire des taches secondaires isolées, très nettement circonscrites, et celles-ci encore ne peuvent, pour le plus grand nombre, être attribuées qu'à des essaims. Or, entre l'*ailé* et l'*aptère* des racines, l'*œuf d'hiver* est un intermédiaire obligé. Il semble donc bien que cet œuf soit répandu partout, sans qu'il existe de lieu d'élection proprement dit.

Si un cep présente des galles à profusion, tandis qu'un autre cep n'en montre aucune, on ne peut pas conclure que les *œufs d'hiver* étaient plus nombreux sur le premier, mais seulement que la feuille du premier s'est prêtée à la formation des galles, tandis que la feuille du second s'y est refusée. Si les galles sont « éparses sur la vigne française » et si les plants américains semblent les montrer « groupées en un même point », c'est que pour les vignes françaises, fût-ce dans la même variété, la feuille propice à la formation des galles est la grande exception, et que c'est, au contraire, le cas général pour quelques variétés américaines. Je pense donc qu'il serait très imprudent de restreindre un traitement à des ceps choisis d'après quelque vue systématique, mais qu'il faut l'appliquer au vignoble entier.

Les galles, disons les *œufs d'hiver*, qu'on rencontre une année sur certaines vignes et qu'on n'y trouve pas l'année suivante, ne révèlent nullement des *pontes égarées*, mais probablement la loi même qui gouverne les transformations de l'insecte. Il existe, en effet, des raisons, je ne dis pas péremptoires, mais très sérieuses, de considérer la famille (ce mot pris au sens littéraire) entière du phylloxera comme formée de deux branches dont l'essaimage a lieu les *années paires* pour l'une, les *années impaires* pour l'autre. Toute tache avancée et de formation récente est due exclusivement à l'une ou à l'autre de ces branches.

Sans insister sur ces notions que j'ai déjà développées, je les appuierai d'un nouvel exemple. M. Mayet visitait une collection de vignes américaines dans un jardin dépendant de la propriété de Montgiraud, chez M. de Saint-Quentin ; après avoir exploré vainement plusieurs souches pour y chercher le phylloxera, M. Mayet avait abandonné la partie, lorsqu'on lui signala un cep qui avait présenté des galles *l'été dernier*, en 1880. Le premier coup de pioche fit voir des racines couvertes d'insectes. Voilà une tache avancée, *naissante*, si je puis dire ; les galles qu'on y aurait observées deux années de suite seraient une objection grave à notre théorie, et il ne faudrait pas beaucoup de faits semblables pour la compromettre. Ces mots, l'été dernier, semblaient bien dire qu'il n'y avait pas de galles cette année ; cependant, préoccupé de cette observation, j'écrivis vers le milieu d'octobre à M. de Saint-Quentin, qui me fit l'honneur de me répondre (en m'autorisant à faire usage de sa lettre) : « ... C'est l'un de ces derniers (un pied provenant d'une graine de Vialla, c'est-à-dire un petit-fils de Clinton) qui a été couvert de galles en 1880 et de phylloxeras en 1881 ; il n'a pas eu une seule galle aux feuilles cette année. »

C'est cela même ! *L'essaimage impair* seul existe à Montgiraud. Les essaims sont sortis cette année, et les galles reviendront l'année prochaine[1] à moins qu'une opération

---

1. La prévision ne s'est pas réalisée. Cette observation négative ne résout rien, mais cependant il vaut la peine d'en tenir compte. L'apparition

quelconque ne détruise sur ces vignes tous les œufs fécondés provenant de ces essaims, ce qui serait extrêmement regrettable, parce que l'observation attendue vaudrait bien plus que la vigne elle-même. Puis les galles continueront à s'y montrer d'année en année, jusqu'à ce que l'*essaimage pair* vienne à son tour du dehors, et, à partir de ce moment, il y en aura chaque année.

Est-il bien sûr que ce soit *du dehors* que viendra l'*essaimage pair?* Peut-être non : si l'année qui suit celle d'un

des galles est des plus capricieuses et ne saurait suppléer à l'observation des *nymphes;* suivant les circonstances météorologiques, la feuille peut se prêter plus ou moins à la formation de ces excroissances ; comme il s'agit ici d'un seul pied, l'essaim qui en est sorti peut avoir émigré à une distance plus ou moins grande, etc. Toutefois, la *périodicité,* en général, et, en particulier, la *bisannualité* de l'essaimage n'étant encore que des questions à l'étude, tout fait pouvant y jeter quelque jour mérite d'être enregistré.

La période, si elle existe et quelle qu'elle soit, n'est probablement qu'un effet subordonné au climat, et dont la cause est la chaleur. Je croirais volontiers que l'essaimage a lieu lorsque la série d'insectes, depuis le *gallicole* né de l'*œuf d'hiver* jusqu'au *radicicole* qui est une *nymphe,* ont reçu à eux tous une somme de chaleur comprise entre d'assez étroites limites. Ce serait une évolution s'accomplissant, non plus sur un individu isolé, mais sur une succession d'individus provenant les uns des autres, chacun transmettant à ses enfants ce qu'il tient de sa mère avec ce qu'il a acquis lui-même. Encore est-il très probable qu'en additionnant des degrés du thermomètre, comme on a coutume de faire pour le règne végétal, on se trompe ; tout reste probablement stationnaire lorsque la température est inférieure à un degré déterminé, variable d'ailleurs pour chaque espèce, et tout ce qui est au-dessous de ce degré ne compte pas et ne doit pas entrer dans la somme (voir dans les Comptes rendus du 11 décembre 1882 une note de M. Eug. Risler sur la Végétation du blé). Ainsi les *hibernants* se réveillent au point où ils étaient au moment où ils se sont engourdis.

Pourquoi, en effet, compter les températures à partir de la division zéro du thermomètre? Celle-ci, il est vrai, est caractérisée par une propriété physique de l'eau, mais n'offre rien de particulier au point de vue de la chaleur.

Les statistiques que nous possédons pour les plantes seraient plus que suffisantes pour faire découvrir la température minima caractéristique de chaque phénomène chez chaque espèce : c'est celle qui ferait disparaître tout désaccord sensible entre les observations de plusieurs années différentes.

Il n'y a pas lieu, pour le moment, d'aller plus loin que cet aperçu.

(Note nouvelle.)

essaimage est exceptionnellement favorable, la transformation pourrait, à tout prendre, se faire sur quelque insecte précoce provenant de cet essaimage ; si l'année suivante est exceptionnellement défavorable, quelque insecte tardif pourrait être contrarié par les premiers froids, et la transformation s'accomplira la troisième année seulement sur un de ses descendants. Dans l'un et l'autre cas, l'*essaimage pair* se formerait de l'*impair* et sur place. Que cela puisse ou non avoir lieu, si on se laisse troubler par de telles anomalies, les lois générales échapperont toujours.

(Extrait des *Comptes rendus de l'Académie des sciences*, séance du 21 novembre 1881.)

L'ŒUF D'HIVER

DU

PHYLLOXERA AU CONGRÈS DE BORDEAUX

Le *Journal de l'Agriculture* a accueilli, dans le temps, une longue étude sous un titre qui diffère de celui qu'on vient de lire seulement en ceci, que le nom de Bordeaux a remplacé celui de Nîmes.

Il ne s'agit aujourd'hui que d'une très courte chronique. Plus d'un lecteur pensera peut-être, s'il ne le dit pas (ce dont je ne m'offenserais nullement), que j'aurais pu la signer : *un toqué de l'œuf d'hiver*. La toquade est au moins désintéressée puisque, n'ayant rien mis du mien dans cette grande question, je n'ai, non plus, rien à prétendre ; je prie qu'on veuille bien, à ce titre, l'accepter avec bienveillance.

J'ai cru pouvoir me permettre de proposer au Congrès de Bordeaux un vœu. Le comité a très nettement repoussé ce vœu, et il a eu raison de le faire, parce que la rédaction primitive aurait, contre mon intention, fait accepter par le Congrès la responsabilité des considérants, responsabilité qui, pour être effective, suppose une étude patiente et approfondie, qu'un petit nombre seulement ont eu le loisir de faire. Ma faute reconnue, j'ai, à la séance même, modifié la rédaction primitive et proposé celle-ci :

Considérant que c'est par *l'œuf d'hiver* que s'opèrent la régénération du phylloxera et la dissémination à de grandes distances ;
Que l'interprétation impartiale d'observations déjà nombreuses

donne l'espoir que la destruction de cet œuf amènerait une atténuation considérable, peut-être la disparition de la maladie ;

Que le traitement à faire pour le détruire entraîne une
dépense assez minime pour que tous les vignobles, à peu près,
puissent la supporter :

Que, dès lors, l'élucidation complète et définitive de cette
question s'impose à notre prévoyance ;

Qu'il n'y a d'ailleurs aucun inconvénient à la poursuivre,
puisque les expériences à faire pour cet objet n'obligeraient à
restreindre, dans quelque mesure que ce soit, ni l'emploi des
traitements connus, ni la culture des vignes américaines, et qu'on
ne risque dans cette entreprise qu'un peu de peine et un peu
d'argent ;

Que l'initiative privée est impuissante à vaincre des difficultés
qui tiennent ici à l'influence des vignes du voisinage abandonnées
à elles-mêmes [1], tandis que l'État, grâce aux immenses ressources
en hommes et en argent dont il dispose, en pourrait triompher
aisément, sans avoir, d'ailleurs, à prendre aucune mesure coerci-
tive contre personne ;

Qu'en effet, un programme d'expériences remplissant toutes
les conditions requises est, dès à présent, facile à formuler ;

Le soussigné propose au congrès d'émettre le vœu que M. le
ministre de l'agriculture et du commerce fasse instituer immédiatement et résolument tous les travaux, toutes les expériences
propres à apprendre enfin aux viticulteurs ce qu'ils peuvent espérer, pour la défense de leurs vignobles, de la destruction totale
ou partielle de l'*œuf d'hiver* du phylloxera.

J'ai appelé l'attention du Congrès sur le cinquième considérant, qui se justifie de lui-même, et l'ai prié d'accepter de
confiance, et sous ma propre responsabilité, les assurances
formulées dans les deux derniers. Le vote a eu lieu, et le
vœu a été accepté.

Dans toutes mes relations avec le comité, j'ai trouvé chez
tous une bienveillance dont je suis véritablement confus.
Le rejet par lui de ce vœu, en sa forme primitive. prouve
deux choses : que tout a été examiné avec un soin extrême ;
que toute idée de complaisance doit être écartée. Le vote

1. Voir plus loin, p. 266.

final, auquel je crois pouvoir associer la majorité, au moins, du comité lui-même, sera donc, je l'espère, un point d'appui pour la défense de cette grande idée, qui appartient tout entière à M. Balbiani.

Tout a été excellent au Congrès de Bordeaux : le président, le comité, l'assemblée elle-même qui, pourtant, n'a pas toujours été tendre pour moi ! Quand on a contre soi les femmes......

Dans un président de congrès on devrait ne voir que la fonction : avec M. Armand Lalande, on est forcé de voir l'homme... et de l'aimer. Dans ces conditions, il est bien difficile de lutter !

(Extrait du *Journal de l'Agriculture* du 29 octobre 1881.)

DE LA DESTRUCTION

DE

L'ŒUF D'HIVER DU PHYLLOXERA

ET DE SES CONSÉQUENCES POSSIBLES

J'ai cru, écrit M. Balbiani [1], pouvoir émettre hypothétiquement cette idée, que, si l'insecte était abandonné, pour sa multiplication, aux seules ressources de la génération parthénogénésique, il finirait probablement par disparaître de lui-même, par épuisement de sa force productrice, et que, pour obtenir ce résultat, il suffirait de détruire les *œufs d'hiver* qui viennent chaque année ranimer la vitalité des colonies souterraines.

Cette belle idée est familière à nos lecteurs. Je n'ajoute qu'un mot : M. Balbiani s'y est vu conduit à la suite d'études anatomiques qui font l'admiration des naturalistes [2].

La destruction de *l'œuf d'hiver* du phylloxera semble relativement facile. Cet œuf reste six mois au moins sous les écorces, immobile à une place qui nous est bien connue. Pendant ces six mois, tous les moments sont bons pour opérer ; il suffit que le temps, toujours propice en ce qui concerne l'œuf, ne soit pas trop rigoureux pour l'ouvrier lui-même. En 1876, on a conseillé le badigeonnage des écorces avec une dissolution étendue d'huile lourde de houille. J'ai essayé ce traitement pendant plusieurs années consécutives, et j'ai prouvé, sans contradiction possible [3], que la vigne n'en

---

1. *Comptes rendus de l'Académie des sciences*, séance du 4 octobre 1875.
2. Voir Max. Cornu, *Revue scientifique*, 23 février 1878.
3. Voir pages 117 *m* à 122.

souffre nullement. Mais il y a lieu de craindre que ce badigeonnage ne soit insuffisant pour la destruction totale de l'œuf. Qu'importe ? Cette lutte contre l'*œuf d'hiver*, paralysée jusqu'ici comme par une conspiration du silence, est à peine engagée ; elle est trop facile pour qu'un moyen efficace et pratique se fasse longtemps attendre, pourvu que quelques esprits ingénieux soient encouragés dans cette voie.

Ce moyen trouvé, la vigne américaine et tous les traitements connus auront fait leur temps[1] ; il n'y en a pas un seul qui puisse tenir devant la simplicité et le bon marché de celui que nous attendons. Pour un badigeonnage (peut-être avec quelque substance nouvelle), le prix de revient ne dépassera certainement pas, tout compris, trente à quarante francs par hectare contenant cinq mille ceps de vigueur moyenne. Il n'y a pas un vignoble qui ne puisse supporter cette minime dépense. Le soufrage si généralement pratiqué contre l'oïdium coûte plus cher. Il y faut au moins trois opérations faites successivement et en temps propice. Pour chacune, ce temps dure à peine une semaine, et il suffit d'un peu de pluie, d'un peu de vent pour que tout soit compromis. Alors ce ne sont plus trois opérations qu'il y faut, mais cinq, six, souvent davantage. Cependant l'emploi du soufre est aujourd'hui d'une application courante. Pour le badigeonnage, il suffit d'une opération et que, pour la faire, l'ouvrier puisse tenir au grand air.

Suffira-t-il de détruire l'*œuf d'hiver* pour avoir raison de l'insecte ? — Je le crois, mais nul ne pourrait l'affirmer encore. La seule chose que je sache bien, c'est que laisser indécise une question de cette gravité, alors qu'il est si facile de la résoudre, serait de l'aveuglement. L'expérience à faire est très simple : traiter tous les ans un vignoble, *y dé-*

1. On m'assure que cette prédiction est une maladresse : je n'en crois rien.

truire tous les œufs d'hiver, sans exception et, après quelques années d'un tel traitement, voir si l'insecte a disparu, ou au moins est devenu assez rare pour que la vigne puisse le nourrir et vivre elle-même. Si l'une ou l'autre de ces conditions est remplie, surtout si c'est la première, nos vignes sont sauvées.

Il suffit d'étudier avec soin les précautions minutieuses qu'exige une telle expérience pour se convaincre que l'initiative privée est impuissante à la bien faire. Ces précautions ne seraient point nécessaires si on pouvait tenter l'expérience partout à la fois. On pourrait alors se placer tout de suite dans les conditions ordinaires de la grande culture avec ses imperfections inévitables. Ainsi il ne serait plus nécessaire que tous les *œufs d'hiver* fussent détruits jusqu'au dernier, ce qu'on n'obtiendra jamais dans la pratique, quelle que soit la perfection théorique de la méthode trouvée.

Qu'il s'agisse, par exemple, d'un badigeonnage des souches ; ce qu'il faudra épargner, dans la pratique agricole, ce n'est pas le liquide, toujours à très bon marché, c'est le temps ; et on devra badigeonner à grande eau, rapidement, se résignant d'avance à voir quelques parcelles d'écorce échapper au pinceau et quelques œufs échapper aussi. Ce sera sans inconvénient sérieux : qu'après une première série[1] (de deux, par exemple) de traitements, le nombre des œufs soit, je suppose, le quart de ce qu'il eût été si on n'avait rien fait ; après une seconde série ce nombre sera réduit au seizième ; au soixante-quatrième après une troisième série, et ainsi de suite. Toutefois, nous voulons seulement par là faire comprendre notre pensée, car il n'y a pas à compter sur une loi aussi simple.

Il suffit de bien voir qu'à la longue le nombre des *œufs*

1. Au sujet de cette idée de série, voir notre *note sur l'essaimage*, p. 243.

d'hiver sera extrêmement réduit et, en fait, si la méthode tient ce qu'elle promet, il suffira qu'il en soit ainsi lorsque les traitements se feront partout. Les choses changent pendant la période expérimentale : dans le voisinage du vignoble en expérience s'en trouveront d'autres où on ne fera rien ; et il suffira qu'un essaim parti d'un de ceux-ci vienne se poser en un point du premier pour que, en ce point, la situation soit ramenée à ce qu'elle était au commencement. Il faut, de toute nécessité, qu'au cours de cette période expérimentale pas un *œuf d'hiver* n'échappe. Si cette condition est remplie, l'essaim venu du dehors sera détruit sans laisser de traces, et, par là même, sera sans danger.

Cette condition peut être remplie, mais il faut pour cela que l'opération agricole soit transformée momentanément en une véritable opération de laboratoire. Au lieu de badigeonner de 3 à 4 ceps en deux minutes, par exemple, il faudra passer au besoin cinq minutes à chacun ; il faudra un surveillant intelligent, ayant de bons yeux et la volonté de s'en servir, toujours présent, pour quatre badigeonneurs au plus. Ceux-ci devront eux-mêmes être des ouvriers choisis. Alors, au lieu de dépenser de trente à quarante francs par hectare, on dépensera dix, quinze, vingt fois cette somme. Qu'importe ? — On ne cherche pas à défendre une vigne, mais à découvrir une méthode qui permette de défendre toutes les autres. Une telle méthode, si on la trouve, sera-t-elle jamais payée trop cher ?

Il est malheureusement trop certain que l'initiative privée est impuissante à faire convenablement de tels essais, surtout avec la condition de les renouveler plusieurs années ; il ne suffirait même pas de les entreprendre en un lieu déterminé, parce qu'un accident pourrait, quoi qu'on fît, tout compromettre ; il faudrait instituer dix ou douze champs d'expérience en autant de régions différentes. L'État seul, avec la puissante organisation et les immenses ressources dont il dispose, peut entreprendre et mener à bien une œuvre aussi étendue ; et alors la chose devient si aisée qu'il n'y a pas lieu de s'arrêter aux détails d'exécution.

Si l'expérience est faite, bien faite, et réussit, les traitements dirigés contre l'*œuf d'hiver* se répandront bien vite, parce qu'ils seront aussi faciles à faire que telle autre opération agricole que ce soit, qu'ils exigeront peu de dépense et peu de main-d'œuvre. Appliqués généralement, des traitements rapides suffiront comme suffisent, où on peut les payer, les traitements souterrains, bien qu'ils laissent vivre un grand nombre d'insectes.

A ce moment, s'il arrive, il faudra se souvenir de l'oiseau[1] ; se souvenir que, la balance en équilibre, il suffit d'une plume pour faire pencher le fléau.

Écartons, s'il se peut, une objection : pendant les semaines les plus chaudes de l'été, les aptères établis sur les racines viennent en grand nombre à la surface du sol. Il semble même (M. Marion) qu'ils aiment parfois à aller en villégiature sur les feuilles où se trouvent encore des *gallicoles*. Le vent, leur humeur pourraient porter les uns ou les autres d'une vigne non traitée sur la vigne en expérience où ils pourraient tout compromettre, au moins les derniers, pour lesquels la régénération est accomplie. Il nous faudrait ici de longs développements. Qu'on veuille bien me permettre de dire simplement que, à mon avis, cette invasion n'est guère à craindre sur une vigne tant soit peu isolée, et de renvoyer à deux notes sur la *réinvasion* insérées dans les *Comptes rendus de l'Académie des sciences*[2].

Aucun obstacle sérieux n'empêcherait donc l'État, je veux dire la Commission supérieure, d'instituer l'expérience. Les

1. Voir page 240.
2. Voir pages 511 *b* et 516 *m* à 523.

cépages américains, au moins quelques-uns qui résistent plus longtemps que les nôtres tout en étant bien pourvus d'insectes, conviendraient très bien à cause de leur durée ; et il ne serait certainement pas difficile, dans les départements de l'Hérault, du Gard, de Vaucluse, d'en trouver qui remplissent toutes les conditions désirables d'isolement. Mais la Commission supérieure semble ne vouloir rien faire dans cette voie. La Commission et l'Académie des sciences ont mis officiellement à l'étude la recherche d'un champignon qui vivrait en parasite sur le phylloxera et le ferait mourir : c'est une *idée* excellente ; mais l'*idée* de M. Balbiani, que la destruction de l'*œuf d'hiver* pourrait amener la disparition du phylloxera, ne vaut-elle donc pas qu'on s'y arrête ? Pourquoi ces encouragements à la première, ce dédain de la seconde ? Les *idées*, ce qu'on a nommé les *vues de l'esprit*, ne sont pas en faveur aujourd'hui dans la science, je ne sais trop pourquoi ; mais les expériences anatomiques de M. Balbiani n'apportent-t-elle pas ce qu'en style de Palais on appellerait une présomption, un commencement de preuve? N'y trouverions-nous qu'une chance sur cent, n'est-ce pas une chance nouvelle, indépendante de toutes les autres, et ne vaut-elle pas bien le peu de peine et d'argent qu'il en coûterait pour la suivre ? Que sur cent *idées* une seule soit bonne : ne payera-t-elle pas mille fois ce qu'auront coûté les quatre-vingt-dix-neuf autres ?

Je ne demande certes pas qu'on renonce au sulfure de carbone, aux sulfocarbonates, à la submersion ; rien n'est plus loin de ma pensée ! Ces traitements sont applicables, soit un, soit un autre, aux vignes à grand revenu, paraissent y suffire, et ce serait encore un immense bienfait que permettre de sauver ces vignes, fussions-nous condamnés à assister impuissants à la ruine de toutes les autres. Mais, je le demande, en quoi l'expérience que je sollicite empêcherait-elle de traiter par la submersion, par les sulfocarbonates, par le sulfure de carbone, une parcelle de moins que par le passé ; de planter, de greffer autant qu'on voudrait de vignes américaines ? Et qu'y a-t-il au fond de tout cela qui puisse chagriner personne !

Nous ne serons jamais assez armés pour cette lutte ; et qu'avons-nous aujourd'hui ? Ne parlons plus de ces prix de revient excessifs qui limitent l'emploi de tous les traitements connus ; avec d'immenses efforts de propagande, exagérés encore par les subventions, on en est venu à traiter quinze à vingt mille hectares, en nombre rond, et, dès à présent, cinq cent mille hectares attendent un traitement : où trouver l'insecticide, où trouver surtout la main-d'œuvre, à quelque prix qu'on consente à la payer, lorsqu'on devra traiter cinq cent mille hectares ; quand, le phylloxera étant partout, il en faudra traiter deux millions ? Car enfin, si cette situation n'est pas, grâce à Dieu, celle d'aujourd'hui, comme l'insecte avance toujours sans jamais reculer, ce sera certainement celle de demain, et est-ce trop de prévoyance que songer au lendemain ?

Gardons précieusement toutes nos conquêtes, et travaillons sans relâche à en faire de nouvelles. En appelant toute l'attention qu'elles me semblent mériter sur la question de *l'œuf d'hiver*, et celle de l'oiseau qui en est le complément utile, j'ai rempli un devoir et en même temps épuisé les moyens d'action dont je dispose.

(Extrait du *Journal de l'Agriculture* du 31 décembre 1881.)

VŒU DE M. BALBIANI

POUR LA

DESTRUCTION DE L'ŒUF D'HIVER

Le 13 janvier 1882, la Commission supérieure du phylloxera a, sur la proposition de M. Balbiani, émis le vœu suivant :

« La Commission supérieure, considérant l'importance du rôle que joue l'œuf d'hiver dans l'évolution du phylloxera, puisqu'il entretient sans cesse la vitalité des colonies souterraines et que tout foyer phylloxérique nouveau a pour origine un œuf d'hiver, que, dès lors, sa destruction est d'un intérêt pratique évident ;

« Émet le vœu que des expériences méthodiques soient instituées, non seulement dans le laboratoire, mais encore dans la grande culture, pour déterminer quels sont les moyens à employer pour arriver à la destruction certaine de l'œuf d'hiver.

Nota. — Le *Journal officiel* du 20 septembre 1882 contient un rapport de M. Balbiani à M. le ministre de l'agriculture, où le savant professeur expose ses idées sur les traitements à faire pour détruire *l'œuf d'hiver.*

Ce rapport a motivé la note suivante. La note qui vient ensuite se rattache au même sujet.

LES MÉLANGES AQUEUX D'HUILE LOURDE DE HOUILLE.

D'après le rapport adressé par M. Balbiani à M. le ministre de l'agriculture, il semble que je sois de moitié avec M. Boiteau dans l'invention du mélange aqueux d'huile lourde employé jusqu'à ce jour au badigeonnage des vignes. Il n'en est rien : j'en ai pris la formule dans les publications de M. Boiteau, et je n'en ai jamais fait mention qu'en ces termes : le mélange (ou la formule) de M. Boiteau.

Je crois devoir rendre à M. Boiteau ce qui lui appartient, parce que, à mon avis, les mélanges aqueux d'huile lourde — celui-là ou un autre — n'ont pas dit leur dernier mot.

J'ajourne à une époque indéterminée les observations que j'ai à faire — et que je ferai — sur le rapport de M. Balbiani. Quelles seront les conséquences de la destruction de l'*œuf d'hiver* du phylloxera ? Voilà la question ; qu'il n'y en ait pas d'autre pour le moment ; qu'il n'y ait jamais surtout de questions d'amour-propre ! Commençons une bonne fois et tâchons d'aboutir !

SUR L'EMPLOI DES HUILES LOURDES DE HOUILLE
DANS LES TRAITEMENTS CONTRE L'ŒUF D'HIVER DU PHYLLOXERA

(Extrait en partie des *Comptes rendus de l'Académie des sciences*
séance du 2 octobre 1882)

D'une note récente de M. Max. Cornu[1], il résulte que des raisins mûris dans une serre où le jardinier avait enduit d'huile lourde un certain nombre de gradins ne sont pas mangeables ; ils ont tous un goût très intense de coaltar..., le mauvais goût est dû à la chair des raisins, qui le présente avec une très grande intensité.

Les déductions de ce fait, dit M. Max. Cornu, en terminant, *sont assez évidentes relativement à certains traitements phylloxériques, pour qu'il soit inutile d'y insister*[2].

Pendant quatre années consécutives, j'ai fait badigeonner avec un mélange aqueux d'huile lourde un vignoble d'à peu près 6 hectares. Il entrait environ 40 kilogrammes d'huile

1. *Comptes rendus*, séance du 18 septembre 1882, p. 511.
2. C'est moi qui souligne.

lourde dans le mélange employé sur un hectare contenant 5,000 pieds. Moins de huit jours après l'opération, le visiteur (il y en a eu beaucoup) doué de l'odorat le plus fin pouvait parcourir le vignoble dans toutes les directions sans percevoir la moindre odeur empyreumatique.

Les badigeonnages employés contre l'*œuf d'hiver* se terminent au commencement de mars, au plus tard ; la floraison de la vigne s'accomplit en avril et mai ; les vendanges se font six mois après seulement, en septembre ; les viticulteurs pourront donc employer ce traitement sans la moindre préoccupation pour le goût de leurs vins les plus fins.

Il n'y a nulle contradiction entre le fait que je signale et ceux que M. Max. Cornu vient de faire connaître. Une vigne, en effet, est dans de tout autres conditions selon qu'elle vit au grand air ou qu'elle végète dans l'atmosphère confinée et viciée d'une serre [1].

A ce point de vue, une observation que je trouve dans le journal *le Temps* du 20 septembre 1882, au compte rendu de la séance de l'Académie, et qui concerne des grappes de ces mêmes raisins envoyées par M. Cornu à l'Académie pour être goûtées en séance, me paraît intéressante. L'auteur s'exprime ainsi :

Les grains que nous avons goûtés ne nous ont pas laissé d'arrière-goût, mais d'autres personnes ont perçu cet arrière-goût.

Si on rapproche ces termes de ceux qu'emploie M. Max. Cornu au sujet de ces mêmes raisins, on peut se rendre compte de ce que ces fruits ont perdu de leur mauvais goût dans le simple trajet de la serre de Béju (Eure) à l'Académie.

En même temps que les huiles lourdes, le goudron de houille sera peut-être utilisé dans les traitements contre

1. Ici se termine la fraction de notre note insérée au *compte rendu*.

l'œuf d'hiver. Je n'ai pas employé cette substance à cet usage ; mais je trouve dans les Comptes rendus un témoignage dont il sera utile de citer les termes :

J'ai étudié le coaltar, écrit M. le comte de la Vergne [1], au triple point de vue de son influence sur la santé des ceps, sur la qualité des vins et sur la circulation des insectes.

À la suite des expériences que j'ai faites, seul ou avec le concours et le contrôle de viticulteurs et d'œnologues compétents, parmi lesquels je citerai les docteurs Azam, Plumeau, Ruffaillac et M. de Georges, il a été reconnu que, là où la conservation des bourgeons n'a pas été utile, le coaltar appliqué sur le le bois, même décortiqué, n'est nuisible ni à la plante ni à ses produits.

Dans le même compte rendu (2 octobre 1882), on lit au bas de la page 590 :

M. Max. Cornu a fait parvenir, le 18 septembre, à l'Académie la note à laquelle fait allusion M. Balbiani ; il ne pouvait présumer que sa publication coïnciderait avec celle de l'important document que renferme le *Journal officiel* du 20 de ce même mois. En tournée et loin de Paris en ce moment, il nous informe qu'il est tellement d'accord avec M. Balbiani, sur la différence qui existe entre les traitements d'hiver en pleine campagne et les opérations effectuées en été, quand la fructification de la vigne est complète, qu'il n'a pu supposer un seul instant que sa pensée fût interprétée dans un sens défavorable aux badigeonnages préconisés, à si juste titre, par le savant professeur du Collège de France. La vigne n'a rien à redouter de l'air contenant des vapeurs, quand elle n'a pas de feuilles ou de fruits pour les absorber, et elle n'a plus rien à craindre quand, ces organes se développant, les vapeurs ont disparu. Ce qu'il faut éviter, c'est la coïncidence des traitements goudronneux et de la végétation aérienne. (Note du secrétaire perpétuel.)

Ainsi, tout le monde est d'accord. La morale à tirer de cet incident, c'est qu'il est toujours préférable de dire avec précision ce que l'on a l'intention de dire. M. Max. Cornu parlait évidemment d'une manière générale et n'avait en vue aucun traitement particulier ; on devait cependant s'y

1. *Comptes rendus,* séance du 27 mars 1876, p. 725.

tromper. A l'heure actuelle, en effet, il n'y a pas un seul traitemènt en usage ou en préparation auquel puisse s'appliquer la phrase soulignée par nous de M. Max. Cornu, si ce n'est le badigeonnage indiqué par M. Balbiani. Le rapport de M. Balbiani, il est vrai, n'a paru que le 20 septembre ; mais tout le monde s'attendait, depuis plus de huit mois (depuis la session de 1881 de la Commission supérieure), à l'entrée en scène de ce traitement.

TROISIÈME PARTIE

LES TRAITEMENTS

ÉTUDE CRITIQUE

D'UN

RAPPORT DE M. MARION

SUR DES EXPÉRIENCES RELATIVES AU SULFURE

DE CARBONE

Quoi qu'on en ait dit, l'histoire du phylloxera de la vigne est encore aujourd'hui[1] fort loin d'être achevée. Parmi les faits que nous aurions le plus d'intérêt à bien connaître, il en est où l'incertitude est telle que les hommes les plus compétents restent divisés ; il en est d'autres où nous ne savons absolument rien.

Si de la biologie de l'insecte on passe aux moyens de le détruire, la question est encore moins avancée. Le sulfure de carbone est le seul insecticide que nous puissions employer avec succès contre les insectes souterrains ; et, si cette substance est bien connue chimiquement, elle l'était fort peu au point de vue de l'application spéciale qui nous intéresse, lorsqu'a paru le très important rapport dont on a bien voulu me confier l'examen.

On avait reconnu empiriquement que 10 grammes de

1. Juillet 1878.

sulfure de carbone, injectés dans le sol à 40 centimètres de profondeur, détruisaient le phylloxera dans un rayon de 50 centimètres environ. On ne savait rien de plus, et, même sur ce point spécial, il restait quelque incertitude ; un pas considérable vient d'être fait.

M. Marion et ses collaborateurs MM. Catta et Gastine ont soumis le sulfure de carbone à une étude systématique au point de vue de sa diffusion dans le sol, de son énergie insecticide, de son action sur la vigne, de son meilleur mode d'emploi contre le phylloxera. Le programme est complet, mais plusieurs campagnes seront nécessaires pour le remplir. Sur ce terrain vierge, ces messieurs ont tout créé, la méthode et les instruments. La méthode est excellente, la voici : on injecte une dose de sulfure de carbone dans le sol ; puis, à des distances connues du trou d'injection et à des époques déterminées, on puise dans le sol même un volume connu d'air et on mesure le poids des vapeurs de sulfure qui s'y trouvent mélangées. L'appareil créé pour cet objet, très ingénieux d'ailleurs, laisse à désirer ; il ne donne pas une mesure précise, mais simplement une indication approximative de plus ou de moins. Ce défaut, signalé par M. Marion lui-même, sera certainement corrigé.

Pour déterminer l'énergie insecticide, on emploie des tubes en toile métallique à larges mailles, dans lesquels on introduit des fragments de racines couverts de phylloxeras ; on place ces tubes dans des trous refermés avec soin et disposés à peu près comme le sont les pieds de vigne dans une plantation. Puis on introduit le sulfure dans des trous d'injections distribués régulièrement tout autour. Le nombre des fragments où tous les phylloxeras sont détruits aurait pu être pris pour coefficient insecticide ; on préfère prendre le nombre de ceux où on en trouve encore de vivants ; en sorte que plus le coefficient est petit, plus le pouvoir insecticide est considérable. Ces tubes représentent imparfaitement les pieds de vigne avec leur système radiculaire, mais ils représentent la partie où les insectes sont le plus difficiles à atteindre, la tige et l'axe principal. On détermine par ce procédé une sorte d'unité de mesure. Quant à la valeur relative de l'énergie insecticide, elle est en rapport avec la quantité de sulfure contenue dans l'air, et ses lois sont implicitement comprises dans celles de la diffusion.

Les expériences sur la diffusion ont été représentées graphiquement, selon la méthode ordinaire, au moyen d'une courbe et de signes conventionnels représentant le poids de sulfure de carbone contenu dans deux litres d'air. Un litre d'air pesant 1 gr. 3 environ, rien de plus facile, si on le veut, que de transformer ce poids en parties proportionnelles, en tant 0/0. Par l'emploi de ces signes et d'une courbe, les personnes familiarisées avec la représentation graphique des phénomènes pourront embrasser d'un coup d'œil tout l'ensemble des résultats.

Elles verront que les vapeurs sulfo-carboniques se répandent dans le sol avec beaucoup de régularité. On observe, en effet, que la quantité de vapeur augmente à mesure qu'on se rapproche du trou d'injection, et que, pour une même distance, la tension est d'autant plus forte que la diffusion, à ce moment-là, s'étend plus loin. Il en serait autrement, si quelque masse de terre était moins perméable aux vapeurs que les parties environnantes ; les vapeurs, arrêtées et condensées en regard du trou d'injection, se diviseraient là en tous sens pour contourner l'obstacle et se réunir ensuite du côté opposé. La tension, après avoir augmenté brusquement, deviendrait très faible dans la masse considérée et se retrouverait plus forte au delà. Or je n'ai pas aperçu, en étudiant la planche construite d'après le système indiqué ci-dessus, une seule inversion de ce genre.

Les vapeurs pénètrent donc également partout, et on ne voit pas comment un insecte pourrait se trouver à l'abri. La bête n'est pas grosse ; mais enfin, là où elle aura passé, un gaz passera bien aussi[1].

Les vapeurs sulfo-carboniques ayant une densité à peu près triple de celle de l'air, on avait prévu que par leur propre poids elles pénétreraient dans les profondeurs du sol, et c'est une des propriétés du sulfure de carbone qui ont fait choisir tout d'abord cette substance comme insecticide. Cette prévision est pleinement confirmée ; il y a mieux ; à la profondeur de $1^m,20$, la plus grande où on soit parvenu, l'air a toujours été trouvé plus riche en vapeurs toxiques que celui des couches superficielles. Les insectes placés sur les racines profondes seront donc les plus sûrement détruits.

La température et l'ameublissement du sol ont, sur l'étendue et la durée de la diffusion, une influence qui pouvait être prévue ; on savait en particulier qu'il faut éviter de travailler la terre quelques jours avant et quelques jours après le traitement.

L'énergie insecticide du surfure de carbone est considérable, pas autant cependant que quelques praticiens l'ont pensé. On ne peut plus croire que des doses infinitésimales suffisent, en plein champ, à tuer l'insecte. Les personnes qui voudront bien étudier la planche relative à la dose de 20 grammes, et qui rapprocheront ensuite les données fournies par cette étude des expériences rapportées pages 49, 58, 59 et suivantes du rapport, reconnaîtront que des insectes ont séjourné plusieurs jours, sans être tués, dans une atmosphère contenant *un* et *deux millièmes* au moins d'acide sulfocarbonique. Il est regrettable, à cet égard, que nous n'ayons pas la planche relative à la dose de 10 gr., qui est

1. Nous avons dû, par la suite, abandonner cette idée (voir page 514 *b*.)

la plus usuelle ; toutefois, on peut conclure, avec une exactitude suffisante pour cet objet, en rapprochant les deux planches du rapport, la première étant relative à la dose de 5 gr. Le regret que j'éprouve est étranger à toute pensée de critique ; si l'on tient compte du travail de jour et de nuit que les auteurs ont dû s'imposer pour construire la planche avec signes conventionnels, on ne peut que leur être très reconnaissant d'avoir autant fait.

La comparaison des deux planches montre que, à la dose normale de 10 gr., le terrain demeure, pendant 4 ou 5 jours au moins, imprégné de vapeurs sulfocarboniques, à une distance de 70 centimètres du trou d'injection. Dans la pratique on est dans des conditions bien plus favorables ; on n'a pas un trou isolé, mais un réseau de trous dont les vapeurs se rencontrent, se pénètrent, se répandent dans toute l'étendue du terrain avec une tension plus uniforme et plus prolongée [1].

Cette partie du rapport de M. Marion est la plus neuve et ne trouvera pas de contradicteurs. Or il me semble qu'elle n'est point faite pour décourager ceux qui se proposent pour but la destruction absolue de l'insecte. C'est à ce point de vue qu'il faut nous placer résolument pour poursuivre cette étude, bien que, très probablement, ce ne soit pas le terrain où M. Marion s'est proposé de nous conduire.

Abordons la difficulté de front. Ou il faut parvenir à débarrasser en une fois la vigne de l'insecte, ou il faut se ré-

1. Dans un vignoble, le système radiculaire des vignes forme dans le sol comme une canalisation qui doit favoriser la diffusion des vapeurs sulfocarboniques et, de plus, amener ces vapeurs là précisément où elles doivent agir : au contact des racines. L'expérience aurait dû être faite, non dans une pièce de terre nue, mais dans un vignoble, sans modifier en rien le dispositif. Dans ces conditions, on aurait eu probablement de bons résultats à une distance beaucoup plus grande des trous d'injection.

signer à un traitement annuel sur le vignoble tout entier. Une tache non éteinte non seulement persiste, mais en engendre de nouvelles qui, en peu d'années, se réunissent entre elles et à la première, et embrassent la vigne entière. Eh bien, ce moment venu, nous sommes désarmés. Bien qu'un traitement annuel puisse, sans grand dommage, demeurer incomplet, partant plus économique, on arrive, par les procédés que nous connaissons aujourd'hui, à une dépense très supérieure au revenu de la vigne, et cela dans la presque totalité des vignobles français. La vigne à gros revenu est l'exception, et cette exception ne se rencontre pas dans le Lot-et-Garonne.

Si, au contraire, on arrive à la destruction totale de l'insecte en une fois, la situation est tout autre ; nous en savons assez pour être certain, avec quelque vigilance, de n'avoir à traiter que des taches de peu d'étendue[1]. En eussions-nous tous les ans un certain nombre à faire disparaître, ce ne serait qu'une surface relativement petite à traiter, et la dépense, répartie sur le produit du vignoble entier, serait, sinon insignifiante, du moins supportable.

Or l'appréciation d'une méthode de traitement pourra n'être pas la même, ne sera pas la même, selon qu'on se placera à l'un ou à l'autre de ces points de vue. En voici un exemple : on a pensé, à l'origine, qu'il y aurait avantage à rendre plus lente et plus régulière l'évaporation du sulfure de carbone en le mélangeant avec d'autres substances d'ailleurs sans action sur l'insecte. Mais, comme il fallait toujours employer la même quantité de sulfure, la dépense du traitement se trouve augmentée du prix des matières

---

1. Voilà encore une idée que nous avons dû abandonner complètement. Il n'y a pas de doute aujourd'hui, et tout le monde est d'accord sur ce point, que dès qu'une tache se montre sur un vignoble, fût-ce de plusieurs hectares, il faut tout traiter. On sait également que la destruction totale de l'insecte est une utopie.

accessoires, lequel peut aller à 60 pour 100 de celui du toxique. Or, dans la pratique, le sulfure employé pur a donné, à très peu près, les mêmes résultats. Aussi la méthode des mélanges est-elle abandonnée de ses promoteurs eux-mêmes. En principe, je n'y fais pas d'objection. Mais entendons-nous! Il faut bien le dire, l'une et l'autre méthode n'ont été essayées que par à peu près, et si, dans ces conditions, elles donnent le même résultat, on ne peut pas répondre qu'il en sera de même lorsqu'on les appliquera avec les précautions minutieuses, indispensables à mon avis, qui leur feront rendre respectivement tout ce qu'elles peuvent donner. L'écart, sans doute, ne sera pas grand ; mais s'il consiste en ceci, que l'une épargne de rares insectes, alors que l'autre les détruira tous, cette minime différence mettra entre elles un abîme. Cette comparaison reste à faire ; je l'ai préparée cette année en demeurant fidèle à la méthode des mélanges. Si l'on abandonne une méthode, bonne en soi, sans en avoir tiré tout ce qu'elle peut donner, et cela à la première vue nouvelle qui traverse l'esprit, on s'expose à ne rien approfondir, et parfois à passer à côté du succès.

A Libourne même, où s'est développée la méthode des mélanges, on en est venu à l'emploi du sulfure pur et du pal Gastine, qui me laisse encore, à moi personnellement, quelque défiance, mais qu'un praticien émérite, M. Boiteau, m'a garanti excellent. Il est vrai que M. Boiteau ne vise pas la destruction complète de l'insecte ; il semble même plein de commisération en me voyant poursuivre une telle utopie. Chose bizarre! c'est le pal Boiteau-Baillou dont j'ai continué à faire usage, par la même raison qui m'a fait employer la méthode des mélanges ; en sorte que, si j'ai prochainement quelques bons résultats à signaler, j'aurai en même temps la tâche ingrate de louer un pal abandonné par les inventeurs eux-mêmes.

M. Marion préconise carrément l'emploi du sulfure pur.
Soit ! La volatilisation est ainsi plus rapide, mais cependant
assez ménagée pour que l'insecte reste plusieurs jours dans
une atmosphère empoisonnée. Si l'action du toxique est
plus rapide, elle est aussi plus énergique, ce qui est peut-
être nécessaire, le puceron ayant la vie dure. On modérera
d'ailleurs la fougue d'une première explosion en n'injectant,
à une première opération, que la moitié de la dose de sulfure, et en opérant une seconde injection semblable quatre
ou cinq jours après. On obtient ainsi une tension de vapeur
plus uniforme et plus prolongée. En revanche, le prix de la
main-d'œuvre sera doublé, considération qui fera probablement rejeter cette pratique partout où on sera résigné à un
traitement annuel.

La recommandation est au contraire excellente pour
tous ceux qui viseront à un résultat complet [1], parce que,
entre autres raisons, la seconde opération corrigera, dans une
certaine mesure, les vices d'exécution de la première, c'est
M. Marion qui le dit ! — *Les vices d'exécution !!* — C'est bien
là, à mon avis, la cause principale de tous les échecs !
Puissé-je avoir l'occasion de montrer prochainement comment on peut s'en affranchir d'une manière absolue, sans
compliquer le travail, même en le simplifiant [2].

Pour en finir avec ces aperçus, indiquons, avec le rapport,
la nécessité bien connue de faire le traitement, non par
pieds de vigne, mais par mètre carré de surface, sans tenir
compte des pieds si ce n'est comme point de repère, et la
nécessité non moins impérieuse de poursuivre le traitement
de la partie contaminée jusqu'à une distance sensiblement
plus grande que celle où s'insinuent les dernières racines.

---

1. Réserve faite, toutefois, de mauvais temps qui obligerait à mettre trop
d'intervalle entre les deux opérations (voir page 82 *m.*).
2. Voir pages 306 à 322.

Je viens de beaucoup parler de ce qui est dans le rapport de M. Marion ; qu'on me permette maintenant de parler un peu de ce qui n'y est pas. M. Marion ne dit rien du badigeonnage des souches : ce n'est pas un oubli, c'est une omission très volontaire. Sur ce point de doctrine, j'ai le devoir et le regret de me séparer très nettement de lui. Dans la biologie de l'insecte, telle que nous le connaissons aujourd'hui, tout annonce que les œufs fécondés, dont la ponte commence au mois d'août, passent l'hiver sous les écorces, pour n'éclore qu'au printemps suivant. Quelques viticulteurs n'ayant pas réussi à en trouver, et n'ayant pas suffisamment étudié l'énorme difficulté qu'il y a à les découvrir, ont mis en doute leur existence. Vaines critiques ! Tous les résultats négatifs du monde ne sauraient prévaloir contre un fait bien constaté. La découverte de *l'œuf d'hiver*, par M. Balbiani, a suivi de bien près la découverte, par M. Boiteau, du lieu où le phylloxera ailé dépose ses œufs. Cette découverte capitale de M. Boiteau, très fêtée au début, semble quelque peu négligée aujourd'hui. On a même voulu la présenter comme une simple vérification de faits annoncés à l'avance par M. Balbiani. M. Maxime Cornu ajoute (*Revue scientifique*, 23 février 1878, p. 807) que dès 1874 (la découverte de M. Boiteau a été faite en 1875), M. Balbiani considérait l'*Étude du phylloxera vastatrix comme physiologiquement terminée*. Oui, mais M. Balbiani ajoutait : « Le desideratum ne porte plus que sur la partie de cette histoire qui a plus spécialement trait aux mœurs de l'insecte, dans ses rapports avec la conservation de l'espèce. » (Balbiani, *Comptes rendus de l'Académie des sciences*, 2ᵉ semestre 1874, p. 1,383). Or il me semble que ce desideratum est bien quelque chose, et, encore aujourd'hui on en pourrait signaler d'autres. Au surplus, voici l'opinion écrite de M. Balbiani lui-même :

Avant la découverte de M. Boiteau :

Si mes recherches ont réussi à soulever un coin du voile qui cachait jusqu'ici la progéniture du phylloxera ailé (*Comptes rendus*, 31 août 74), elles n'ont pas dissipé les obscurités qui enveloppent les faits les plus importants de son histoire, au point de vue pratique, tels que la connaissance du lieu de sa ponte, et des phénomènes consécutifs à cette ponte.

(Balbiani, *Comptes rendus*, 14 décembre 1874.)

Et après la découverte de M. Boiteau :

Mais ce qu'il est permis d'affirmer dès à présent, c'est que, en nous révélant le lieu des pontes de l'insecte ailé, M. Boiteau a fait faire à la question du phylloxera un pas considérable, dont le premier résultat a été de me permettre de reprendre le fil interrompu de mes recherches.

(Balbiani, *Comptes rendus*, 4 octobre 1875.)

En 1876, et avec une obligeance qui ne s'est jamais démentie depuis, M. Boiteau, que je n'avais pas l'honneur de connaître, a bien voulu me venir en aide en m'initiant à l'étude pratique du phylloxera ; il est tout simple que je m'en souvienne.

Eh bien, c'est contre cet œuf, où l'espèce vient se régénérer, qu'ont été institués les badigeonnages, et mon expérience personnelle me donne à penser que leur action est efficace. Or voici maintenant qu'un phénomène d'un autre ordre vient jeter les esprits dans une autre voie ; je parle de l'invasion du mois d'août. Il arrive parfois qu'au commencement du mois d'août, faisant des recherches sur une tache, on ne trouve presque rien ; à quelques jours de là, on trouve les racines couvertes d'insectes. D'où vient cette brusque invasion ? On a émis l'hypothèse qu'elle pourrait être produite par un essaim *d'ailés* arrivés en juillet, où souvent, en effet, on les rencontre en grand nombre. Les *sexués*, fils de ces *ailés*, donneraient des œufs fécondés, et ne se pourrait-il pas que ces œufs, venant à éclore immédiatement, fussent l'origine des nouvelles colonies ? Cette

question préoccupe en ce moment les hommes les plus
éclairés. Serrons-la de près, elle en vaut la peine ! A tout
prendre, cette éclosion estivale n'est pas impossible, ceux de
ces œufs qui ont été observés comme *œufs d'hiver* pouvant,
eux aussi, n'être que des *œufs hibernants*. Mais, ou bien le
même fait, l'éclosion estivale des œufs fécondés, chez les
phylloxeras du chêne aurait échappé à M. Balbiani, ou bien
il y aurait entre deux espèces aussi voisines une anomalie
bien invraisemblable. Je sais cette difficulté en bonnes
mains en ce moment même ; il est plus que probable que,
d'ici à peu de jours, elle sera élucidée. Si le fait se confirme,
il aura pour conséquence de rendre les badigeonnages insecticides illusoires comme mesure préventive ; mais ils con-
serveraient toute leur valeur dans un traitement curatif.
L'éclosion estivale des œufs fécondés, si elle est reconnue
vraie, n'expliquerait pas l'invasion du mois d'août ; personne,
en effet, n'est encore parvenu à faire vivre sur les racines
les insectes issus de l'œuf fécondé, ni ses descendants immédiats. L'idée nouvelle pourrait donc à la rigueur expliquer
une invasion de galles sur les feuilles, mais nullement une
invasion d'insectes sur les racines.

D'autre part, ces insectes ailés, d'où peuvent-ils bien
provenir ? On n'a vu, quelques jours auparavant, ni œufs
ni *nymphes* sur les racines, ce ne serait donc pas de là.
Serait-ce d'un foyer éloigné ? Mais par quelle fatalité vien-
draient-ils toujours s'abattre là où il y avait d'avance une
tache [1] ? Si toujours on retrouve des insectes sur le même
pied de vigne, n'est-il pas fort probable tout au moins que
c'est parce que leurs ascendants ne l'avaient jamais tout
à fait abandonné ?

Il peut y avoir, il y a probablement là une inconnue ;

1. M. Falières a présenté plus tard cette objection avec plus de force
(*Association viticole* de Libourne, 9ᵉ fascicule, page 21 ; octobre 1878).

mais c'est ailleurs, à mon avis, qu'il faut, dans tous les cas, chercher la cause de l'invasion du mois d'août. Là où le badigeonnage aura été fait et bien fait, la cause en est pour le moment à trouver, à moins que l'invasion ne vienne des racines profondes, où auraient pullulé quelques insectes échappés au traitement : et ce serait la grande exception, les insectes qui échappent au traitement étant généralement sur des racines superficielles. Là où le badigeonnage aurait été omis, cette invasion s'explique si naturellement par les insectes issus, par générations successivs, de *l'œuf d'kiver* que, provisoirement, il n'y a pas à chercher d'autre cause.

Je dois dire que dans une brochure parue récemment, M. le docteur Crolas et M. Falières, secrétaire général de l'Association viticole de Libourne, consacrent une note à mettre en doute, si ce n'est à nier formellement, la descente sur les racines des aptères aériens, et cela, par cette raison que personne ne l'a vue. Cette note, au premier aspect inoffensive, est grosse de conséquences. Si, en effet, les aptères aériens ne descendent pas sur les racines, il est inutile de s'en occuper, leur action au dehors étant sans inconvénients, et il est non moins inutile de s'occuper de *l'œuf d'hiver*, qui n'a d'autre tort que celui de leur donner naissance. Aussi, lorsque ces messieurs promettent, à la fin de leur brochure, de traiter dans un grand ouvrage annoncé la question des badigeonnages insecticides et de lui donner tout le développement qu'elle comporte, je me demande ce qu'ils pourront bien en dire, si ce n'est en réclamer l'abandon. J'ai l'honneur de connaître M. Falières ; plusieurs fois il m'a très gracieusement fait profiter de son savoir et de son expérience. J'en garde un souvenir reconnaissant, et je suis certain d'avance qu'il ne m'en voudra pas de ma franchise, si j'essaye de défendre ici une opinion contraire à la sienne.

Dans la science, bien des faits que personne n'a vus se présentent comme conséquence de faits plus accessibles à l'observation, et, s'ils en sont logiquement déduits, n'en inspirent pas moins de confiance. Personne, que je sache, n'a vu l'éther ; où est le physicien qui en nie l'existence ? Eh bien, tout ce que nous connaissons de la biologie du phylloxera prouve que les insectes issus de *l'œuf d'hiver*, après avoir vécu sur les feuilles pendant les premières générations, descendent ensuite sur les racines, où se continue et s'achève l'évolution de l'espèce. Séduit par la symétrie d'un ingénieux système, M. Balbiani avait cru pouvoir annoncer *à priori* (*C. r.*, 20 mars 76), qu'une sorte de bifurcation se produirait à *l'œuf d'hiver*, les insectes qui en naissent se dirigeant, les uns vers les racines pour engendrer les générations souterraines, les autres vers les feuilles pour y donner naissance aux générations gallicoles. On a eu le tort depuis de présenter cela comme un fait acquis. Les belles observations de M. Boiteau (*C. r.*, 2ᵉ semestre 76, *passim*), confirmées par d'autres observateurs, contredites par personne, prouvent que cette bifurcation n'a pas lieu. Jamais, ni M. Boiteau ni personne que je sache, n'a vu l'insecte issu de *l'œuf d'hiver* se diriger vers les racines. Non seulement M. Boiteau n'a jamais trouvé sur les racines d'insectes ayant les caractères physique de ceux des premières générations, mais en ayant placé lui-même en grand nombre sur les racines les plus appétissantes, il n'est jamais parvenu à les y faire vivre. L'insecte s'agite quelque temps, n'essaye même pas d'implanter sa trompe et meurt de faim.

Il est donc établi que les premières générations issues de *l'œuf d'hiver* vivent exclusivement sur les feuilles, ou tout au moins hors du sol. Voyons maintenant la contre-partie.

A partir de la troisième génération, ce greffage réussit

facilement, et il se fait spontanément à partir de la quatrième (tous les observateurs).

M. Maxime Cornu a vu des phylloxeras des galles se fixer sur les racines le 16 juillet (*C. r.*, 21 juillet 73) ; à cette date, ils peuvent appartenir à la quatrième génération.

M. Marion a trouvé le 16 mai, sur les racines, des insectes intermédiaires, par leurs caractères physiques, entre les aptères des racines et les aptères issus de *l'œuf d'hiver* (*C. r.*, 3 juillet 76) ; la troisième génération a déjà des représentants à cette date.

A partir de la cinquième génération, l'identité des *gallicoles* et des *radicicoles* est complète (M. Cornu, *C. r.*, 21 juillet, 6 et 13 octobre 73 — et tous les observateurs).

Les insectes des feuilles, placés sur les racines, y vivent à merveille.

Leur tendance à se laisser choir (M. Cornu, *C. r.*, 13 octobre 73) rend certaine leur arrivée sur le sol, où ils se trouvent confondus avec ceux qui sont remontés des racines.

Le retour de ces légions aux racines, soit par le pivot de la souche, soit par les crevasses du sol, a été maintes fois observé et signalé comme la cause la plus agissante de l'extension des taches.

Impossibilité pour les insectes des feuilles d'avoir un autre refuge que les racines contre les froids de l'hiver[1].

Enfin, si ce passage des feuilles aux racines est nié, on ne connaît aujourd'hui aucun autre mode de reproduction pour les insectes des racines que la reproduction parthénogénésique, les femelles sexuées, vues par M. Balbiani sur les racines (on n'y a jamais vu de mâle), ne pouvant infirmer cette conclusion.

---

1. On n'en a jamais trouvé hors de terre sous les écorces de la tige.

Tout prouve donc que les premières générations issues de l'*œuf d'hiver* vivent exclusivement sur les feuilles, et que les générations suivantes, à partir de la cinquième, par exemple, descendent spontanément sur les racines, en sorte que, à partir de l'*œuf d'hiver*, on ne rencontre pas de différence spécifique, mais une évolution continue de l'espèce, jusqu'à la *nymphe* qui viendra fermer le cycle ouvert par l'insecte ailé, son ancêtre.

Si l'on veut bien se rappeler que la doctrine de MM. Crolas et Falières aurait pour conséquence immédiate la suppression des badigeonnages, la cause qui les rend nécessaires ayant disparu, ils me pardonneront eux-mêmes de m'élever contre une doctrine qui me paraît désastreuse. Je considère, en effet, le badigeonnage comme une opération en dehors de laquelle un succès complet est impossible, du moins la première année du traitement. Pour ceux qui acceptent la nécessité d'un traitement annuel, le badigeonnage, j'en conviens, perd à peu près toute son importance; toutefois, comme l'opération est peu coûteuse, on fera sagement d'y recourir en tout état de cause; on peut bien dépenser 25 francs de plus par hectare, pour mettre de son côté toutes les chances!

M. Marion supplée au badigeonnage par des traitements successifs au sulfure de carbone, opérés dans le courant de l'été; la dépense est beaucoup augmentée par cette substitution, et le résultat beaucoup plus incertain, sinon absolument compromis; de plus, on est loin d'être d'accord sur le degré d'innocuité du sulfure de carbone à l'égard de la vigne en pleine végétation. Aux expériences citées dans le rapport on en oppose d'autres. N'ayant point de documents qui me soient propres, je m'abstiendrai de prendre parti, et je ne suivrai pas l'auteur dans cette partie de son travail; toutefois, et en attendant que l'accord se fasse, je conseillerai, par prudence, de ne faire que des traitements d'hiver, jusqu'à la date extrême du 1er avril.

Quant aux résultats obtenus, étant donné ce fait qu'il n'y a pas aujourd'hui d'exemple connu d'une vigne contaminée qu'on soit parvenu, par quelque méthode que ce soit, à débarrasser complètement de l'insecte, ils sont très encourageants et justifient pleinement l'espérance de M. Marion et de ses collaborateurs, d'arriver à un résultat complet. Même en persistant, contre ma conviction absolue, à ne pas pratiquer le badigeonnage, ils ont, pour espérer, une raison inattendue que je signalerai dans un instant.

Si j'osais maintenant me permettre une légère critique, je demanderais, pour l'avenir, plus de détails et plus de précision dans la description des recherches effectuées pour vérifier ces traitements. Une indication trop sommaire rend quelquefois incertaine l'interprétation des faits ; j'en citerai un seul exemple :

Après un traitement terminé le 4 avril (voir page 91 du rapport), on fait des recherches le 17 mai, et on trouve *une pondeuse isolée* sur le collet d'une souche, et ailleurs une autre *pondeuse isolée* sur une racine superficielle. Or un insecte épargné le 4 avril avait déjà des enfants adultes le 17 mai, et même des petits-enfants. Les pondeuses n'étaient donc pas seules, ou, si elles l'étaient réellement, elles venaient du dehors, et le traitement n'avait rien laissé. Il est probable que, seules, elles s'étaient aventurées aussi haut, le reste étant encore dans les profondeurs du sol. Les recherches sont malaisées, même bien après le 17 mai ; et pour conclure avec sécurité, il faut qu'elles soient très minutieusement décrites.

En résumé, les travaux de MM. Marion, Catta et Gastine fournissent des données du plus grand intérêt sur un fait entièrement nouveau. Même sur les points où la discussion

reste ouverte, ils seront étudiés avec fruit par tous ceux que
cette belle question intéresse. Le rapport où ils sont exposés
est plein d'idées ingénieuses et de faits intéressants, et la
suite annoncée de ces travaux sera attendue avec la plus
vive et la plus légitime impatience[1].

Il y aurait ingratitude à ne pas rappeler respectueusement ici le nom de M. Talabot, — l'inspirateur et l'âme de
ces belles recherches — dont l'initiative éclairée a déjà rendu
de si importants services à la viticulture. Remercions aussi
M. de Lamolère, l'inspecteur qui le seconde avec tant de zèle
et d'intelligence et une parfaite obligeance envers tous ceux
qui ont recours à lui.

NOTE. — Dans ses observations sur la vie de l'insecte,
M. Marion signale un fait entièrement nouveau : c'est le passage des insectes des racines aux feuilles, c'est-à-dire le passage inverse de celui que je viens d'expliquer longuement.
Malheureusement, le fait ne me semble pas définitivement
acquis. M. Marion n'a pas vu, du moins il ne le dit pas, un
insecte sortir du sol et monter sur la souche ; il a vu simplement de longues files d'insectes ayant une marche ascendante sur les sarments, et leur a reconnu le caractère des
insectes souterrains. On sait que ces caractères résident dans
la forme et les dimensions de la fossette olfactive située à l'extrémité des antennes, laquelle va en s'accusant de plus en plus
d'une génération à la suivante. Dès la cinquième, elle a pris
sa forme définitive et, à partir de là, toute distinction s'efface. Or, l'observation a été faite vers le 16 juillet, peut-être
même le 14 août seulement, — le rapport est obscur sur ce
point important. A ce moment-là, il reste des insectes de la
troisième génération (je les compte à partir de *l'œuf d'hi-*

1. M. Marion n'a rien publié depuis sur cette question.

ver), peut-être même quelques-uns de la seconde, et à cette même date, on en rencontre déjà de la cinquième[1]. Pourquoi faut-il qu'ici encore les détails manquent ? M. Marion a-t-il observé un grand nombre d'insectes ? Si oui, il est invraisemblable qu'il ne s'en fût rencontré aucun ayant franchement les caractères physiques des *gallicoles*, si réellement on eût eu affaire à des *gallicoles*, et l'observation devient quasi certaine. Mais si M. Marion n'en a observé qu'un très petit nombre, la malchance a pu les lui choisir parmi ceux de la cinquième génération, et il n'y a plus à conclure des caractères physiques. Ajoutons qu'une ponte de 150 œufs rapportée par l'auteur me semble exceptionnelle pour des *radicicoles*. Cependant les explications de M. Marion rendent le fait probable, si on se souvient surtout que M. Balbiani a réussi à greffer et à faire vivre sur les feuilles des aptères pris au hasard sur les racines (*C. r.*, 2 novembre 1874). Aussi le tiendrais-je tout de suite pour certain, si je ne craignais d'être entraîné par le désir que j'éprouve qu'il le soit.

C'est que ce fait, s'il se confirme, rapproché d'une observation faite, après Schimer et Riley, par un professeur russe, M. Kniasef, prend une importance considérable. Voici à quel point de vue :

Nous avons expliqué qu'en hiver, au 1er janvier par exemple, on rencontre l'ennemi sous deux formes seulement : de jeunes aptères hivernant sur les racines, des *œufs d'hiver* sous les écorces. Et à ce moment-là, il n'existe pas autre chose. Le traitement le plus complet consiste à détruire, d'une part les *hibernants* au moyen du sulfure de carbone, de l'autre les *œufs d'hiver* au moyen des badigeonnages. Or, chacune des opérations pouvant réussir, alors que l'autre

1. Voir **page 61** et suiv.

aurait échoué, il serait fort à souhaiter que l'une d'elles fût suffisante.

M. Balbiani a émis l'opinion que la destruction de *l'œuf d'hiver*, si elle était assurée, pourrait suffire. Réduite à la reproduction agame, la race dégénérerait promptement et s'éteindrait par stérilité. Mais M. Boiteau ayant observé l'insecte pondant avec le même entrain à la troisième année de génération agame, il serait à craindre que la vigne ne fût morte avant la bête.

Il semble que la destruction des *hibernants*, supposée complète, sera insuffisante si on ne détruit pas en même temps *l'œuf d'hiver*. Regardons-y de plus près : la *nymphe* n'apparaît vraisemblablement que dans les générations déjà éloignées des *sexués*, alors que la dégénérescence est déjà nettement accusée. Je ne connais rien qui contredise cette idée, — et le petit nombre d'œufs pondus par la *nymphe* devenue *ailé* lui semble favorable, — sauf une *nymphe* vue par M. Boiteau en septembre, mais en captivité, en flacon, et, dans ce cas, la dégénérescence est bien plus rapide, personne encore n'en a signalé au cours de la première année.

Eh bien ! admettons que les générations issues de *l'œuf d'hiver* ne fournissent pas de *nymphes* dans l'année de l'éclosion de cet œuf. Il est facile de voir qu'il suffira de détruire deux années de suite les *hibernants* pour avoir raison du fléau. En effet, vous avez détruit les *hibernants* en janvier 1878, par exemple ; il ne reste que des *œufs d'hiver* qui donneront une invasion nouvelle dans l'année ; mais, par hypothèse, pas de *nymphes*, pas d'*ailés*. Il n'y aura donc pas d'*œufs d'hiver* en janvier 1879, et si, à ce moment-là, vous détruisez encore les nouveaux *hibernants*, il ne restera rien.

Or M. Kniasef a observé des *nymphes* dans des galles. On a dû admettre jusqu'ici que ces galles étaient produites

par des insectes descendant de l'*œuf d'hiver* éclos au printemps dernier, puisqu'on ne leur connaissait pas encore
d'autre origine. Ces *nymphes* semblaient donc provenir de
ces mêmes œufs, et, bien qu'extrêmement rares, venaient
renverser les espérances fondées sur la donnée qui précède.
Or, si l'observation de M. Marion se confirme, l'objection
disparaît, les galles où l'on a trouvé des *nymphes* pouvant
fort bien provenir de ces insectes des racines, qui s'en vont
en villégiature sur les feuilles, et peuvent eux-mêmes être
distants de plusieurs années de l'*œuf d'hiver*.

Et l'on voit comment la Compagnie de Paris à Lyon et
à la Méditerranée, bien que ne pratiquant pas le badigeonnage, pourrait bien avoir quelques succès partiels dès la
seconde année. Je les lui souhaite de tout mon cœur !

(Lu à la Commission départementale du phylloxera, le 31 juillet 1878).

M. de Lafitte expose que l'objet du congrès ne saurait être d'enregistrer simplement des faits et des pratiques de détail ; il faut jeter un coup d'œil d'ensemble sur la question tout entière et demander à une discussion générale quelque lumière qui puisse éclairer, et, au besoin, nous permettre de rectifier notre marche.

S'il est utile de montrer les mérites de chaque traitement — on soutient ainsi les courages — il est plus utile encore d'en signaler les points faibles, pour essayer d'y remédier en provoquant de nouveaux efforts. C'est à ce dernier point de vue que je demande la permission de me placer. Point de vue ingrat! on mécontente tout le monde ; on paraît un esprit chagrin qui cherche partout à reprendre. C'est qu'en effet il y a partout à reprendre, c'est la condition des choses humaines. Dans toutes il y a le bien et le mal, et on n'est complètement éclairé que quand on connaît l'un et l'autre.

I. Trois traitements seulement s'imposent d'une manière spéciale à notre attention : les inondations, les sulfocarbonates, le sulfure de carbone. Je dirai peu de chose des deux premiers, qui ont déjà atteint une grande perfection, et, par cela même, donné à peu près tout ce qu'on en peut attendre.

Inondations. — Nous connaissons l'époque la plus favorable à leur application, les conditions qu'elles doivent remplir comme quantité d'eau, comme durée.

L'outillage ne laisse rien à désirer. Il y a peu de main-d'œuvre : un mécanicien, un chauffeur, c'est tout ce qu'exige la machine qui élève l'eau ; un ou deux hommes pour la manœuvre des vannes et on peut inonder de vastes surfaces. Les travaux d'installation se peuvent faire d'avance, à loisir, et exigent peu d'entretien.

Ce traitement n'offre que des applications très restreintes : il est impossible d'y recourir, non seulement sur les coteaux, mais même dans les vallées ayant une pente sensible, parce qu'il y faudrait des nivellements fort coûteux, ou de nombreux bourrelets dont chacun est un foyer d'infection.

On pousse à la création de canaux d'irrigation, et on fait bien, parce que l'eau peut être utilement employée à beaucoup d'autres usages. Malgré tout, les vignes susceptibles d'être inondées n'auront jamais qu'une étendue insignifiante ; et leur vie ou leur mort n'intéresse guère que ceux qui les possèdent.

On va jusqu'à demander la modification complète d'un état de choses que l'expérience et le sentiment des intérêts ont consacré : on demande d'ôter la vigne des coteaux et de la cultiver désormais dans les plaines. Or, ce n'est pas arbitrairement qu'on a demandé jusqu'ici aux plaines le pain et la viande, aux coteaux le vin. Je vois bien comment le vin pourrait descendre dans les plaines ; mais je ne vois pas du tout comment le pain et la viande pourraient monter sur les coteaux, alors que tant d'esprits éclairés contestent que la production en soit rémunératrice, même dans les meilleurs fonds. Et puis, pourquoi sommes-nous réunis ? pour défendre nos vignes, n'est-il pas vrai ? — singulière défense que celle qui consisterait à les laisser mourir d'abord là où elles sont et entre les mains de ceux qui les possèdent, dans l'espoir de les voir renaître ailleurs !

Les inondations n'ont été pratiquées encore que sur quelques milliers d'hectares. Si elles devaient s'étendre à des régions tout entières, n'aurait-on pas à craindre de voir surgir une question de salubrité publique ? De vastes surfaces recouvertes aussi longtemps d'eau stagnante — c'est une condition essentielle — seraient-elles bien sans danger ? Ne serait-on pas amené un jour prochain à reconnaître qu'il vaut mieux se bien porter et n'avoir pas de vin, qu'avoir du vin et en même temps la fièvre ?

Ce traitement, très utile pour ceux qui peuvent en faire usage, est sans application pour l'immense majorité des viticulteurs.

Sulfocarbonates. — Traitements annuels, engrais, et, par suite, prix de revient très élevé ; d'une application restreinte, à cause des masses d'eau exigées malgré la remarquable invention de MM. Mouillefert et Hembert. Ces messieurs, présents au Congrès, vous diront tout ce qu'on peut invoquer en faveur de ce traitement.

Sulfure de carbone. — Moins favorisé que les précédents, ce traitement n'est guère plus perfectionné aujourd'hui qu'il ne l'était à la fin de 1876. Aujourd'hui encore on abandonne au coup d'œil de l'ouvrier la position des trous d'injection sur le terrain et à son attention soutenue le soin de n'en oublier aucun. On sait fort bien qu'en opérant ainsi il y a de notables différences dans l'espacement des trous et que beaucoup sont oubliés, puisque c'est en grande partie pour remédier à ces défauts qu'on a imaginé les traitements *réitérés*. Mais on s'obstine à ne pas voir que l'effet du traitement dépend, non de la distance moyenne des trous, mais de leur distance effective dans les parties où elle est la plus grande. Si le traitement a réussi, c'est que cette dernière distance n'était pas trop grande ; et je dis : si vous aviez un moyen de mettre vos trous à une distance qui fût partout rigoureusement la même, vous auriez obtenu le même résultat en adoptant partout cette plus grande distance, ce qui vous eût conduits à faire des trous moins nombreux ; ce serait une économie de main-d'œuvre, de substance, d'argent. Nous reviendrons sur ce point.

Il y a longtemps que j'ai pratiqué et fait connaître un moyen fort simple d'obtenir une distribution parfaitement régulière des trous sur le terrain [1]. Je me sers de cordeaux qui permettent de les distribuer sur des rangées parallèles, et, sur ces cordeaux, je fais des *nœuds simples* équidistants, qui permettent de placer les trous à des distances rigoureusement égales. Les ouvriers n'ont plus besoin d'aucune attention ; ils peuvent causer ensemble, songer à autre chose — ce qu'ils font d'ailleurs dans tous les cas. Chacun n'a qu'à suivre son cordeau et poser la pointe du pal à côté de chaque nœud, qui se voit parfaitement. En fermant les trous d'un coup de talon, il n'y a pas à s'inquiéter du cordeau ; sur les miens, chaque nœud a reçu près de dix mille coups de talon et ne paraît pas en avoir souffert.

Expliquons quelques-uns des avantages qu'on obtient par une telle exactitude dans la distribution des trous :

1° On en peut réduire le nombre ainsi que je l'ai expliqué ;

2° Quel que soit le mode de plantation de la vigne, on arrive à faire exactement le même nombre de trous par hectare, à une cinquantaine près. Il en résulte qu'on peut

---

1. *Discours sur le phylloxera,* septembre 1878. Ce passsage a été supprimé dans ce recueil pour éviter une répétition inutile. On trouvera les explications nécessaires dans le mémoire suivant (pages 306 à 322).

étudier l'influence des différents terrains sur le traitement, puisque ce traitement est rigoureusement le même pour tous. Et M. Boiteau nous expliquait tout à l'heure que par la méthode ordinaire, on est amené à faire 19,000 trous sur telle vigne et 29,000 sur telle autre ; en pareil cas, les différences inhérentes aux traitements eux-mêmes suffisent à masquer les influences du terrain, et ne permettent de rien conclure. Cette étude de terrain serait cependant fort importante, comme l'indiquait un de nos collègues à une précédente séance ;

3° On peut ainsi placer chaque trou exactement à hauteur du milieu de l'intervalle de deux trous consécutifs des rangées adjacentes. Cette disposition est tellement importante, que si on la compare à celle où les trous sont tous à la même hauteur, on peut obtenir avec la première un effet meurtrier aussi énergique qu'avec la seconde, en réduisant le nombre des trous dans une proportion considérable. Le calcul prouve que cette réduction peut être supérieure *au quart* du nombre total ; en d'autres termes, on obtient de la première avec quinze mille trous, par exemple, le même effet qu'on obtient de la seconde avec vingt mille, les doses étant les mêmes dans chaque cas.

M. de Lafitte met sous les yeux de ses collègues un fragment de cordeau, et entre dans quelques détails pratiques touchant l'opération, qui est d'une extrême simplicité. J'ai, dit-il, traité environ trois hectares ; une première fois en 1877, par la méthode ordinaire, une seconde fois, en 1878, avec les cordeaux. Les traitements se sont faits sous ma direction immédiate, sans que j'aie quitté une minute les ouvriers ; je suis donc bien fixé sur la pratique. Eh bien, avec les cordeaux, l'opération est plus facile pour tout le monde ; pour un même nombre d'ouvriers, on a plus de trous à la fin de la journée et les hommes sont moins fatigués, parce que, en les faisant passer successivement du maniement des cordeaux à celui des pals, on les repose d'un travail par un travail de nature différente ;

4° Avec cette méthode on peut sans inconvénient renoncer aux traitements *réitérés*, qui exigent une main-d'œuvre double ; les traitements réitérés ont d'ailleurs ce vice radical, que, si après le premier on a une série de jours pluvieux qui obligent à différer le second, les deux traitements deviennent indépendants l'un de l'autre et également insuffisants.

Je dois m'en tenir ici, dit l'orateur, à ces explications sommaires. Tous les développements désirables sont consignés dans un mémoire très développé, signalé dans les Comptes rendus de l'Académie des sciences (séance du 7 avril 1869). J'ignore encore si ce mémoire sera publié. J'ai déjà beaucoup fait imprimer à mes frais et je dois m'arrêter ; je ne puis songer à un éditeur, parce que ce mémoire ne sera lu de personne ; il y a trop de géométrie pour les viticulteurs, il n'y en a pas assez pour que ce travail ait aucun intérêt scientifique. Pourquoi donc l'imprimer ? direz-vous. La raison, la voici : Le mémoire publié, j'en pourrais extraire un petit manuel contenant simplement *la règle*, les détails d'exécution, et quelques tableaux fournissant les données nécessaires dans chaque cas.

Dans une courte préface, je renverrais au mémoire imprimé ceux qui désireraient des preuves, tandis que je ne me reconnais pas une autorité suffisante pour prescrire une règle que je n'aurais pas d'avance rigoureusement justifiée.

Comme je n'ai trouvé aucune mauvaise volonté, mais au contraire une grande bienveillance chez tout le monde, je n'ai qu'à attendre et rien à demander.

Le détail de la méthode pratique a été publié dans une brochure parue en 1878. Il semble qu'on tourne autour de la méthode sans vouloir y entrer. Dans une note parue dans les Comptes rendus du 4 mai 1879, M. Boiteau explique que dans les vignes plantées irrégulièrement il prend une *ligne d'opération;* dans une note parue dans les Comptes rendus du 26 janvier 1880, il place ses trous sur des lignes parallèles, comme il l'a expliqué tout à l'heure ; encore un pas et le progrès sera réalisé.

Quoi qu'il advienne de cette amélioration pratique, le traitement au sulfure de carbone offre des avantages notables :

Il n'exige pas l'emploi de l'eau et est par cela même applicable partout, réserve faite de quelques accidents dans la constitution du sol, accidents auxquels on remédiera le plus souvent par l'emploi d'un avant-pal ;

C'est le plus énergique et en même temps le moins coûteux que nous connaissions encore.

Je prendrai donc ce traitement pour base dans l'examen qui me reste à faire de notre situation présente.

II. — Nous ferons d'abord deux groupes des vignobles qui existent en France. Dans le premier, nous mettrons les vignes qui donnent de gros revenus, soit parce que le rendement en est considérable, soit parce que le vin en est d'un prix élevé ; nous mettrons toutes les autres dans le second.

Nous aurons ainsi, d'une part les départements de la Gironde, de la Côte-d'Or, ou plutôt les grands et moyens crus de ces deux départements, et une grande partie des vignobles de l'Hérault, du Gard, et ailleurs de quelques cantons ; nous aurons, d'autre part, tout le reste des vignes françaises, plus des trois quarts du tout.

Ne nous occupons pas des vignes de la première catégorie, celles-là peuvent dès à présent être défendues. Les autres restent à peu près sans défense.

Parmi celles-ci, le prix de revient des traitements connus est inabordable. On nous dit : voilà une vigne qui donne, *en moyenne,* un revenu net de 300 francs à l'hectare; si le traitement coûte 150 francs, il reste au propriétaire 150 francs, plus que ne donnerait ce même hectare de terre consacré à toute autre culture ; donc, *on doit* traiter la vigne et la conserver.

Raisonnements spécieux, mais faux ! Pour bien nous faire comprendre, imaginons que l'État ne pouvant plus faire honneur à ses engagements *consolide* le 3 0/0 à 1 fr. 50 par exemple, et dise aux rentiers : trente sous valent mieux que rien ! combien pourraient lui répondre : avec la rente actuelle nous vivons ; avec la rente réduite nous serons sans pain !

Eh bien, avec la rente ainsi réduite, les créanciers de l'État seraient encore en bien meilleure situation que ne sont aujourd'hui les créanciers de la vigne. Les premiers auraient une somme moindre que par le passé, mais une somme fixe et revenant tous les ans. Comment établir une moyenne avec la vigne ? Telle année, — le cas est malheureusement fréquent, — un accident : une grêle, une gelée, la coulure, emporte tout — tout ! excepté le traitement qu'il faut faire qnand même, et payer : avec quoi le payerez-vous ? — Mieux vaut une culture donnant moins de 150 francs de revenu, mais qui ne sera grevée d'aucune charge exceptionnelle et qui se doive solder d'avance en argent.

On nous dit : votre vigne ne donne que 300 francs à l'hectare, c'est que vous cultivez mal. Augmentez vos produits avec des engrais. Erreur ! on peut le dire aussi de la terre : on ne prête utilement qu'aux riches. L'engrais se paye. Donnez-en tout ce qui est utile à une terre, vous pourrez doubler le rendement, mais vous n'arriverez qu'au doublement aussi bien sur la mauvaise terre que sur la bonne. Que la bonne terre donne naturellement cent hectolitres : vous en aurez deux cents ! bénéfice cent hectolitres.

Si la mauvaise en donne dix, vous en aurez vingt ! bénéfice :
dix hectolitres. Or, ces dix hectolitres ne payeront pas l'engrais, s'il faut l'acheter. Aussi, dans la grande culture, ne
met-on jamais d'engrais sur les vignes en mauvais terrain ;
et on a peut-être raison de n'en pas mettre. Et cependant ce
sont ces pauvres vignes qui sont vraiment la fortune du pays,
parce qu'elles sont *le nombre*, et qu'elles donnent un beau
revenu *où, sans elles, on n'en aurait aucun.*

On dit encore : nous pouvons espérer qu'il n'y aura pas
à renouveler chaque année le traitement. Et, si un traitement fait un an sur deux suffit, c'est la dépense réduite de
moitié, soit ; c'est en effet un progrès considérable, et qu'il
est permis d'entrevoir. Mais un traitement annuel, quel qu'il
soit, ne permet de faire vivre la vigne qu'à la condition de
la soutenir par d'abondantes fumures. Il les faudra plus
riches encore si on ne traite qu'un an sur deux. C'est dire
que les terres pauvres sont encore exclues du bénéfice d'un
traitement bisannuel.

Les traitements n'ont encore été utilisés que dans les
vignes riches ; de là tant d'illusions ! Il ne faut cependant
pas que ces vignes riches occupent seules la scène, et relè-
guent à la cantonade les vignes pauvres, d'une étendue au
moins quadruple !

L'heure avance, je dois marcher rapidement.

Nous ne pourrons nous reposer dans un demi-succès que
le jour où nous pourrons faire face au fléau partout à la fois.
Nous venons d'indiquer l'obstacle tiré du prix de revient. En
voici un autre qui vaut bien qu'on s'y arrête : il reste en
France un million huit cent mille hectares de vignes, en
nombre rond. Où trouverez-vous la main-d'œuvre pour appliquer les traitements sur une telle surface, alors que déjà
elle manque partout, absolument partout, et dans des proportions déplorables, pour suffire aux opérations courantes ?

Autre chose : on a traité cette année à peine quelques milliers d'hectares au sulfure de carbone (3,022 en 1879), et le sulfure de carbone a manqué. Dans la Gironde, la moitié de ceux qui en demandaient n'ont pu en obtenir. Imaginez-vous ce qu'il en faudra pour traiter un million huit cent mille hectares, je devrais dire deux millions cinq cent mille hectares, car vous ne faites pas encore votre deuil, je présume, des vignes déjà mortes ! A ce triple point de vue, le prix de revient, le manque de la main-d'œuvre, la rareté de la substance, il y aurait le plus grand intérêt à réduire le plus possible le nombre des trous d'injection. J'ai fait ce que j'ai pu dans cette voie.

Vous le voyez, tout reste à faire. S'il y a des illusions, c'est qu'au lieu de regarder le danger en face, on se laisse entraîner à des mesures décevantes qui le dissimulent, mais ne le conjurent pas. Je parle des *syndicats* et des traitements administratifs.

Syndicats. — Que des viticulteurs courageux se réunissent en syndicat pour se défendre, on ne saurait trop les en louer. Mais que l'État leur vienne en aide par des subventions, c'est autre chose[1].

En premier lieu, tant que la demande des insecticides sera supérieure à l'offre, ces subventions ne peuvent que faire hausser le prix de ces substances : pas un économiste ne me contredira, c'est l'évidence même.

Si la subvention de l'État s'est élevée à une proportion importante (la moitié du coût total), c'est que les syndicats ont encore été peu nombreux. Mais cette situation n'est évidemment que transitoire ; que les syndicats deviennent nombreux, la subvention deviendra insignifiante, la plupart ne pourront pas vivre, se dissoudront, et le mal sera celui-

----

1. Voir pages 502 *m* à 509.

ci : vous aurez contribué à faire considérer comme possible un mode de défense qui ne l'est pas.

Même avec une subvention de l'État qui couvre la moitié de la dépense, ces traitements sont impossibles pour plus de la moitié des vignes. Or, celles-là contribuent, en fait, à la dépense, faite pour les autres, puisque c'est l'impôt prélevé sur tous qui paye ; et ces autres sont précisément celles qui n'ont pas besoin de subvention, parce qu'elles peuvent se suffire à elles-mêmes. N'est-ce pas là une inégalité choquante ?

Il y a une loi ; je n'insiste pas. Ce sera à vous de voir s'il y a lieu d'appeler sur ce point l'attention des pouvoirs publics.

Traitements administratifs. — Je ne crois pas que ces traitements donnent à beaucoup près les résultats qu'on en attend. — Toutefois, comme on n'y risque qu'un peu d'argent, et qu'ils sont faits en vue d'un intérêt d'ordre général, je m'abstiendrai de toute critique.

III. — *Conclusion.* — Si la situation de la viticulture française n'est pas, grâce à Dieu, désespérée, on conviendra qu'elle n'est pas brillante ! La vigne américaine n'offre que des ressources bien incertaines, je n'en parlerai pas. Elle aussi a des vérités à entendre ; je réserve ces vérités pour le Congrès de Lyon, où elle pourra être défendue, je ne dis pas avec plus de talent, mais certainement avec plus de conviction et d'entrain qu'elle ne le serait ici [1].

Nous pouvons accroître le nombre des années de transition qui nous séparent soit du salut, soit de la ruine ; mais, avec ce que nous possédons aujourd'hui, et s'il n'arrive pas autre chose, c'est la ruine qui est au bout. Reculons le plus possible l'échéance, ne fût-ce que pour donner à l'insecte le temps de s'en aller de lui-même, ce que, pour mon compte,

---

1. Au Congrès de Lyon, on n'a pas permis que ces vérités fussent dites (voir page 560).

je préférerais à tout le reste. Pour cela, travaillons sans relâche à perfectionner les quelques traitements que nous possédons. Chacun aura son emploi suivant les circonstances. Efforçons-nous de trouver d'autres méthodes; nous ne serons jamais assez armés pour cette lutte.

Voilà pourquoi je n'abandonnerai qu'à la dernière extrémité un traitement dont je ne suis pas l'auteur, mais sur lequel je suis à peu près seul à compter encore : le traitement fondé sur la destruction de *l'œuf d'hiver*. La question vaut qu'on s'y arrête. L'heure est maintenant trop avancée ; mais nous aurons certainement l'occasion d'y revenir.

ESSAI SUR UNE BONNE CONDUITE DES TRAITEMENTS AU SULFURE DE CARBONE.

(Conférence faite au Congrès international phylloxérique de Bordeaux
dans la séance du 11 octobre 1881.)

Le traitement par le sulfure de carbone, le plus répandu parce qu'il est le moins coûteux, traverse une crise dangereuse. Je n'en veux pour preuve que l'émotion produite dans le Bas-Languedoc par les accidents survenus à la suite de la dernière campagne, émotion que M. Max. Cornu, délégué par l'Académie des sciences, signale dans une note publiée récemment dans les *Comptes rendus* : « L'effet moral », dit M. Cornu, « paraît avoir été considérable et n'est pas encore atténué ». (Séance du 11 juillet 1881, p. 28.)

Cette crise n'est pas la première. L'*idée* du sulfure de carbone est née en 1869 ; pendant les quatre ou cinq années qui ont suivi, ce toxique a tué à peu près autant de vignes qu'on a voulu en traiter ; on paraissait y renoncer généralement, lorsque M. Alliès, en apprenant à l'employer avec plus de modération et de prudence, est venu le sauver d'un discrédit immérité.

La méthode que je propose me semble destinée à le sauver peut-être une seconde fois, et dans un avenir très prochain.

Cette méthode permet de disposer les trous d'injection sur le terrain avec une régularité parfaite, comme on pourrait le faire sur le papier avec la règle et le compas, et a pour objet de les placer sur des lignes droites parallèles à la direction des rangs de vignes, à des distances rigoureusement égales sur ces lignes, et de manière que chaque trou soit exactement à hauteur du milieu de l'intervalle compris entre les deux trous les plus proches de la rangée voisine. Suivant l'usage, nous désignerons cette disposition par ces mots : *en quinconces*, et nous désignerons par ceux-ci : *en échiquier*, celle où les trous sont à la même hauteur sur deux rangées voisines, et forment des rectangles.

Aucune de ces deux conditions : distances égales et disposition *en quinconces*, ne peut être remplie quand on prend les ceps pour points de repère. Les ceps, en effet, même dans les vignes les mieux plantées, ne sont jamais ni équidistants, ni même en ligne droite. Fussent-ils à des distances égales, on ne pourrait pas s'en servir. Ainsi, que les ceps soient à un mètre l'un de l'autre dans le rang, et qu'on veuille mettre les trous à $0^m,78$ l'un de l'autre : comment les ceps indiqueraient-ils la place du 7e, du 15e, du 28e trou, par exemple? Mais, bien loin qu'il en soit ainsi, on trouve fréquemment entre les ceps des distances qui varient du simple au double. En se réglant sur la place qu'ils occupent, on fait les trous plus rapprochés sur certaines parcelles, plus éloignés sur d'autres. Sur les premières, on emploie plus de sulfure de carbone qu'il n'en faudrait ; sur les autres, il pourrait ne plus y avoir la quantité nécessaire.

Et en effet, il faut bien le remarquer, il ne saurait s'établir ici aucune compensation, parce que le sulfure ne se diffuse qu'à une très petite distance (moindre qu'un mètre, certainement), et ce qu'on met de trop quelque part est dépensé sans profit, quand ce n'est pas au détriment de la vigne.

Cependant, et c'est là l'idée-mère de la méthode, toutes les fois qu'un traitement a été fait dans de bonnes conditions, un mois, deux mois après, on ne trouve plus d'insectes nulle part. N'est-ce pas la preuve que la distance des trous d'injection est encore bonne là où elle est la plus grande, et *qu'on pourrait adopter partout cette plus grande distance, à la condition de la faire partout rigoureusement la même.* Avec notre méthode, cette condition sera remplie. De plus, les trous d'injection seront rigoureusement disposés *en quinconces ;* et cette dernière disposition est si importante que, comparée à celle *en échiquier,* elle permet de réduire le nombre de trous, sans changer ni les doses ni l'effet toxique, dans une proportion qui peut dépasser le quart du nombre employé dans cette dernière disposition. Les tableaux que nous donnerons plus loin en fourniront la preuve. Le détail des calculs que résument ces tableaux ne saurait trouver place ici, mais nous allons en indiquer le principe.

Si on imagine comment les choses se passent à l'intérieur d'un triangle dont les sommets sont trois trous d'injection voisins, on voit que les vapeurs toxiques, en se diffusant autour de chaque trou, c'est-à-dire de chaque dose injectée, s'avancent dans l'intérieur du triangle, et que ces trois flots marchant à la rencontre l'un de l'autre viennent se réunir en un point également éloigné des trois sommets, c'est-à-dire au centre du cercle circonscrit. Cela suppose, il est vrai, que ce centre est à l'intérieur du triangle ; mais cette condition est toujours remplie pour une combinaison des trous trois à trois,.et pour une seule. Ce centre est le *point dange-*

reux ; celui qui sera atteint le dernier, ou qui ne le sera pas du tout si le triangle est trop grand. Le rayon du cercle circonscrit au triangle peut être nommé *rayon virtuel* du sulfure de carbone ; c'est la distance minimum où les vapeurs doivent se répandre pour que tout le terrain soit imprégné.

Ce *rayon virtuel* peut être pris pour mesure de la puissance toxique du traitement ; mesure indirecte, sans doute, mais tout à fait du même ordre que celle qu'on tire, par exemple, pour mesurer les températures, de la dilatation d'un corps. Dans la pratique, si deux traitements ont le même *rayon virtuel*, leur puissance toxique sera la même ; si l'un des *rayons virtuels* est, au contraire, plus grand, la puissance toxique du traitement correspondant sera plus petite.

Eh bien, si l'on place d'abord les trous d'injection *en quinconces,* puis qu'on les mette *en échiquier* (par exemple en faisant avancer dans le même sens toutes les rangées impaires d'un demi-intervalle compris entre les trous), dans cette nouvelle disposition le *rayon virtuel* sera plus grand ; si on veut le ramener à être ce qu'il est dans la première disposition, il faudra rapprocher les trous dans chaque rangée, c'est-à-dire en augmenter le nombre, et le calcul prouve que tandis que 3,000, par exemple, suffisaient *en quinconces*, il en faudra 4,000 et quelquefois plus *en échiquier.*

. D'une part, équidistance des trous, permettant de substituer à une distance *moyenne* une distance *fixe* beaucoup plus grande ;

D'autre part, disposition des trous *en quinconces,* ce qui permet d'en réduire encore le nombre ;

C'est, en somme, une réduction d'un tiers, au moins, dans le nombre des trous d'injection que cette méthode rend possible, les doses et l'effet toxique restant les mêmes.

J'ai proposé cette méthode, il y a longtemps, dans un but

d'économie ; l'économie porte à la fois sur la main-d'œuvre, sur la substance toxique et j'ajoute sur l'engrais, parce que la vigne étant moins fatiguée par le traitement, la dose d'engrais pourra être réduite. C'est dire que l'économie porte sur le traitement tout entier.

Aujourd'hui intervient une question de sécurité. Afin de ménager la plante, il ne faut dépasser nulle part la dose de sulfure strictement nécessaire pour tuer l'insecte : il faut encore la répartir dans un nombre de trous d'injection aussi réduit que possible, parce que moins on aura de trous, moins on intéressera de racines. Sur ces points fondamentaux aucune règle n'est connue, parce que les traitements pratiqués jusqu'à ce jour dans différents vignobles ne sont pas comparables entre eux. Ainsi, suivant le nombre et la disposition des ceps dans le vignoble, on en arrive à faire, ici 20,000 trous d'injection, là plus de 30,000 à l'hectare, pour injecter une même quantité de sulfure de carbone. Naturellement on réduit la dose par trou quand le nombre des trous augmente ; mais comment reconnaître l'influençe du terrain, par exemple, qui est si importante, lorsque les différences inhérentes aux traitements mêmes sont capables de masquer toutes les autres ? Avec la méthode actuelle on fera rigoureusement le même nombre de trous à l'hectare, et on en viendra à dire, pour chaque nature de terrain : avec telle dose par trou d'injection, il ne faut pas dépasser tel *rayon virtuel* : tout est compris dans cette formule.

Avant d'expliquer le manuel opératoire, qui est des plus simples, fournissons les données qui seront nécessaires dans chaque cas. Ces données sont contenues dans les quelques tableaux qui vont suivre, et dont voici l'explication :

Les cinq premières colonnes portent, en tête, une définition suffisante. On n'a pas à s'occuper de la distance des ceps dans le rang ; on trouvera dans la première colonne la distance entre les rangs, telle qu'elle existe dans le vignoble à traiter. Supposons que cet interligne soit de 1ᵐ50, et qu'on veuille faire 20,000 trous à l'hectare (premier tableau) : en suivant la ligne horizontale qui commence par $1^m,50$, on trouvera dans la seconde colonne qu'il faut faire deux rangées de trous dans chaque interligne ; dans la troisième colonne, que ces rangées de trous seront à $0^m,750$ l'une de l'autre ; dans la quatrième, qu'il faut observer la distance de $0^m,666$ entre les trous dans chaque rangée ; la cinquième que le *rayon virtuel* du traitement est de $0^m,449$. La sixième colonne, intitulée Δ, contient les nombres de trous qu'il faudrait faire *en plus*, avec la disposition *en échiquier*, si on voulait avoir le même *rayon virtuel*. Ici, c'est 6,000 ; il faudrait 26,000 trous au lieu de 20,000.

Chaque ligne horizontale servira pour les multiples et les sous-multiples de l'interligne écrit dans la première colonne. Ainsi la ligne correspondante à $1^m,50$ servira pour les interlignes de 3 mètres en faisant 4 rangées de trous par interligne au lieu de 2, et pour celui de $0^m,75$ en n'en faisant qu'une, et ainsi des autres.

Une remarque importante est à faire : les deux lignes de $0^m,90$ pourraient servir pour l'interligne double de $1^m,80$. Ce dernier figure cependant dans le tableau parce qu'il comporte des données meilleures ; et elles sont meilleures parce qu'elles conduisent à un *rayon virtuel* plus petit. Cela tient à ce qu'on fait 3 rangées de trous par interligne. Pour l'interligne moitié moindre on n'en peut pas faire 1 1/2 ; il en faut faire 1 ou en faire 2, et dans les deux cas le *rayon virtuel* augmente.

Pour quelques interlignes, on peut hésiter entre deux nombres pour celui des rangées à faire dans chacun de ces interlignes ; comment reconnaître le meilleur ? — Il n'y a qu'un moyen : calculer le *rayon virtuel* et choisir le nombre qui fournit le plus petit. Ainsi, sous ce rapport, pour l'interligne de 0m,90 la seconde ligne horizontale vaut mieux que la première. Toutefois, nous verrons que l'opération est d'autant plus simple que le nombre des rangées dans chaque interligne est moindre; c'est donc un second élément dont il faut tenir compte. Ainsi, pour l'interligne de 1m,65 (nous nous référons toujours au premier tableau) la première ligne horizontale doit être préférée à la seconde.

I. — Tableau pour faire 20,000 trous d'injection à l'hectare.

Interlignes (J)	Nombre de rangées de trous dans chaque interligne (n)	Distance entre les rangées de trous (d)	Distance entre les trous dans chaque rangée (2 l)	Rayon virtuel (r)	Δ
0m,90	1	0m,900	0m,555	0m,493	7,500
	2	0 450	1 111	0 459	7,777
1 »	2	0 500	1 000	0 500	3,100
1 25	2	0 625	0 800	0 440	5,800
1 50	2	0 750	0 666	0 449	6,000
1 60	2	0 800	0 625	0 461	7,173
1 65	2	0 825	0 606	0 468	7,548
	3	0 550	0 909	0 463	4,437
1 80	3	0 600	0 833	0 444	5,500
2 »	3	0 666	0 751	0 438	6,300

La dernière ligne horizontale ne fait pas double emploi avec celle de 1 mètre parce qu'elle donne un *rayon virtuel* bien meilleur.

Observation. — A l'exception de l'interligne de 1 mètre, qui est le moins favorable, on voit que les *rayons virtuels* varient à peine. Pour arriver à une différence, il a fallu pousser les calculs jusqu'aux millimètres; c'est dire que, dans la pratique, il n'y en a aucune; qu'en ce qui touche l'insecticide, tous ces traitements sont parfaitement équivalents, et servi-

ront à mettre en lumière les influences relatives aux terrains, aux cépages, etc.

II. — Tableau pour faire 16,000 trous d'injection à l'hectare.

Interlignes	Nombre de rangées de trous dans chaque interligne	Distance entre les rangées de trous	Distance entre les trous dans chaque rangée	Rayon virtuel	Δ
(J)	(n)	(d)	(2 l)	(r)	
0^m,90	1	0^m,900	0^m,694	0^m,516	5,600
1 00	1	1 000	0 625	0 549	6,300
	2	0 500	1 250	0 512	4,000
1 25	2	0 625	1 000	0 512	3,800
1 50	2	0 750	0 833	0 490	5,200
1 60	2	0 800	0 781	0 494	5,730
1 65	2	0 825	0 758	0 500	5,413
2 00	3	0 666	0 938	0 490	4,900
2 50	3	0 833	0 750	0 518	3,400

Observation : Ici encore, les *rayons virtuels* varient à peine,
en exceptant toutefois celui que fournit la première des deux
lignes horizontales relatives à 1 mètre, que nous avons conservée pour la facilité de l'opération sur le terrain.

III. — Tableau pour faire 12,000 trous d'injection à l'hectare.

Interlignes	Nombre de rangées de trous dans chaque interligne	Distance entre les rangées de trous	Distance entre les trous dans chaque rangée	Rayon virtuel	Δ
(J)	(n)	(d)	(2 l)	(r)	
0^m,90	1	0^m,900	1^m,080	0^m,612	2,880
1 00	1	1 000	0 833	0^m,587	4,287
1 25	2	0 625	1 333	0 626	2,736
1 50	2	0 750	1 111	0 580	3,106
1 60	2	0 800	1 041	0 569	3,625
1 65	2	0 825	1 101	0 596	2,095
2 50	3	0 833	1 000	0 565	3,723
3 50	4	0 875	0 975	0 573	3,479

Observation : Les différences entre les *rayons virtuels* sont ici un peu plus accusées et pourraient motiver une légère variation dans les doses toxiques.

Pour l'interligne de $0^m,50$, on emploiera la seconde ligne du tableau en faisant une rangée de trous d'interligne entre autres.

Dans chaque terrain et pour chaque cépage, ou mieux, pour chaque combinaison de terrain et de cépage, l'expérience seule peut faire connaître les doses toxiques à employer, selon qu'on fera usage d'un ou d'un autre de ces tableaux. Si l'on veut bien réfléchir qu'on a eu, à peu près partout, de bons résultats contre l'insecte en employant 20,000 trous avec des doses de 10 grammes ; qu'avec la pratique usitée pour les traitements on a de telles différences dans les distances entre les trous d'injection, que les *rayons virtuels* effectifs dépassant $0^m,70$ doivent être fréquents, on ne sera pas éloigné de penser que ce dernier tableau suffira toujours, ou peu s'en faut, avec des doses de 10 grammes, *peut-être même avec des doses moindres.* Pour moi, je suis très porté à penser, après avoir vu bien des vignes traitées par les procédés usuels, qu'à la condition d'avoir avec une grande exactitude l'équidistance des trous et la disposition *en quinconces,* 80 kilogrammes de sulfure de carbone par hectare est une quantité très suffisante dans la majorité des cas.

Ajoutons une remarque fort importante : il ne faut pas croire qu'il soit nécessaire de mettre chaque trou rigoureusement à la place qu'il doit occuper ; une déviation de 3 ou 4 centimètres sera sans inconvénient : nos *rayons virtuels* varieront à peine, et cela, *parce que la disposition adoptée pour les trous correspond à un minimum de ces* RAYONS VIRTUELS. Je ne saurais entrer dans le détail, mais pas un mathématicien ne me contredira sur ce point.

Je ne sais si on pratiquera encore ce que l'on a appelé
des traitements d'*extinction;* je ne sais pas non plus si, pour
diminuer autant que possible les doses toxiques, on ne voudra pas quelquefois augmenter beaucoup le nombre des
trous d'injection. Je ne conseille rien de pareil. Cependant, il y a peut-être là une expérience intéressante à faire,
et je donne à tout événement le tableau correspondant à
30,000 trous.

IV. — Tableau pour faire 30,000 trous d'injection à l'hectare.

Interlignes (J)	Nombre de rangées de trous dans chaque interligne (n)	Distance entre les rangées de trous (d)	Distance entre les trous dans chaque rangée (2l)	Rayon virtuel (r)
0ᵐ,50	1	0ᵐ,500	0ᵐ,666	0ᵐ,361
0 75	1	0 750	0 444	0 407
	2	0 375	0 889	0 379
0 90	2	0 450	0 741	0 377
1 25	2	0 625	0 533	0 369
1 50	3	0 500	0 666	0 361
1 60	3	0 533	0 625	0 358
1 65	3	0 550	0 606	0 358
1 80	3	0 600	0 555	0 364
2 00	3	0 666	0 500	0 379

Si j'avais un conseil à donner, ce serait celui-ci : que
vous ayez à traiter un carré de vignes d'une certaine étendue et à peu près homogène ; faites-en trois parts : sur celle
du milieu faites 20,000 trous, faites-en 16,000 à droite,
12,000 à gauche, et employez partout la dose de 7ᵍʳ,50. Puis,
vous vérifierez minutieusement, je veux dire en allant jusqu'à l'arrachement des ceps, ce qui restera d'insectes deux
mois après dans les trois portions du vignoble. Cet examen
vous apprendra certainement ce qu'il conviendra de faire
les années suivantes.

Voici un dernier tableau conçu selon un autre principe :

V. — Tableau pour faire un réseau de triangles équilatéraux.

Interlignes (J)	Nombre de rangées de trous dans chaque interligne (n)	Distance entre les rangées de trous (d)	Distance entre les trous dans chaque rangée (2 l)	Rayon virtuel (r)	Nombre de trous à l'hectare
$0^m,50$	1	$0^m,500$	$0^m,577$	$0^m,333$	34,662
0 75	1	0 750	0 866	0 500	15,395
0 90	1	0 900	1 038	0 594	10,743
	2	0 450	0 519	0 300	42,972
1 00	1	1 000	1 155	0 667	8,658
1 25	2	0 675	0 777	0 449	19,065
1 60	2	0 800	0 923	0 546	13,412
1 80	3	0 600	0 693	0 400	24,050
2 00	3	0 666	0 779	0 446	19,275

Ici, la régularité est absolue : les triangles sont des triangles équilatéraux. Mais alors on n'est plus maître du nombre des trous ; ce nombre est déterminé par la grandeur de l'interligne et le nombre des rangées qu'on y fait.

Pour l'interligne de 2 mètres, on a bien près de 20,000 trous, comme au premier tableau. On en fait seulement en moins 725. Malgré la régularité absolue, le *rayon virtuel* est plus grand qu'au premier tableau. L'interligne de $1^m,25$ donne lieu à une remarque analogue. On voit par là combien on approche, avec nos tableaux, du maximum d'effet.

Il serait bien à désirer que ceux qui ont chez eux des interlignes de 1 mètre (ou de 2 mètres) voulussent bien essayer la ligne correspondante de ce dernier tableau, laquelle ne comporte que 8,000 trous et a un *rayon virtuel* de $0^m,667$. Je suis convaincu que, dans un grand nombre de terrains, ce *rayon virtuel* serait encore bon avec la dose de 7ᵍʳ,50, ou au moins avec celle de 10 grammes [1].

Comme on pourrait avoir, dans quelques régions, des interlignes autres que ceux qu'on trouve dans nos tableaux ou qu'on en peut déduire, je donne les formules employés. Chacun pourra ainsi calculer la ligne horizontale dont il aura besoin.

NOTATIONS.

(N) — Nombre de trous d'injection qu'on veut faire à l'hectare.
(J) — Interligne (distance entre les rangs de vigne).
(n) — Nombre de rangées de trous dans chaque interligne.
(d) — Distance entre deux rangées consécutives.
(2l) — Distance des trous sur les rangées.
(r) — *Rayon virtuel* du sulfure de carbone.
Δ — Nombre de trous qu'il faudrait faire en plus si on les mettait *en échiquier* et qu'on voulût avoir le même *rayon virtuel* qu'avec la disposition en quinconces.

(J) est connu pour chaque vignoble; on sait le nombre (N) de trous qu'on veut faire à l'hectare; la valeur de (n) en résulte presque toujours, et on peut avoir à essayer deux nombres au plus. On calcule ensuite tous les nombres des tableaux au moyen des formules suivantes :

$$(1) \qquad d = \frac{J}{n}$$

$$(2) \qquad 2l = \frac{10.000}{N \times d}$$

$$(3) \qquad r = \frac{d^2 + l^2}{2\,d} \quad \text{si } 2d \text{ est plus } grand \text{ que } 2l;$$

$$(3\ bis) \qquad r = \frac{d^2 + l^2}{2\,l} \quad \text{si } 2d \text{ est plus } petit \text{ que } 2l;$$

$$(4) \qquad \Delta = \frac{10.000}{d \times \sqrt{4\,r^2 - d^2}} - N$$

Pour faire un réseau de triangles équilatéraux, on calculera 2l par la formule :

$$(5] \qquad 2l = \frac{2d}{\sqrt{3}}; \quad \sqrt{3} = 1.732$$

1. Voir (à notre compte rendu des expériences de MM. Marion, Cotta et Gastine) page 279.

Puis, on aura le nombre de trous (N) par la formule :

$$(6) \qquad N = \frac{5.000}{l \times d}$$

Expliquons maintenant le manuel opératoire.

Ce que j'ai trouvé de plus commode pour mettre les trous en ligne droite et à des distances rigoureusement égales sur ces lignes, c'est de me servir d'une chaîne analogue à la chaîne d'arpenteur. Celle-ci est formée de tigelles en fer, de $0^m,50$ de longueur, je crois, et réunies par de petits anneaux. La chaîne a 10 mètres de longueur. Pour les traitements, on fera faire des chaînes avec des tigelles d'une longueur telle que la distance entre les centres de deux anneaux consécutifs soit celle qu'on veut avoir entre les trous. C'est cette longueur qu'il faudra prendre dans les tableaux et donner au fabricant, pour qui une longueur de tigelle n'a rien de plus gênant qu'une autre. De plus, on donnera à ces chaînes une longueur de 30 à 35 mètres, afin d'avoir à les déplacer moins souvent.

La chaîne fixée sur le sol, l'ouvrier n'aura qu'à la suivre, à placer la pointe du pal à côté de chaque anneau successivement et y faire le trou d'injection. Il sera bien de laisser quelque chose à son appréciation : au lieu de placer la chaîne sur la ligne même où devront être les trous, on la placera parallèlement à cette ligne, à 10 centimètres à droite ou à gauche. Les trous seront faits à la hauteur et à cette même distance de chaque anneau, et l'ouvrier aura le terrain libre pour les bien boucher. Pour chaque rangée voisine d'un rang de vigne (chacun de ces rangs est au milieu de l'intervalle compris entre deux rangées), on placera la chaîne du côté opposé au rang; le placement en sera plus facile parce qu'on n'aura pas à craindre de rencontrer quelque souche sortant de l'alignement.

Une chaîne parcourue en entier et les trous d'injection achevés, deux ouvriers *chargés de cette seule besogne* la prennent chacun par un bout, la soulèvent et la portent dans la position suivante. Si c'est sur le prolongement de la première, ils la transportent toute déployée ; si c'est à côté de la première position, c'est à la distance fournie par la troisième colonne des tableaux, et en ayant le soin de la faire avancer (ou reculer) d'une quantité égale à la moitié de la distance comprise entre les centres de deux anneaux consécutifs. On aura ainsi les trous *en quinconces*. Le plus simple est d'avoir marqué à l'avance, avec de petites fiches, les points que doivent occuper les deux extrémités de la chaîne dans les positions successives. Ce sont de menus détails qu'il faut laisser à l'intelligence et à l'appréciation du chef d'atelier. Pour exposer ici un système avec quelque précision, il faudrait une figure.

L'organisation du travail est au gré de chacun. Examinons quelques cas, à titre d'exemple.

1° Si on opère avec quatre pals, on formera trois équipes de deux ouvriers chacune, six ouvriers en tout. Deux équipes manœuvrent les pals, la troisième a dans son lot le maniement des chaînes et l'approvisionnement des pals en sulfure de carbone. Qu'on veuille bien remarquer combien les choses sont simples : l'ouvrier armé d'un pal ne s'occupe de la chaîne que pour la suivre, mettre la pointe du pal auprès de chaque anneau successivement et y faire le trou d'injection. Aucune attention, aucun calcul, aucune application d'esprit ne sont nécessaires. Il lui est impossible de mal placer un trou ou d'en oublier un seul. Les ouvriers qui sont pour les chaînes, eux, n'ont qu'à les déplacer, comme il a été dit, à mesure qu'une rangée de trous est achevée.

Il sera commode d'affecter à chaque ouvrier chargé d'un pal deux interlignes consécutifs à injecter, et deux chaînes, une dans chaque interligne. Dès qu'il a suivi une de ces deux chaînes, il n'a qu'à se transporter auprès de la suivante, qui se trouve placée d'avance. En opérant ainsi, les pals ne chôment jamais, et on a tout le temps de déplacer la première chaîne pendant que l'ouvrier suit la seconde.

Il sera bien que les anneaux soient de cuivre pour une moitié des chaînes et de fer pour les autres. Le premier ouvrier aura des anneaux de cuivre, le second des anneaux de fer, et ainsi de suite en alternant. Au moyen de cet artifice, l'ouvrier qui arrivera au bout de sa chaîne ne sera jamais embarrassé pour savoir celui des interlignes voisins où il doit aller : il ira à celle des chaînes voisines dont les anneaux sont de même métal qu'à celle qu'il quitte.

Toutes les heures, — ceci est très important, — une des deux équipes des pals permutera avec l'équipe des chaînes. De cette manière, chaque ouvrier aura, après deux heures de maniement du pal, à faire pendant une heure un travail tout différent et qui le reposera du premier. Les six ouvriers, avec quatre pals, auront fait plus de trous à la fin de la journée qu'ils n'en auraient fait avec six pals par la méthode ordinaire, et seront moins fatigués. J'en parle d'après une expérience faite avec le plus grand soin en 1877 et 1878, et qui a porté sur trois hectares de vignes traités par l'une et l'autre méthode.

Avec six pals, il faudra trois équipes de trois ouvriers chacune. Deux hommes suffiraient encore au déplacement des douze chaînes, mais le temps leur manquerait pour approvisionner les pals ; le troisième ouvrier de l'équipe sera chargé de ce soin, et le travail marchera comme ci-dessus.

Pour deux pals, on emploiera trois ouvriers. Un des trois approvisionnera les pals, et quand il faudra déplacer une chaîne, il le fera avec l'aide de l'ouvrier venant de terminer sa rangée de trous le long de cette chaîne. Dans ce cas, qui aura des applications dans la petite culture, deux chaînes en tout suffiront.

Avec un seul pal, l'ouvrier, après avoir suivi sa chaîne,

en déplace l'extrémité où il se trouve, puis la parcourt à vide pour aller déplacer l'autre extrémité. Pour une distance moyenne de $0^m,75$ entre les trous le long des rangées, et 2,000 trous faits dans la journée, le parcours total à vide sera de 1,500 mètres. Ce sera une demi-heure de perdue, ou plutôt consacrée à de petits repos périodiques. Toutefois, en employant deux chaînes, l'ouvrier pourrait déplacer successivement l'extrémité de celle qu'il vient de finir et de celle qu'il va commencer, et il n'y aurait pas de temps perdu. L'inconvénient, ici, est que, l'homme étant seul, il devra nécessairement reployer la chaîne pour la porter sur le prolongement de la première position, ou la changer d'interligne.

Nous n'insisterons pas davantage sur ces détails. Un chef de chantier intelligent les modifiera à sa guise et s'organisera à son gré.

Notons, en terminant, qu'il est avantageux, pour l'opération elle-même, d'avoir à déplacer les chaînes le moins souvent possible. On les fera donc aussi longues qu'on le pourra en les laissant suffisamment maniables. De plus, il vaudra mieux, quand on aura le choix, diminuer le nombre des rangées dans chaque interligne, en rapprochant les trous sur ces rangées. Ainsi, lorsqu'on aura à choisir entre *deux* et *trois* rangées, par exemple, il vaudra mieux n'en faire que *deux*, pourvu que le *rayon virtuel* n'en soit pas trop augmenté.

Il faut une chaîne particulière pour chaque grandeur de l'interligne, ou, plus exactement, pour chaque distance des trous dans les rangées. Mais dans chaque région, au moins dans chaque domaine, les interlignes différents ne sont pas nombreux. Un, deux jeux de chaînes au plus suffiront, en général, à chacun. Ce matériel ne demande, d'ailleurs, aucuns frais d'entretien; c'est une dépense une fois faite. Ces

chaînes dureront autant que la vigne elle-même et, hélas !
peut-être davantage.

(Extrait du Compte rendu du Congrès international
phylloxérique de Bordeaux.)

NOTE SUR LE TRAITEMENT DES VIGNES PAR LE SULFURE DE CARBONE.

Dans les mémoires ou articles, déjà nombreux, que j'ai
publiés sur différents sujets qui touchent au phylloxera,
lorsque j'ai cité une observation ou une idée, je n'ai jamais
omis sciemment d'en nommer l'auteur. Je crois, par cela
même, pouvoir réclamer ce qui semble m'appartenir. Je veux
parler ici de la distribution des trous sur le terrain, dans les
traitements par le sulfure de carbone. Voici ce que j'en disais
au Congrès viticole de Clermont-Ferrand, à la séance du matin, le 1er septembre dernier[1] :

Il y a longtemps que j'ai pratiqué et fait connaître un moyen
fort simple d'obtenir une distribution parfaitement régulière des
trous sur le terrain. Je me sers de cordeaux, qui permettent de
les distribuer sur deux rangées parallèles, et, sur ces cordeaux, je
fais des *nœuds simples* équidistants, qui permettent de placer les
trous à des distances rigoureusement égales... Chaque ouvrier n'a
qu'à suivre son cordeau et poser la pointe du pal à côté de chaque
nœud, qui se voit parfaitement...

Cette méthode est décrite dans une brochure publiée au
mois d'octobre 1878, et signalée dans les *Comptes rendus* (séance
du 28 octobre 1878). Le caractère distinctif en est que la
place de chaque trou d'injection se trouve fixée indépendamment de la position des souches. J'ai essayé, à Clermont,

------

1. Compte rendu officiel publié par *la Vigne française*, numéro du
30 septembre 1880, p. 354, colonne 2, en bas, et ci-dessus, p. 298 *m.*

de faire ressortir les nombreux avantages qu'on y trouve. Ici, il y a lieu d'en rappeler un seulement :

3° On peut ainsi placer chaque trou exactement à hauteur du milieu de l'intervalle entre deux trous consécutifs de rangées adjacentes. Cette disposition est tellement importante, que, si on la compare à celle où les trous sont tous à la même hauteur, on peut obtenir avec la première un effet meurtrier aussi énergique[1] qu'avec la seconde en réduisant le nombre des trous dans une proportion considérable. Le calcul prouve que cette réduction peut être supérieure *au quart*[2] du nombre total[3]... »

A côté des avantages de cette méthode, je ne vois encore à signaler qu'un inconvénient, tenant à ce fait, découvert par M. Boiteau, que le sulfure de carbone exerce une action fâcheuse sur les racines dans un rayon de $0^m,10$ autour de la dose toxique. Il arrive très fréquemment qu'une souche se trouve placée à la hauteur d'un trou d'injection, et si la souche sort de l'alignement de son rang et en sort du côté du trou, elle en peut être très rapprochée, danger qui n'existe jamais quand on règle la position des trous par celle de la souche elle-même. Le mieux est, je crois, de passer outre, le danger signalé par M. Boiteau s'étant montré, dans la pratique, à peu près négligeable.

1. Dans un mémoire étendu, présenté à l'Académie et signalé aux *Comptes rendus* de la séance du 7 avril 1879, l'égalité d'effet meurtrier est définie par l'égalité des rayons des cercles circonscrits aux triangles ayant pour sommets trois trous d'injection voisins, et cette définition y est justifiée avec des développements qui ne sauraient trouver place ici.

2. Cette réduction varie avec la distance des lignes de trous et la distance correspondante des trous dans chaque ligne, le nombre total des trous par hectare restant rigoureusement le même, quel que soit le mode de plantation de la vigne. A Clermont, parlant d'après mes souvenirs, j'ai dit *au tiers ou au quart*. Depuis, j'ai consulté les tableaux du mémoire précité, qui s'appliquent à tous les systèmes usités de plantation de la vigne et reconnu qu'on pouvait réduire parfois *de plus du quart* le nombre des trous, sans arriver cependant *au tiers*, et j'ai rectifié sur ce point le compte rendu du Congrès (p. 355, en bas).

3. Revue précitée, p. 355, colonne 1, en bas, et ci-dessus, p. 299 *m*.

J'ajoutais à Clermont :

Le détail de la méthode pratique a été publié en 1878. Il semble qu'on tourne autour de la méthode sans vouloir y entrer. Dans une Note parue dans les *Comptes rendus* du 4 mai 1879, M. Boiteau explique que, dans les vignes plantées irrégulièrement, il prend *une ligne d'opération;* dans une Note parue dans les *Comptes rendus* du 26 janvier 1880, il place ses trous sur des lignes parallèles, comme il l'a expliqué tout à l'heure : encore un pas, et le progrès sera réalisé[1]... »

La comparaison des dates rapportées dans cette note suffira pour faire attribuer à chacun ce qui lui appartient.

(Extrait des *Comptes rendus de l'Academie des sciences*, 22 nov. 1880).

LES CHARRUES-SULFUREUSES

AU CONCOURS DE MIRANDE (GERS).

Nous sommes tous d'accord sur ce point, qu'en négligeant les exceptions, il n'y a pas un traitement connu dont le prix de revient soit abordable dans le Lot-et-Garonne. L'engrais seul, employé comme complément du traitement, non en vue d'augmenter le rendement habituel, qui diminue quoi qu'on fasse, mais pour empêcher la vigne malade de mourir plus vite du traitement même, l'engrais seul — parvînt-on à supprimer tous les autres frais — coûterait encore trop cher pour nos vignobles.

Quel intérêt peuvent donc avoir pour nous les *charrues-sulfureuses ?* — Le voici : en mettant les choses au pire, les expériences en préparation apporteront la preuve qu'un bon traitement contre l'*œuf d'hiver* nous permettra, certainement,

1. Page 356, colonne 1 du compte rendu du Congrès, dans la revue précitée, et ci-dessus, p. 300 *b*.

de nous contenter de traitements souterrains périodiques, la période étant d'un nombre d'années que l'expérience fera connaître. Pour peu que la période soit longue — et elle le sera — le prix de revient pourrait n'être plus un obstacle insurmontable, et la substitution de la machine au travail à bras devenir, comme partout, un progrès que, de nos jours, il suffit d'énoncer.

A Mirande, on a présenté sur le terrain deux charrues au moyen desquelles le sulfure de carbone est dosé et injecté automatiquement dans le sol ; l'une, appartenant à une société : la *Reconstitution viticole*, a été obligeamment expliquée par M. Falières ; l'autre a été présentée par l'inventeur, M. Gastine, l'auteur du pal bien connu.

Expliquons l'idée maîtresse de ces appareils, la même pour les deux : un piston, dont la course dans un corps de pompe aspirante et foulante est déterminée par la dose à injecter par mètre carré, aspire, en montant, le sulfure de carbone contenu dans un réservoir, et, en descendant, le chasse dans un tube d'écoulement.

Le coutre de la charrue est une sorte de draineuse, un couteau ayant de deux à trois centimètres d'épaisseur en arrière ; le tranchant coupe le sol en y pratiquant un drain dont la profondeur peut varier au moyen d'un mécanisme spécial. Ce drain se comble de lui-même derrière l'instrument. Le tube d'écoulement suit le dos du couteau ; près de l'extrémité inférieure de ce même tube est percé un petit orifice par où le sulfure de carbone est injecté dans le sol. Les premiers coups de piston remplissent le tube d'écoulement, après quoi chacun des coups suivants lance avec force une dose de liquide au fond du drain.

A l'arrière de la charrue Gastine est adapté un rouleau en fonte servant à comprimer le terrain ameubli par le passage du coutre. Un rouleau analogue remplissait le même office dans l'autre charrue, mais il a été supprimé parce qu'on l'a jugé, peut-être à tort, inutile.

L'auteur de l'une des charrues emprunte le mouvement alternatif du piston au mouvement circulaire du moyeu de l'une des roues. M. Gastine applique au même objet le mouvement de rotation du rouleau. Pour que la distribution du sulfure de carbone soit régulière, il faut, en premier lieu, que la rotation de la roue (ou du rouleau) se fasse sans glissement. Je me suis assuré, par la mesure du chemin parcouru, que cette condition est remplie. Il faut encore que les soupapes fonctionnent parfaitement, et que le piston s'adapte assez exactement au corps de pompe pour ne permettre aucune fuite de sulfure. Il serait imprudent de garantir que cette difficulté ait été, ou même puisse être complètement vaincue ; on doit craindre, au contraire, que ce soit là un point faible qu'on ne corrigera pas plus dans ces appareils que dans les pals, dont le principe, au fond, est le même.

M. Gastine emploie une pompe à double mouvement, de telle sorte que lorsqu'un piston refoule, l'autre aspire. Grâce à cette heureuse disposition, l'écoulement du liquide est continu et, tant que l'instrument est en bon état, d'une régularité parfaite. L'autre charrue n'a qu'un seul piston. La sortie du sulfure est intermittente, mais cependant régulière.

En revanche, cette dernière charrue offre l'application d'une idée vraiment neuve et qui mérite de nous arrêter un moment. A l'extrémité inférieure du coutre est fixé un petit soc, légèrement incliné en avant, coupant le sol horizontalement et laissant un petit canal creux au fond du drain. C'est contre la paroi gauche de ce canal que le jet de sulfure est lancé. En arrière du coutre et du tuyau d'écoulement est un étançon creux, dans la cavité duquel vient déboucher le tuyau d'un soufflet mû automatiquement, comme le piston, par le mouvement de rotation du moyeu. Trois petites ouvertures sont pratiquées au bas de l'étançon pour la sortie de l'air, à la même profondeur que l'orifice du tube d'écoulement.

A chaque coup de piston correspond un coup de soufflet qui lance six litres d'air contre la paroi imprégnée de sulfure du petit canal, dont la capacité, sur la longueur correspondante à une allée et venue du piston, est évaluée à un litre. On aurait donc, en vase clos, une pression de sept atmosphères [1].

L'effet produit n'est pas facile à analyser. Cette masse d'air *volatilise* instantanément toute la dose sulfocarbonique, assure M. Falières ; *pulvérise* serait peut-être plus exact. Quelle est, dans le terrain, la loi d'écoulement de cette masse d'air? Quelle fraction de la dose toxique est volatilisée? Quelle fraction est simplement pulvérisée? Quelle fraction est retenue par la terre mouillée? La vaporisation, si elle est instantanée, se fait sous une pression très forte ; y a-t-il, et dans quelle mesure, précipitation des vapeurs dans la détente ? Quels sont — l'équilibre de l'atmosphère souterraine rétabli — l'état, la distribution, la diffusion ultérieure de la dose injectée ? Autant de questions auxquelles une réponse précise n'est pas facile, et il n'est pas facile non plus d'imaginer une expérience un peu rigoureuse qui permette d'y répondre. Tout ce qu'on peut dire, c'est qu'il n'arrive pas une quantité appréciable de sulfure de carbone à la surface du sol, si ce n'est avec beaucoup de temps, car on ne perçoit aucune odeur derrière la charrue.

L'idée est intéressante à cause des accidents produits, presque à coup sûr, par le traitement au pal dans les terrains

1. Le débit du soufflet peut être réglé comme celui du corps de pompe ; chaque coup de soufflet donne, à volonté, six litres d'air, quatre litres, deux seulement ou rien.

détrempés. Il est fort possible, mais nullement certain, que le soufflet suffise à conjurer ces accidents. La pratique nous apprendra ce qu'il en est.

Tout ce qui nous reste à dire est commun aux deux charrues.

Le traitement au moyen de ces machines exige que le sol soit mis à plat par un labourage et un hersage préalables : les inventeurs devront s'appliquer à rendre inutile ce double travail et se contenter des façons ordinaires qu'on a coutume de donner à la vigne.

Dans ce but, et pour obtenir toute la stabilité désirable, il faudra abaisser autant que possible le centre de gravité de la charrue. Comme l'essieu ne tourne pas, rien n'est plus facile que de le couder, si cela est nécessaire, dès la sortie du moyeu, et de rapprocher ensuite du sol le réservoir à sulfure et tous les organes de la machine.

Le couteau tranche toutes les racines qu'il rencontre ; la pénétration en est par cela même limitée à vingt ou vingt-cinq centimètres, au plus, tandis qu'il serait avantageux de descendre plus bas. Malgré leur grande densité, les vapeurs sulfocarboniques se diffusent en partie dans les couches supérieures du terrain, et d'autant plus que l'air y est plus éloigné de son point de saturation. Près de la surface, et jusqu'à une certaine profondeur, les échanges sont incessants entre l'atmosphère souterraine et l'air extérieur, et la déperdition par cette voie est d'autant plus grande que la dose toxique est moins profonde. Jusqu'à quarante centimètres, plus on ira profondément, plus il sera possible de réduire les doses.

L'opérateur ne voyant pas couler le sulfure, il serait bon que, lorsque le niveau aura beaucoup baissé dans le réservoir, il en fût averti. Cette condition sera très facile à remplir, si on le veut.

Il sera bien de rapprocher, autant qu'on le pourra, le couteau de l'une des roues[1]. Dans la plupart des vignobles, il serait impossible aujourd'hui de tracer un sillon aussi près qu'il le faudrait des rangs de vigne pour avoir tous ces sillons également espacés.

Avec une charrue, on traitera un hectare en deux jours, en moyenne. Il faut un homme pour conduire l'attelage, et il en faudrait un second, à mon avis, pour diriger le travail et entretenir la machine en parfait état, ce qui demande quelque savoir-faire. Ce dernier devra être, je n'irai pas jusqu'à dire un mécanicien, mais un ouvrier adroit et intelligent.

Les traitements d'été seront généralement impraticables à la charrue dans les vignes en pleine végétation et, en tout temps et quel que soit l'état des vignes, dans un certain nombre de terrains. Il en est à peu près de même avec les pals. Pour ce que valent généralement les traitements d'été, je le regrette médiocrement.

Les deux *sulfureuses* que nous avons vues travailler à Mirande peuvent, dès à présent, être substituées aux pals avec avantage. Le terrain était des plus ingrats, même pour un labour ordinaire, et les ouvriers nullement préparés à une besogne où il faut, aussi bien que pour tout autre travail, un apprentissage. Pour un grand nombre de personnes présentes l'impression eût été meilleure en des circonstances plus favorables. Sur ce même terrain, un traitement d'hiver serait des plus faciles avec ces charrues. Le jury les a primées l'une et l'autre, et il a bien fait[2].

L'impulsion est donnée, c'est-à-dire que le plus difficile

---

1. Le coutre de la charrue de la *Reconstitution viticole* est placé près de la roue gauche, mais pourrait en être rapproché encore.

2. Dans les conditions où l'on opérait, il n'y avait pas à s'occuper de l'action exercée sur le phylloxera et sur la vigne par les traitements faits

est fait. Ce qui existe sera perfectionné à bref délai — l'histoire des machines agricoles le prouve — et on devra en tenir grand compte dans l'évaluation des frais d'amortissement. On imaginera sans doute autre chose. A l'exposition de Bordeaux, j'ai aperçu deux autres *charrues-sulfureuses*, l'une d'un homonyme, et parent — je crois — de M. Boiteau, l'autre d'un ingénieur, M. Simonin ; cette dernière séduisante par sa simplicité. Il est difficile de formuler un jugement sur ces appareils tant qu'on ne les a pas étudiés sur le terrain [1].

(Note lue au comité central d'études et de vigilance, à la séance du 22 août 1882.)

au moyen de ces charrues. Les essais de Mirande n'en ont pas sensiblement perdu de leur intérêt : non que les effets de cette nature soient indifférents ; ce sont, au contraire, les plus essentiels. Je veux dire que sur ces deux points, la part de l'inconnu est, à mon avis, fort restreinte. Il y a plus ; en comparant par la pensée les conditions du traitement à la charrue avec celles des traitements aux pals, — ces dernières étudiées depuis longtemps dans les circonstances les plus diverses, — on dégagera plus facilement la vérité, — surtout s'il faut prononcer sur le mérite relatif de plusieurs charrues, — que par une expérience isolée, forcément incomplète, dont les résultats peuvent être faussés par mille circonstances locales et accidentelles. Ce qui importe, c'est de faire fonctionner ces charrues, d'abord à l'air libre où tout se voit, puis dans le sol, afin d'étudier la pénétration, la stabilité, la facilité du travail, les lois de la diffusion du sulfure, etc.

Cette explication ne concerne pas les effets de la soufflerie ; sur ce point, qui est nouveau, nous avons tout à apprendre.

1. Les trous d'injection étant disposés comme nous le conseillons dans la note précédente, imaginons qu'on réunisse tous les trous de chaque rangée par un petit canal souterrain, et que les doses de sulfure de carbone se répandent uniformément dans ces petits conduits : nous aurons la même distribution que celle qu'on obtient par le travail de la *charrue-sulfureuse*.

Notre note pourra donc servir à une bonne disposition d'un traitement, que ce traitement se fasse à la charrue ou au pal.

LES TRAITEMENTS

DITS

D'EXTINCTION

A la suite d'une lettre de M. J.-A. Henriquez, directeur
du jardin botanique de Coïmbre, on ajoute qu'il est question de détruire la collection de vignes du jardin botanique,
parce qu'on y a découvert le phylloxera.

Détruire une tache phylloxérique avec une dose immo-
dérée de sulfure de carbone qui tue la vigne elle-même est
une idée qui ne me paraît pas heureuse ; je l'ai expliqué
depuis longtemps, mais dans des brochures qui n'ont pas été
mises en librairie, et peut-être est-il bon de le redire.
Pour peu qu'une vigne trouve dans la qualité du terrain ou
dans l'aide d'engrais les moyens de réparer les premiers dommages causés par l'insecte, au moment où une tache devient
apparente l'invasion est déjà ancienne ; cette première tache
a engendré, par essaimage, des taches secondaires encore
latentes, situées dans un rayon parfois fort étendu, où le
hasard seul pourrait en faire découvrir quelqu'une. On a formulé, je le sais, à l'usage des comités de vigilance, quelques
méthodes pour découvrir les taches invisibles ; malheureusement aucune n'est bonne. On se trompe étrangement, en
effet, si on suppose qu'il suffit de gratter la terre pour savoir
si un pied de vigne est ou n'est pas envahi ! Il m'est arrivé
bien des fois, en cherchant à délimiter une tache et en explo-
rant un cep, de trouver le premier insecte sur une radicelle
profonde, après avoir rencontré en abondance un chevelu

parfaitement sain ; ces faits ne seront vus que par ceux qui iront, par principe, jusqu'à l'arrachement complet des souches, et ceux-là, s'il en existe, ne sont pas nombreux.

Lorsqu'une tache devient apparente, elle a déjà engendré des taches secondaires, encore invisibles, en tel nombre, qu'elle-même n'est plus dans l'invasion qu'un facteur insignifiant ; et ce foyer primitif détruit, si tant est qu'on puisse le détruire immédiatement, — ce que je ne crois pas, — la situation reste à peu près la même. Or, si l'on détruit chaque tache, à mesure qu'elle apparaît, qui ne voit que tout le vignoble y passera, et que, d'année en année, l'étendue des surfaces à arracher croîtra en progression géométrique?

Toutefois, des circonstances exceptionnelles pourront justifier quelque opération de ce genre : si, par exemple, le foyer primitif est au centre d'une ville, entouré de bâtiments élevés, éloigné de toute autre vigne, il est possible — mais nullement certain — que l'essaimage n'ait pas franchi l'obstacle et que l'invasion soit encore localisée. Les procédés qu'on a employés en pareil cas sont bons et sont encore à conseiller dans des cas semblables, et encore dans quelques autres que j'ai indiqués ailleurs : on perd peu de chose et on a une chance, si faible soit-elle, de beaucoup sauver.

Mais on a, à mon avis, mille fois raison de le dire : en général, il faut conserver la vigne et la défendre par ce qu'on a nommé les *traitements culturaux*, lorsque le coût de ces traitements, à renouveler tous les ans, n'est pas un obstacle insurmontable.

J'ajoute qu'on pourrait certainement réduire encore les doses de sulfure de carbone les plus faibles qu'on emploie aujourd'hui, grâce à une distribution plus rationnelle et plus précise des trous d'injection sur le terrain. Mais c'est une question qui ne peut pas être traitée incidemment.

(Extrait du *Journal d'Agriculture pratique* du 15 juillet 1880).

PRIX DE REVIENT

DES

TRAITEMENTS PHYLLOXÉRIQUES

Les viticulteurs qui veulent défendre leurs vignes phylloxérées ont à leur disposition trois traitements principaux recommandés par la Commission supérieure du phylloxera : les inondations, le sulfocarbonate de potassium, le sulfure de carbone.

Les inondations ne sont praticables que sur une étendue de vignes très restreinte, et la dépense qu'elles entraînent varie dans de fortes proportions suivant les frais de premier établissement et le prix de l'eau employée.

Les traitements au sulfocarbonate de potassium coûtent de 250 francs à 400 francs par hectare; c'est M. Mouillefert lui-même qui donne ces chiffres [1].

Pour les traitements au sulfure de carbone, les prix de revient accusés varient de 130 francs à 200 francs.

Des viticulteurs qui, ayant pratiqué l'un de ces derniers traitements, en sont satisfaits et en préconisent l'emploi, assurent que la plupart de nos vignes peuvent supporter la dépense qu'ils entraînent, et concluent que dès à présent la défense est possible ; que, comme l'oïdium, le phylloxera est vaincu ou bien près de l'être, qu'il n'y a plus qu'à déplorer l'aveuglement ou l'inertie de ceux qui ne savent pas ou ne

---

1. *Comptes rendus de l'Académie des sciences*, séance du 31 janvier 1881, p. 219, 1, 7.

veulent pas se défendre. Ces assurances sont très flatteuses
pour ceux qui ont imaginé ces traitements, très agréables
pour ceux qui ont mission de protéger la fortune viticole du
pays, acceptées des uns et des autres avec empressement, et
aussi de ceux qui n'ont pas de vignes. Sont-elles vraies? Non !
et je vais essayer de le prouver en prenant pour base de ma
discussion le traitement au sulfure de carbone, c'est-à-dire
celui qui coûte le moins cher.

On connaît le prix du sulfure de carbone, on sait ce
qu'on en emploie : pas d'incertitude sur ce point. Je dirai
même en toute franchise qu'à mon avis on en emploie beau-
.coup trop[1] ; qu'on en pourrait réduire la dose d'un bon tiers
et obtenir néanmoins un résultat plus régulier, plus complet. J'ai donné le moyen de le faire, j'y suis revenu à plusieurs reprises et autant que je l'ai pu, on n'en veut pas : ce
serait encore trop cher pour les vignes de mon département,
n'en parlons plus ! Il ne nous reste qu'à évaluer le coût
de la main-d'œuvre, et, comme nous le montrerons, des
engrais.

I

La main-d'œuvre. — Le nombre des journées qui sont nécessaires pour traiter un hectare de vigne varie dans des
limites assez étendues suivant la nature du terrain ; pourquoi faut-il que je sois obligé d'ajouter : et d'après le nombre
des trous d'injection ? Dans la Gironde, ce nombre peut varier de 19,000 à 29,000[2], et peut même aller à 35,000[3]. Il
serait cependant bien facile d'en faire rigoureusement le

---

1. Cette opinion est développée dans un mémoire présenté à l'Académie
des sciences le 7 avril 1879, et signalé au compte rendu. (Voir plus haut,
page 300 *m*).

2. Boiteau : *Comptes rendus*, 26 janvier 1880, p. 170, 1, 3 en remontant.

3. Boiteau ; *ibid.*, 8 novembre 1880, p. 755, 1, 12.

même nombre à l'hectare, quel que fût le mode de plantation de la vigne. — Les choses sont ainsi. Je prendrai pour
base de ma discussion les opérations du syndicat de Béziers,
parce que j'y trouve de nombreuses garanties :

1° 109 des propriétaires syndiqués ont employé le sulfure
de carbone, et l'ont fait sur une contenance de 1,351 hectares[1],
ce qui est une étendue suffisante pour que les anomalies
disparaissent dans l'ensemble ;

2° Ces traitements ont satisfait presque tous les intéressés[2],
et aussi ceux qui en ont été témoins, puisque l'étendue des
vignes syndiquées est beaucoup plus considérable cette année
(4,268 hectares pour le sulfure de carbone seul[3]) ;

3° Nous trouvons tous les détails des opérations dans une
intéressante brochure du président du syndicat, l'honorable
M. Jaussan[4], dont le nom seul suffit pour inspirer la plus
entière confiance ;

4° Le rapport officiel de l'association syndicale de Béziers
à M. le ministre de l'agriculture contient la réponse de
68 propriétaires (pour le sulfure de carbone) à un questionnaire très bien conçu ;

5° Quelques-uns ont appliqué le traitement pour la troisième fois, c'est-à-dire après un apprentissage assez complet
pour les mettre à l'abri de toute fausse manœuvre[5].

Cet ensemble de conditions est, je crois, satisfaisant.

Une équipe composée de deux ouvriers, l'un forant et injectant
le liquide dans le sol, l'autre suivant pour boucher soigneusement

1. *Rapport de l'Association syndicale de Béziers*, p. 4, imprimerie générale, Béziers.
2. *Ibid.*, p. 2.
3. *Journal officiel*, 12 février 1881, p. 772, col. 1, en haut.
4. *Le sulfure de carbone*, par L. Jaussan; Béziers, imprimerie du commerce.
5. *Rapport* précité, p. 2.

les trous, fait aisément, *dans un terrain maniable* [1], 5 trous par
minute, soit 2,400 trous par journée de *travail effectif* de 8 heures [2].

Deux remarques sur ce passage : 1° la division du travail
indiquée ne réduit point le nombre de trous faits dans la
journée, au contraire ; 2° on a évalué le nombre de trous
faits dans *une minute* (non dans une heure ou une journée).
C'est-à-dire qu'on a compté durant quelques minutes, à un
moment où le travail marchait régulièrement [3], et l'activité
des ouvriers n'a point dû souffrir de cette surveillance. On
fait 26,400 trous à l'hectare.

Les 26,400 trous de l'hectare sont donc faits en 11 journées
d'équipe.

Si chaque ouvrier est payé 3 francs, soit 6 francs l'équipe,
nous aurons comme main-d'œuvre la somme de 66 francs (même
brochure, même page).

Ce prix représente une moyenne que M. Jaussan croit
exacte. Voici ce qu'il dit :

Le prix de la main-d'œuvre seule peut être un peu modifié par
la nature du sol ; mais le traitement devant se faire réglementai-
rement en hiver où le sol même le plus ingrat *est d'ordinaire
ramolli par les pluies*, l'écart ne peut être bien grand.

Les éléments qui ont fourni ce chiffre de 66 francs n'ont
donc rien d'exagéré ; mais nous allons voir qu'ils ne sont pas
complets.

I. — L'honorable président le dit, — et cela résulte de
son calcul, — les 11 journées d'équipe sont des journées
d'un travail effectif de huit heures. — Or, pendant que tombe
cette pluie qui *ramollit le terrain* (et si elle ne tombe pas, le

1. Les passages soulignés le sont par moi.
2. Brochure précitée, p. 18, au milieu.
3. M. Jaussan a bien voulu m'informer, après avoir lu ce travail, qu'on
avait compté le nombre de trous faits dans une journée. Soit ! Cela ne
modifie en rien nos chiffres.

terrain est dur), on ne travaille pas. — Si la pluie dure toute une journée, les ouvriers ne viennent pas, ne sont pas payés ; s'il ne pleut que pendant la première ou la deuxième moitié de la journée, on ne paye généralement qu'une demi-journée ; mais si, comme il arrive si souvent, on a toute la journée, non une pluie incessante, mais une série discontinue de petits grains, on se met à l'abri pour laisser passer chaque bourrasque, on reprend le travail ensuite, et toute la journée se paye : ces jours-là on ne fait pas 2,400 trous. — J'ai fait des traitements au sulfure de carbone deux années de suite, ne quittant pas le chantier du matin au soir, et je connais bien toutes ces misères ! Il faut les accepter et tirer parti de ces mauvaises journées, sous peine de ne pas achever en temps utile. Les 11 journées d'équipe se trouveront ainsi augmentées, le plus souvent, d'un quart ou d'un cinquième : c'est une douzaine de francs à ajouter de ce chef à la dépense.

II. — Les dérangements des pals sont fréquents. Remarquons d'abord que des 68 propriétaires syndiqués, 53 ont employé le pal Gastine, et que, sur ce nombre, 43 ont fait usage d'un avant-pal (Questionnaire précité). — Un (le n° 9 de la 3ᵉ série) dit avoir employé deux avant-pals pour un pal, et d'autres peuvent l'avoir fait sans le dire, le questionnaire ne contenant pas cette question spéciale. Or, un avant-pal, c'est un ouvrier de plus par équipe ; et si le nombre total des trous forés chaque jour en est augmenté, ce ne sera pas de beaucoup, surtout si l'emploi de l'avant-pal est motivé par la difficulté du terrain ; en tout cas, ce ne sera jamais d'une moitié. Si l'on fait alors boucher les trous par l'ouvrier qui fait les injections afin de laisser les équipes à deux hommes, et qu'on compare le travail de l'équipe ainsi organisée avec celui de la première, on voit qu'il y a en plus à engager le pal dans le trou fait par l'avant-pal, à l'y enfoncer et à l'en retirer — plus de temps, plus de fatigue, d'où une diminution dans le nombre de trous faits dans des temps égaux. Évaluer encore à une douzaine de francs en moyenne ce nouveau surcroît de dépense est une évaluation bien modérée.

III. — Sur les 43 propriétaires ayant fait usage du pal Gastine, il n'y en a pas moins de 36 qui accusent des dérangements fréquents de l'instrument. Un (le nº 11 de la 2ᵉ série) précise et dit que les pals se fendent souvent en long. Un autre (le nº 18 de la 1ʳᵉ série) dit que « le pal devient cher à cause des réparations ». Un autre (le nº 13 *bis* de la 1ʳᵉ série) signale « la difficulté de le réparer sur place ». Et ces déclarations sont spontanées, le questionnaire ne les provoquant pas, en sorte qu'il n'y a rien à conclure du silence des autres. Or, pendant qu'on répare le pal, l'équipe ne fait rien. S'il faut envoyer l'instrument chez un ouvrier spécial et aller l'y reprendre, c'est beaucoup de perte de temps, par suite beaucoup d'argent perdu, indépendamment du prix de la réparation, qui figure ailleurs. Si le mot *fréquent* doit être pris au pied de la lettre, — et quelques réponses ont une netteté qui rend difficile de ne pas le faire, — une douzaine de francs ne seront pas de trop pour représenter cette nouvelle dépense.

IV. — M. Jaussan porte les frais généraux à 14 francs par hectare. En y comprenant la réparation des pals le chiffre est faible. Gardons-le tel quel et comme moyenne.

C'est donc une quarantaine de francs à ajouter aux 66 fr. accusés par le syndicat de Béziers, ce qui porte la dépense totale à 240 francs. Mais il faut tout dire : on a employé à Béziers 300 kilog. de sulfure de carbone; à 40 francs les 100 kilog., cela coûte 120 francs. Eh bien, je crois fermement que cette dépense pourrait être réduite d'un tiers, ou bien près, même avec les moyens si imparfaits qu'on emploie pour distribuer les trous sur le terrain. On peut donc faire une compensation entre cette économie possible et l'accroissement obligé de dépense trouvé ci-dessus, et je crois que, pour ce qui est de l'opération même, le coût de 200 francs par hectare, donné par M. Jaussan comme une moyenne, est exact. Dans les terrains où le pal pénètre par l'action des mains seules et sans recourir à la pédale, on dépensera moins ; dans les terrains médiocres on dépensera davantage ; dans les terrains tout à fait mauvais, on dépensera beaucoup plus. Toute évaluation moindre est purement théorique et n'a rien de commun avec la réalité pratique.

II

Les engrais. — S'il est une nécessité bien reconnue dans la pratique des traitements, c'est de les compléter par de riches fumures. Je ne connais aucun praticien qui ait négligé d'y insister. Le questionnaire du syndicat de Béziers porte, sous le n° 9, cette question : « des fumures ont-elles accompagné le traitement? » Tous répondent *oui*, un seul excepté (le n° 29 de la 1re série), qui ne répond rien. La question suivante est celle-ci : « de quelle nature ont été les engrais employés? » Presque toutes les réponses mentionnent des engrais très riches.

Or il faut bien faire attention qu'on n'emploie pas seulement ces engrais en vue d'une *culture intensive ;* une partie, sans doute, peut servir à cela, mais une autre partie, et certainement la plus forte, n'a d'autre objet que de permettre à la vigne de réparer les dommages causés par l'insecte, et aussi par le traitement même. La récolte serait aussi abondante si on ne fumait pas, ou si on fumait beaucoup moins, et que le phylloxera n'y fût pas. Dans le questionnaire quelques réponses indiquent spontanément qu'on fume seulement les parties traitées. N'est-il pas évident que le prix de l'engrais qui ne sert qu'à réparer le mal fait par l'insecte et par le traitement est une dépense qui vient s'ajouter en totalité au coût du traitement même, au même titre que le prix de l'insecticide et de la main-d'œuvre? C'est donc une dépense de 100 francs ou 150, peut-être plus, qui vient en augmentation de la première.

En résumé : *pour faire produire à un vignoble phylloxéré à peine la même récolte qu'on en obtenait avant l'arrivée du phylloxera, il y faut faire, pour le moment, une dépense supplémentaire et annuelle de trois cents à trois cent cinquante francs par hectare, au minimum.*

Et maintenant, quels sont en France les vignobles qui peuvent supporter ce surcroît de dépense? Pour aujourd'hui, je réponds simplement : voyez où se trouvent les syndicats subventionnés : vous en trouverez dans l'arrondissement de Béziers, le Gard, où le rendement s'élève communément à cent, deux cents, jusqu'à trois cents hectolitres à l'hectare ; vous en trouverez dans la Gironde, dans la côte de l'Hermitage, dans la Côte-d'Or, où les vins se vendent très cher. Ce qu'on en trouve ailleurs est insignifiant et ne vit que grâce à la subvention.

(Extrait de *la Vigne française* du 31 mars 1880).

RÉPONSE DE M. L. DE MALAFOSSE.

A M. LE DIRECTEUR DE « LA VIGNE FRANÇAISE ».

Le numéro du 31 mars de *la Vigne française* contient un article sur le prix de revient des traitements phylloxériques, qui ne peut être admis sans discussion[1] et être accepté au point de

1. C'est en effet à ces discussions que *la Vigne française* aime à ouvrir

vue général. Certes, la personnalité de M. de Lafitte, son auteur, est trop connue dans le monde viticole, — et son exactitude dans les expériences comme son discernement au point de vue du résultat, font peu de doute, pour moi-même comme pour les autres, — pour que je vienne contester un fait qui lui serait personnel ou dont il serait garant. Mais l'honorable président du Comité de Lot-et-Garonne, après une critique raisonnée du prix du traitement du syndicat de Béziers, passe du particulier au général, et, dans une conclusion désolante pour les phylloxérés, déclare toute défense trop coûteuse en dehors des vignes à grands rendements ou des vignobles des grands crus.

Cette opinion décourageante n'est malheureusement que trop répandue parmi ceux qui n'ont tenté aucune expérience ou qui se laissent séduire par des prospectus américains, et si des lutteurs comme M. de Lafitte leur viennent en aide, les conséquences peuvent en être des plus regrettables.

Grâces à Dieu, nous n'en sommes pas encore à désespérer, et, quel que soit le respect que j'aie pour l'autorité d'un viticulteur dont je suis le premier à reconnaître la compétence, il me permettra de ne pas accepter comme généraux les chiffres établis par lui pour quelques localités seulement.

Je ne parlerai pas ici en théoricien, mais en agriculteur militant. Si M. de Lafitte dit qu'il a, pendant deux ans, traité lui-même au sulfure de carbone, je parlerai aussi en *phylloxéré* qui a essayé à peu près tous les systèmes, qui les a vus fonctionner dans les localités les plus diverses, et pour lequel cette proposition est devenue un axiome :

« Les traitements contre le phylloxera ne peuvent être partout les mêmes. Leur mode d'exécution et leur prix de revient varient dans d'énormes proportions : 1° avec le sol et le *sous-sol ;* 2° le climat; 3° l'intensité de l'invasion; 4° le prix des journées des localités ; 5° les habitudes de culture. »

Non, on n'a pas besoin de récolter 200 hectolitres à l'hectare, comme à Béziers, ni de vendre son vin 100 fr. l'hectolitre, comme dans les grands crus, pour pouvoir lutter contre le phylloxera.

D'abord, pourquoi prendre pour base le syndicat de Béziers?

ses colonnes, persuadée qu'il doit en jaillir quelque lumière, surtout quand elle met en présence deux hommes aussi compétents que MM. P. de Lafitte et L. de Malafosse, dans la circonstance. Nous avions l'intention de répondre à l'article de M. de Lafitte qui contredisait en certains points les théories constamment défendues par *la Vigne française*, mais nous remercions M. de Malafosse de les avoir maintenues par d'aussi bons arguments et appuyées sur des faits si précis. (H. DE B.)

Certes, je suis un de ceux qui rendent un hommage complet à celui que j'appellerai son créateur.

M. Jaussan a fait une grande œuvre non seulement pour son pays, mais encore pour la France, en montrant que la lutte était possible sous le soleil de feu de Béziers, et avec une invasion d'une étonnante intensité. J'ai vu de près, en visitant ces vignobles, avec quelles difficultés lui et ses associés avaient eu à lutter ; et c'est ce qui m'a confirmé encore plus dans l'idée — toujours soutenue par moi — que la lutte, dans bien des parages, est des plus faciles, comparée à celle du pays Bitterois.

Je parle ici pour dix ou douze arrondissements viticoles qui me sont particulièrement connus ; mais chacun pourra faire la comparaison avec le terrain et les habitudes de la région où sont ses vignobles, et voir si, oui ou non, la lutte lui est possible.

Permettez-moi d'abord d'entrer dans quelques détails.

D'abord, le prix des journées est loin d'être partout de 3 francs, ainsi qu'on semble l'admettre. Pour bien des régions de notre Sud-Ouest, 2 francs est même un maximum rare. Ensuite, on n'a l'air de ne regarder la défense de la vigne qu'au point de vue d'un propriétaire qui n'aurait que cette culture. Or, dans l'ensemble de sept départements de ces régions, très viticoles assurément, les vignobles font, neuf fois sur dix, partie plus ou moins importante d'un domaine où se trouve, avec d'autres cultures, tout un personnel (qu'on ne paye pas 3 francs par jour) et qui, à un moment donné, peut, à peu de frais, être employé très utilement à la défense des vignes.

Il y a, de plus, le petit propriétaire travaillant lui-même, qu'il ne faut pas effrayer par des calculs *maximum*. Son rôle est immense dans la défense d'un département contre l'invasion. Une autre erreur d'appréciation pour le prix des traitements consiste, en effet, à prendre pour base l'*hectare* et à citer *uniquement* pour exemple de grands domaines du bas Languedoc, où se trouvent cent hectares d'un seul tenant et traités, coûte que coûte, sans désemparer.

C'est là l'exception, et ce ne doit pas être la règle.

Une invasion doit être combattue, surtout à son début, chez le petit propriétaire comme chez le grand. Si on laisse s'établir une série de petits foyers, comment veut-on préserver les grands domaines voisins ? Or, ce ne sera que lorsque l'initiative privée des petits et moyens propriétaires se mêlera au combat que l'on pourra, je ne dis pas détruire, mais enrayer le phylloxera. Pour cela, pas d'hectares à traiter en ensemble dès le début, mais une série de petites taches à circonscrire.

Ceci m'amène à parler de l'intensité de l'invasion. Oui, certes, pour bien des régions viticoles (je ne parle pas seulement pour moi), y compris le Centre et l'Ouest, il y a une différence énorme avec l'invasion de Béziers, et surtout *sa réinvasion*. Voyez pour le Centre : depuis cinq ans, le phylloxera combattu est stationnaire dans l'Orléanais.

La quantité d'insecticide peut alors être notablement réduite, et je partage en cela l'opinion de M. de Lafitte. Il s'agit de le bien appliquer et de l'appliquer à propos.

Mais pourquoi ne parler comme insecticide que du sulfure de carbone? Le *minimum* du sulfocarbonate est, me dira-t on, de 250 fr. l'hectare pour M. Mouillefert.

Certes, je rends hommage aux travaux comme au zèle de cet apôtre du sulfocarbonate, mais je suis loin d'accepter ses chiffres comme universels.

D'abord il lui faut un capital considérable de machines et d'engins pour pouvoir traiter en toutes conditions, de là une augmentation de frais généraux.

Ensuite, faisant un travail à l'entreprise, il lui faut payer plus cher ses ouvriers que le propriétaire qui les emploie d'ordinaire dans le pays. De plus, il n'emploie que le sulfocarbonate de potassium qui coûte le double du sulfocarbonate de calcium.

C'est parce que j'ai expérimenté les deux systèmes que je crois pouvoir avancer les deux faits suivants :

1° Dans plus de la moitié des cas, l'usage du sulfocarbonate revient moins cher que celui du sulfure de carbone;

2° Il sert d'engrais, au moins pour l'année de son application, et ne fatigue pas la vigne, tandis que dans un grand nombre de terrains, le sulfure de carbone est fatal pour les souches malades et oblige à employer des engrais énergiques.

Voici mes chiffres :

A 50 grammes par souche (c'est très suffisant pour les régions à invasion modérée) et à 6,000 souches à l'hectare, cela fait 300 kil. de sulfocarbonate. Le sulfocarbonate de calcium coûte 25 fr. les 100 kil. (on le donne même à 20 fr. dans certaines fabriques), c'est donc 75 fr., mettons 80 fr. avec le port. Une équipe de trois hommes dont deux charrient l'eau avec des comportes, tandis que le troisième fait le mélange et verse au pied des souches, fait, chiffre rond, mille souches par jour, soit 18 journées à l'hectare ou 20 pour faire un chiffre rond. Mettons si l'on veut 2 fr. la journée, c'est donc avec l'insecticide 120 fr. à l'hectare.

Maintenant est-ce une dépense forcée annuellement?

Oui, pour le bas Languedoc. Peut-être *oui* pour le Bordelais et.

le Lot-et-Garonne; *non,* je le crois, pour un grand nombre de départements où l'invasion est loin d'avoir l'intensité du syndicat de Béziers.

J'ai traité l'an passé, à la fin du printemps, cinq taches assez distantes dans le département du Tarn en un terrain de grave sur sous-sol compact (diluvium sur molasse)[1] avec 50 grammes de sulfocarbonate de calcium par souche et 25 litres d'eau. Tous les sondages les plus minutieux faits depuis lors m'ont montré les racines ayant repris partout la vie. Le phylloxera y a été introuvable jusqu'à la fin de l'automne. Aujourd'hui, en avril, il est rarissime. Dois-je pour quelques individus échappés faire une nouvelle immersion? Je ne le crois pas. Quelle que soit la reproduction de l'insecte, elle ne pourra en un an égaler ou neutraliser la végétation de la vigne qui a émis partout un chevelu abondant. Je serai libre de ne traiter à nouveau qu'en 1882.

Ce sera donc une dépense répartie en deux ans, soit 60 fr. par an, au lieu de 120 fr. Je ne suis pas le seul à accepter ce cas et les traitements alternants commencent à se répandre.

Mais l'eau? me dira-t-on. L'eau? Trois fois sur quatre, suivant le terrain (en dehors des côtes abruptes) on peut l'avoir facilement. Il ne s'agit pour cela, que l'on me passe l'expression, que de savoir se débrouiller. Le barrage d'un torrent, les puisards dans un sous-sol compact, une conduite menée d'un point supérieur où se trouve l'eau, etc., jusqu'à l'eau d'écoulement de la vigne elle-même que l'on peut ramasser par des raies-gouttières dans un grand trou.

On peut opérer quand on veut, et certes, dans l'Ouest et le Sud-Ouest, il ne manque pas au printemps de jours de pluie, pour que le lendemain on se mette à l'œuvre. Si l'on manque d'eau pour tout finir, on attend, et l'on opère en deux ou trois reprises. On profite même au printemps de ce que la vigne est déchaussée et l'on évite ainsi la main-d'œuvre. On recouvre ensuite à la bêche ou à la charrue.

Pour moi, le véritable empêchement des traitements insecticides ne réside pas dans leur prix de revient, quoique je sache combien cette idée effraye les personnes qui n'ont rien tenté. Les deux motifs suivants me paraissent principalement arrêter la lutte contre l'envahisseur :

1° On hésite à se procurer tout un baril de sulfure ou de sulfocarbonate dont on ne connaît pas bien l'emploi, lorsqu'une petite

---

1. Plus de 15,000 hectares de cette qualité de terrain sont en vignobles dans la Haute-Garonne, le Tarn, le Tarn-et-Garonne, etc.

tache se déclare dans une petite ou moyenne propriété, et l'on se laisse envahir. Il serait à désirer qu'il y eût des dépôts de ces produits au centre des pays nouvellement envahis, et que l'on n'eût pas à chercher les moyens de s'en procurer au loin.

2° L'initiative privée n'est pas assez encouragée. Certes, je ne viens pas faire le procès de l'action officielle, car je sais trop bien qu'elle est indispensable. Mais à quoi sert-elle le plus souvent? C'est un fait trop connu pour que l'on voie ici un parti pris de ma part. Elle épouvante les populations rurales. On a voulu tout soumettre au régime du sulfure de carbone. C'est excellent pour un terrain uniforme et suffisamment compact. Mais en terrain de graves ou mélangé de blocs calcaires, c'est aussi inutile que dangereux.

Les paysans voient périr bien des vignes sous le pal officiel, et ils se disent que c'est un remède pire que le mal qu'ils ne ressentent pas encore. Ils voient de plus un traitement qui, exécuté très *largement* (je voudrais trouver une expression bénigne), revient deux ou trois fois plus cher que le traitement particulier ou celui d'un syndicat bien organisé, et s'ils ne s'insurgent pas, ils sont profondément découragés. Si, au lieu de ce terrible traitement officiel que l'on est en bien des endroits obligé d'abandonner devant l'excitation des populations; si l'on encourageait les gens de bonne volonté, ceux qui ont commencé à traiter eux-mêmes; si on leur fournissait des guides et l'insecticide en leur laissant la main-d'œuvre (cela se fait, mais en de rares arrondissements malheureusement)[1], ils seraient moins effrayés que de se voir traiter par force avec des ouvriers inconnus. Ils pourraient ainsi servir d'exemple et devenir la base de syndicats petits ou grands. De plus, l'État y gagnerait le prix de la main-d'œuvre qui pour lui dépasse de beaucoup le prix de l'insecticide.

L'on en viendra, je l'espère, bientôt dans toute lutte de ce genre, à faire un peu plus d'attention à chaque terrain dans une même contrée et à ne pas s'en tenir à ce régime fatal d'un même mode de remède pour des cas si divers. Bien plus, si l'on peut créer des syndicats, que la base en soit l'appropriation de l'insecticide à la vigne infestée et à l'intensité de l'invasion. La même propriété peut être moitié dans une alluvion où le sulfure de carbone fera merveille, moitié dans un sol de cailloux où l'on devra employer le sulfocarbonate.

Il me faut aussi ajouter tristement : plus d'un propriétaire

---

1. On agit ainsi dans l'arrondissement de Narbonne, l'un de ceux où la défense est le mieux organisée.

devra souvent regarder comme trop coûteuse à défendre telle ou telle partie de son domaine.

Je fais largement cette concession à M. de Lafitte.

C'est une mesure à établir ; et si l'on a un terrain perméable, sec, à base de roche calcaire, en l'état présent de la science, il faudra faire appel aux plants résistants adaptés à ce terrain.

Je n'insisterai pas sur la question des engrais. C'est incontestablement un supplément de la dépense. Mais si on l'emploie concurremment avec l'insecticide et que l'on ne commence pas lorsque la vigne est trop affaiblie et rongée, il fera plus que rétablir le niveau normal, et neuf fois sur dix, tout engrais rentrera dans la culture intensive et sera compensé par le surplus de récolte.

D'ailleurs, et j'en reviens par là à une idée déjà énoncée, que l'on ne prenne pas pour base générale le Bitterois où comme dans les pays à grande production la vigne est tout et où l'on doit acheter tous les engrais, souvent fort cher, pour compenser cette effrayante production. Il ne s'agit ici que d'un calcul à faire, suivant son terrain, ses ressources sous la main, etc. Le propriétaire doit user de tous les moyens d'amendements à bon marché, terreaux additionnés de chaux ou de sulfate de fer, marnages, fumiers dont il peut disposer, boue des étangs, etc.

Pour me résumer, que l'on ne généralise pas des chiffres qui sont si variables suivant les situations, et que l'on ne décourage pas des lutteurs qui n'ont au début de l'invasion que de faibles dépenses à faire soit pour enrayer le mal, soit pour maintenir le niveau de leur production une fois l'insecte très réduit.

L. DE MALAFOSSE.

Toulouse, 12 avril 1881.

(Extrait de *la Vigne française* du 30 avril 1881).

RÉPONSE A LA LETTRE PRÉCÉDENTE.

M. L. de Malafosse, agriculteur et naturaliste distingué, m'a fait l'honneur de répondre dans *la Vigne française* du 30 avril à un article publié dans le numéro du 31 mars. *La Vigne française* s'approprie les arguments et les conclusions de M. de Malafosse : je ne saurais négliger une contradiction aussi autorisée et aussi sérieuse.

Pour être complète, ma réplique devrait porter sur une question introduite implicitement dans le débat par mes honorables contradicteurs : la valeur relative des divers traitements. Et en effet, il pourrait arriver, ici comme en toutes choses, que le bon marché fût ce qu'il y aurait de plus cher. Je n'ai parlé que des traitements approuvés par la Commission supérieure du phylloxera et qui sont au nombre de trois : les inondations, le sulfure de carbone et le sulfocarbonate de potassium. M. de Malafosse, au contraire, prend pour unique base de sa discussion le traitement au sulfocarbonate de calcium. Je ne veux pas discuter en ce moment les mérites des deux sulfocarbonates ; MM. les rédacteurs de cette Revue connaissent les motifs de cette réserve, et si mes souvenirs sont exacts M. de Malafosse, que j'ai eu le plaisir de rencontrer récemment, les connaît aussi. Il suffira de dire que les sulfocarbonates n'agissent que par le sulfure de carbone qu'ils dégagent ; que donner le prix d'un sulfocarbonate c'est ne rien donner si on ne donne en même temps, avec preuves à l'appui, sa richesse en sulfure de carbone, richesse des plus variables suivant la fabrication. Cette question des sulfocarbonates reste donc réservée.

M. de Malafosse a trop l'esprit scientifique pour ne pas admettre qu'une discussion ne saurait aboutir ni profiter à personne si on n'a des deux côtés la connaissance complète des faits invoqués à l'appui des opinions contraires. C'est dire qu'il faut écarter du débat ce qui ne comporte aucun contrôle. Ainsi, « je parle, dit mon honorable contradic- « teur, pour dix ou douze arrondissements viticoles qui me « sont particulièrement connus » ; mais il ne dit pas quels sont ces arrondissements, quelles parties il en a étu-

diées, l'étendue des surfaces explorées, les faits et les pratiques constatés. S'il existe entre le Biterrois ou l'Aude d'une
part, la Gironde ou le Lot-et-Garonne d'autre part, de vastes
contrées assez privilégiées pour que la lutte « y soit des plus
faciles », cette immunité relative, si elle existe, demanderait à être solidement établie. Et ailleurs : « je parlerai aussi
« en phylloxéré qui a essayé à peu près tous les systèmes,
« qui les a vus fonctionner dans les localités les plus di-
« verses... » ; mais l'auteur ne dit pas quelles sont ces localités, comment on pourrait les visiter en temps propice, en
quoi consistent et comment ont été conduits les essais tentés
et quelles vérifications on en pourrait faire. Ailleurs encore
l'auteur parle de phylloxeras introuvables ou rarissimes,
mais il n'explique pas ce qu'on a fait pour en trouver avant
les traitements, puis en automne, puis au printemps de
l'année suivante.

Déblayons résolument le terrain de toutes ces assertions
sans preuves et sans contrôle possible ; la science les re-
pousse absolument : non qu'elle tienne en suspicion la
bonne foi de personne, mais elle croit que tous se peuvent
tromper. S'il suffisait d'être honnête homme et dire j'ai fait
ou j'ai vu ceci ou cela pour être cru, M. Jaussan n'aurait eu
à écrire ni son volumineux rapport ni sa brochure ; et
M. Planchon aurait enseveli d'un seul coup, sous l'observation de M. Graëls, toute la question de *l'œuf d'hiver*[1]. La
règle est sans exception ; nul ne saurait s'en affranchir ni
s'en trouver offensé, lorsque les Dumas, les Pasteur, les
Berthelot, lorsque tous l'acceptent, décrivent minutieusement leurs expériences pour que chacun puisse les répéter,
et qu'en effet chacun les répète comme ils répètent eux-
mêmes celles des autres.

1. Voir pages 195 et suiv.

Cette prudence est d'autant plus nécessaire que, dès que les chiffres apparaissent, les objections les plus graves se dressent devant le lecteur : « Une équipe de trois hommes dont deux charrient l'eau avec des comportes, tandis que le troisième fait le mélange et verse au pied des souches, fait, chiffre rond, mille souches par jour... » L'auteur dit bien *mille* souches, et il verse 25 litres à chacune. Ce sont 250 hectolitres, ou 250 comportes, à transporter et à verser. Admettons huit heures de travail effectif par jour : il faudra manipuler, en nombre rond, trente comportes par heure, une comporte par deux minutes. Or il y a : à remplir la comporte au réservoir, à la transporter auprès de la souche, à la rapporter vide au réservoir. On ferait bien des trous d'injection pendant la durée d'un tel travail ! et il est censé fait en deux minutes ! — Avec ce moyen d'exécution (les comportes) et la distance habituelle de l'eau, décuplez bravement cette main-d'œuvre et, neuf fois sur dix, vous serez encore au-dessous de la réalité. Vous pouvez admettre encore qu'on se « *débrouille* » plus aisément sur le papier que sur le terrain.

M. de Malafosse dit avec courtoisie qu'il ne voudrait pas contester un fait qui me serait personnel et dont je serais garant. Il doit voir par ce qui précède que je ne saurais admettre une telle confiance, surtout lorsqu'elle s'adresserait à moi personnellement. J'évite au contraire, autant que possible, ce qui m'est personnel, préférant m'appuyer sur des observations fournies par ceux qui ne partagent pas mes opinions : chacun y trouve plus de sécurité, parce qu'on n'a plus à craindre chez l'auteur l'influence inconsciente d'une idée préconçue. Aussi ai-je cité avec empressement les observations du syndicat subventionné de Béziers. « Pourquoi prendre pour base le syndicat subventionné dè Béziers ? » demandent mes honorables contradicteurs. — J'ai consacré à l'expliquer toute une page (p. 335). Mes raisons, distribuées en cinq alinéas, sont nombreuses; encore faudrait-il me diré celles qui ne sont pas bonnes, et pourquoi elles ne le sont pas !

Une monographie complète, bien faite, dont tous les éléments peuvent être vérifiés en quelques jours, si ce n'est en quelques heures, vaudra toujours mieux qu'une réunion artificielle de petits faits épars, bien ou mal vus, — je parle ici d'une manière générale et impersonnelle, — peu ou point décrits et échappant à tout contrôle. A chacun ensuite d'en faire l'application aux circonstances qui l'entourent : terrain, climat, salaires, etc., etc. Car cet « axiome », que le choix comme le prix de revient d'un traitement varie avec ces éléments divers, est admis de tous. Je l'ai entendu proclamer dans tous les Congrès et, ce qui est mieux, vu appliquer partout. A Béziers, des terrains très divers entrent dans le syndicat, et les trois traitements fonctionnent dans des proportions diverses et au choix des intéressés ; et si j'ai pris pour type le sulfure de carbone, c'est — je l'ai dit — qu'en général c'est le moins cher, et je crois encore que des apparences décevantes pourraient seules conduire à une conclusion contraire. Si, d'ailleurs, j'ai pris l'hectare pour base, c'est qu'il faut bien en prendre une, et celle-là est généralement adoptée ; mais beaucoup de petites parcelles entrent dans le syndicat de Béziers. Cette réplique s'allonge ; poursuivons plus succinctement :

I. — Mes honorables contradicteurs pensent qu'en s'y prenant à temps, on peut n'avoir à traiter que de petites taches ; ils espèrent traiter chaque tache aussitôt formée et après l'avoir rigoureusement circonscrite : c'est parfait ! Mais... le moyen? — La discussion de ce point capital est pendante (peut-être terminée) dans un autre journal, où intervention d'hommes aussi compétents que MM. de Malafosse et H. de Bizard serait certainement bien accueillie[1].

II. — La marche beaucoup plus lente de l'invasion dans l'Orléanais tient à une cause générale, qui gouverne la *réinvasion* même. Mais les contrées où cette cause a une action suffisante pour faciliter réellement la lutte renferment trop peu de vignes pour que la situation d'ensemble en soit sensiblement modifiée.

III. — Lorsque la vigne n'est qu'une fraction du domaine, le personnel permanent de l'exploitation n'offre aucune ressource. On n'y entretient que les bras nécessaires au travail normal, et il n'y a pas une journée utilisable qui n'ait son emploi. Un personnel supplémentaire nombreux est nécessaire, et souvent introuvable, pour les opérations urgentes : façons de la vigne, foins, moissons, vendanges. Détourner le personnel permanent en le mettant au travail supplémentaire des traitements, c'est laisser tout le reste en souffrance ; c'est une mauvaise opération.

IV. — Une opération plus fâcheuse encore serait de gratifier la vigne des fumiers de la ferme. La vigne ne donne que peu ou point de nourriture au cheptel, et ne contribue en rien à la production des fumiers qui appartiennent aux terres arables et aux prairies. Le leur enlever revient à le vendre et se l'acheter ensuite à soi-même pour le donner à la vigne. Réserve faite de situations exceptionnelles, il vaut mieux acheter à autrui.

V. — Mes honorables contradicteurs croient que des traitements partiels et de peu d'étendue coûtent moins cher, relativement, que des traitements d'ensemble sur de vastes surfaces. C'est le contraire qui est la vérité : les grandes forces et les gros capitaux amènent toujours l'abaissement

1. Voir le *Journal d'Agriculture pratique* : numéros du 10 mars 1881, p. 326 ; du 31 mars, p. 445 ; du 14 avril, p. 507 ; du 22 avril, p. 552, et ici même, p. 524 à 535.

des prix de revient et le bon marché ; et cela non seulement dans toutes les branches de l'agriculture, mais partout où s'exerce l'activité humaine.

VI. — Ce n'est pas ici le lieu de rechercher ce qu'il faut laisser à l'initiative privée et ce qui rentre dans les attributions et les devoirs de l'État. J'en ai parlé, en passant, au Congrès de Clermont (page 34 du *Compte rendu* [1] et j'ai étudié de plus près un cas particulier, dans l'*Économiste* [2] (numéro du 9 octobre 1880, page 446). Je reprendrai en temps et lieu cette question [3] qui exige d'assez grands développements.

Il me resterait beaucoup à dire sur la lettre de M. de Malafosse ; ce sera pour une seconde réplique, s'il y a lieu d'en faire une. Disons, en terminant, qu'il faut savoir regarder en face les difficultés, les dangers, et n'endormir personne dans une sécurité trompeuse. Rien n'est décourageant plus que les déceptions. Afin de les conjurer dans la mesure du possible, disons toujours en toutes choses le vrai, ou du moins ce qui nous paraît tel, et évitons de flatter le penchant de l'homme à être content de lui-même.

Note. — On a beaucoup écrit sur la *réinvasion*, dont parle M. de Malafosse ; c'est une des questions les mieux connues de l'histoire du phylloxera. On la peut résumer en trois règles simples dont je crois pouvoir revendiquer la paternité :

Première règle : Après un premier traitement [4] on a une *réinvasion* d'été ou d'automne.

Une exception à cette règle apprendrait qu'il n'y a pas eu d'essaimage l'année précédente.

Deuxième règle : Si on traite tous les ans et bien, à partir du second traitement on n'aura plus de *réinvasion*.

1. Voir page 304 *m*.
2. Voir page 498.
3. Voir page 502.
4. Ai-je besoin de prévenir le lecteur que par ce mot traitement, il faut entendre *traitement réussi ?*

Une exception à cette règle apprendrait qu'il est venu un essaimage *du dehors* l'année précédente.

Troisième règle, celle-ci sans exception : Si, concurremment avec le traitement souterrain, on fait un traitement spécial qui détruise *l'œuf d'hiver*, il n'y aura *jamais* de *réinvasion* d'été ni d'automne.

Une observation contraire à cette règle serait inexplicable dans l'état actuel de nos connaissances, n'en serait par cela même que plus importante, mais devrait être minutieusement décrite, et contrôlée avec le plus grand soin.

(Le lecteur qui en aurait le loisir pourrait relire une note insérée dans *la Vigne française* du 31 octobre 1880, page 385 [1], et à laquelle la belle et importante découverte de M. Valery-Mayet donne un regain d'actualité.)

(Extrait de *la Vigne française,* du 31 mai 1881.)

RÉPLIQUE DE M. L. DE MALAFOSSE.

A M. LE DIRECTEUR DE « LA VIGNE FRANÇAISE ».

Je n'ignore pas combien une discussion sur un sujet à propos duquel peuvent s'ouvrir tant de parenthèses est fatigante pour bien des lecteurs, quoiqu'il en résulte toujours certains effets utiles. Aussi n'aurais-je pas répondu à la dernière lettre de M. de Lafitte si je ne voyais naître du point qui nous divise une question d'un ordre supérieur et entièrement pratique qu'il est bon d'élucider.

Dégagée des détails, ma lettre ne portait que sur ceci :

1º On ne peut conclure pour les prix de revient du particulier au général.

2º Pour si bien réglé que soit le syndicat de Béziers, il est des pays plus favorisés, où la lutte est bien plus facile.

----

1. Voir page 216 (M. Mayet a trouvé l'*œuf d'hiver* à Montpellier).

3° Cela tient à ce que les salaires sont moins élevés et à ce que l'invasion phylloxérique y est arrêtée par des *causes naturelles.* Les efforts de l'homme doivent donc être moins grands.

4° On a tort d'effrayer les populations rurales par des chiffres que l'on fixe comme minimum, et ces chiffres peuvent être très réduits selon les circonstances.

Si pour soutenir ma thèse j'ai parlé des expériences que j'avais pu faire, ce n'est certes pas par vanité, car j'ai eu pas mal d'échecs. *Fas est ab hoste doceri!*

J'aurais voulu avoir d'autres exemples de mes voisins à citer[1]. Mais dans les régions où je crois, je le répète, la lutte très facile, comparativement à Béziers, je suis presque le seul à lutter, les uns étant effrayés par les traitements officiels, les autres se reposant sur ces mêmes traitements comme devant tout faire.

M. de Lafitte me demande de *spécialiser*, de décrire chaque expérience, de désigner les lieux, etc... Je suis prêt à le faire; mais auparavant je voudrais bien dégager ceci : c'est que je ne me suis pas lancé, moi simple naturaliste-agriculteur, à l'encontre de faits établis par les sommités de la science.

Je crois que pour *tous les insectes*, au sujet de leur action sur l'agriculture, les généralités scientifiques doivent subir de profondes modifications.

En soutenant cette idée, je ne suis pas seul et n'ai pas seulement avec moi des ruraux. Mon savant contradicteur me permettra de prendre un auxiliaire dans son camp. C'est M. de Lafitte, auteur d'un remarquable article paru dans la *Revue scientifique* du 23 avril 1881, qui me viendra en aide pour combattre M. de Lafitte, auteur d'un autre article paru dans *la Vigne française.*

On me permettra même, en passant, de regretter que des idées si justes et si consolantes restent à l'état théorique, enfouies dans les colonnes de la *Revue scientifique,* très répandue parmi les membres des sociétés savantes ou dans le monde universitaire, mais inconnue aux ruraux. Il serait utile de divulguer ces conclusions. L'article, en effet, tend à prouver avec chiffres à l'appui qu'on ne peut prendre comme règle des expériences de laboratoire, et qu'on ne saura bien l'histoire du phylloxera qu'en l'étudiant dans les divers milieux où il est obligé de vivre et où la nature lui offre des obstacles soit *imprévus,* soit *inconnus* de l'homme; obstacles qui modifient sa reproduction dans d'incalculables proportions.

---

1. Cette année toutefois, il y a un réveil manifeste, et un certain nombre de propriétaires entrent résolument en lutte.

M. de Lafitte conclut ainsi :

« Je pense que si, du fait de l'homme, « une atténuation *même*
« *pas très grande*[1] de cette prodigieuse fécondité venait s'ajouter
« aux causes de destruction qui agissent sur le phylloxera dans la
« nature, l'équilibre pourrait être rompu au détriment de l'insecte,
« et alors la maladie disparaîtrait peut-être. Il ne serait pas néces-
« saire pour cela que le phylloxera fût anéanti ; mais les survi-
« vants pourraient être en assez petit nombre et assez disséminés
« pour rester inaperçus. »

Voilà une pensée consolante, et qui rentre d'ailleurs dans les
vérités *naturelles*.

En effet, le rôle de l'homme est de venir en aide à la nature
dans cette lutte et de profiter des lieux, des situations, des phases
critiques de la vie du phylloxera, pour le *réduire* le plus possible.
C'est ce que je m'efforce de démontrer, soit par mes écrits, soit
par mes paroles, pour la zone restreinte où je puis porter mes
investigations et faire entendre ma voix.

On me permettra d'exprimer une idée qui, exacte pour *tous les
insectes*, devrait, je crois, servir de base pour tous les traitements
phylloxériques.

Tout insecte, dans sa lutte avec les éléments naturels arrêtant
sa propagation, doit présenter l'un de ces trois cas :

1º Ou bien les éléments naturels sont au-dessus de sa force de
propagation, et alors la race périt ou ne peut vivre qu'en végétant
et à l'état de rareté entomologique ;

2º Ou bien la force de destruction et la force de propagation
sont à peu près égales, et l'insecte varie l'intensité de sa reproduction d'année en année, suivant les causes climatériques qui
sont chaque année variables ;

3º Ou bien les obstacles venus de la nature sont peu de chose
en face de sa fécondité, et alors l'espèce prend une grande extension.

On comprend que dans le premier cas l'homme n'a pas à s'en
mêler. Dans le second cas, ses efforts sont peu considérables et
proportionnés à la graduation de reproduction qui unit ces trois
états.

Dans le troisième cas, ses efforts doivent être très grands,
puisqu'il n'est que peu aidé par la nature.

Comme exemple je citerai en l'espèce les sables d'Aigues-Mortes
où l'état du sol porte obstacle à la reproduction du phylloxera :
premier cas.

1. Souligné dans le texte.

Au contraire, les calcaires de l'Hérault et du Gard, où le sol et le climat favorisent la reproduction de l'insecte, rendent la lutte de l'homme fort difficile, sinon impossible.

Enfin comme terme moyen, les parages dont j'ai voulu parler, où l'état du sol et le climat arrêtent la fécondité de notre ennemi, de telle sorte que l'effort de l'homme n'a pas besoin d'*être très grand*, et que s'unissant aux causes naturelles il peut non pas *détruire* mais *restreindre* le phylloxera dans de telles proportions que la vigne soit en état de vivre avec lui.

Je n'ai pas voulu parler de régions imaginaires ou d'une sorte de pays de Cocagne lorsque j'ai dit que dans une dizaine d'arrondissements la lutte était facile comparativement au syndicat de Béziers. Puisque l'on veut que je précise, je dirai que c'est la Haute-Garonne, le Tarn, une partie du Tarn-et-Garonne et l'arrondissement de Castelnaudary. Je ne voudrais pas jouer sur les mots, mais c'était là qu'était le *pays de Cocagne*, ce nom ayant été donné à l'Albigeois aux xvie et xviie siècles [1].

Loin de moi de dire qu'en ces parages la lutte soit partout la même. C'est la qualité du terrain qui doit servir de règle et non une division administrative.

Pour ne citer qu'un cas :

Les cantons limitrophes de Cordes et de Vaour, dans le Tarn, ont été les premiers où l'on ait découvert l'invasion. Eh bien, le canton de Vaour contient à lui seul des terrains appartenant au Permien, aux trois étages du Lias; l'Oolithe inférieure, la grande Oolithe avec ses dolomies, l'Éocène marin, le Miocène d'eau douce, le Diluvium quaternaire et les alluvions modernes.

Impossible, on le comprend, d'appliquer un traitement uniforme à tout ce canton : et certes on ne peut parler de sulfocarbonates aux malheureux propriétaires des terrains de l'Oolithe que l'on a si bien nommés le pays de la Soif.

C'est là où chacun devra *se débrouiller* et profiter de tous les avantages de sa position, ou bien battre en retraite ou se rejeter sur les plants américains s'il juge sa position intenable. Mais dans ces régions du haut Languedoc il est des terrains occupant de vastes espaces où je crois la lutte facile :

1º Parce que l'invasion y est en partie arrêtée par la nature, surtout l'hiver ;

1. On appelait *Cocagne* les petits tas de pastel récolté. Comme cette plante enrichissait beaucoup les pays où on la cultivait avant l'invasion de l'indigo, on donna par extension le nom de pays de Cocagne aux pays riches et fertiles.

2° Parce qu'on peut y avoir de l'eau à portée;

3° Parce que les salaires y sont moins élevés que dans le Lot-et-Garonne ou le bas Languedoc.

Ces terrains sont les anciennes terrasses de tous les cours d'eau qui à l'époque quaternaire y ont laissé d'immenses dépôts, soit de cailloux, soit d'alluvions reposant avec des profondeurs variables sur la masse compacte. Plus de la moitié des vignobles des pays dont je parle sont plantés là-dessus.

L'eau s'y ramasse aisément; de plus, dans les deux arrondissements de Toulouse et de Muret, le canal de Saint-Martory permet à beaucoup de propriétaires non d'inonder partout, mais d'amener l'eau au centre de leurs vignes. Je n'insiste pas sur les détails; mais voici un fait qui n'est point sorti de mes recherches. La commission officielle de la Haute-Garonne a découvert récemment des taches phylloxériques *de plusieurs hectares* sans que rien dans la végétation pût faire deviner cet envahissement.

N'est-ce pas une preuve du peu *d'intensité* de l'invasion, et M. de Lafitte ne croit-il pas comme moi que, pour couvrir dix ou quinze mille souches, il a fallu cinq et six ans d'invasion au minimum ?

Il serait oiseux de parler ici du prix des salaires, c'est affaire locale; toutefois, dans ces départements il est connu de tous qu'à la grande majorité des domaines, petits ou grands, sont attachées des familles de travailleurs qui, sous le nom de *solatiers* ou *estivaudiers*, sont, moyennant certains privilèges dont profite aussi le propriétaire, à la disposition de ce dernier qui doit leur fournir du travail.

Les salaires varient de 1 franc à 1 fr. 50 pour les hommes et de 60 centimes à 1 franc pour les femmes. Ce n'est nullement désorganiser un domaine que d'utiliser ces auxiliaires dans la lutte contre le phylloxera.

J'accorde volontiers à mon contradicteur que mille souches prises comme *chiffre rond* soient un peu forcées pour un travail de trois hommes; il n'a cependant rien de fantastique, car je l'ai atteint encore la semaine dernière. Toutefois, j'admets 700 à 800 souches comme chiffre moyen. Mais comme correctif aux chiffres *minutes* de M. de Lafitte, je ferai observer que j'avais laissé une marge pour des ouvriers auxiliaires, que la journée est de 10 heures et non de 8, et que je parle pour ceux qui peuvent avoir ou amener l'eau dans leur vigne de cent en cent mètres; je crois que beaucoup le peuvent. De plus, en un terrain de cailloux, 15 litres suffisent le plus souvent au lieu de 25.

Quant à la réinvasion, je ne puis, quoi qu'en dise M. de Lafitte, regarder cette question comme élucidée. C'est même à ce sujet que je voudrais agrandir ce débat, et, laissant de côté les détails qui me sont demandés et m'entraîneraient trop loin, faire appel à tous les abonnés ou lecteurs de *la Vigne française*; voici pourquoi.

L'on a des cartes de l'*extension* de l'invasion phylloxérique. Certains arrondissements sont classés comme un peu, beaucoup, tout à fait envahis. C'est incontestablement très utile. Mais ce qui serait, je crois, plus utile, ce serait, je n'ose pas dire des cartes, mais des catalogues ou des tables des qualités des sols et des localités où l'on pût constater l'*intensité* de l'*invasion* et de la *réinvasion*.

Cela ne peut s'établir qu'au moyen de nombreux renseignements locaux, et quelque imparfait que fût ce travail, il pourrait servir de guide à bien des propriétaires grands et petits. L'on saurait dans quelles proportions l'on peut venir en aide à la nature dans les empêchements qu'elle oppose à la multiplication du phylloxera, et si un traitement tous les deux ans est suffisant. Pour ma part, je suis convaincu que bien des propriétaires ne se doutent pas du peu d'efforts qu'il leur faudrait faire pour enrayer le mal.

L'*intensité* de l'invasion peut se calculer de diverses manières, mais je verrais deux *criteriums* assez exacts dans :

1º Le temps qu'une vigne subit l'attaque de l'insecte sans offrir de signes de dépérissement (c'est difficile à calculer pour quelqu'un qui soigne ses vignes ; mais il y a toujours quelque voisin qui ne fait rien et peut servir d'étude).

2º L'intensité de la *réinvasion* après un premier ou un second traitement, ainsi que la réinvasion de l'année suivante.

A ce sujet je ne veux pas entrer ici dans une discussion entomologique qui fatiguerait le lecteur, mais puisque l'on veut des faits, en voici deux à mettre en parallèle.

Au mois de septembre 1880, la réinvasion était générale dans le syndicat de Béziers. J'ai pu le constater chez les submergés comme chez les sulfurés. Or, M. Jaussan traite ses vignes depuis 1878, et l'on sait avec quel soin.

A la même époque, j'ai pu vérifier dans le Tarn et dans les terrains dont j'ai parlé plus haut que les vignes traitées au printemps de cette année-là au sulfocarbonate (un seul traitement) ne laissaient voir que de rarissimes insectes ; je me sers de cette expression pour dire qu'il fallait près d'une heure de recherche pour en trouver quatre ou cinq.

D'autres vignes voisines, traitées officiellement en août 1879 au sulfure de carbone, n'offraient, plus d'un an après, qu'une quantité insignifiante de phylloxera[1]. La comparaison était d'autant plus facile pour moi, que je venais de constater la quantité d'insectes réapparus dans le syndicat de Béziers. Il est vrai d'ajouter que les souches traitées dans le *Tarn* avaient avant ce traitement une quantité bien moindre d'ennemis que les vignes de Capestang.

Je me permets en terminant de faire appel aux lutteurs qui ont des résultats consolants à porter à la connaissance des phylloxérés. Quelque estime que j'aie pour les chercheurs scientifiques, leurs prévisions les trompent souvent lorsque l'on en vient à une application sur le terrain, et un modeste lutteur peut souvent mieux servir d'exemple qu'une série d'expériences de laboratoire minutieusement décrites.

Toulouse, juin 1881.

UN DERNIER MOT SUR LES PRIX DE REVIENT
DES TRAITEMENTS INSECTICIDES.

On s'oublierait à discuter avec un adversaire aussi gracieusement courtois que M. de Malafosse ; mais, il le dit lui-même, il faut ménager le lecteur et le journal. Je ne rentrerai donc pas dans ce débat, à peu près épuisé ; je voudrais seulement indiquer, sous la forme la plus succincte, deux des points que j'ai dû négliger, faute de place, dans ma réponse du 1er mai. Ce n'est pas à mon honorable contradicteur seul que je m'adresse.

I. — Les uns nous disent : Cherchez partout les *taches latentes* afin d'attaquer le mal à son début. Vous aurez alors peu d'insectes, peu ou point d'essaimage, une faible étendue à traiter ; la vigne n'ayant pas souffert, il n'y aura pas à la guérir ; par suite, pas d'interruption dans les récoltes pleines.

D'autres — les mêmes souvent, sinon toujours — nous disent : Une fois la vigne restaurée, vous pourrez ne plus

1. Les résultats reconnus cette année, juin 1881, sont les mêmes proportionnellement à l'époque.

traiter que d'une année entre autre ; c'est la dépense réduite
de moitié.

Or qu'est-ce qu'une vigne restaurée ? — précisément une
tache latente : peu d'insectes; tache circonscrite, santé et
vigueur de la plante, rien n'y manque ! Eh bien, nous irions
nous casser la tête...... et les jambes à chercher les *taches
latentes* inconnues, pour n'en pas trouver une sur dix, et
celle-là, que vous avez sous la main, vous ne trouvez rien
de mieux que de l'abandonner, en attendant qu'elle redevienne *tache apparente !*

Je dis : de ces deux choses, la recherche des *taches lentes*
et les traitements bisannuels, gardez-en une ; gardez celle
que vous voudrez, celle qui servira le mieux vos idées et
vos goûts : mais ne les gardez pas toutes les deux, parce
qu'il y a entre ces deux choses une contradiction flagrante.

Je ne m'arrête pas à l'erreur de ceux qui croient qu'un
traitement-sera moins coûteux quand il y aura peu d'insectes : il faut exactement le même traitement pour tuer
cent phylloxeras que pour en tuer un million dans le même
cube de terre.

II. — On a déjà quelque peine à trouver la main-d'œuvre
et l'insecticide, et cependant on a traité, tout au plus, dix
mille hectares : cinq cent mille hectares attendent un traitement; bientôt l'insecte sera partout, puisqu'il avance toujours sans jamais reculer. Où prendrez-vous la main-d'œuvre et l'insecticide quand il faudra tout traiter ? quand il
faudra traiter deux millions d'hectares ? Ce n'est pas aujourd'hui, soit ! mais ce sera sûrement demain, et est-il interdit
de songer au lendemain ?

Ce lendemain sera dans la Haute-Garonne exactement ce
qu'il a été partout, si ce n'est peut-être que les événements
s'y pourraient précipiter un peu, parce que le phylloxera y

arrive à peu près de tous les côtés à la fois. Cependant on aurait grand tort de s'abandonner, et un tort plus grand encore de se bercer d'illusions : dire trop haut que la défense est aisée, c'est faire un peu comme les gens qui, cheminant la nuit et n'étant pas tranquilles, chantent pour se donner du cœur.

Nota. — Nos évaluations ont été confirmées par la Commission spéciale du Congrès de Bordeaux. (Voir à la page 95 du compte rendu.)

(Extrait de *la Vigne française* du 31 juillet 1881.)

LES TACHES

VIGNES DE MÉZEL[1]

(Exposé fait au Congrès viticole de Clermont-Ferrand
le 2 septembre 1880.)

Les taches apparentes qui nous ont été montrées sont disséminées sur une superficie d'au moins trente hectares. Quelques-unes ont reçu deux traitements au sulfocarbonate de potassium : le premier, par une injection au pal ; le second, fait à la manière ordinaire, mais en ne donnant d'eau à chaque pied que le contenu d'une cuillère à pot. On ne devait attendre aucun résultat sérieux d'opérations de ce genre et, en effet, nous avons trouvé du phylloxera en abondance sur ces taches.

D'autres parcelles ont reçu des traitements au sulfure de carbone. Ceux-ci ont mieux réussi, mais on rencontre encore des insectes. Enfin, plusieurs taches très accusées n'ont reçu encore aucun traitement.

Les vignes saines, — du moins en apparence, — présentent une végétation vigoureuse. C'est dire que toutes les taches visibles sont déjà anciennes, que l'essaimage s'y est produit déjà peut-être plusieurs fois. L'espoir que sous le

---

1. Au Congrès, nous fîmes précéder la discussion qui suit d'une étude sur la *marche de l'invasion*. Nous supprimons ici cette étude, parce que le lecteur la trouvera dans notre conférence, p. 24.

climat du Puy-de-Dôme la transformation en *nymphe*
d'abord, puis en *ailé* ne se produirait pas ne saurait être
encouragé ; M. Boiteau, en effet, a trouvé plusieurs *nymphes*
au cours de cette visite, et s'il n'a pas vu d'*ailé*, cette lacune
n'entraîne aucune conséquence : notre collègue a expliqué
que l'heure était trop matinale pour une telle recherche, qui
ne peut être fructueuse qu'au moment de la plus grande
chaleur ; que d'ailleurs les journées ne sont pas rares où on
ne rencontre aucun *ailé* sur des vignes très abondamment
pourvues d'ordinaire. Un cycle s'ouvre avec les *nymphes*
trouvées, il se développera sûrement.

Les observations faites, les faits constatés légitiment donc
les plus sérieuses appréhensions. Nous pensons que l'invasion s'étend sur toute la partie occidentale de la commune
de Mézel, probablement sur les communes voisines, peut-
être dans un rayon très étendu.

Le désir et le projet de la Commission supérieure du phylloxera seraient d'*éteindre* les taches de Mézel, et de ramener à
la teinte blanche le département du Puy-de-Dôme, recouvert
d'une teinte grise sur la carte phylloxérique de la France. C'est
s'y prendre beaucoup trop tard ! Notre devoir est de déclarer
qu'en poursuivant aujourd'hui une semblable entreprise, on
marche à un échec certain. Admettant, — ce que pour mon
compte je ne crois pas, — qu'on puisse, par un procédé
quelconque que nous connaissions aujourd'hui, *éteindre* une
tache encore unique, comment s'attaquer aux taches *latentes*,
de beaucoup les plus nombreuses ?

L'invasion est faite dans le département du Puy-de-
Dôme, et suivra fatalement son cours. S'il est, à notre avis,
impossible de l'arrêter, on peut, dans l'état présent des choses,
en ralentir beaucoup les progrès ; mais il n'y a plus de temps
à perdre ! Des traitements *culturaux*, surtout si on y peut
apporter des soins minutieux et les perfectionnements de

détail aujourd'hui connus, sont ici très clairement indiqués. De tels traitements laissent subsister bien peu d'insectes ; et si l'on doit compter sur une *réinvasion* d'été, parfois abondante après le premier, il est d'observation — et l'explication du fait n'est plus à chercher — que cette *réinvasion* devient insignifiante dès la seconde année. Ces traitements maintiennent la plante en pleine végétation, en pleine fructification et permettent de ramener à son état normal une vigne déjà très affaiblie. Mais cette reconstitution, il y faut insister, ne peut être obtenue qu'à l'aide d'engrais, et en plusieurs années, trois en général.

Les traitements dits d'*extinction* diffèrent surtout des premiers en ce qu'ils commencent d'ordinaire par tuer la vigne, accident qu'il est toujours bon d'éviter, à cause de l'effet moral produit sur les vignerons ; à cela près, la différence n'est pas grande. On n'en obtiendrait pas contre l'insecte des résultats sensiblement différents et qu'il vaille la peine de poursuivre. Qu'on n'hésite pas surtout à traiter de vastes surfaces autour des foyers apparents, si l'on ne veut, dès la première année, se voir partout débordé. Les traitements, pour qu'on en puisse espérer un ralentissement considérable de l'invasion, doivent s'étendre, dès maintenant, à une centaine d'hectares [1].

Le dessein de la Commission supérieure du phylloxera

1. On voudra bien me permettre de réparer dans cette rédaction une omission faite à la séance : on est dans l'usage de faire sur les zones de précaution un traitement moins énergique que celui qu'on pratique sur les taches reconnues. A mon avis, on a tort. On se laisse égarer par cette vérité que pour nourrir cent personnes il faut plus de nourriture que pour en faire dîner une seule. Mais ici ce n'est plus cela : si vous mettez assez d'insecticide dans le sol pour tuer un seul insecte, aussi bien vous en tuerez un million; et s'il n'y en a pas assez pour en tuer un million, n'y en eût-il qu'un seul, il ne sera pas tué. C'est qu'en effet l'insecticide se dissémine dans tout le cube de terre, et chaque parcelle n'agit qu'au point où elle se trouve et sur l'insecte qu'elle y rencontre.

de montrer, par un succès éclatant, qu'on peut, avec les ressources dont on dispose aujourd'hui, anéantir le phylloxera sur une tache avancée, isolée, nettement et sûrement circonscrite, est louable, je n'hésite pas à le dire, en ajoutant qu'à mon avis personnel on n'y réussira pas plus qu'on n'y a réussi jusqu'à ce jour, en quelque lieu que ce soit, malgré des apparences décevantes mais de peu de durée. Le vignoble de Mézel n'offre plus aucune chance de succès à une entreprise de ce genre, à moins d'y vouloir traiter plusieurs milliers d'hectares.

Pourquoi ne pas chercher un autre champ d'expérience où on puisse trouver des conditions meilleures? Sans rien affirmer, le département m'étant trop peu connu, je signalerai la Haute-Garonne. Couvert d'une teinte grise en 1878 par la Commission supérieure, ce département a été, en 1879, rétabli sur la liste des départements indemnes. On croyait dans le pays avoir détruit l'insecte. L'illusion n'a pas été longue : quelques semaines après il a été retrouvé. Mais l'invasion est peut-être encore renfermée dans des limites assez resserrées. Je n'affirme rien, je fournis un simple renseignement et je le fais avec d'expresses réserves.

L'ŒUF D'HIVER

PHYLLOXERA AU CONGRÈS DE CLERMONT-FERRAND

M. de Lafitte demande à revenir à son tour sur cette question de l'*œuf d'hiver* qu'il a réservée à une précédente séance ; non pour l'étudier à fond : cette étude demanderait beaucoup de temps et a été faite ici même et ailleurs. Les documents abondent et sont faciles à consulter. Laissons de côté les questions de doctrine, pour nous en tenir à un exposé pratique.

Les travaux de M. Balbiani permettent d'espérer que la destruction de l'*œuf d'hiver* du phylloxera suffirait pour amener l'extinction de l'espèce elle-même ; mais l'expérience seule peut apprendre si cette espérance est fondée. L'expérience est fort difficile à faire, parce qu'il y a deux inconnues à poursuivre, sans qu'il soit possible de les séparer : Par le traitement employé détruisons-nous tous les *œufs d'hiver?* Si oui, en détruisant tous les *œufs d'hiver* détruirons-nous l'espèce elle-même? Un seul fait peut résoudre l'une et l'autre question et les résoudre en même temps : la disparition de l'insecte d'un vignoble soumis le temps nécessaire à ce traitement.

Depuis quatre ans, ajoute M. de Lafitte, je traite un vignoble de six hectares environ, en me servant des badigeonnages tels qu'ils ont été institués par M. Boiteau, qui les a abandonnés depuis longtemps. Les résultats constatés jusqu'ici laissent une incertitude très grande sur l'issue de l'entreprise. L'état actuel de quelques parties de ce vignoble permettrait de compter sur un succès, tandis que dans d'autres parties la situation est moins encourageante. Elle est même telle sur quelques-unes que l'*œuf d'hiver* n'y a certainement pas été détruit. On peut l'affirmer, parce que la suppression de cet œuf, si la disparition de l'insecte n'en résultait pas, amènerait cependant une atténuation du mal plus accusée que ce qui s'observe. Sur quelques parcelles, l'amélioration semble à peu près nulle. Une étude attentive et dégagée de tout parti pris m'a conduit à cette opinion : que je n'ai complètement détruit l'*œuf d'hiver* nulle part ; qu'il en est resté bien peu sur certaines parties, davantage sur d'autres, qu'aucun n'a été détruit sur quelques-unes, celles-ci très restreintes.

Je n'abandonnerai pas cet essai, ajoute l'orateur, tant que la vigne soumise au traitement ne sera pas morte ; mais il est très regrettable que je travaille seul dans cette voie. Je donne tous mes soins à l'opération, car je ne quitte pas le champ d'expérience pendant toute la durée du travail. Malgré tout, bien des fautes peuvent m'échapper et suffire à me faire échouer, bien que la méthode soit bonne. Si les mêmes essais se faisaient simultanément sur d'autres points convenablement choisis, ce travail d'ensemble pourrait conduire à des conclusions qu'un travail isolé n'autorise point. On pourrait varier les traitements, les badigeonnages n'étant pas le seul qui soit possible : je crois même celui-là assez médiocre. Le *pyrophore* me paraît, à ce point de vue, extrêmement intéressant, réserve faite d'une action sur la vigne, qui me préoccupe en dépit des assurances données.

Mais il ne faut pas attendre ces essais de l'initiative privée. Plusieurs de mes voisins m'ont demandé des conseils afin de pratiquer chez eux ce qu'ils me voyaient faire chez moi. J'ai dit à tous : Je fais une expérience, est-ce ce que vous voulez faire vous-même ? Si votre seul but est de défendre votre vigne, je ne peux pas vous conseiller une méthode dont le résultat est fort incertain, en tout cas fort éloigné. Aucun ne s'est soucié de travailler dans ces conditions.

C'est ici que l'intervention de l'État semblerait justifiée. Lorsqu'on est bien fixé sur ce que coûte un traitement et sur les résultats qu'on en obtient, l'État n'a plus à s'en occuper, à mon avis ; c'est à chacun de décider s'il doit ou ne doit pas l'employer, il ne s'agit plus que d'intérêts privés. Mais lorsqu'un traitement nouveau se présente avec des chances aussi sérieuses, basées sur des travaux qui font l'admiration des naturalistes, et que la dépense ne va pas à trente francs pour un hectare contenant cinq mille pieds, l'étude approfondie d'un semblable traitement est une question d'intérêt public, et c'est à l'État qu'il incombe de l'entreprendre ; en tout cas, ce n'est pas à moi ; je fais tout ce qu'un homme isolé peut faire, je n'ai aucun intérêt particulier dans la question et je ne demande rien à personne.

Rien ne serait plus facile, avec une dépense annuelle d'une dizaine de mille francs renouvelée cinq ou six ans, *au moins*, peut-être plus longtemps, que de résoudre définitivement la question de *l'œuf d'hiver*. Je n'ai pas à indiquer ici un plan d'opérations qui ne m'est pas demandé, qu'on pourrait varier beaucoup sans rencontrer de difficulté sérieuse. Mais il faut se hâter ; depuis 1876, on peut compter cinq années perdues. Qu'on ne s'attarde pas surtout à attendre des éclaircissements nouveaux sur tel ou tel point encore obscur ; par exemple, en ce qui touche à l'existence d'un œuf fécondé, autre que *l'œuf d'hiver*, celui-là pouvant éclore en été ou être déposé ailleurs que sous les écorces. Si par cette cause, ou par toute autre, la méthode échoue, on aura simplement dépensé quelques milliers de francs en pure perte ; si la méthode est bonne, par son bas prix elle est vraiment une solution. Jusqu'à ce jour, il n'y en a point d'autre, et chaque année de retard amène la perte de cent mille hectares de vigne.

Je crois, dit en terminant M. de Lafitte, que le Congrès agira sagement en émettant un vœu qui appelle l'attention du gouvernement sur la nécessité qui s'impose de ne pas s'en tenir aux traitements dirigés contre l'insecte vivant, et d'encourager par tous les moyens possibles tout traitement rationnel dirigé contre *l'œuf d'hiver*.

M. de Lafitte, en son nom personnel et au nom de plusieurs de ses collègues, présente le vœu suivant au sujet de *l'œuf d'hiver* :

3° Considérant que *l'œuf d'hiver* du phylloxera paraît jouer un rôle prépondérant dans la régénération de l'insecte et son invasion dans les vignobles, le Congrès émet le vœu que le gouvernement et la Commission supérieure accordent aux traitements dirigés contre *l'œuf d'hiver* les mêmes faveurs qu'aux traitements dirigés contre l'insecte vivant, et encouragent par tous les moyens en leur pouvoir les essais tentés dans cette voie.

Ce vœu est adopté.

LES BADIGEONNAGES INSECTICIDES

CHEZ

M. GASTON BAZILLE

Le journal *le Temps*, n° du 3 décembre, donne cette importante nouvelle :

M. Devès, ministre de l'agriculture, a annoncé à la commission d'initiative de la Chambre la présentation prochaine d'un projet de loi préparé conformément aux conclusions de la Commission supérieure que préside M. J.-B. Dumas, de l'Institut.

Ce projet indiquera les moyens que recommande l'État pour combattre le phylloxera et tendra à l'adoption de certaines mesures générales propres à favoriser l'emploi de ces moyens.

Les mesures qui seront adoptées peuvent être décisives, en bien ou en mal, et c'est un devoir pour chacun d'apporter les documents, les explications, les idées qui peuvent prévenir des malentendus et définir la situation présente.

Dans la charmante causerie de M. Gaston Bazille (voir ce journal[1], n° du 8 décembre, p. 798), je lis un épisode (p. 801, col. 2, au milieu) relatif à *l'œuf d'hiver*. « La découverte de l'œuf d'hiver, dit M. Bazille, est d'un haut intérêt scientifique ; elle fait honneur à M. Boiteau. » Il y a dans ces derniers mots une erreur historique que, pour

---

1. Le *Journal d'Agriculture pratique*. Voir encore le compte rendu du Congrès de Bordeaux, p. 261.

des raisons que je n'ai pas à dire ici, il ne faut pas laisser
s'accréditer. Voici ce qu'a écrit M. Boiteau lui-même :

Aussitôt installés, nous nous mîmes à l'œuvre, et le lendemain
même de son arrivée, M. Balbiani trouvait sur des écorces que
nous avions recueillies la veille l'œuf provenant de la génération
sexuée, qu'il désigne sous le nom d'*œuf d'hiver*.

(P. Boiteau : *Le phylloxera et sa descendance*, introd., p. X,
l. 6.)

J'appliquerai à cette déclaration les paroles mêmes de
M. Bazille : elle fait honneur à M. Boiteau. M. Boiteau a une
part très belle dans l'histoire biologique de l'insecte ; lui
attribuer ce qui ne lui appartient pas, c'est l'amoindrir lui-
même. C'est M. Balbiani qui, après avoir annoncé à l'avance
l'existence de l'*œuf d'hiver* chez le phylloxera de la vigne, a
encore eu la chance, qui lui était bien due[1], de trouver le
premier œuf connu, et c'est M. Boiteau qui a rendu cette
trouvaille possible en découvrant le lieu où l'*ailé* dépose ses
œufs.

Dans la pratique, M. Bazille pense que « la d'écouverte
de l'*œuf d'hiver* est loin d'avoir la même importance ».
Voyons cela. La preuve serait que tout ce que M. G. Bazille
a pratiqué chez lui pour détruire l'*œuf d'hiver* n'aurait donné
aucun résultat.

Voici, en premier lieu, l'*ébouillantage*. L'auteur explique,
avec bien de l'esprit, que l'eau bouillante de la chaudière
n'avait pas toujours la chaleur suffisante quand elle était
versée sur la souche. La petite chenille (il s'agit de la pyrale
à l'état de larve *hibernante*) en était quitte pour un bain

---

1. Et qui ne pouvait guère lui échapper, tout autre risquant fort de ne
pas reconnaître cet œuf si le hasard l'avait mis sous ses yeux. M. Balbiani,
au contraire, d'après l'*œuf d'hiver* du phylloxera du chêne, avait pu, la
veille de la découverte, décrire à l'avance celui du *vastatrix*.

inoffensif. Soit! mais alors... et l'*œuf d'hiver*? Quel mal pouvait bien lui faire ce bain inoffensif?

Nous avons alors brûlé du soufre dans une cloche en zinc ou en bois placée sur les souches...

Personne, que je sache, n'a proposé la vapeur de soufre pour détruire *l'œuf d'hiver*, et je ne présume pas que ce procédé soit à conseiller!

D'autres, et je suis du nombre (c'est M. Bazille qui parle), ont eu recours au badigeonnage des tiges avec divers liquides insecticides.

Nous y voilà! Une citation (Boiteau, ouvrage précité, p. 42, 1. 8) :

Un précédent nous montre le chemin à suivre. Nous savons d'après la constatation de plusieurs visiteurs et particulièrement par les rapports de MM. Ramat et Princeteau ; Baillou, Boyer et Lacroix ; Falières et Lalanne, que M. Gaston Bazille, propriétaire aux environs de Montpellier, a réussi à préserver un vignoble de deux hectares, en faisant, pendant l'hiver, des badigeonnages sur les souches avec un mélange d'huile lourde de gaz, 10 parties, et urine de vache, 90 parties. Cette opération n'était pas destinée à détruire le phylloxera, elle était employée contre la pyrale. Le traitement était fait d'une manière bien incomplète, puisqu'on ne décortiquait pas et que le point visé était *surtout* la partie inférieure de la souche (c'est moi qui souligne le mot *surtout;* sans crainte de se tromper, on peut à ce mot substituer celui-ci : *exclusivement,* étant donnée la proportion d'huile lourde). Malgré cela, le contraste est frappant : les vignes des voisins sont mortes ou mourantes, et celles de M. Gaston Bazille conservent toute leur beauté.

Je ne connais pas le rapport de MM. Ramat et Princeteau ; les deux autres sont reproduits dans les *fascicules* de l'Association viticole de Libourne, p. 32 et 62. Le premier a été lu le 17 août 1875, le second le 26 octobre de la même année. Ces badigeonnages n'étaient pas dirigés contre *l'œuf d'hiver*, par la raison péremptoire qu'au moment où on les faisait *l'œuf d'hiver* était encore inconnu ; et on les appliquait surtout, si ce n'est exclusivement, sur la partie de la souche où

cet œuf n'est pas déposé. M. Boiteau a donc mille fois raison
lorsqu'il ajoute (en note, au bas de la même page) :

Cette immunité disparaîtrait-elle aujourd'hui que je n'en serais
nullement étonné. La manière dont l'opération était faite ne devait
pas préserver d'une manière complète ; elle pouvait être un palliatif, non un moyen curatif.

L'honorable sénateur de l'Hérault continue ainsi :

Grâce à l'emploi de ces moyens, nous nous débarrassions assez
bien des pyrales. Le phylloxera arrive et avec lui l'œuf d'hiver ; les
traitements sont continués ; la pyrale est toujours détruite, mais ni
l'eau bouillante, ni les vapeurs sulfureuses, ni le badigeonnage n'ont
de prise sur l'œuf d'hiver : le phylloxera se reproduit par millions, et nos vignes périssent.

Dans l'ensemble des traitements pratiqués, l'ébouillantage, le sulfurage et les badigeonnages (sur la partie du cep
où *l'œuf d'hiver* ne se rencontre point) n'ont pas dû beaucoup gêner le phylloxera, mais, à coup sûr, n'ont pas fait de
mal à *l'œuf d'hiver*. Cependant M. Gaston Bazille ne parle
aujourd'hui que de *l'œuf d'hiver* et n'hésite pas à conclure :
Que pourrait-on tenter de plus ? — Comme tout cela n'est
rien, je demande à mon tour : Que pouvait-on tenter de
moins ?

La question reste entière.

P. S. Quelques viticulteurs de Lot-et-Garonne ont déjà du
vin de *Jacquez* à vendre. Si M. Gaston Bazille avait l'extrême
obligeance de faire connaître le marchand qui paye ce vin
70 fr. l'hectolitre (157 fr. 50 la barrique de 225 litres), il leur
rendrait un très grand service.

(Extrait du *Journal d'Agriculture pratique* et du *Journal de l'Agriculture*
des 15-17 décembre 1881.)

LE PRIX COMMERCIAL DU VIN DE JACQUEZ.

M. Gaston Bazille s'est senti blessé — je le regrette sincèrement — par le post-scriptum d'un de mes derniers

articles. L'honorable sénateur se plaint que j'aie suspecté la sincérité de ses affirmations et revient sur ce grief, toujours avec plus de force, dans trois alinéas successifs.

Je serais très confus d'avoir mérité un semblable reproche. Voici, en y soulignant quatre mots, la phrase de M. Bazille à laquelle j'ai fait allusion : « ... Le second, voyant ce prix (50 fr. l'hect.) si facilement accepté, demande 55 fr., un troisième 60 fr. et l'*on m'assure* aujourd'hui qu'on a vendu même à 70 fr. » — Ce que j'ai mis en doute (ce prix de 70 fr.), ce n'est donc pas une affirmation de M. Bazille; mais simplement l'exactitude d'un *on-dit* [1].

Cette question de prix en elle-même ne me paraît pas valoir, pour le moment, plus que les quatre lignes que j'y ai consacrées en passant. Je n'ajouterai qu'une observation, que tout le monde, à peu près, aura faite : dans la série de transactions que M. G. Bazille publie aujourd'hui, tous les vendeurs de vin vendent du bois, nécessairement, et il pourrait en être de même des acheteurs, car il n'y a rien d'inconciliable, que je sache, entre la profession de marchand de vin et celle de propriétaire de vignes, fût-ce de vignes de *Jacquez*. Ces vignes donnent, principalement par le bois, de si gros revenus, qu'on pourrait, s'il en est ainsi, craindre quelque enthousiasme irréfléchi, quelque entraînement inconscient; on fait des folies quand la passion ou seulement la fantaisie s'en mêlent, et des prix, même réels, pratiqués dans ces conditions ne seront jamais tenus pour régulateurs du marché. Le prix de 50 fr. l'hect. pourrait être assez près du prix normal eu égard aux cours de l'année; les autres prix cités par M. Bazille n'ont d'intérêt que pour le vendeur et l'acheteur. Ainsi ce prix de 75 fr. (675 fr. le tonneau!),

1. Nous ne reproduisons pas la protestation de M. Gaston Bazille, parce que ces quelques lignes lui donnent complète satisfaction.

fait à bordeaux, pourra égayer un moment le commerce bordelais et tout sera dit.

Autre considération, d'ordre général celle-ci, et dont il faudra se souvenir si on veut apprécier à leur juste valeur tels incidents commerciaux qui pourraient se produire : qui dit opération commerciale dit spéculation, ce mot entendu au sens le plus honorable. La spéculation commande de pousser à la hausse quand on a à vendre.

— Mais il y a si peu de vin de *Jacquez* à vendre !

— C'est cela même, vous êtes au nœud de la question : il y a si peu de vin de *Jacquez* à vendre que la hausse sur cette marchandise est des plus faciles à faire artificiellement ; et cette hausse a pour conséquence inévitable la hausse des boutures, et cela, en sauvant de toute discussion ces dernières, qui restent dans la coulisse...

Cette simple indication me paraît suffisante pour aujourd'hui.

(Extrait du *Journal d'Agriculture pratique* du 26 janvier 1882.)

AUTRE NOTE (SOUS LE MÊME TITRE).

Sous ce même titre (n° du 26 janvier 1882), le journal a bien voulu accueillir un article où je me suis permis de discuter des prix de vente signalés par M. Gaston Bazille, d'après des renseignements fournis par des tiers. Il s'agissait de vins de *Jacquez* récoltés en 1881.

En 1881, les vins se sont vendus cher pour deux raisons : la marchandise était rare, la qualité était excellente. En 1882, le Languedoc a encore d'excellents produits, tandis que presque partout ailleurs le raisin a mal mûri et donné des vins où on ne trouve que très peu de couleur et très peu d'alcool. Ce sera, pour cette raison, l'année du vin de *Jac-*

quez et des vins similaires ; vins communs, grossiers, mais alcooliques, riches de couleur, bien que d'une couleur quelque peu violette. On se les arrachera pour coupages, pour les mêler à nos pauvres vins qui, laissés à eux-mêmes, risquent de faire naufrage. On aimera mieux les encanailler — passez-moi le blasphème — que les perdre !

Or je lis dans le *Journal d'Agriculture pratique* du 23 novembre, dans l'article de M. G. Bazille, l'alinéa que voici :

Le vin de *Jacquez*, n'en déplaise à M. de Lafitte, est entré, cette année, pour un chiffre assez important dans les ventes faites au commerce. Les prix sont restés élevés de 50 à 55 francs l'hectolitre.

Où sont les prix de 70 et 75 francs l'hectolitre ? Espérons que, l'an prochain, tout rentrera dans l'ordre.

Nota : *Jacques* Ier serait-il trépassé, ou en train de le devenir, que l'honorable sénateur de l'Hérault nous présente — je copie — *Jacques* II ?

(Même journal, n° du 30 novembre 1882.)

QUATRIÈME PARTIE

LES. VIGNES AMÉRICAINES

LE ROLE

DES

VIGNES AMÉRICAINES

L'insuffisance des traitements proposés jusqu'à ce jour pour défendre nos vignes françaises contre le phylloxera est reconnue de tous ceux qui étudient la question sous toutes ses faces et ne ferment pas les yeux à l'évidence. Quelques-uns de ces traitements, — inondations, sulfocarbonate, sulfure de carbone — donnent de bons résultats quand on opère bien, et ceux qui doivent à une situation privilégiée de pouvoir en faire usage paraissent s'en contenter ; mais le plus grand nombre ne sauraient s'en servir, parce que le coût en est si élevé que le revenu de la plupart des vignes ne permet pas une aussi grande dépense.

On s'est senti désarmé ; les progrès de la maladie sont devenus si menaçants, qu'on en est venu à demander le salut aux vignes américaines elles-mêmes. Nous leur devons le phylloxera sans doute ; mais aujourd'hui nous l'avons sans pouvoir le supprimer ; ces cépages exotiques ne lui offrent pas un milieu plus favorable que nos vignes du pays, au contraire ; le premier sarment qui a apporté l'insecte a fait le mal si grand que tout ce qu'on a pu en introduire ensuite ou tout ce qu'on en introduira à l'avenir dans les contrées déjà envahies n'y peut plus rien ajouter.

Parmi les espèces ou variétés qu'on désigne sous le nom collectif de *vigne américaine*, il en est un petit nombre qui paraissent opposer à leur parasite une résistance durable. Depuis des années, — dont le nombre n'est pas grand, il est vrai, — on les voit plus ou moins envahies par les insectes, mais ne montrant encore aucun signe d'affaiblissement. L'étude attentive de ces nouvelles plantes ne saurait être trop encouragée ; elles peuvent offrir une ressource, et une ressource d'autant plus précieuse que dans un avenir prochain ce sera peut-être la dernière.

Toutefois il faut se défendre de tout entraînement irréfléchi. L'homme qui se noie saisit d'affolement la première branche à sa portée : ici, le péril est moins pressant, grâce à Dieu. Et avant d'engager sa fortune, ou ce qui en reste, dans une transformation dont le succès est si incertain, il sera bien de peser mûrement les chances favorables et les chances contraires. Les chances favorables forment à peu près tout le fond de ce qu'on a dit ou écrit sur la matière : de ces écrits et de ces discours je retiendrai seulement quelques théories qui me paraissent dangereuses, parce que les imprudents qui les acceptent sans examen et s'y confient pourraient trouver la ruine au bout d'entreprises prématurées. Les chances contraires tiennent à des circonstances diverses qu'on a trop laissées dans l'ombre. Je vais essayer de discuter les unes et d'appeler sur les autres l'attention qu'elles méritent.

I. — LA RÉSISTANCE.

Les ampélographes et les botanistes qui s'intéressent à la situation nouvelle créée à la viticulture par le phylloxera s'accordent assez bien pour diviser les vignes connues en *cépages résistants* et en *cépages non résistants*. Ils en forment ainsi deux groupes. Au premier moment, toutes les espèces ou variétés d'origine américaine ont été rangées dans le premier ; nos variétés françaises ont formé à elles seules le second. Depuis, beaucoup des premières sont venues les y rejoindre, et peut-être y viendront-elles toutes successivement. C'est qu'en effet cette division est purement artificielle : la résistance est une vertu toute relative, qu'on observe tantôt à un degré moindre tantôt à un degré plus élevé, selon le cépage. Entre l'espèce sauvage la plus réfractaire à l'insecte et la variété cultivée la plus vulnérable, on pourrait ranger toutes les vignes connues suivant une série où deux termes consécutifs n'offriraient, au point de vue de la résistance, que des différences très petites [1].

Quelle sera, en présence du phylloxera, la durée moyenne des divers cépages dans les conditions ordinaires de culture propres à chaque région ? La fortune des vignes américaines est tout entière dans la réponse qui sera faite à cette question. Or l'expérience seule peut, avec le temps, avec beaucoup de temps, l'éclaircir et la résoudre. Le phylloxera a été reconnu pour la première fois en France en 1868 ; ce n'est que plus tard qu'on l'a trouvé sur des vignes américaines ; pour quelques-unes, et de celles qui donnent le plus d'espérances, la découverte ne date que de quatre ou cinq ans. C'est donc depuis un bien petit nombre d'années qu'on a pu étudier la tenue de quelques cépages aux prises avec la maladie, et cette période de temps est tout à fait insuffisante pour qu'on puisse entreprendre avec sécurité une opération agricole sur une vaste échelle.

Tout le monde est d'accord sur ce point ; mais quelques-

____

1. Voir page 445 *b*.

uns cherchent à s'affranchir de cette condition de durée dans
les observations et l'expérience, en concluant dès aujour-
d'hui à une résistance intrinsèque, absolue. Il y a, assure-
t-on, des vignes *résistantes*; car, si cela n'était pas, toutes les
vignes américaines auraient depuis longtemps disparu et
aussi le phylloxera lui-même : le dernier de la race maudite
serait mort de faim sur la dernière souche. Entendons-nous
bien : non seulement il y a des vignes résistantes, mais elles
le sont toutes sans exception, car toutes *résistent*, puisque le
phylloxera met en général plusieurs années pour tuer celles
qui succombent le plus rapidement. Mais combien de temps
résistent-elles avant de mourir? Pour qu'une espèce se conserve, il suffit que chaque individu vive assez longtemps
pour se reproduire. Le phylloxera est incapable à lui seul de
faire disparaître aucune espèce, puisqu'il n'en existe pas une
à laquelle il ne laisse le temps de fructifier une ou plusieurs
fois. Ah! si l'homme s'en mêle, c'est une autre affaire! Ici,
en France, pas un are de terrain qui n'appartienne à quelqu'un; pas un pouce de terre où une graine de vigne
puisse germer et le pied vivre sans la permission du maître,
et cette permission n'est jamais donnée. A peine s'il en
échappe un, en se dissimulant ou se laissant oublier dans
quelque haie, dans quelque fourré, encore n'en a-t-il pas
pour longtemps. Mais dans les forêts vierges du Nouveau
Monde, il suffira d'un oiseau pour sauver la descendance
d'un pied mourant en transportant une petite graine à
quelques centaines de mètres du lieu infecté. — Pour que
l'argument eût de la valeur, il faudrait qu'il fût corroboré
par quelque circonstance exceptionnelle, et les études qui
pourraient révéler de telles circonstances relativement à la
vigne ne sont pas même commencées.

Renonçant à ces raisonnements spécieux, les savants
s'adressent à la plante elle-même. Les uns ont étudié chimi-

quement les racines des vignes dites résistantes; les autres ont demandé au microscope tout ce qu'il pouvait montrer de leur constitution anatomique. La même étude appliquée aux vignes françaises a fait reconnaître, entre celles-ci et les premières, des différences importantes, auxquelles on s'est plu à attribuer un caractère de permanence que le sol, le climat, le temps, même leur alliance intime au moyen de la greffe avec les cépages français seraient impuissants à altérer. Puis, voyant ces vignes exotiques, au moins quelques-unes, résister au phylloxera depuis un certain nombre d'années, dans des conditions de milieu et de culture où toutes nos vignes françaises succombent, on n'hésite pas à affirmer que cette différence de tenue vis-à-vis de l'insecte provient des différences reconnues dans la constitution des racines, et, par suite, durera autant que ces différences elles-mêmes ; on ajoute : toujours !

Pour des besoins qui n'ont rien de scientifique, ces théories, présentées avec réserve par leurs auteurs, ont été acceptées avec trop d'empressement et sans une critique assez sévère. Il faut faire tout de suite une observation qui est fondamentale : l'idée même de résistance implique deux facteurs. Ici, nous avons la vigne qui résiste et l'insecte qui l'attaque. Un insecte ne saurait attaquer une plante que s'il trouve dans la plante quelque substance appropriée à ses besoins, et en lui-même les moyens de conquérir cette substance. Le plus souvent, nous connaissons si peu la plante et l'insecte que nous ignorons également et quelle est chez la plante la substance qui tente l'insecte, et quel est chez l'insecte l'agent qui attaque la plante. Pour la vigne, nous ne connaissons ni la nature des lésions produites par le parasite, ni les accidents physiques ou chimiques qu'elles amènent. Nous ignorons si c'est un simple phénomène de végétation consécutif à une blessure, à une succion purement mécanique, ou, s'il y a en plus l'action d'un venin, d'un poison versé par l'insecte dans la plaie. Dans un mémoire publié par l'Académie des sciences, M. Max. Cornu montre fort bien que cette hypothèse d'un venin n'est nullement nécessaire, et ce qui était inutile alors l'est encore aujourd'hui.

Nous ne savons pas mieux expliquer pourquoi le phylloxera reste très rare sur certains cépages américains, pourquoi il se multiplie sur d'autres aussi abondamment que sur les racines de nos propres vignes. Rien ne prouve que la dureté, la densité des tissus, le peu d'épaisseur ou la consistance des rayons médullaires soient, dans l'immunité relative des premiers, des éléments essentiels. Nous voyons des plantes entre lesquelles on chercherait vainement des différences de cet ordre attaquées, les unes par un insecte, les autres par un autre insecte très voisin du premier : telle chenille vit de la feuille du mûrier, telle autre de la feuille du chêne, sans qu'il soit possible à aucune des deux de passer d'une feuille à l'autre; tel phylloxera vit de cette même feuille du chêne, tel autre de la racine ou même de la feuille de la vigne. N'est-ce pas avant tout une question d'affinité entre la plante et l'insecte, affinité que nous ne saurions ni expliquer ni définir? Il est aussi malaisé de comprendre les actions chimiques qui se peuvent produire : tous les chimistes savent que des substances molles, légères, résistent à tel réactif qui attaque, dissout, décompose les corps les plus durs, les plus lourds, les métaux, les amalgames, les alliages ; et s'il y a chez le phylloxera un poison, ne le connaissant pas, comment en nommer le contre-poison?

Ce que nous pouvons dire avec certitude, c'est que toute théorie qui veut rendre compte de la résistance de la vigne au phylloxera en n'étudiant que la vigne et faisant abstraction de l'insecte manque de base et est à rejeter sans autre

examen. Ainsi les théoriciens me semblent se tromper lorsqu'ils établissent entre la dureté, la densité des tissus et la
résistance des relations de cause à effet, sans remarquer que
la coexistence de deux phénomènes n'est pas la preuve en
soi que l'un soit une conséquence de l'autre ; sans remarquer
surtout que, si les qualités des organes sur lesquelles ils
s'appuient avaient une influence prépondérante, les phénomènes seraient bien différents de ceux que nous observons :
nous verrions sur la même plante, et aussi sur deux plantes
différentes, les lésions s'atténuer sur les racines à mesure
qu'elles offriraient une lignification plus avancée. Or, en
examinant certains *riparia*, nous ne trouvons que des lésions insignifiantes, quand il en existe, sur les radicelles les
plus jeunes, encore à l'état herbacé ; dans le cas du *clinton*,
du *taylor*, au contraire, le phylloxera produit des désordres
tellement graves sur des racines ligneuses de la grosseur du
pouce que la pourriture pénètre jusqu'au centre. Un champignon, un organisme intermédiaire entre la plante et l'insecte, je veux dire vivant de la plante après que l'insecte y a
créé un milieu propice au développement du mycelium, dé-
placerait la difficulté sans la résoudre, peut-être en la com-
pliquant.

Si de telles observations sont par elles-mêmes pleines
d'intérêt, toutes ces théories ne reposent encore sur rien de
solide, et il en sera ainsi tant qu'on ne saura pas faire à l'insecte la part qui lui appartient. Tout ce qu'il est permis de
dire, — et seulement lorsqu'on peut s'appuyer sur des observations rigoureusement contrôlées, — c'est ceci : « Tel cépage vit depuis tant d'années avec le phylloxera dans telles
conditions de climat, de sol, de culture ; mais rien ne permet de dire combien de temps il a encore à vivre. » Il n'est
pas besoin d'une grande expérience des affaires pour sentir
ce que cette formule a de peu engageant pour le client ; et

combien plus favorable serait, dans sa concision et sa hardiesse, cette autre formule : « Tel cépage est résistant! » Les intéressés le sentent si bien qu'afin de sauver ce mot *résistance*, ils ont imaginé celui-ci : *adaptation*.

II. — L'ADAPTATION.

Telle plante végète mal dans un milieu dont telle autre plante s'accommode. Chez les espèces d'un même genre, même chez les variétés d'une même espèce, on rencontre des aptitudes et des exigences particulières. Étudier la conduite de chaque plante dans chaque terrain, dans chacune de ces circonstances variables à l'infini : altitude, exposition, voisinage, climat, pour utiliser chaque sujet au mieux des ressources dont on dispose, telle est, en somme, toute l'*adaptation* ; et si le mot, *pris dans ce sens*, est né dans l'industrie des vignes américaines, la chose est aussi ancienne que l'agriculture elle-même.

Dans cette étude, le phylloxera n'a point de place, ou, s'il en a une, la voici. Comme la plante, l'insecte est soumis dans la nature à des influences extérieures qui lui sont, les unes favorables, les autres contraires. Lorsque la vigne se trouve placée dans un milieu contraire à elle-même et favorable à son ennemi, sa sensibilité en est accrue ; on la voit descendre dans l'échelle de la résistance et accuser plus promptement les symptômes de la maladie, symptômes toujours les mêmes. Voici, en effet, ce qu'en disait au Congrès de Nîmes un partisan décidé des vignes américaines et de l'*adaptation* elle-même :

Au mas de la Sorrès, près de Montpellier, tous les plants, sauf quatre ou cinq variétés, meurent. Les taylors que nous voyons si résistants en tant d'endroits présentent le point d'attaque le plus caractérisé ; or je crois fermement que si ces taylors se trouvaient dans un pays où le phylloxera fût inconnu, leur non adaptation se traduirait par un état peu développé, tandis qu'en pays contaminé elle se traduit par un point d'attaque. Même observation pour une plantation d'Herbemonts, chez M. ***. Là encore, une dépression affectant l'apparence et la forme d'une tache phylloxérique, sans qu'on puisse trouver d'explication rationnelle à ce déclin. Ces morts par causes indéterminées déroutent l'opinion publique ; lorsque le praticien qui a assisté à la mort ou au déclin de ces vignes se rappelle la manière dont procédait le phylloxera, et qu'il se trouve en présence de cas comme ceux que je viens de signaler, il lui est impossible de ne pas reconnaître une parfaite analogie entre ce qu'il a sous les yeux et ce dont il se souvient trop bien.

Ainsi une vigne américaine qui succombe aux atteintes du phylloxera meurt exactement comme ferait une vigne française. Que sa mort soit plus prompte lorsqu'elle est préalablement affaiblie par quelque autre cause, cela va de soi, et rien ne justifierait l'emploi d'une locution nouvelle pour définir un fait aussi simple, si l'on n'avait en vue une diversion savante : on s'efforce de faire de la *résistance,* non une propriété essentiellement relative, mais une vertu spécifique, absolue, qui légitime le mot *résistant* employé sans épithète.

Cependant voici une vigne américaine qui fléchit ; en voici une qui meurt ; cette autre est morte, on l'arrache. Et les gens simples de dire : « Mais ce cépage n'est donc pas *résistant ?* » C'est à ce moment que l'*adaptation* intervient ; on définit avec plus ou moins de précision la consitution physique et chimique du terrain où on voit mourir la victime ; on proclame à nouveau que le moribond est *résistant,* mais qu'il est mal *adapté.* L'*adaptation* reste responsable de l'accident et la *résistance* est sauve. Citons, à ce propos, quelques lignes d'un professeur très distingué et nullement ennemi de la vigne américaine, pas plus que je ne le suis moi-même :

« Supposons, dit M. Millardet, que nous sommes arrivés avec la commission sur le terrain où, sur quelques centaines de taylors plantés depuis trois à cinq ans, un point faible, une tache s'est déclarée... On arrache trois ou quatre ceps dont les racines, dévorées de phylloxera, sont dans un état assez médiocre... Deux ou trois souches sont parvenues au dernier degré d'étisie. Le propriétaire observe d'un œil anxieux le visage du président de la commission, craignant d'y lire l'arrêt de mort. Celui-ci n'est pas sur un lit de roses... Que faire?... Sa physionomie s'illumine : il a trouvé !... Il déclare qu'il est nécessaire, avant de se prononcer, de faire l'analyse du sol... On emporte un sac de terre ! — Les propriétaires sont habituellement si fort ahuris de cette réponse inattendue, qu'ils oublient de jeter au nez de l'homme de l'art la souche, la terre et le phylloxera. Cependant, six mois après, paraît un article ou rapport, avec l'analyse du sol et du sous-sol jusqu'à la cinquième décimale. Comme conclusion de cette œuvre éminemment scientifique, il est dit que ce cas est d'une appréciation difficile, mais qu'il est infiniment probable que le taylor, s'il succombe, ce qui n'est pas certain, succombera, non au phylloxera, mais au défaut d'adaptation au sol et au climat. »

Sous cette forme humoristique, qui laisse entière la sincérité des personnages fictifs mis en scène, il y a assurément un fonds de vérité. Pour les cépages compromis, un certain nombre de terrains se trouvent ainsi éliminés en attendant qu'ils le soient tous; car, lorsque la mort d'une vigne se trouve quelque part n'être qu'une question de terrain, elle est bien près de n'être plus partout qu'une question de temps. C'est quelque chose sans doute que gagner du temps. En disputant sur quelques espèces condamnées d'avance, on sauve les autres de la controverse ; en défendant pied à pied les postes avancés, on retarde l'assaut du corps de place. Mais pour tout observateur impartial, il n'y a au fond de ces chicanes qu'une entrave à des recherches très importantes d'où dépend une bonne classification de ces cépages au point de vue de la résistance et une appréciation exacte de leur valeur relative. Si le phylloxera tue un cépage dans un terrain particulier où la catastrophe se trouve précipitée, c'est que le parasite a sur la plante une action qui pourra être faible si d'autres causes ont concouru au dénouement, mais qui n'en est pas moins certaine, et amènera dans tout autre sol, sinon la mort, au moins un affaiblissement relatif du végétal; si des cépages succombent dans certaines terres, tandis que d'autres vivent dans toutes jusqu'ici, il faut reconnaître chez les premiers une cause intrinsèque de faiblesse qui n'existe pas, ou n'existe qu'à un degré moindre chez les seconds; et ce qu'on conçoit le mieux, c'est l'opportunité de sacrifier les cépages qui fléchissent ou meurent quelque part, pour s'en tenir provisoirement à ceux qui se conduisent bien partout.

On fera pour les cépages conservés ce qu'on a fait de tout temps pour toutes les plantes cultivées : on recherchera les conditions de climat, de terrain, de culture, où il faut les placer pour en obtenir le plus qu'ils puissent donner. Bien loin de vouloir décourager les études comparatives instituées et poursuivies avec persévérance pour l'étude de cette question très difficile en elle-même, je crois que ceux qui s'y livreront feront le plus utile emploi de leur temps, à la condition d'observer sans parti pris et d'interpréter leurs observations et celles des autres sans se laisser influencer par aucune considération étrangère à la science agricole. Il s'est produit récemment quelques travaux importants dirigés dans cette voie et conçus dans un très bon esprit.

III. — LES ENGRAIS.

Le rôle des engrais dans la culture des vignes américaines est considérable, mais difficile à apprécier. Cependant il serait très important de discerner ce qui provient de l'engrais dans la belle végétation de quelques-unes de ces vignes, et ce qui appartient en propre au cépage même. L'engrais a une action très puissante, ce n'est pas douteux, puisque avec les engrais seuls on a pu faire vivre plusieurs années les cépages les plus fragiles, par exemple des aramons, et leur faire produire d'abondantes récoltes. Pour des espèces occupant un rang élévé dans l'échelle de la résistance, les effets seront plus durables. Ce n'est pas sept ou huit ans qu'on gagnera sur la durée et la fructification de la vigne, mais quinze ou vingt ans, peut-être plus, c'est-à-dire un temps plus long que celui des expériences les plus anciennes. Lors donc qu'on admire une plantation en vignes américaines, on a toujours à se demander si le principe de leur résistance réside en elles-mêmes ou dans l'engrais qu'on a pu leur prodiguer.

Le départ entre ce qui appartient à ces deux causes différentes est fort important pour deux raisons. Voici la première : l'engrais coûte très cher. Quand on l'emploie en se proposant d'augmenter le rendement, comme il arrive sur une vigne saine, c'est une balance à faire entre la dépense et l'augmentation prévue de la récolte ; quand on demande à l'engrais le soutien d'une vigne malade, les substances fertilisantes répandues dans le sol sont employées presque en totalité à la régénération de la plante, et lui permettent simplement de réparer les dommages causés par l'insecte, — quelquefois aussi par un traitement insecticide, — mais le rendement reste à peu près ce qu'il serait sans les engrais si le phylloxera n'y était pas. Ce surcroît de dépense est-il avantageux ? — Oui, avec les vignes américaines, parce qu'on en vend les sarments à un prix très élevé ; et pour peu que la production du bois s'en trouve accrue, l'opération est excellente. Mais cette situation n'est que transitoire ; le prix du sarment fléchira fatalement à mesure qu'on en produira davantage ; il n'intervient plus lorsqu'on greffe ces vignes avec des plants français, et on n'a plus alors que le vin. Tant qu'on vend du bois, non seulement les engrais, mais les insecticides les meilleurs peuvent être répandus à pleines mains, et la terre rend toujours avec usure ce qu'on lui donne. Or ce que peut faire avec d'immenses bénéfices celui qui vend les cépages est impraticable et ruineux pour celui qui les achète, s'il veut simplement reconstituer ses vignes et leur faire produire du vin.

Voici la seconde raison, qui tient de très près à la première. Les vignes américaines ne valent que par la distance qui les sépare des vignes françaises dans l'échelle de la résistance. Tout expédient qui accroîtra cette distance leur donnera une valeur artificielle au profit de celui qui vend, au détriment de celui qui achète ; et ce qui peut éveiller quelque inquiétude, c'est que ceux qui connaissent ces cépages par ce qu'ils en voient semblent les apprécier beaucoup moins que ceux qui les connaissent par ce qu'on en dit. Ainsi, l'étranger qui admire ces belles vignes dans les terrains riches de l'Hérault ou du Gard, et qui suppute par la pensée ce que rapportera à son heureux propriétaire le sarment d'une seule de ces magnifiques souches, se demande avec étonnement pourquoi le voisin, qui a toute l'année ce séduisant spectacle sous les yeux, en plante lui-même si rarement ; pourquoi les possesseurs de ces plantes exotiques ne trouvent pas à en placer le produit autour d'eux, où tout reste à faire, où on aperçoit à perte de vue d'immenses espaces autrefois couverts de vignes, aujourd'hui dénudés, et pourquoi ils s'efforcent, par une agitation incessante, de se créer des débouchés au loin. A côté des succès qui nous frappent, y a-t-il des échecs qui nous échappent, et que les gens du pays connaissent bien ? Y a-t-il seulement des dépenses excessives qui les épouvantent, et font d'une opération agricole une spéculation commerciale dont les gens paisibles hésitent à courir les chances ? — Je ne sais ; mais ce contraste entre l'enthousiasme des possesseurs de plants américains qui en ont à vendre et le calme de leurs voisins qui n'en achètent point me paraît digne d'attention.

IV. — LE GREFFAGE.

L'opération du greffage va placer les vignes américaines dans des conditions si différentes de celles où elles ont végété jusqu'à ce jour, qu'il faut s'arrêter un moment sur les conséquences possibles de cette transformation. Nous admettrons avec les botanistes et les horticulteurs que le greffage ne modifie ni la nature du *sujet* ni la nature du *greffon*[1] ; mais une plante se nourrit par les feuilles autant que par les racines; les racines prennent au sol et élaborent des substances que la sève ascendante porte aux feuilles; les feuilles, par un mécanisme analogue à la respiration, puisent dans l'atmosphère d'autres substances qui modifient chimiquement les premières ; puis la sève descendante ramène le tout aux racines et aux points divers où se produisent des formations nouvelles. De là, entre les racines et les feuilles, un échange incessant où, suivant les circonstances, chaque système donne à son associé plus ou moins qu'il n'en reçoit. Si une espèce possède un feuillage exubérant et un système radiculaire moins développé ou accidentellement amoindri, la feuille ne peut-elle pas, en produisant des sucs plus abondants, mieux élaborés, venir en aide à la racine, la soutenir, et si celle-ci doit traverser une crise, lui fournir les éléments d'une plus longue résistance? L'effet contraire ne pourrait-il pas se montrer dans d'autres circonstances, et une feuille pauvre atténuer plus ou moins la puissance de résistance d'une racine vigoureuse et par là même plus exigeante ? Si la racine et la tige appartiennent à deux plantes

1. Le *sujet* est une plante enracinée dont on supprime ou dont on supprimera la tige et à laquelle on adapte le *greffon;* le *greffon* est un fragment d'une autre plante qui, adapté au *sujet,* s'y soudera et en remplacera la tige. Le *sujet* fournit la racine, le *greffon* la tige de la plante unique qui résulte de l'opération.

différentes et sont réunies par le greffage, leurs relations
restent les mêmes, et les mêmes causes amèneront les mêmes
conséquences. En outre, le plus ou moins de convenance entre
les deux, en contrariant, par exemple, le passage de la sève
à travers la soudure, ne pourrait-il influer sur l'abondance,
sur la puissance nutritive du courant nourricier, partant sur
la résistance de l'individu mixte créé par le greffage ?

Une observation singulière semble, à cet égard, légitimer
quelque souci. Elle a été faite pendant le Congrès de Nîmes,
au cours d'une intéressante visite au domaine de Campuget. En 1877, quelques pieds de *muscat* conduits en
treille étaient déjà très affaiblis par le phylloxera, et ne portaient que des pampres de 0^m,30 à 0,40 de longueur. En
1878, le jardinier du château eut l'idée de greffer un *jacquez*
sur l'un d'eux. Ne consultant personne, il fit la greffe, non sous
terre avec l'espoir que le greffon s'affranchirait, mais sur la
tige, à un mètre au-dessus de la surface du sol. Cette même
année 1878, la tige maîtresse du greffon prit un développement de 2^m,50. Le 22 septembre 1879, jour de notre visite,
cette tête de *jacquez* avait des pampres de 5 et 6 mètres de
longueur, tandis que les autres *muscats*, sans exception,
sont morts. En septembre 1880, le propriétaire de Campuget
me faisait l'honneur de me dire que ce curieux spécimen
était encore fort beau.

Je ne vois pas d'autre explication que celle-ci, fournie
par un savant botaniste : le *jacquez* possédant un feuillage
beaucoup plus beau et plus abondant que le *muscat*, la
racine du *muscat* qui porte aujourd'hui cette tige de *jacquez*
reçoit de sa nouvelle feuille une nourriture plus abondante,
plus substantielle qu'il ne faisait auparavant lorsqu'il avait
sa propre feuille. Mieux nourrie, elle est devenue capable de
réparer, au moins en partie, les dommages causé par l'insecte et de fournir, en retour, à sa nouvelle compagne les

éléments nécessaires à celle-ci pour sa propre existence. Mais alors ne peut-on se demander si un *jacquez* aura la même vigueur, la même force de résistance, la même durée, si on lui coupe la tête et qu'on la remplace par une tête de *muscat*[1] ?

Les meilleurs porte-greffes connus ne montrent, il est vrai, que très peu d'insectes, et, entre tous leurs mérites, c'est certainement celui-là qui me touche le plus. Il semble, au premier abord, que pour eux il y ait peu ou point à craindre un danger de ce genre, à moins que le greffage ne compromette l'immunité relative dont ils paraissent jouir. Or c'est justement ce qu'on pourrait craindre. Tous les horticulteurs savent bien que les arbres greffés portent, en général, des fruits plus beaux, plus savoureux que ne font les mêmes arbres francs de pied, c'est-à-dire vivant sur leurs propres racines. Si la soudure entre deux espèces et l'alliance qui se fait entre elles ont la propriété de modifier le fruit du greffon, ne pourraient-elles aussi modifier les racines du sujet, et les rendre plus comestibles, sinon pour nous qui ne les mangeons pas, au moins pour le phylloxera qui en vit ; et celui-ci, appréciant une différence qui nous échappe, ne pourrait-il croître tout d'un coup et multiplier, en dépit d'assurances dogmatiques qui me paraissent aller fort au delà de ce que la science autorise encore[2] !

La physiologie de la greffe est, en effet, une des questions

1. Voir un exemple semblable, page 410 *m*.

2. Le greffage pourra améliorer le fruit, c'est même le cas général ; améliorera-t-il aussi le vin ? — C'est plus que douteux. Ce ne sont pas, en effet, les raisins les meilleurs pour la table qui sont les meilleurs pour la cuve, bien loin de là ! Il se pourrait donc que le raisin perfectionné fît un vin dégénéré. Les vins communs n'ont rien à redouter de cette mauvaise chance ; mais, pour les crus estimés qui ne voudraient pas déchoir, il serait sage de procéder à quelques essais sérieusement étudiés avant d'opérer sur une grande échelle.

les moins connues de la botanique physiologique. Elle a fort
peu occupé les botanistes militants, j'entends ceux qui
emploient le microscope, le rasoir, les réactifs chimiques,
toutes les ressources de la science. L'outil qui prépare le sujet
et le greffon tranche et tue toutes les cellules qu'il rencontre,
et ce sont deux plaies qu'on amène au contact et qui se soudent. En quoi consiste la soudure, par quel mécanisme s'accomplit-elle, et quel rôle joue la sève dans son accomplissement? — Nul ne le sait, et personne ne saurait dire
l'influence précise qu'elle peut avoir sur la physiologie de la
plante. On ignore les conditions qui doivent être remplies
pour que l'opération réussisse, le très petit nombre des faits
connus jusqu'à ce jour présentant des anomalies peu com-
patibles avec la formule d'une loi. La recherche des faits
nouveaux offre aujourd'hui une importance exceptionnelle:
une plante, en effet, qui ne serait pas attaquée par le phylloxera, et qui accepterait comme greffons les sarments de
nos cépages, serait un commencement de solution. On ne
connaît pas encore une telle plante; mais peut-être en pourra-
t-on rencontrer une si on persévère dans ces essais, en
marchant avec prudence et réflexion, mais sans un assujet-
tissement aveugle à des règles prématurées. L'importance du
but à atteindre vaut bien d'ailleurs qu'on ne se laisse point
troubler par des railleries peu charitables ou des critiques
peu éclairées.

Il ne faut donc pas se hâter de dire que les cépages qui
nourrissent peu d'insectes valent mieux d'ores et déjà que
ceux qui en sont chargés, parce que ce sont précisément les
premiers, à l'exclusion très justifiée des seconds, qui sont
destinés à supporter le greffage. Et cette opération présente,
pour les cépages qui la subissent, un nouveau danger qui
mérite examen. Les porte-greffes les plus estimés sont, à peu
d'exceptions près, tout à fait stériles ou du moins très peu

fertiles. Or on sait que ce qui fatigue et épuise le plus une plante, c'est la maturation du fruit et de la graine. Que deviendront les porte-greffes en présence du phylloxera, même avec très peu de phylloxera, lorsque, au lieu de quelques baies très rares, leurs racines nourriront, — si elles les nourrissent, — 15 ou 20 kilogrammes d'aramon ! Ne nous hâtons pas de conclure, et attendons que l'expérience ait résolu cette difficulté.

Il n'existe encore que peu de vignes américaines greffées avec un cépage français, bien peu surtout qui soient d'âge à donner une récolte. Il en est une cependant qui a beaucoup fait parler d'elle et dont il convient de dire quelques mots. Il faut avoir vu de ses yeux une vigne d'aramon plantée en bon terrain, dans l'Hérault ou le Gard, pour avoir l'idée de ces prodigieux rendements de 300 hectolitres et plus à l'hectare. Un Bourguignon, un Bordelais, n'en demandent pas tant pour être émerveillés. Nous sommes près d'une vigne d'*aramons* greffés sur *clintons* ; je vois un Dijonnais en admiration devant ces pampres chargés de raisins qui font songer à la Terre Promise, et je crois apercevoir le *clinton* lui-même pousser d'inquiétantes racines... dans la cervelle de mon homme. Je demande au régisseur ce que pourra bien produire cette année un hectare de sa vigne : Peut-être 70 hectolitres, nous dit-il. — C'est cela, dis-je à mon tour, le tiers ou le quart de ce que rendrait l'*aramon* sur ses propres racines, mais sans le phylloxera. Notre compagnon, sensiblement refroidi, parcourt avec nous le vignoble, aperçoit en maints endroits des groupes de ceps affaiblis, offrant toute l'apparence de taches phylloxériques [1] ; quelques

1. J'en ai fait l'expérience bien des fois ; pour voir de semblables taches, il faut être dessus. A 15 mètres de distance, les souches vigoureuses placées entre l'observateur et la tache suffisent à cacher celle-ci, et on ne voit rien. En général, pour se rendre exactement compte de l'état d'un carreau de vigne, il faut le parcourir en tous sens.

pieds manquants sont remplacés par des *jacquez*. On a beau
nous dire que ces symptômes inquiétants ne se sont pas
aggravés depuis l'année dernière, nous nous demandions,
en rentrant à Montpellier, s'il y avait lieu de s'étonner beaucoup en voyant les voisins s'abstenir. Comme il s'agit de
clinton, le fait en lui-même n'aurait aucune importance ; il
en emprunte une assez grande à cette circonstance que cette
vigne a été citée maintes fois dans des journaux agricoles et
ce qu'on a nommé des congrès viticoles, comme un bon
exemple de réussite[1]. Que sont alors les vignes dont on ne
parle point, s'il en existe du même âge ?

Voilà, si je ne me trompe, bien des raisons plausibles de
douter du succès définitif des vignes américaines. Faut-il
donc y renoncer? — Non. Mais il faut savoir écarter les exa-
gérations d'une propagande sans frein et marcher avec prudence. Ce n'est pas ici le lieu d'exposer dans tous ses détails
la meilleure marche à suivre; disons seulement que si on
attendait pour tirer parti de ces cépages de les parfaitement
connaître, ils auraient le temps de disparaître eux-mêmes
et le phylloxera avec eux; qu'il faut aller de l'avant, risquant
beaucoup, mais sachant ce qu'on risque ; que pour atténuer
le plus possible le danger de ces risques inévitables, il faut
faire soi-même, chez soi, tout le bois dont on pourra avoir
besoin un jour, ce qu'on peut faire à peu de frais, parce
qu'il suffit d'acheter un petit nombre de boutures et de les
faire fructifier, soit en les plantant à demeure, soit en les
greffant sur des souches françaises non encore atteintes;
qu'il faut surtout s'en tenir aux meilleures espèces connues
au moment où on achète, quel qu'en soit le prix; pour un
petit nombre le prix est indifférent. L'opération, en effet,

1. Ce vignoble fait partie du domaine de Viviers, situé non loin de
Montpellier et appartenant à M. Pagézy.

qui a pour objet de transformer un vignoble exige une dépense qui va, le plus souvent, jusqu'à payer une seconde fois le fonds (voir page 476 *m*); et cette opération ne vaut que par le temps qu'on peut avoir devant soi pour tirer de nombreuses récoltes, non seulement un revenu, mais l'amortissement des capitaux employés. Si donc il existe entre deux cépages une différence dans la durée, cette différence fût-elle petite, le moins bon des deux, quel qu'en soit le prix, ne vaut plus rien. Il ne faut pas s'en tenir à une seule espèce, parce que plusieurs s'annoncent comme ayant un mérite à peu près égal, et que, si quelqu'une doit fléchir un jour, on ne saurait dire encore quelle est celle qu'il faudra abandonner. Ne pas faire, en conséquence, tout à la fois, mais procéder lentement, afin de répartir la dépense totale sur plusieurs années, et de profiter, chemin faisant, de l'expérience acquise par soi-même ou par d'autres.

Ne perdons jamais de vue cette vérité, que sauver une vigne malade est l'idéal, que remplacer une vigne morte ou mourante n'est qu'un palliatif onéreux, sinon ruineux. Nous sommes, il est vrai, assez loin de l'idéal rêvé [1]. Mais il y aurait folie à se laisser décourager encore. Si les résultats acquis sont médiocres, a-t-on réellement fait tout ce qu'on pouvait faire ? A-t-on bien tiré tout le parti possible de merveilleuses découvertes qui font l'admiration des naturalistes ? Je me défends mal, je l'avoue, d'une certaine impatience, pour ne rien dire de plus, en voyant la direction exclusive où on s'obstine, depuis quatre longues années, à concentrer tous les efforts, toutes les ressources. On ne veut

1. J'ai eu l'occasion de discuter les principaux traitements connus au Congrès viticole de Clermont-Ferrand, dont un compte rendu fidèle et très complet est publié par fragments dans *la Vigne française* (voir ici même, page 295.)

voir que l'insecte vivant, et on abandonne ainsi, comme à plaisir, une moitié du champ de bataille, celle où se trouve presque sûrement le *point décisif*. Mais c'est la loi de ce monde : l'idée n'a de crédit, trop souvent, que le crédit de ceux qui la protègent. L'idée que la destruction de *l'œuf d'hiver* pourrait sauver une vigne n'a pas encore fait son chemin.

(Extrait de la *Revue des Deux Mondes*, livraison du 1ᵉʳ mars 1881.)

UN DERNIER MOT

SUR LE RÔLE

DES VIGNES AMÉRICAINES[1]

Un article sur le *rôle des vignes américaines* inséré le 1ᵉʳ mars dans la *Revue des Deux Mondes* a eu le mérite de provoquer une étude pleine d'intérêt de Mᵐᵉ la duchesse de Fitz-James. Cette étude, dont la publication vient de s'achever dans le numéro du 15 juin de la *Revue*, est en trois parties. La première a paru le 1ᵉʳ avril et commence ainsi :

« L'étude publiée dans la *Revue* du 1ᵉʳ mars par M. Prosper de Lafitte semble de nature à détruire l'espoir à peine renaissant de la viticulture. »

En voici maintenant les dernières lignes :

« C'est dans le désir de rendre service à la viticulture... que je suis venue combattre... »

Ainsi, « même en y pensant toujours » on peut arriver à ne pas s'entendre. Toutefois, la contradiction est plus apparente que réelle. Je montrerai qu'il n'y a pas eu *combat*; qu'en négligeant d'abord quelques points secondaires, sauf à y revenir ensuite, la discussion n'a porté ni sur les mêmes faits ni sur les mêmes idées ; que ces deux études marchent paral-

1. Notre collaborateur nous demande l'hospitalité pour cet article, qui était destiné à la *Revue des Deux Mondes*, mais dont la *Revue* a refusé l'insertion. Nous déférons d'autant plus volontiers à ce désir qu'il s'agit ici d'une polémique courtoise et instructive dont nos lecteurs profiteront. (Note de la rédaction du *Journal d'Agriculture pratique*.)

lèlement sans se heurter ni se confondre. On s'étonnera moins
après cela qu'elles s'accordent à la fin pour conseiller l'usage,
et l'usage immédiat, des meilleurs cépages. Un peu plus de
timidité d'un côté, un peu plus de hardiesse de l'autre, c'est
au fond toute la dispute, et en la voyant clairement réduite
à ces termes, le vigneron plus confiant aura plus de liberté
d'esprit pour choisir son chemin.

Mon travail, à moi, comprend quatre parties consacrées
chacune à un sujet différent. La première montre la faiblesse,
les dangers de théories qui prétendent prouver, avant toute
expérience, la résistance des vignes américaines au phylloxera, et j'y définis le sens qu'il convient d'attacher à ce mot
de *résistance* appliqué à une plante. Mme de Fitz-James ne
consacre que quatre lignes à cette première thèse. Les voici :

« Reprenons maintenant dans l'article de M. Prosper de Lafitte
sa théorie sur la résistance. En effet, les vignes résistent toujours
plus ou moins. Elles ont cela de commun avec les autres végétaux,
qui, selon leur nature et leur milieu, résistent ou succombent
devant un même fléau. »

C'est un assentiment pur et simple.

La seconde partie est consacrée à ce qu'on a appelé *adaptation* :

« Nous voilà arrivés à l'adaptation, que M. de Lafitte semble
considérer comme une excuse commode et toute prête pour expliquer les insuccès sans nier la résistance. »

Semble considérer n'est pas tout à fait exact. On pourrait
penser qu'au besoin j'invoquerais moi-même cette excuse,
tandis que je proteste nettement contre l'usage abusif qui en
est fait chaque jour en faveur des vignes américaines. Il n'y
a d'ailleurs pas un mot dans le brillant article du spirituel
écrivain qui réhabilite cette *excuse;* pas un même qui s'y
rapporte. Quant à l'*adaptation* envisagée au point de vue
agricole, j'en pense exactement ce qu'en pense Mme de Fitz-

James et je le dis : je le dis moins bien, mais le fond est le même.

Dans la troisième partie, j'étudie ce qu'il conviendrait d'attribuer à l'action des engrais, *enrichis ou non d'insecticides*, dans la résistance de certains cépages. Sur ce point encore, je trouve quatre lignes seulement dans la réplique. Les voici :

« Quant à la question des engrais, *cause de résistance*, je dirai peut-être un jour, lorsque je serai plus sûre de mon dire : engrais, *cause de dépérissement*. Je sais pourtant d'ores et déjà que la fumure, telle qu'elle se pratique en France, est favorable au Riparia et au Taylor. »

La question est réservée et je puis garder mon opinion : Je pense que les engrais seront *toujours* une cause très puissante de résistance, à la condition d'être judicieusement choisis, d'être *adaptés* au terrain et à la plante.

Dans la dernière partie, j'indique avec discrétion l'influence fâcheuse que le greffage pourrait avoir, à la longue, sur la résistance du porte-greffe. Mme de Fitz-James n'en dit pas un mot dans son premier article, et, à part moi, j'invoquais l'adage : « qui ne dit mot consent », lorsqu'un passage brillamment développé du troisième est venu me faire craindre que ce consentement ne soit pas entièrement voulu. J'ai invoqué trois ordres de considérations : 1° la nature du greffon peut modifier la *quantité* de sucs nutritifs transmis par la feuille à la racine ; 2° le greffe pourrait améliorer la racine pour la trompe de l'insecte, comme il améliore le fruit pour notre palais ; 3° le greffon obligera la racine à nourrir une grande abondance de fruits, charge jusqu'ici à peu près inconnue pour elle. Je ne trouve, il est vrai, pas un mot qui réponde à un quelconque de ces trois points ; je trouve seulement cette thèse que le greffage ne change ni *l'espèce* du sujet ni *l'espèce* du greffon. Je n'ai pas à y contre-

dire ; et comme Mme de Fitz-James ne paraît pas tendre pour
« des objections bizarres ou futiles » qu'on a pu opposer à cette
théorie, je voudrais me mettre bien à couvert en citant deux
lignes de mon premier article :

« Nous admettrons avec les botanistes et les horticulteurs que
le greffage ne modifie ni la nature du sujet ni la nature du greffon. »

Je puis donc me féliciter sans trop de présomption d'être,
dans l'ensemble, en parfaite communion d'idées avec un
esprit aussi éclairé, aussi impartialement dévoué à la grande
cause que je soutiens moi-même. Pour trouver entre nous
une certaine divergence de vues, il la faut chercher dans
quelque épisode.

J'expliquerai d'abord un malentendu qui ne se serait point
produit si j'avais su me faire bien comprendre. Il s'agit de
la vigne célèbre de M. Pagézy :

« Et je n'admets pas ce que dit M. Prosper de Lafitte des 70 hectolitres remplaçant les 300 sur les porte-greffes, car je sais des
exemples du contraire. »

Puis, en note au bas de la même page :

« Des Riparias plantés en bouture en 1876 et greffés en 1877 en
aramon ont produit cette année en moyenne 16 kilogrammes de
raisin par pied. »

Abaissant cette moyenne à 12 kilogrammes par pied,
Mme de Fitz-James obtient un rendement de 240 hectolitres à
l'hectare, et ajoute :

« Nous sommes loin des 70 hectolitres dont M. de Lafitte nous
menace. »

Je ne menace point. Si l'auteur, maintenant prévenu,
veut bien relire le passage qu'il incrimine, il reconnaîtra
que j'invoque ce rendement de 70 hectolitres à l'hectare
comme une preuve que la vigne de M. Pagézy est malade, et que

c'est le seul objet que j'ai en vue. Il y a plus, je dis (dans les lignes qui précèdent) :

« Que deviendront les porte-greffes... lorsque au lieu de quelques baies très rares leurs racines nourriront, — si elles les nourrissent, — 15 ou 20 kilogrammes d'aramon ? »

Ce sont presque les mêmes chiffres. Je retrouve ma propre pensée jusque dans les moindres détails ; par exemple, lorsque je lis :

« Et celui (l'exemple) de M. Pagézy ne prouverait rien si, comme je le crois, ses Aramons sont greffés sur Clinton ;... la réputation du Clinton est trop mauvaise... »

Et ailleurs :

« Parmi les espèces pures, il en est qui ont brillé, puis fléchi. Proscrivons-les... »

Je dis moi-même :

« Comme il s'agit de Clinton, le fait (vigne Pagézy) en lui-même n'aurait aucune importance[1]. »

Et plus haut :

« Ce qu'on conçoit le mieux, c'est l'opportunité de sacrifier les cépages qui fléchissent ou meurent quelque part pour s'en tenir provisoirement à ceux qui se conduisent bien partout. »

J'applaudis encore de grand cœur à ce passage :

« La fortune se plaît à choyer les audacieux intelligents, qui, marchant bravement du connu vers l'inconnu, regardent, écoutent, n'avancent d'ailleurs qu'autant qu'ils savent leur retraite assurée. »

---

1. On pourrait ajouter qu'aujourd'hui la réputation du Taylor n'est pas beaucoup meilleure que celle du Clinton. Je lis dans les *Comptes-rendus de l'Académie des sciences :* « Il y a déjà tant de sarments américains que M. Pagézy, après avoir vendu tant qu'il a pu des sarments de Clinton et de Taylor à 20 francs le mille, en a encore à consommer comme bois à brûler. (Séance du 4 avril 1881.)

C'est excellemment dit. Toutefois, une chose me préoccupe. c'est la « retraite » : Si le vigneron, pour défendre sa vigne, engage tout ce qui lui reste et échoue, où sera son refuge? Je ne vois guère de retraite assurée, pour l'audacieux, que s'il a une fortune suffisante pour vivre sans la vigne et prendre sur son revenu l'argent qu'il y dépense.

Ce ne sont là que des nuances. Le passage que je vais transcrire demande un peu plus d'attention :

« Je prouverai que, si moi. j'ai été assez osée pour planter plus de 450 hectares de vignes en six ans, — pour en préparer autant à planter d'ici à 1884, — j'ai eu et j'ai pour complices mes propres ouvriers et fermiers à mi-fruits, qui soignent mes vignes et les voient d'assez près pour avoir une opinion; et pourtant, ils risquent leur travail, leur temps, leur salaire, pour en planter à leurs frais exclusifs, *moyennant* (c'est moi qui souligne) *la jouissance gratuite, pendant dix années, d'une étendue de terre correspondante à l'étendue plantée.*

Les ouvriers et fermiers reçoivent-ils gratuitement le plant? C'est probable ; le plant abonde à Saint-Bénézet, et pour ces choses-là, on n'est jamais si bien servi que par soi-même. S'il en est ainsi, le fait invoqué est des plus simples. Si on offrait au paysan, dans le pays que j'habite, la jouissance gratuite pendant dix ans d'un hectare de terre, il n'y en a pas un qui ne consentît aussitôt à planter gratuitement sur un autre hectare tout ce qu'on voudrait : vignes américaines, vignes françaises, au besoin des ronces ou du chiendent. C'est qu'en effet cette jouissance gratuite représente un salaire fort engageant, et je ne m'étonne nullement que les ouvriers et fermiers s'offrent en nombre pour planter des vignes américaines *sur les terres du château.* Mais combien ces mêmes ouvriers et fermiers en plantent-ils *chez-eux*, sur leurs terres *à eux* et en achetant le plant? Là est la question, et il me semble, qu'ici encore, les deux études que je rapproche s'appuient sur des faits différents et ne se rencontrent pas.

Je ne trouve plus à mentionner que les *Jacquez* de M. Borty à Roquemaure. Ces *Jacquez* ont dix-huit ans (plantés en 1863) ; mais à quelle date le phylloxera a-t-il été *vu* sur leurs racines ? Le premier phylloxera qu'on ait vu en France l'a été par M. Planchon, au mois de juillet 1868, et ce n'est pas sur ces *Jacquez*, c'est sur des vignes très malades. D'ailleurs quand je dis :

« Pour quelques-unes (vignes américaines), et de celles qui donnent le plus d'espérances, la découverte du phylloxera sur leurs racines ne date que de quatre ou cinq ans, et cette période de temps est tout à fait insuffisante pour qu'on puisse... »

Il va de soi que ce n'est pas du *Jacquez* qu'il s'agit, mais des *Riparias, York's-Madeïra, Rupestris*, etc.

Si, après avoir relu le travail de Mme de Fitz-James, le lecteur veut bien se résoudre à parcourir une seconde fois le mien, il ne trouvera aucun autre rapprochement à faire.

Par la connaissance approfondie du sujet, la courtoisie du langage, l'art de l'écrivain, nulle critique ne pouvait être plus redoutable que celle de Mme la duchesse de Fitz-James ; et pourtant, je n'ai rien à retrancher, rien à atténuer. Si je ne me fais pas illusion, un article qui sort d'une telle épreuve sans être entamé est un article écrit avec prudence.

Je terminerai cet article par une citation un peu longue, mais bien instructive. Je la prends dans un ouvrage sorti des presses de l'Imprimerie nationale, et qui ne se trouve pas en librairie : *Commission supérieure du phylloxera. — Session de 1880. — Compte rendu et pièces annexes.* Je trouve à la page 69 le *Rapport adressé à M. le ministre de l'agriculture et du commerce sur les travaux et expériences de la commission départementale de l'Hérault, au champ d'expériences de Las Sorrès, en 1880.* Le département de l'Hérault est une des citadelles des vignes américaines ; l'auteur est M. Henri Marès, président de la commission, membre correspondant de l'Académie des sciences, membre de la *Commission supérieure du phylloxera*. Le savoir, la compétence, le désintéressement du savant commandent la plus entière confiance. Pour tout commentaire, je soulignerai quelques passages.

1° Sur l'action des engrais mêlés avec des insecticides.

« *Vignes de M. Michel Fermaud, propriétaire de Las Sorrès.*
M. Michel Fermaud possède, à côté des vignes sur lesquelles expérimente la commission, un vignoble de 3 hectares 50 ares *attaqué depuis 1872* et qu'il défend contre le phylloxera *par une application annuelle de 100 grammes de sulfure de potassium par cep et une fumure en fumier de ferme, tantôt annuelle, tantôt bisannuelle.*
Ces vignes, épargnées en 1880 par les gelées de printemps, dont elles avaient beaucoup souffert en 1878 et 1879, se sont fort améliorées; leur produit, qui n'a été que de 25 à 30 hectolitres par hectare en 1879, *a atteint 66 hectolitres en 1880.* Ces vignes, les seules qui aient survécu à l'invasion phylloxérique, dans tout le voisinage, sont un exemple des bons résultats qu'on peut obtenir de l'emploi du sulfure de potassium et méritent une mention toute spéciale. »

Ces vignes, que je connais [1], sont complantées en Aramont. Que serait-ce si elles l'étaient en *Jacquez*, par exemple ?

2° Sur les diverses espèces et variétés de vignes américaines.

« Parmi les cépages américains, beaucoup succombent comme les français, ayant de même que ces derniers leurs racines détruites par le phylloxera, par exemple : le *Cynthiana*, le *Northon's*, l'*Hermann*, l'*Eumélan*, le *Creveling*, le *Concord*, le *Narion*, le *Cornucopia*, etc.; d'autres végètent avec plus ou moins de force, mais la plupart présentent les signes de faiblesse qui accompagnent l'invasion phylloxérique (jaunisse caractéristique, feuilles recoquillées, sarments desséchés et rabougris), et le phylloxera foisonne sur leurs racines, par exemple à des degrés différents : l'*Herbemont*, le *Cuningham*, le *Taylor*, le *Clinton*, etc. Enfin parmi les quatre-vingts variétés américaines plantées dans la phylloxérière de Las Sorrès, il en est trois qui se distinguent au milieu de toutes les autres par leur force et leur vigueur, ainsi que par la beauté des

---

1. Le plantier de quatre ans dont il est question ailleurs (page 421 *b*), est contigu à ce vignoble.

greffes françaises que nourrissent les sujets sur lesquels la greffe de nos cépages du pays les plus fertiles a été essayée. Ce sont : le *Riparia* (type de Muhand) ou *Riparia Fabre*[1] (ancien *Cordifolia* sauvage), et le *York-Madeïra,* qui se présentent également beaux et vigoureux, et ensuite le *Jacquez.*

« Le *Riparia,* quoique végétant au milieu des variétés les plus phylloxérées, telles que les *Grenaches,* les *Aramons,* les *Carignanes,* les *Clintons,* les *Taylor,* etc., et croisant ses racines avec celles de ces divers cépages, s'est montré en 1880, comme en 1879 et 1878, complètement indemne de phylloxera. Sur le *York-Madeïra,* on a trouvé par intervalle, et sur certaines radicelles de la surface, quelques rares nodosités qui n'ont affecté en rien le système radiculaire des ceps, bien qu'ils fussent entourés, comme les *Riparia,* des variétés les plus phylloxérées. *Riparia* et *York* présentent donc des racines intactes dans toutes leurs parties, et puissamment développées, en même temps qu'une végétation magnifique ; les sarments atteignent de 2 à 3 mètres et jusqu'à 4 mètres de long, et couvrent autour d'eux plusieurs lignes voisines dont le feuillage disparaît sous leurs pampres. Ils ont toujours conservé la plus belle verdure. Ces deux cépages sont des porte-greffes ; ainsi le *Riparia* ne produit pas de fruits et se borne à quelques grains accidentellement, et le *York* n'a guère donné en moyenne que 200 grammes de raisin par pied cultivé à Las Sorrès, ce qui est insignifiant.

« Le *Jacquez* a présenté, sur la plupart des ceps de Las Sorrès, une grande vigueur, malgré un peu de jaunisse qui a presque entièrement disparu après les chaleurs de l'été. Il a produit une quantité de fruits relativement satisfaisante, qui, sur les ceps de quatre à cinq feuilles, a varié de 625 gr. à 1 kil. 500 gr. Le *Jacquez* est attaqué par le phylloxera, mais cet insecte y pullule d'une manière inégale. Dans tous les cas, il lui fait perdre une partie de ses chevelus et de ses radicelles, mais le *Jacquez* les refait *dans les fonds frais,* les grosses racines s'y conservent, et le cep y reste fructifère, malgré la perte partielle des autres. *Dans les sols qui ne sont ni assez profonds ni assez frais, je l'ai vu jaunir et ensuite périr sous les atteintes du phylloxera.* Dans tous les cas, ce beau cépage a l'avantage d'être fructifère, et ses fruits donnent à la fois des jus très colorés et très sucrés. Depuis sa plantation à Las Sorrès, l'année 1880 est celle qui, étant exempte de gelées de printemps et cependant accompagnée de pluies suffisantes, lui a été la plus favorable.

---

1. Nous retrouvons ici avec plaisir le nom de Fabre, que quelques-uns semblent systématiquement, mais bien injustement, vouloir faire oublier.

« Le *Solonis* a été fort attaqué du phylloxera en 1880 et en a éprouvé une forte dépression à partir de la fin d'août. C'est un cépage analogue au *Riparia* pour la foliation, mais qui n'en a ni la vigueur ni la rusticité, et que le phylloxera, contrairement à ce qu'on avait cru, attaque très vivement. Il n'est donc pas indemne, ne convient guère qu'aux terrains frais et ne soutient pas la comparaison avec le *Riparia*, qui croît dans tous les sols sans en excepter les plus ingrats.

«... Le *Cuningham* est fort attaqué de phylloxera ; aussi se développe-t-il inégalement et est-il fort atteint de jaunisse.

« *L'Herbemont est très attaqué et se comporte, à Las Sorrès, encore plus mal que le Cuningham. On en voit qui sont tout jaunes et complètement rabougris.*

« Les *Clinton* et les *Taylor* sont dévorés de phylloxera ; plusieurs *Clinton* ont succombé, d'autres sont très chétifs. Les Taylor résistent mieux, quoiqu'ils soient inégaux ; quelques-uns sont plus vigoureux que les années précédentes.

« Les faits observés en 1880 confirment entièrement ceux de 1879. Il en résulte que les expériences de Las Sorrès ont mis en évidence, *sous les yeux du public qui les a visitées toute l'année avec l'empressement le plus marqué,* les espèces qui présentent le plus de garanties pour reconstituer les vignobles *dans les sols les plus variés.* Ces espèces, *au nombre de trois,* sont : le *Riparia,* le *York-Madeïra* et le *Jacquez.* Elles se distinguent nettement au milieu des quatre-vingts différents cépages exotiques réunis dans la phylloxérière de Las Sorrès, par leur beauté, leur vigueur et leur aptitude à porter les greffes de nos meilleurs cépages français, comme l'*Aramon* et la *Carignane.* Nulle part, mieux qu'à Las Sorrès, cette supériorité n'est mise en évidence *par la durée des expériences, le soin avec lequel elles ont été conduites et les qualités du terrain choisi pour les faire.* Aussi la préférence des viticulteurs s'est-elle nettement déclarée. Le *Riparia* et le *York, cépages ignorés en quelque sorte il y a cinq ans avant les expériences de la commission,* ont aujourd'hui, comme porte-greffes, la préférence sur tous les autres et sont particulièrement recherchés. Le *Jacquez* est aussi très demandé, à cause de sa précieuse propriété de producteur direct. »

Arrêtons ici cette citation et laissons en paix, pour un temps, les vignes américaines.

(Extrait du *Journal d'Agriculture pratique* du 18 août 1881.)

ADAPTATION

ET

VISITE DES VIGNOBLES

(Communication faite au Congrès de Bordeaux le 12 octobre 1881,
page 275 du Compte rendu. Extrait.)

... On a proposé pour l'étude pratique de l'*adaptation*
une méthode des plus simples ; on dit : plantez sur une
parcelle de la terre destinée au nouveau vignoble quelques
pieds des plants divers que vous avez en vue ; vous choisirez
celui qui y viendra le mieux. C'est une illusion : le cépage
qui se montre le plus vigoureux au début n'est nullement, par
cela seul, le plus résistant. Après trois ou quatre ans, l'ordre
primitif pour la beauté de la végétation peut être complètement changé. C'est ce que M. le Dr Despetis nous apprend
pour quelques variétés de *Riparia*. A procéder ainsi vous
risquez, non seulement de ne pas prendre le cépage le plus
convenable, mais d'en choisir un qui ne vaille rien. C'est
qu'il y a à considérer une question de résistance encore
bien peu connue. Pour des espèces ou variétés nouvelles,
il faudra, par cette méthode, dix ans pour savoir si elles
résisteront dix ans, vingt ans pour savoir si elles résisteront
vingt ans, et ainsi de suite. C'est impraticable.

C'est cependant la méthode de l'avenir, c'est-à-dire celle
qu'il faudra suivre pour faire un choix entre les cépages
expérimentés à l'avance et bien connus. Il suffira de les
comparer, dans le terrain en expérience, non plus les uns

avec les autres, mais chacun avec lui-même, c'est-à-dire avec
ce qu'on saura déjà de sa tenue dans les sols qui lui con-
viennent. C'est dire que cette méthode suppose le problème
déjà résolu, et il n'y a pas aujourd'hui un cépage pour
lequel il le soit complètement; plusieurs donnent des espérances, aucun une certitude.

Le rapport de la commission sera un document à consulter, non une solution. Puis, quand on visite un vignoble
pour la première fois, ne connaissant pas les états qui ont
précédé celui qu'on a sous les yeux, on peut se méprendre
sur la situation vraie. On cite, par exemple, pour leur beauté
les vignes de la Gaillarde. Pour moi, j'y considère la situation
comme fort inquiétante. J'ai visité ces vignes trois années
consécutives. Il s'agit du vignoble qu'on a sous les yeux lorsqu'on regarde de la terrasse, le dos tourné aux bâtiments de
l'école. On voit : à l'extrémité, à droite, un carré de *Jacquez;*
à côté, un carré d'*Aramon* greffé sur *Taylor;* à la suite, un
carré de *Cuningham;* à la suite enfin, un carré d'*Herbemont.*
En 1879, on marchait très difficilement dans ce vignoble, à
cause de la végétation des vignes. De la terrasse de l'école, on
apercevait un amas de feuilles, la terre nulle part. En 1880,
la circulation était déjà plus facile, mais du même lieu, de la
terrasse, on ne voyait encore que des feuilles : le sol restait
absolument caché. Toutes ces magnifiques plantes avaient
pour soutiens des échalas de 2 mètres environ de hauteur.
Eh bien, cette année, en 1881, cette situation est complètement changée : les échalas sont supprimés, sauf sur quelques
parcelles où la végétation s'est assez bien maintenue. Partout ailleurs, les sarments courent sur le sol et cependant ne
réussissent nulle part à le couvrir. On circule au milieu de
tout cela aussi aisément que dans les allées d'un parterre.
Du chemin qui longe le vignoble, tous les pieds paraissent
isolés, le sol nu les entoure de partout, et si un bon chasseur

était posté au centre du vignoble, je ne conseillerais pas à un lapin de s'y risquer [1].

Il y a donc là comme un point de repère matériel indépendant de toute appréciation personnelle (Voir p. 558, note).

Il m'a semblé que les *Aramon* greffés sur *Taylor* étaient en voie de dépérissement ; les *Herbemont* ne se présentent pas mieux. Ce qui m'a surtout frappé, c'est un affaiblissement très net du *Jacquez*, sur un demi-cercle dont le diamètre longe les *Aramon*. C'est tout à fait l'aspect d'une tache à son début [2].

L'Herbemont est, à mon avis, beaucoup trop vanté par la commission. « A Las Sorrès, l'Herbemont jaunit », dit le rapport : la vérité est que ces *Herbemont* sont au dernier degré de la chlorose et du rabougrissement. Chez M. Vialla, les *Aramon* greffés sur *Herbemont* sont bien ; mais le rapport ne dit pas que ces *Herbemont* venaient mal avant d'être greffés. Insistons sur ce fait, qui est très intéressant à un autre point de vue. Une citation :

M. Vialla a greffé de l'*Aramon* sur des *Herbemont* plus que chlorosés : l'essai a réussi et l'*Aramon* est très vert; il y a amélioration sensible dans la vie de la souche. Les feuilles jouent un rôle important dans la vie du végétal; plus elles évaporent et plus la nutrition est active : il suffit de faire respirer l'*Herbemont* par la végétation luxuriante de l'*Aramon* pour donner de la force à ce cépage...

(Conférences de Montpellier des 14 et 15 mars, présidées par M. Vialla lui-même ; rapport officiel de M. Bréheret, page 30, en bas).

Voilà une réaction très nette du greffon sur le porte-greffe, et on en a d'autres exemples [3]. Ici, le porte-greffe s'en trouve

---

1. J'avais élagué cette dernière phrase; je la rétablis parce qu'elle a été rappelée dans un ouvrage récent par un auditeur, M. Maurice Lespiaut, écrivain des plus justement estimés.

2. Voir page 422 *m*.

3. Voir un exemple semblable, page 391.

bien ; en sera-t-il de même quand on associera d'autres espèces?

La commission ne semble pas avoir connu l'histoire de ces *Herbemont*. Ce qu'elle semble avoir ignoré surtout, puisqu'elle n'en parle point, ce sont les modes de culture employés dans les vignobles qu'elle a visités : façons, engrais, insecticides même. Ces éléments ont sur les résultats obtenus une influence si considérable, que pour qui ne les connaît pas il n'y a pas d'appréciation exacte possible. Ainsi, on pourrait donner tous les caractères de la résistance aux cépages les plus fragiles, par exemple, aux *Aramon*, comme il arrive à Las Sorrès, chez M. Michel Fermaut[1].

Le compte rendu du Congrès continue ainsi :

« Abordant un autre ordre d'idées, M. de Lafitte cite des chiffres d'après le compte rendu de la session dernière de la Commission supérieure du phylloxera. Ces chiffres sont vivement contestés par quelques membres ; l'assemblée devient tumultueuse, le temps accordé par le règlement à chaque orateur étant écoulé, M. de Lafitte s'arrête... »

Mes conclusions m'ayant été demandées pour le compte rendu, je les ai formulées comme suit :

Conclusions : les vignes américaines offrent, non une certitude, mais une chance très sérieuse que tout homme sage doit mettre de son côté en préparant chez lui, à l'avance et à peu de frais, ce qu'il lui faudra de ces cépages pour le renouvellement de son vignoble; s'en tenir aux cépages réputés les meilleurs au moment où on achète, la première et plus essentielle règle de l'*adaptation* étant d'écarter résolument tous les autres[2].

1. Voyez, au sujet de ces *Aramons*, page 405, et au sujet de la Commission, page 425 *b*.

2. On a trouvé ces mêmes conclusions plus haut, page 395 *b*.

En attribuant aux vignes américaines une résistance intrinsèque,

Quant à ceux qui cultivent industriellement ces cépages, ils ne demandent pas et n'ont pas besoin de conseils ; ne pas accepter sans examen tous les conseils qu'eux-mêmes pourraient offrir.

RÉSISTANCE ET ADAPTATION.

Au moment où on lit un journal, on peut n'avoir pas sous la main les notes ou opuscules auxquels l'auteur est obligé de se référer. Transcrire quelques passages essentiels, c'est allonger l'article, mais faciliter la tâche du lecteur et économiser son temps. Qu'on veuille donc me pardonner quelques citations, fût-ce de moi-même.

Voici un passage d'une étude, très calme et très impartiale, publiée dans la *Revue des Deux Mondes* [1] :

Ce que nous pouvons dire avec certitude, c'est que toute théorie qui veut rendre compte de la résistance de la vigne au

absolue ; en imaginant cette théorie paradoxale de l'*adaptation* pour les défendre ; en soutenant qu'il est possible, au moyen de ces vignes seules, de conjurer la crise et de reconstituer nos vignobles détruits, on s'est placé sur un mauvais terrain.

Voici ce qu'on devait dire :

On ne sait, jusqu'à ce jour, défendre une vigne française qu'au moyen de traitements qu'il faut recommencer tous les ans, et, dans la très grande majorité des cas, les traitements connus sont impraticables parce qu'il y faut une dépense hors de proportions avec le revenu de la vigne.

Avec les vignes américaines, douées, au moins quelques unes, d'une résistance certainement plus forte que celle d'aucun de nos cépages, un traitement annuel ne sera plus nécessaire ; on pourra ne traiter que tous les deux, tous les trois, tous les quatre ans ; et alors, la dépense répartie sur deux, sur trois, sur quatre récoltes, peut-être sur un plus grand nombre, pourra être largement couverte.

Là est, à mon avis, la chance vraie que nous offrent les vignes américaines.

La vigne américaine et l'insecticide — en particulier celui qui détruira l'*œuf d'hiver* — sont deux alliés naturels : la lutte acharnée à laquelle nous assistons est un double suicide. Qui en est responsable?

1. Livraison du 1ᵉʳ mars 1881, p. 199, en bas, et ci-dessus, p. 382 *b*.

phylloxera en n'étudiant que la vigne et faisant abstraction de l'insecte manque de base et est à rejeter sans autre examen. Ainsi, les théoriciens me semblent se tromper lorsqu'ils établissent entre la dureté, la densité des tissus et la résistance des relations de cause à effet, sans remarquer que la coexistence de deux phénomènes n'est pas la preuve en soi que l'un soit une conséquence de l'autre; sans remarquer surtout que, si les qualités des organes sur lesquelles ils s'appuient avaient une influence prépondérante, les phénomènes seraient bien différents de ceux que nous observons : nous verrions sur la même plante, et aussi sur deux plantes différentes, les lésions s'atténuer sur les racines à mesure qu'elles offriraient une lignification plus avancée. Or, en examinant certains *Riparias,* nous ne trouvons que des lésions insignifiantes, quand il en existe, sur les radicelles les plus jeunes, encore à l'état herbacé ; dans le cas du *Taylor,* du *Clinton,* au contraire, le phylloxera produit des lésions tellement graves sur des racines ligneuses de la grosseur du pouce que la pourriture pénètre jusqu'au centre...

Un des hommes qui défendent avec le plus de talent et d'autorité la cause des vignes américaines vient de critiquer notre opinion que personne, à ma connaissance, n'avait entamée jusqu'à ce jour[1] :

... Il n'en est pas moins aujourd'hui parfaitement certain que ce sont justement sur les vignes américaines chez lesquelles les tissus des racines se lignifient le plus vite, dont les éléments cellulaires ont les plus faibles dimensions et les parois les plus épaisses, que l'insecte se rencontre le plus rarement, que les lésions ont le moins de profondeur, se cicatrisent le plus rapidement et pénètrent le moins souvent au delà de la couche corticale de la racine...

Et un peu plus bas :

Si, au contraire, on étudie comparativement les racines d'un grand nombre de variétés, on constate d'abord qu'il y a là comme une véritable échelle, une série allant des variétés aux racines fibreuses en fil de fer, les ficelles sèches et nerveuses de certains riparias, jusqu'aux grosses carottes épaisses et charnues de certains estivalis et aux grosses racines tendres, à éléments cellulaires très larges relativement de certains labruscas; sur le ter-

1. *L'Agriculteur* du 9 au 16 septembre 1882.

rain on constate que le phylloxera, très rare chez les premiers, va en pullulant davantage à mesure que l'on s'approche de l'autre extrémité de la série et devient sur certains labruscas du sud presque aussi abondant que sur les vignes françaises...

Si nous connaissions quelque chose qui ressemblât à l'échelle dont parle M. le docteur Despetis, si cette prétendue coïncidence était exacte pour tous les cépages, j'admettrais certainement l'existence d'une cause et tiendrais volontiers cette coïncidence pour l'équivalent pratique de la cause inconnue. Malheureusement, tout cela n'est qu'une illusion.

En premier lieu, nous ne trouvons dans les travaux publiés par l'auteur de cette théorie qu'un nombre de cépages très petit, beaucoup trop petit pour servir de base à une loi. Nos doutes sont d'autant plus sérieux que cette coïncidence, si elle pouvait paraître exacte à l'époque où ces études ont paru [1], serait fort contestable aujourd'hui. Au sommet de l'échelle, nous trouvons, en effet, le *Taylor*, le *Rulander*, puis le *Jacquez*, et, au premier rang, le *Solonis*.

Or le *Taylor* est allé rejoindre le *Clinton*, le *Concord* et tous les bois de cheminée; depuis les ténébreux accidents de Marsillargue, le *Rulander* est franchement sacrifié pour sauver le *Jacquez*; et quant au *Solonis*... ah ! le *Solonis* a été un moment le triomphe de cette théorie; il possède au plus haut degré tous les caractères qu'elle exige d'un prince des cépages, et, jusqu'en 1880, il a gardé, je ne sais comment, la réputation d'une vigne, non seulement résistante, mais indemne. Personne n'ignore aujourd'hui que le phylloxera pullule sur les racines de ce joli cépage, et le tue parfaitement à l'occasion. Ce seul exemple suffirait, s'il en était besoin, pour compromettre la théorie.

Autre objection : imaginons qu'on veuille établir une double *échelle* des divers cépages; la classer d'après les carac-

1. Voir, par exemple, les *Comptes rendus*, séance du 30 avril 1877, p. 922.

tères physiques ou chimiques de leurs racines, puis les ranger d'après le nombre plus ou moins grand des phylloxeras qui peuplent ces mêmes racines, et vérifier s'il y a concordance entre les deux échelles. Je voudrais bien savoir comment on pourrait s'y prendre pour faire le premier classement, et surtout le second ? On trouvera, d'un individu à un autre de la même variété, des différences aussi accusées dans les caractères des racines que celles qu'on rencontre entre les fruits d'une même espèce, depuis quelques avortons, pierreux, ligneux, jusqu'à ces spécimens tendres et succulents qui ornent les étalages des grandes maisons; d'un carré à un autre tout semblable, on trouvera, sur des vignes de même nom, au même degré d'affaiblissement, ici des insectes à foison, là de si rares individus qu'on en est à se demander si l'action épuisante de leur suçoir est bien la cause du dépérissement de la plante. On trouvera des différences semblables dans l'étendue d'une même tache, même sur deux pieds voisins; on trouvera ces mêmes différences sur les racines d'un même pied, dans la même motte de terre.

Cela étant, pour établir, relativement à un seul cépage, quelque chose qui pût passer pour une moyenne, il faudrait des fouilles à user la vie d'un homme : non de celles qu'on croit avoir faites quand on a gratté quelques centimètres de terre, mais de celles qu'on continue jusqu'à l'arrachement complet de la souche, seul moyen de tout voir. Lorsque, au lieu de cela, on fait des fouilles sans aucune règle, on trouve ce qu'on veut et on ne trouve que ce qu'on veut. Or, à part les pieds que j'ai arrachés chez moi (je n'ai jamais obtenu la permission d'en arracher un seul chez personne), le nombre des places vides que j'ai rencontrées au cours de mes pérégrinations dans les vignes vivantes ne va pas à la demi-douzaine.

La double échelle de mon honorable contradicteur n'a jamais existé, c'est affaire d'imagination pure ; imagination pure, aussi, que ces théories physiques ou chimiques de la résistance.

... Tout ce qu'il est permis de dire, — et seulement lorsqu'on peut s'appuyer sur des observations rigoureusement contrôlées, — c'est ceci : *tel cépage vit depuis tant d'années avec le phylloxera dans telles conditions de climat, de sol, de culture; mais rien ne permet de dire combien de temps il a encore à vivre.* Il n'est pas besoin d'une grande expérience des affaires pour sentir ce que cette formule a de peu engageant pour le client, et combien plus favorable serait, dans sa concision et sa hardiesse, cette autre formule : *tel cépage est résistant!* Les intéressés le sentent si bien, qu'afin de sauver ce mot *résistance*, ils ont imaginé celui-ci : *adaptation* [1].

Que le climat, que le terrain — c'est-à-dire la quantité et la qualité de la nourriture — aient une influence, et très grande, sur la santé, la vigueur d'une vigne et d'une plante quelconque, personne ne le nie ; le règne animal n'échappe pas à cette loi. On y rencontre force individus d'une santé délabrée, atteints de maladies mortelles, qu'à force de remèdes et de soins on fait vivre longtemps. Prenez deux phtisiques ; transportez l'un à Nice, l'autre en Sibérie ; que le premier soit bien logé, bien nourri, que le second vive dans la misère : il y a gros à parier que celui-ci sera enterré avant celui-là : Qu'y a-t-il de commun entre cette vieille *adaptation* et cette *adaptation* toute neuve que MM.. les américanistes ont imaginée pour les besoins des vignes américaines ?

Cette dernière, si élastique qu'on l'ait faite, reste encore insuffisante, car on est bien obligé d'accuser de nombreuses exceptions :

... Quand, pour une variété bien déterminée, on étudie en même temps la constitution de ses racines et toutes les conditions du

1. *Revue des Deux Mondes*, et ci-dessus, p. 383 *b*.

problème de l'acclimatement, on ne tarde pas à trouver des raisons suffisantes des irrégularités que peut présenter la végétation de cette variété.

Si, après avoir écrit ce passage, on s'en tient là pour passer à un autre sujet, je dis que c'est aller trop vite, et qu'il faudrait dire clairement qu'elles sont ces irrégularités, et qu'elles sont les raisons suffisantes qu'on en donne.

Expliquez-nous, par exemple, les « irrégularités » que voici : M. Falières, secrétaire général — quand elle existait — de l'*Association viticole de Libourne*, achète 1,500 *Taylors* et les plante. Trois ans après, ces vignes phylloxérées jaunissent et se rabougrissent. Un savant des plus autorisés passe par là, reconnaît tous les caractères d'une mauvaise *adaptation*, et dit : « Otez ces *Taylors* et plantez autre chose à la place. » M. Falières, qui avait payé lesdits *Taylors* fort cher et y tenait, s'avise de les soumettre à un traitement comme il sait les faire. Qu'arrive-t-il? — Il arrive que, le phylloxera disparu ou à peu près, l'*adaptation* se fait aussitôt comme par enchantement : ces *Taylors* s'allongent, reverdissent; toujours traités, ils sont encore aujourd'hui magnifiques.

M. Piola a créé une collection de vignes américaines des plus riches qui existent ; il en a un peu partout, depuis les palus de la Dordogne jusque sur les coteaux de Saint-Émilion. M. Piola traite ses vignes américaines absolument comme ses vignes françaises, et en le disant je ne commets pas d'indiscrétion : la chose est imprimée par M. Piola lui-même, en même temps que les motifs qui le font agir. Eh bien, chez M. Piola, les vignes américaines, garanties du phylloxera, se trouvent toutes adaptées, toutes!

M. le docteur Despetis distingue deux sortes de résistances, qu'il nomme, l'une *résistance effective*, l'autre *résistance pratique;* les termes ne sont pas clairs; je proposerais les suivants qui s'entendent d'eux-mêmes : *résistance qui fait*

vivre et *résistance qui laisse mourir*. Celle-ci est sans intérêt
l'autre est encore une hypothèse.

Puissent ces explications sommaires (pour plus de détails,
voir l'article de la Revue) jeter comme un peu d'eau froide
sur un enthousiasme, aussi sincère qu'imprévu, qui a fait
explosion dans une circonstance récente !

Des hommes, — pas plus bêtes que d'autres, — ont
blanchi sur un problème difficile ; à première vue, tout semblait aller de soi ; puis, à creuser la matière, ils y trouvent
du bon, du moins bon, du pire, et hésitent. Si une étude insuffisante, ou une erreur de jugement, risquent d'entraîner
des ruines, ils se recueillent, comparent, pèsent, méditent,
ce qui demande un peu de temps.

Or, il y a toujours des gens pressés. Comment faire? —
On avise un homme distingué ; on l'implore, on le caresse,
on l'attire. Celui-ci ne sait pas un mot de la chose, n'y ayant
jamais songé ; mais, c'est bien simple : on lui met un porte-
feuille rouge sous le bras, et le voilà tout aussitôt comme
rempli de l'Esprit-Saint ! il vient, voit, tranche...

Aujourd'hui, je ne veux pas appuyer.

Une personne de grand mérite et de beaucoup d'esprit
écrivait récemment comme il est facile, même à une grande
commission qui voyage, de prendre des vessies — le mot y
est — pour des lanternes. Il y a du vrai, beaucoup de vrai
dans son dire ; si bien qu'on pourrait suggérer la règle que
voici, à tout ministre pris du désir louable de « voir par lui-
même » et de voyager : accepter gaiement les lampions, mais
se méfier des lanternes, qui pourraient être... autre chose

Nous reviendrons sur ce sujet.

LES VIGNES AMÉRICAINES DANS L'HÉRAULT.

Nous ne parlerons — et en quelques mots seulement — que du Mas de Las Sorrès et de la Gaillarde.

A Las Sorrès, sur des rangs d'une même espèce on a traité une moitié au sulfocarbonate de potassium, non l'autre moitié : on a greffé ailleurs une douzaine de variétés françaises sur chacun des principaux cépages américains. Toutes ces vignes sont fumées.

La situation peut se traduire ainsi :

Les vignes sans traitement sont partout sensiblement plus faibles que les vignes traitées, sauf une seule, l'*York-Madeïra*, où la différence est peu sensible.

Toutes les greffes, sans exception, fléchissent en avançant en âge. Les greffes faites sur *York* sont celles qui se soutiennent le mieux.

La chlorose et le rabougrissement s'accentuent sur les *Solonis* (il en reste cependant de très beaux) ; l'*Herbemont* n'offre plus aucun intérêt, parce qu'on reconnaît aujourd'hui, à peu près unanimement, que ce cépage ne réussit pas dans l'Hérault. J'ai, non la certitude, mais de bonnes raisons de croire qu'il ne réussira pas beaucoup mieux dans le Sud-Ouest, où il y a encore le bénéfice de la nouveauté. Dans notre pépinière départementale, nous l'avons vu cette année envahi par le mildew, plus tard, mais aussi complètement que le *Jacquez* et que l'*Othello*.

Les *Riparia* sont très vigoureux. Toutefois, un grand nombre sont plus ou moins atteints de chlorose. Le *Païré* a eu l'obligeance de me faire remarquer, — l'ayant appris lui-même quelques jours auparavant d'un visiteur dont je ne retrouve pas le nom, — que sur les feuilles des *Riparia* restés verts, le sinus pétiolaire est moins profond et beaucoup plus ouvert que sur les feuilles des *Riparia* chlorosés. Ce caractère, vérifié sur un très grand nombre de pieds, m'a paru très net.

On peut voir dans un coin de ce champ d'expérience un petit groupe de *Riparia* appartenant à quatre variétés. Une est tomenteuse ; nous n'en parlons pas, un coup d'œil sur le bois permettant de la reconnaître. Les trois autres sont : le *R. Fabre*, venu directement de chez Mme des Paillères ; un *Riparia* qu'on appelle à Las Sorrès le *Glabre-rouge ;* enfin un *Riparia* donné par M. Gaston Bazile et étiqueté sous son nom. Si on sait à l'avance qu'une vigne appartient à une des trois variétés, la feuille suffit pour la déterminer : Sinus pétiolaire bien ouvert, nervures hérissées de poils, qu'on trouve encore sur le pétiole : c'est le *Fabre ;* sinus pétiolaire moins ouvert, poils moins serrés sur les nervures, pétiole glabre : c'est le *Glabre-rouge ;* sinus pétiolaire à peu près comme le précédent, nervures et pétiole glabre, comme chez le *Taylor :* c'est le *Gaston-Bazile.* Ce dernier m'a paru inférieur aux autres, surtout au *Fabre.*

En allant à Las Sorrès, je me proposais uniquement de vérifier la prétendue immunité du *Riparia* et de l'*York.* A un examen rapide, on est tenté de croire à cette immunité. Tout le contenu en racines du Riparia (puis d'York) d'une grosse motte, levée avec soin et en évitant d'essuyer les racines dans leur gaine de terre, a montré racines et chevelu absolument intacts ; un examen minutieux n'a pas fait voir un seul insecte. Tout à côté, des racines de *Solonis* étaient couvertes de nodosités et de parasites.

Sur un pied d'*York,* j'ai fait découvrir avec soin une racine, depuis la souche où elle tenait jusqu'à la distance d'environ un mètre. Je serais allé beaucoup plus loin si, à cette distance, ladite racine ne s'était avisée de plonger verticalement en terre, ce qui compliquait les choses. Sur la partie mise au jour, j'ai alors coupé un fragment d'environ 40 cent. et de 2^{mm} à 3^{mm} de diamètre. Sur l'écorce, très jolie d'ailleurs et très fraîche, nous avons vu à la loupe deux groupes d'insectes, le plus fourni en ayant une dizaine, l'autre cinq ou six, et ailleurs deux insectes isolés. Toute cette vermine était chétive ; on n'y trouvait pas de ces sujets gras et dodus qui font plaisir à voir. En est-il toujours ainsi ? — Je l'ignore. Le hasard m'a certainement servi, et peut-être sauvé la plante : d'après ce que nous avions vu auparavant, il eût fallu une heure peut-être pour mettre la main sur une seconde racine aussi peuplée. J'en savais assez, je m'en suis tenu là.

On peut, je crois, conclure de l'*York* au *R. Fabre*. Sous ce rapport, on ne fait aucune différence entre les deux à Las Sorrès, où ce dernier est si peu représenté, que je me serais fait scrupule d'en trop fatiguer un pied. Le temps d'ailleurs a fait défaut.

Quittons ce champ d'expérience, non sans remercier respectueusement qui de droit du bon accueil qui m'y a été fait.

A côté, un vignoble d'*Aramon* que M. Michel Fermaut a vaillamment défendu depuis 1872 s'en va, décidément ! Beaucoup de pieds sont morts et on caractérisera l'état présent du reste en disant que le propriétaire a loué le tout à un jardinier qui cultive entre les rangs des légumes et des salades.

A la suite est ce plantier de quatre ans que j'avais tant admiré l'an dernier, où on a récolté à raison de 72 hectolitres à l'hectare à la 3ᵉ feuille. Les sarments de cinq à six mètres de longueur n'y étaient pas rares ; cette magnifique végétation recouvrait le sol, le rendant inaccessible à quiconque avait quelque souci de ses vêtements et de son équilibre. Aujourd'hui on ne voit plus que des *têtes de choux !*

Le désastre est général, uniforme, complet; pas une souche qui dépasse sensiblement les autres. J'ai appris que M. Fermaut avait abandonné le traitement qui lui réussissait si bien. Cet abandon n'explique pas un rabougrissement aussi général, aussi uniforme. Il y a autre chose : quoi? — Si je l'apprends, je le dirai.

Je ne sais si ces malheureuses vignes ont servi de repoussoir, mais une vieille amie, la vigne du Nord de la Gaillarde, m'a paru mieux que l'année dernière.

Une tache qui se montrait nettement sur les *Jacquez* est bien effacée. Le feuillage est vert, la fructification abondante, mais inégale. Un essai de culture en chaintre, pratiqué sur quelques rangs après suppression des rangs intermédiaires, est fort intéressant. Ces *Jacquez* n'ont pas regagné tout ce qu'ils avaient perdu depuis 1879, mais il y a, depuis l'année dernière, une amélioration bien sensible qu'on remarque également sur les *Herbemont*. Le vignoble entier est très soigné, très propre.

Marchons rapidement!

Quelle est, dans la généralité du Languedoc, la tenue des divers cépages américains? — J'y ai été bien des fois pour le savoir et n'en suis guère plus avancé. Si vous voulez voir de belles vignes, vous les trouverez sans peine : les marchands de bois, d'autres encore, vous en indiqueront, et chacun de ceux que vous visiterez vous en signalera d'autres, d'ailleurs toujours les mêmes, le dessus du panier; ce sont, en effet, toujours les mêmes domaines qu'on voit, comme les figurants de parade, passer sous les yeux et dans les récits des touristes. Malheureusement, ces vignes-là n'apprennent rien. Pourquoi? — J'emprunte la réponse à M. Lecouteux [1] : parce que « tout est possible avec de l'ar-

1. *Journal d'Agriculture pratique*, n° du 21 septembre, p. 395, col. 1, en haut.

gent. La question est de savoir si l'argent est bien placé, s'il donnera des bénéfices ». — Or, l'argent donne encore d'énormes bénéfices aux vendeurs de sarments, et ils en dépensent à effrayer, paraît-il, leurs voisins, car, s'ils réussissent à enthousiasmer des voyageurs venus de loin, bien souvent les voisins restent froids, très froids !

Ce qu'il serait intéressant de voir et d'étudier, ce sont les vignobles qui dépérissent, parce que les gens ne dépensent pas d'argent, en général, pour faire mourir leurs vignes plus vite, et que là on aurait la nature prise sur le fait.

— Mais s'il n'y a pas de vignes américaines qui dépérissent?

— Oh! il y en a. Le hasard m'en a fait rencontrer deux tout près de Montpellier.

La première est un carré, de *Riparia* dit-on, greffé en *Aramon*. Toutefois, par *Riparia* il faut entendre *Taylor*, comme on le voit par quelques pieds où la greffe n'a pas réussi et qui ont repoussé.

La seconde, qui occupait beaucoup les voisins, est un carré de je ne sais quoi : un troupeau de moutons y a passé et si bien effacé la tache qu'on ne voit plus rien, si ce n'est les souches toutes nues. Les intelligentes bêtes ont opéré avec une telle précision qu'il n'y a pas moyen de croire à un accident. Mais ce sont là deux faits isolés qui ne prouvent rien.

— Alors, pourquoi en parlez-vous?

— J'en parle..., je ne voulais pas en parler; j'en parle... Vous avez lu le voyage à travers les vignobles du Languedoc, de MM. Armand Lalande, Lawton, Skawinski[1] : un jour (le 5 septembre), ces messieurs ont passé à côté, tout à côté de ces deux ruines, et ils ne les ont vues ! — C'est tout ce que je voulais en dire.

---

1. *Journal d'Agriculture pratique,* n° du 28 septembre, p. 446.

Cinq viticulteurs se réunissent pour explorer ensemble les vignes de la commune de Montagnac. Je trouve (encore par hasard, on peut m'en croire) dans le *Messager du Midi* du 27 août 1882, le récit de cette excursion, écrit par M. Delavigne qui nomme ses quatre compagnons de promenade. Ces messieurs ne désirent qu'une chose : trouver dans la vigne américaine une chance de salut. Ils voient de très belles cultures dans les plaines, dans les alluvions, ils le disent et y insistent. De là, ils vont dans les coteaux ; la scène change, et ils résument leurs impressions dans ce passage topique :

> Nous avons parcouru des vignobles qui sont constitués essentiellement par les cépages les plus répandus et les plus appréciés, le Jacquez et le Riparia...
>
> Évidemment, nous n'espérions pas trouver aussi beau que dans les plaines, mais nous ne pensions pas trouver aussi laid.

C'est à peu près tout vignes de coteau, dans le département que j'habite.

Un beau jour, ce bruit éclate à Béziers, que nombre de vignes américaines greffées en cépages français s'effondrent dans l'arrondissement. Le comice agricole s'émeut ; la commission spéciale se réunit exceptionnellement la veille de la séance du comice et apporte le lendemain la proposition d'une enquête. On ne trouve dans le compte rendu, ni un nom de lieu, ni un nom de personne : pourtant ce n'est pas sur des bruits vagues qu'on se résout à une mesure semblable ! A quelle cause attribuer ces accidents ? — J'écrivais dans la *Revue des Deux-Mondes*[1] :

> ... Les porte-greffes les plus estimés sont, à peu d'exception près, tout à fait stériles ou du moins très peu fertiles. Or, on sait que ce qui fatigue et épuise le plus une plante, c'est la maturation du fruit et de la graine. Que deviendront les porte-greffes en

1. Voir page 393 *b*.

présence du phylloxera, même avec très peu de phylloxera, lorsque, au lieu de quelques baies très rares, leurs racines nourriront — si elles les nourrissent — 25 ou 30 kilogrammes d'Aramon? Ne nous hâtons pas de conclure, et attendons que l'expérience ait résolu cette difficulté.

C'est peut-être bien cette expérience qui est en train de se faire à Béziers, aux dépens de pauvres vignerons éblouis par de bruyantes réclames.

Il y a trois mois que l'enquête est ordonnée et nous n'avons plus entendu parler de rien (8 octobre). On peut dire à coup sûr : pas de nouvelles, *mauvaises* nouvelles.

Il semble vraiment que partout on cherche à étouffer toute lumière! Cependant, on perçoit de loin en loin une lueur par quelque fissure du boisseau. Je lis dans *la Vigne américaine*, sous la signature du savant directeur, M. Planchon[1] :

Je ne serais pas surpris que la vigne de Jacquez du territoire de Vauvert, dont le dépérissement a fait tant de bruit l'an dernier...

Un moment? « L'an dernier », c'est 1881 ; 1881, c'est l'année du Congrès viticole de Bordeaux. Une grande commission composée d'hommes compétents et désintéressés a fait une visite générale des vignobles afin de préparer le travail du Congrès. Cette commission a visité le Languedoc, y a séjourné, y a été reçue et choyée par toutes les illustrations scientifiques et viticoles de la région :

Comment se fait-il que personne n'ait dit un mot à la commission de ces Jacquez de Vauvert, qui faisaient, au moment même, « tant de bruit? »

Comment se fait-il, du moins, qu'il n'en soit pas dit un mot dans le rapport de la commission, et que j'ai pu reprocher à l'honorable rapporteur, en séance du Congrès, de

1. *Vigne américaine*, juillet 1882, page 208, en haut.

n'avoir pas mis une ombre à son tableau des vignes américaines ?

Comment se fait-il qu'on parle de ces vignes pour la première fois et incidemment en juillet 1882 ?

Où la docte commission, et hier encore MM. Arm, Lalande, Lawton et Skawinski n'ont vu que du feu, qu'alliez-vous faire, Monsieur le ministre de l'agriculture !

Aujourd'hui non plus, je ne veux pas appuyer.

(Extrait du *Journal d'Agriculture pratique;* octobre 1882.)

RÉPONSE DE M. LE Dʳ DESPETIS.

Je trouve dans le numéro du 14 octobre 1882 du *Journal d'Agriculture pratique* un article de M. de Lafitte, où je suis assez vivement pris à partie à plusieurs reprises au sujet d'une étude sur l'emploi pratique des vignes américaines en cours de publication dans le journal *l'Agriculteur* de Béziers.

J'ai personnellement la plus profonde estime pour les travaux et la personne de M. de Lafitte, et j'avoue qu'après une lecture attentive de cet article, je me suis trouvé fort embarrassé pour lui répondre. D'un côté, je ne suis pas seul en cause, les critiques tombent dru aussi sur les épaules de M. Foëx ; M. de Lafitte, en outre, semble vouloir nous rendre comme responsables des réclames exagérées des marchands de plants ; enfin les questions touchées par lui demanderaient des développements tellement considérables que, malgré toute ma bonne volonté, je crains d'abuser de la bienveillante hospitalité du journal. Il ne m'est guère possible cependant de laisser passer sans y répondre la partie critique de cette communication.

Dès le début M. de Lafitte croit trouver dans un passage de mon étude une critique de ses idées émises par lui dans un article sur la question, publié dans la *Revue des Deux Mondes* du 1er mars 1881, où il cherche à démontrer que toute théorie sur les causes de la résistance des vignes américaines doit être rejetée sans autre examen lorsqu'on n'étudie que la vigne et qu'on fait abstraction de l'insecte ; il attaque ensuite les diverses théories physiques ou chimiques de la résistance et, trouvant qu'elles n'ont pour elles que le *post hoc, ergo propter hoc,* il pense que ce n'est pas suffisant.

Je commence par faire remarquer à M. de Lafitte que de tous les défenseurs des vignes américaines, je suis peut-être le premier qui ait été de son avis, peut-être bien même avant qu'il l'eût émis lui-même ; il n'a qu'à se reporter en effet aux comptes rendus du Congrès de Nîmes 1879, page 10, aux comptes rendus du Congrès de Lyon 1880, pages 217 et suivantes, aux comptes rendus du Congrès de Bordeaux 1881, pages 292 et suivantes, et il y constatera facilement que, depuis cette époque, j'ai toujours signalé le point de vue trop exclusif auquel se sont placés les auteurs de ces théories et de ces expériences. A propos de la théorie de M. Foëx, j'ai dit et répété bien des fois que la lignification rapide des racines exerçait une certaine influence, peut-être la plus grande de toutes, mais qu'elle n'était pas la seule ; et que les facteurs de la propriété de résistance étaient certainement des plus complexes et variaient avec chaque espèce de vignes américaines.

Quatre pages entières de ma communication au Congrès de Lyon (pages 217 et suivantes) sont en outre entièrement consacrées à étudier l'action du phylloxera sur les vignes américaines plantées en France.

Je trouve enfin dans l'article de *l'Agriculteur,* qui m'a valu les critiques de M. de Lafitte, au bas de la troisième colonne

et justement avant le passage incriminé, les lignes suivantes :

« Les conséquences que M. Foëx a cru devoir tirer de ses con-
« statations ne sont pas admises par tout le monde, au moins dans
« leur entier, mais que sa théorie sur les causes de la résistance
« soit exacte ou non, que ce soit bien à la lignification rapide des
« tissus de leurs racines que les vignes américaines doivent leurs
« facultés si précieuses ou à tout autre motif, il n'en est pas
« moins aujourd'hui parfaitement certain que c'est justement sur
« les vignes américaines, chez lesquelles les tissus des racines se
« lignifient le plus vite et *dont les éléments cellulaires ont les*
« *plus petites dimensions et les parois les plus épaisses*, sur les-
« quelles l'insecte se rencontre le plus rarement, que les lésions
« ont le moins de profondeur, se cicatrisent le plus rapidement et
« pénètrent le moins souvent au delà de la couche corticale de la
« racine. Qu'il n'y ait là qu'une simple coïncidence, je le veux
« bien, bien que cela me paraisse assez difficile à admettre ; mais
« tant qu'on ne m'aura pas démontré d'une façon indiscutable
« que la résistance des vignes américaines est due à toute autre
« cause, j'accorderai certainement à ces particularités de la con-
« stitution des racines, au moins la plus grande part dans les
« effets produits par les facteurs de cette propriété de résistance
« que possèdent les vignes des États-Unis. »

Cette citation et les passages de mes diverses communications auxquels j'ai renvoyé le lecteur afin d'être plus court
prouveront, je l'espère du moins, à M. de Lafitte, que, bien
loin de critiquer ses opinions, j'ai toujours partagé à peu
près complètement sa manière de voir.

J'appelle cependant son attention sur le passage que j'ai
souligné aujourd'hui dans la citation ci-dessus ; cette différence énorme dans le volume et la constitution des éléments
cellulaires des racines des diverses vignes américaines et
européennes lui donnera peut-être la raison des différences
de pénétration des lésions phylloxériques sur les fibrilles
radiculaires les plus ténues de certains riparias sauvages et
les grosses racines ligneuses du Clinton placé dans de mauvaises conditions.

Dans la question qui nous occupe, il y a deux choses bien distinctes à considérer ; un fait brutal en lui-même, c'est le peu d'attraction que l'insecte montre pour des racines constituées d'une certaine façon, c'est là le point principal et il est hors de doute ; en deuxième lieu, une théorie basée sur une hypothèse, je le veux bien, mais c'est pour moi un peu secondaire : tous nos paysans qui font aujourd'hui de grands sacrifices pour planter des vignes américaines (M. de Lafitte pourra s'en convaincre l'année prochaine s'il a occasion de venir dans l'Hérault) connaissent le fait brutal parce qu'ils l'ont constaté, et se préoccupent peu de la theorie et des conséquences que les savants et les hommes spéciaux croiront pouvoir en tirer au point de vue de l'avenir.

M. de Lafitte, après avoir cité quelques lignes de ma communication, critique les expériences de M. Foëx, et traite d'illusion absolue la série, l'espèce d'échelle que j'établis au point de vue de la résistance entre les diverses vignes américaines. Une courte citation d'abord :

« La résistance est une vertu toute relative qu'on observe tan-
« tôt à un degré moindre, tantôt à un degré plus ou moins élevé,
« suivant le cépage. Entre l'espèce sauvage la plus réfractaire à
« l'insecte et la variété cultivée la plus vulnérable, on pourrait
« ranger toutes les vignes *comme suivant une série* où deux termes
« consécutifs n'offriraient au point de vue de la résistance que
« des différences fort petites. » (P. de Lafitte. *Revue des Deux Mondes*, 1ᵣᵣ mars 1881, au bas de la 2ᵉ page.)

Il me semble que voilà assez bien dessinée la fameuse échelle que me reproche tant M. de Lafitte ; il est vrai qu'il me reproche d'en avoir deux et qu'il attaque leur concordance. Je reviens à ma défense.

Il critique en premier lieu le peu de cépages étudiés par M. Foëx et fait remarquer que, depuis la publication de ces recherches, les termes de la série ne sont plus les mêmes.

Ceci regarde le directeur de la Gaillarde. Tout ce que je puis affirmer à M. de Lafitte (je tiens les coupes microscopiques à sa disposition), c'est que si M. Foëx n'a étudié que quelques cépages, j'en ai examiné plus de soixante, appartenant à toutes les familles des vignes des États-Unis, et que sur ma liste les vignes occupent des places naturellement bien différentes de celles qu'elles occupent sur la liste de M. Foëx. J'ajouterai que les recherches de M. Millardet sur l'origine des principales variétés de vignes américaines donnent parfaitement, pour quelques-unes, la raison des déplacements que l'observation sur le terrain oblige à faire subir aux listes obtenues par les observations micrographiques ; c'est ainsi que le changement de position si extraordinaire du Solonis, changement qui m'a intrigué si longtemps, est incontestablement dû, je le sais aujourd'hui, au mélange du sang de *Vits Candicans*. (Le Mustang est certainement un des ancêtres du Solonis, d'après les dernières observations et publications de M. Millardet.)

Je reconnais aussi, afin de répondre aux demandes de précision de M. de Lafitte, que l'échelle en question ne doit pas être regardée comme une échelle unique, une série continue, mais comme une suite de petites séries embrassant chacune un groupe de vignes distinct. Les Riparias sauvages ont leur échelle spéciale. Les Estivalis, dont les racines ont une constitution toute différente, ont aussi la leur ; mais le classement suivant, obtenu par l'examen microscopique : *Nortons, Herbemont, Jaquez, Cuningham, Rulander*, est absolument celui que l'on trouve sur le terrain au point de vue du nombre des insectes, quand on examine des pieds du même âge ayant un degré de développement à peu près identique.

Le *Vialla*, le *Clinton*, le *Taylor*, et l'*Elvira*, tous hybridés de Labrusca à un degré de mélange que nous ne connaissons pas, mais qui nous importe peu pour le moment, sont classés par le microscope dans l'ordre dans lequel je viens de les énumérer. Le terrain et l'insecte me les ont toujours classés de la même façon, et cela dans des expériences cherchées et obtenues en soumettant ces quatre variétés aux mêmes causes de souffrance. J'ai constaté les résultats non pas par quelques fouilles superficielles, mais par des arrachages portant sur des centaines de pieds.

La série, l'échelle de résistance n'est donc pas une illusion, comme l'affirme M. de Lafitte ; elle existe réellement, sinon comme une échelle unique, au moins comme une série d'échelles successives. Il y a des irrégularités, des exceptions, des plants que nous ne savons où placer, je le veux bien ; cherchons-en les causes, mais ne nions pas l'évidence parce que l'état actuel de nos connaissances ne nous permet pas de la démontrer avec tout l'absolu qu'on apporte à la solution d'une équation algébrique.

Quant à la difficulté que pourraient présenter des recherches de cette nature par suite de différences individuelles de pieds de la même espèce ou de la multiplicité des observations que les recherches nécessitent, je crois qu'elle est facile à surmonter. Je crois avoir fait remarquer quelque part que ces recherches devaient surtout porter sur des pieds d'un an ; or, rien de plus aisé que de réunir toutes les variétés possibles dans la même pépinière, de les y laisser deux ans, trois ans s'il le faut, et de pouvoir alors conclure sinon de façon absolument certaine, au moins avec de grandes garanties de certitude, étant données les conditions de similitude absolue de toute l'expérience.

J'arrive enfin à la question de l'adaptation. M. de Lafitte semble croire qu'il n'y a là qu'un prétexte commode derrière lequel s'abritent les marchands de plants pour expliquer les insuccès qui pourraient nuire à leur commerce ;

qu'il y ait eu et qu'il y ait encore tous les jours, au point de vue commercial, des excès effrénés de réclame, que beaucoup de récits, de visites à certains vignobles aient toute l'apparence d'annonces payées, et que certains journaux politiques du Midi aient poussé la chose à un point rarement atteint jusqu'à ce jour, je l'accorde et je voudrais pouvoir l'empêcher ; mais de là à nier qu'il y ait une question d'adaptation, c'est autre chose et les faits abondent qui prouvent largement le contraire. J'ai pour ma part arraché d'un seul coup 4,000 pieds de un et deux ans, comprenant 16 variétés de vignes américaines et plantés dans un de ces sols à adaptation difficile comme il en existe malheureusement quelques-uns. Je les ai examinés avec d'autant plus de soin, que j'en fis transporter une bonne partie dans un autre terrain où je pensais qu'ils pourraient mieux se développer. Or, ici, en aucune façon le phylloxera ne pouvait être regardé comme la cause du mal ; ces plants, depuis 4 ans dans leur nouvel habitat, en partie greffés depuis 2 et 3 ans, ont été vendangés cette année et seraient certainement morts depuis 3 ans au moins, si je les avais laissés dans leur première situation, où ils mouraient sans phylloxera, tandis qu'ils sont largement en puissance d'insecte et sont beaux actuellement.

Il me paraît bien difficile dans de pareilles circonstances de ne pas reconnaître l'importance de l'adaptation.

Si M. de Lafitte, à qui je n'ai à reprocher que de ne pas tenir les promesses de visite qu'il fit à mon champ d'expériences lors de notre dernière rencontre, avait bien voulu pousser cette année jusqu'à Pomérols, j'aurais pu facilement le mettre en présence de faits qui auraient très probablement contribué dans une forte mesure à modifier sa manière de voir à ce sujet.

Au point de vue des irrégularités qu'on remarque et des

raisons qu'on peut en donner, mon honorable contradicteur me reproche d'être trop sobre de détails. C'est que ce n'est pas là leur place et que ces détails doivent venir au chapitre de chaque variété à étudier ; et je le prie de remarquer que, dans une étude intitulée *Emploi pratique des vignes américaines*, il n'a pu entrer dans mon plan que de mettre ceux qui voudront bien me faire l'honneur de me lire à même de constater par eux-mêmes d'où peuvent provenir ces irrégularités, si elles se produisent chez eux.

Le fait des Taylors de M. Falières est évidemment assez difficile à expliquer à distance, pour quelqu'un qui n'a pas vu ces vignes avant et après l'opération du sulfure. Étaient-ils réellement atteints de cette chlorose avec rabougrissement qui est le vrai signe de la mauvaise adaptation et dans laquelle le phylloxera n'entre réellement pour rien ? Tel n'est évidemment pas le cas puisqu'ils n'ont présenté de signes de souffrance (à quel degré et quel était leur état exact avant l'apparition de la souffrance ?) qu'au bout de trois ans ; la chose rentre évidemment dans l'ordre de faits étudiés par moi pages 221 à 223 du compte rendu du Congrès viticole de Lyon, faits pour lesquels j'admets parfaitement une influence phylloxérique parfaitement accentuée, tout en admettant que la production possible de faits de cet ordre ne suffit pas pour déclarer qu'on a affaire à une vigne non résistante. C'est cependant quand j'ai affaire à une variété pour laquelle ces faits se produisent assez fréquemment que je dis que la variété doit être rejetée parce que sa résistance n'est pas suffisamment pratique. Dans cet ordre de faits l'influence du sulfure doit se traduire inévitablement par une reprise de la végétation, et c'est surtout à des vignes dans ces conditions, pour la plupart hybridées de Vinifera, que M. Piola applique avec juste raison ses traitements insecticides.

Quant au défaut de précision reproché aux mots de résistance effective et résistance pratique, ces mots sont je crois assez définis par l'article entier auquel fait allusion M. de Lafitte, et surtout par cette phrase qui le termine et que je me vois encore obligé de citer :

« Il y a donc en sus de la résistance réelle de toutes les vignes « américaines pures une autre résistance que j'appelle la *résis-* « *tance pratique,* faute d'un autre mot qui rende plus clairement « ma pensée; et cette résistance pratique peut être considérée « comme le produit de la résistance réelle, propre, intrinsèque de « la variété à étudier, mitigée ou augmentée par la vigueur plus « ou moins grande, les aptitudes climatériques, les exigences « nutritives, la *plus ou moins grande réceptivité pour l'insecte,* « etc., etc., de la variété elle-même.

« Tous ces facteurs différents n'ont pas la même importance « pour chaque vigne, mais tous exercent certainement leur part « d'influence, et, dans le choix à faire des variétés pour chaque « région. viticole, chacun de ces facteurs doit être étudié avec « soin pour chaque variété de vignes en particulier. »

En terminant cette réponse qu'il n'a pas dépendu de moi de faire plus courte, je dirai à M. de Lafitte que je ne pense pas qu'il y ait lieu de blâmer l'attitude de M. le ministre de l'agriculture vis-à-vis des vignes américaines; c'est un moyen de lutte qui a certainement à son actif des faits aussi probants que tous les autres moyens officiels, et qui, de plus, rendra des services signalés justement dans les terrains et les régions où les autres moyens sont entièrement inapplicables. Nous avons fait des écoles, il s'en fera encore, c'est plus que probable, c'est même certain; mais, Paris ne s'est pas fait en un jour, les insuccès sont plus instructifs peut-être que les succès eux-mêmes, et le *Go ahead* (en avant) des Américains n'aura jamais d'application mieux appropriée, car le danger est grand pour la viticulture française, et il faut dédaigner les ronces du chemin devant l'importance du but à atteindre.

Dr LOUIS DESPETIS.

Pomérols (Hérault), le 24 octobre 1882.

(Extrait du *Journal d'Agriculture pratique* du 2 novembre 1882).

RÉPONSE DE M. A. PIOLA A M. P. DE LAFITTE.

A MONSIEUR P. DE LAFITTE.

Cher monsieur,

On vient de me communiquer le *Journal d'Agriculture pratique* du 12 octobre dernier, et j'ai eu le regret d'y trouver, dans un article de vous, intitulé *Résistance et adaptation*, un alinéa me concernant, qui se trouve en opposition complète avec mes idées sur cette matière, et qui, — permettez-moi de vous le dire, — manque beaucoup d'exactitude.

Vous dites en effet :

« M. Piola a créé une collection de vignes américaines des plus
« riches qui existent ; il en a un peu partout, depuis les palus de
« la Dordogne jusque sur les coteaux de Saint-Émilion. M. Piola
« *traite ses vignes américaines absolument comme ses vignes fran-*
« *çaises, et, en le disant, je ne commets pas d'indiscrétion ; la*
« *chose est imprimée par M. Piola lui-même, en même temps que*
« *les motifs qui le font agir.* Eh bien, chez M. Piola, les vignes
« américaines, garanties du phylloxera, se trouvent toutes adap-
« tées, toutes ! »

D'abord je ne me souviens guère d'avoir rien fait imprimer à ce sujet — n'aimant guère à occuper de moi le public — à moins que vous ne fassiez allusion à la réponse faite par moi à la question : Avez-vous traité des vignes à partir de la plantation ? posée dans le questionnaire adressé par le Comité de vigilance de l'arrondissement de Libourne à tous les membres des syndicats formés pour les traitements par le sulfure de carbone, lequel questionnaire a été publié, avec les réponses, à la suite du rapport de M. F. Lacroix, secrétaire du Comité.

Or, voici cette réponse, transcrite à la page 49 de la brochure :

« Oui, à partir de la seconde année, par le sulfure de carbone,
« bien que ce soient des vignes américaines franches de pied ou
« greffées, n'en plantant plus d'autres dans les terrains insub·
« mersibles et les traitant néanmoins *pour ne pas laisser de foyers*
« *d'infection auprès des vignes françaises encore en bon état.* »

Il me semble que cette phrase est assez claire et ne prête guère à l'interprétation que vous lui donnez. Ce n'est point pour *maintenir* mes vignes américaines qui n'en ont nul besoin, ainsi que vous l'avez constaté vous-même lorsque vous êtes venu, il y a un mois et demi environ, visiter mes vignobles de Condat et de Saint-Émilion avec M. Millardet, mais simplement, comme je le dis, pour *ne pas laisser de foyers d'infection* auprès de mes vignes françaises dont vous avez pu apprécier la conservation par le sulfure à Saint-Émilion. Et je vais expliquer ici toute ma pensée.

Je crois avoir dit plusieurs fois que si des faits constants me prouvaient depuis six ans la résistance *plus que suffisante* au fléau d'un grand nombre de vignes américaines, je n'hésitais pas à reconnaître que, parmi les 200 et quelques variétés que j'ai en ma possession, je n'en avais jamais trouvé *aucune qui fût complètement indemne* (bien que quelques-unes d'entre elles ne nourrissent sur leurs racines qu'un nombre infiniment restreint d'insectes), lorsqu'elles se trouvent, en plein *terrain phylloxéré, isolées de toute vigne française, et même de toute vigne américaine moins réfractaire à l'insecte.* Mais il n'est pas moins constant aujourd'hui, après les expériences si concluantes de M. Reich, à l'Armeillère, que lorsqu'on intercale des vignes françaises au milieu des américaines, et *vice versá,* tous les phylloxeras abandonnent immédiatement ces dernières pour se jeter sur les vignes françaises qui sont rapidement foudroyées. D'un autre côté, malgré la confiance

— relative — que j'ai dans le sulfure de carbone, je n'admets pas qu'il détruise absolument tous les phylloxeras, s'il en atteint un grand nombre. J'ai donc été conséquent avec moi-même, en sulfurant mes vignes américaines intercalées dans mes vignes françaises, pour diminuer autant que possible la quantité des insectes survivants et les chances de réinvasion.

Il n'est pas exact non plus de dire *que je traite mes vignes américaines* ABSOLUMENT *comme mes vignes françaises;* si cela est vrai pour Saint-Émilion, il n'en est pas de même, comme vous devez vous le rappeler, pour mes vignobles de Condat.

Je vous ai montré, ainsi qu'à M. Millardet, un hectare de *Jacquez* et d'*Herbemonts*, et un autre hectare, me servant d'école de résistance pour toutes les principales variétés de vignes américaines pouvant offrir un certain intérêt, soit pour la greffe, soit pour la culture directe, *placées complètement en dehors des submersions et n'étant soumis à aucun autre traitement.* Vous avez constaté la vigueur et la santé florissante de ces vignes, en partie couvertes d'une grande abondance de fruits, bien qu'elles aient été plantées, pour la plupart, à la place de vignes françaises détruites par le phylloxera et au moment même de l'arrachage de ces vignes sans laisser aucun jour de repos au terrain.

Pour moi, la question de résistance est complètement vidée, et, je suis bien fâché de différer avec vous sur ce point, — celle d'*adaptation* ne l'est pas moins. Les *Clinton*, les *Taylors*, et même les meilleures variétés de *Riparia*, — francs de pied ou greffés, — fléchissent et jaunissent dans les terrains extra-calcaires, tandis que les *York'-Madeïra* et les *Vitis Rupestris* s'y comportent admirablement. Et ces mêmes *Clinton, Taylors* et *Riparia*, transportés dans des terrains profonds, argileux ou argilo-siliceux, reprennent toute leur vigueur et leur coloration intense. Vous en aurez la preuve chez moi l'an prochain, en vous rappelant les greffes sur ces trois cépages, si souffreteuses dans le plateau de ma propriété de Pourret, où le terrain contient plus de 70 p. 100 de calcaire désagrégé, lorsque vous les verrez arrachées et transplantées au bas du coteau, dans le terrain qui leur convient.

Je regrette beaucoup, permettez-moi de vous le dire, qu'un esprit aussi éclairé que le vôtre et qui a tant fait dans le département de Lot-et-Garonne pour la propagation des vignes américaines, se laisse aller à jeter ainsi le découragement avec le doute dans les idées des viticulteurs qui, vous le savez comme moi, sont trop disposés à rester dans leur incurie, et ont besoin plutôt d'être excités que d'être retenus, dans une voie qui offre des chances sérieuses de salut.

Pour moi, je n'hésite pas à le proclamer, mon intime conviction est : que les vignes américaines greffées, et quelques-unes même *franches de pied*, sont l'*ultima ratio* de la défense contre le phylloxera — ce qui ne m'empêchera pas de tâcher de conserver, autant que je le pourrai, nos excellents cépages encore debout, par la submersion et le sulfure de carbone *tant que j'aurai la preuve de leur efficacité même relative*. L'essentiel est de faire du vin — et du bon vin — ne fût-ce que pendant un certain nombre d'années, — et j'ai déjà, pour moi, une expérience de six ans qui se confirme tous les jours de plus en plus.

Vous m'excuserez si j'envoie cette lettre au *Journal d'Agriculture pratique* pour être publiée. La question présente à mes yeux assez d'importance pour que je ne laisse pas sans réponse, vis-à-vis du public, une assertion reposant sur des causes aussi peu conformes à la réalité des faits, et à laquelle mon nom se trouve mêlé à mon grand regret.

Veuillez agréer, etc. A. PIOLA,

Ancien président de l'Association viticole de Libourne.

(Extrait du *Journal d'Agriculture pratique* du 9 novembre 1882).

RÉPLIQUE A MM. PIOLA ET DESPETIS.

Les abonnés du *Journal d'Agriculture pratique* ont lu avec beaucoup d'intérêt la lettre[1] où M. Piola — un homme des plus compétents, et dont j'ai mis bien des fois l'expérience à contribution — expose ses idées sur les vignes américaines. Ce qui me concerne dans cette lettre est bien peu de chose ; il s'agit de trois mots omis, et d'un membre de phrase que je souligne en reproduisant le passage incriminé :

... M. Piola traite ses vignes américaines (j'aurais dû écrire : *la plupart de* ses vignes américaines) absolument comme ses vignes françaises, et en le disant je ne commets pas d'indiscrétion : la chose est imprimée par M. Piola lui-même, *en même temps que les motifs qui le font agir*.

Si j'avais voulu faire entendre que M. Piola traitait ses vignes américaines pour les empêcher de mourir, ce n'est pas le membre de phrase souligné que j'aurais mis; je n'aurais même rien mis du tout; tout le monde eût entendu la chose ainsi, M. Piola étant le seul qui traite ses vignes dans un but différent de celui-là. J'ai voulu indiquer simplement que son motif était autre, et si je n'en ai pas dit plus long, c'est que ces détails ne rentrent aucunement dans mon sujet.

Dans l'alinéa de treize lignes consacré aux vignes de M. Piola, il y a ceci et rien plus : chez M. Piola, les vignes américaines *garanties* du phylloxera se trouvent *toutes* adaptées. — Que d'autres vignes non traitées soient adaptées aussi, je ne m'y oppose nullement, au contraire !

M. Piola veut bien me rappeler qu'il m'a dit et montré beaucoup de choses chez lui ; de plus, il se plaint que son nom se trouve mêlé, à son grand regret, à cette question.

Qu'on me permette une digression, une profession de

1. Voir le n° du 9 novembre, p. 619.

foi si on veut : je voudrais dire, sans viser d'ailleurs personne, la règle que j'observe : Je ne me sers jamais publiquement de ce que j'ai appris dans une conversation particulière ou par une lettre particulière, sauf le cas où je serais autorisé à le faire par celui qui a parlé ou écrit. A moins de manier sa langue avec une sûreté qui nous fait généralement défaut dans la viticulture, ce qu'on dit ou qu'on écrit n'est souvent qu'*à peu près* ce qu'on a dans l'esprit ; ce qu'on comprend quand on écoute ou qu'on lit n'est souvent qu'*à peu près* ce qui est dit ou écrit ; ces deux *à peu près* pourraient, en s'ajoutant, amener des malentendus. Qui voudrait les éviter pour son compte devrait retourner sept fois sa langue dans sa bouche, ou sept fois sa plume entre ses doigts, avant de parler ou d'écrire ; et, alors, la causerie ou la correspondance, au lieu d'être un délassement, serait un labeur, exigeant une bonne dose de diplomatie.

Il y a plus ; j'ai plusieurs fois reçu l'hospitalité chez M. Piola, toujours en ami. Dans ces conditions, ce que je vois, ce que j'entends chez lui est *pour moi*, pas *pour les autres*, et je ne m'en sers point, si en le faisant je crains de le chagriner. Si j'avais voulu voir *pour les autres*, j'en aurais prévenu mon hôte en entrant chez lui, ou j'aurais pris ce biais, de visiter ses propriétés avec le Congrès de Bordeaux ou, plus récemment, le Comice de Libourne. Je me suis abstenu pour n'avoir pas à faire une distinction aussi subtile.

Où donc ai-je appris ce que je sais *pour les autres* des vignes de M. Piola ? — M. Piola l'a dit, dans le questionnaire imprimé qu'il cite. Voici le passage complet :

Avez-vous traité vos vignes à partir de la plantation ? — Oui, à partir de la seconde année, par le sulfure de carbone, bien que ce soient des vignes américaines franches de pied ou greffées, n'en plantant plus d'autres dans les terrains insubmersibles, et les traitant néanmoins pour ne pas laisser de foyer d'infection auprès des vignes françaises encore en bon état.

Avez-vous désinfecté le terrain avant de faire vos nouvelles plantations? — Jamais.

Quel est leur âge? — Leur âge varie de un à quatre ans.

Les avez-vous traitées tous les ans? — Oui, depuis deux ans.

Dans quel état sont-elles? — *Très belles*... (C'est moi qui souligne.)

Si M. Plola attachait quelque importance aux *Clinton, Taylors, Riparias* dont il est question dans sa lettre, c'est là, dans sa réponse au questionnaire, qu'il était opportun d'en parler, ou, mieux encore, un peu plus loin, à la question que voici (je souligne quelques mots) :

Sont-ils (les américains) résistants partout? — Il faut faire une distinction, quant à la résistance, entre les plants qui sont résistants par suite de la dureté et de la consistance de leurs racines, comme le Jacquez et la plupart des Estivalis, le York et *les Riparia, qui résistent partout,* et ceux au contraire qui ne doivent leurs facultés de résistance qu'à la facilité avec laquelle ils émettent de nombreuses radicelles, comme le Taylor et le Clinton. Ceux-ci *souffrent des atteintes du phylloxera* lorsqu'ils sont plantés dans un sol maigre et appauvri.

Il me semble bien que je n'ai jamais dit autre chose.

Voici encore une réponse de M. Piola ; je la trouve presque au commencement du questionnaire :

Quelle est la nature du sol de vos vignes? — Toutes les natures de sol... (Suit l'énumération.)

M. Piola est un galant homme ; je le remercie d'avoir eu la pensée, en donnant sa réponse sous forme de lettre, de me la communiquer au moment où il l'envoyait au journal ; je le remercie de rappeler ce que j'ai pu faire — je le fais encore — en faveur des vignes américaines dans le Lot-et-Garonne. Je ne suis donc pas un ennemi systématique, un détracteur de ces cépages, mais je ne voudrais pas non plus être avec ceux dont on a pu dire : « mieux voudrait un sage ennemi ! »

Il serait à souhaiter que tous les défenseurs des plants américains y missent la même mesure que M. Piola et — j'ajoute — M. le Dr Despetis.

M. Despetis, qui sait bien les sentiments d'estime et de sympathie que j'ai pour lui depuis longtemps, — d'autres les connaissent, — M. Despetis me met, moi aussi, dans un cruel embarras. Je lis dans sa réponse, d'une si parfaite courtoisie :

Je commence par faire remarquer à M. de Lafitte que de tous les défenseurs des vignes américaines je suis peut-être le premier qui ait été de son avis, peut-être bien même avant qu'il l'eût émis lui-même...

Et plus loin :

«... Prouveront du moins à M. de Laffite que, bien loin de critiquer ses opinions, j'ai toujours partagé à peu près complètement sa manière de voir.

Eh bien, alors?... — Cherchons le malentendu. Voici d'abord la phrase signalée dans le compte rendu du Congrès de Nîmes (1879) :

Comme résistance, je pense que les observateurs qui ont cherché à en découvrir les causes réelles se sont tous placés peut-être à un point de vue trop exclusif, c'est-à-dire que, selon la façon si différente dont les racines des diverses variétés se comportent vis-à-vis des piqûres de l'insecte, je suis amené à croire que la résistance est le produit, non d'un seul, mais de plusieurs facteurs diversement combinés suivant les espèces; en un mot, que les diverses variétés ne résistent pas de la même façon.

Dire « plusieurs facteurs » et ne pas dire lesquels, c'est embrasser tous ceux qu'on pourra découvrir dans la suite des siècles. Je ne pense pas que l'*opinion* exprimée dans cette phrase ait pu gêner beaucoup M. Foëx, ou lui révéler un adversaire irréconciliable de sa théorie. '

Passons au Congrès de Lyon (1880), où j'étais aussi. Mon tour de parole y est venu avant celui de M. Despetis ; j'ai critiqué la théorie de M. Foëx, en présence de M. Despetis et de M. Foëx lui-même ; j'ai eu le temps d'achever cette discussion avec les mêmes développements que dans la *Revue des Deux Mondes*. C'est un moment après qu'on a fait sortir la parade (nous étions dans un théâtre de prestidigitateurs) et couvert ma voix avec la grosse caisse et les cuivres. Mon honorable critique sait les conflits qui m'ont décidé à quitter le Congrès et les regrets que j'ai eus de ne pas l'entendre. Sa conférence est dans un compte rendu, où on a laissé une lacune par trop forte : il n'y a pas de table des matières. Je n'y ai pas cherché l'intéressante étude de M. Despetis, parce que je venais de la lire dans le *Journal de l'Agriculture* où elle est imprimée intégralement (6 novembre, 20 novembre, 27 novembre 1880). Voici ce que j'y trouve (je souligne quelques passages) :

On ne tarda pas à s'apercevoir, dès le début des plantations de vignes américaines, que, du moins pour certaines variétés, les racines se comportaient, sous l'influence des piqûres phylloxériques, d'une façon tout autre que les racines des vignes européennes ; il devenait alors logique de rechercher, *dans la constitution propre de ces racines*, la cause réelle de cette différence dans ce mode de réaction, et de tous côtés des expériences furent instituées dans ce but. M. Foëx, (que vous avez entendu hier (expliquer cette théorie), prouva par des expériences d'une exactitude irréprochable que les racines des vignes américaines se lignifiaient avec une grande rapidité, que leurs tissus étaient plus denses, plus serrés que ceux des racines du vinifera, que les échanges intra-cellulaires étaient plus difficiles, plus lents à se produire, et il attribue *à cette lignification rapide des racines, à cette densité de leurs tissus, la cause première de la faculté de résistance...*

Ces résultats ont une grande importance ; *ils prouvent* que la résistance est inhérente, au moins dans une certaine proportion, à la constitution propre de la plante ; or, *on sait que cette constitution ne peut varier* (retenez bien ce petit membre de phrase, d'aspect inoffensif). Pour moi, après avoir répété une partie de ces expériences et les avoir contrôlées sur le terrain, j'ai été amené à une manière de voir *un peu différente. Je crois, d'accord en cela avec M. Foëx, que c'est à la lignification excessivement rapide de leurs racines que les cépages américains doivent la plus grande partie de leur faculté si précieuse*, mais je crois que ce n'est pas tout; *je crois que cette lignification rapide est le principal facteur de la résistance*, mais qu'il n'est pas le seul...

Il me semble que M. Foëx n'a pas trop à se plaindre non plus de ce passage.

Arrivons au Congrès de Bordeaux (1881). Voici les paroles de M. le Dr Despetis (p. 294 du compte rendu) :

M. Foëx nous a appris par ses études sur les racines des vignes européennes et américaines que la résistance des dernières était due à la constitution propre de leurs racines, à la densité considérable de leurs tissus, aux faibles dimensions des cellules qui les composent, et à la difficulté des échanges de cellule à cellule.

Ou je n'y comprends rien, ou c'est bien, cette fois, une adhésion pure et simple — que la suite n'infirme nullement — à la théorie de M. Foëx.

Il m'était donc resté cette impression très nette que M. Despetis était avec M. Foëx, sur cette question, pas avec moi. Je voudrais bien le gagner[1], mais les extraits que j'ai reproduits de son récent travail dans ce journal ne sont pas pour me donner de bien vives espérances. Je crois cependant avoir bien choisi ces extraits, puisque mon honorable contradicteur s'exprime ainsi : « j'appelle cependant son attention (la mienne) sur le passage que j'ai souligné aujourd'hui dans la citation ci-dessus... », alors que ce passage souligné est compris intégralement dans les extraits que j'ai cités moi-même.

---

1. Je voudrais bien gagner aussi l'éminent secrétaire perpétuel de la *Société nationale d'agriculture;* de ce côté non plus je n'ai pas grand espoir. (Voir la conférence de M. Barral sur le phylloxera.)

Après tout, dira peut-être un lecteur agacé (je lui demande bien pardon), que vient faire cette *théorie* dans le *Journal d'Agriculture pratique?* — Elle y vient parce qu'il y a souvent bien près d'une théorie à la pratique ; c'est ici le cas, et même on a indiqué déjà une application très prochaine de cette théorie de la résistance : si la résistance tient à la constitution même de la plante, *comme on sait que cette constitution ne peut varier*, il suffira qu'une vigne ait résisté deux ou trois ans pour qu'on n'hésite pas à affirmer qu'elle résistera toujours. Il y a mieux encore : voici une vigne nouvelle, qu'après un système de réclames savamment combiné on jette toute neuve sur la place; on tranche une racine, on voit dans les infiniment petits de la coupe tout ce qu'on peut y voir sous l'empire d'une idée préconçue ou de brillantes espérances, il n'en faut pas plus : la vigne est résistante, voyez la racine ! Puis, si on vient, par une hardiesse nouvelle, corroborer ces assurances au moyen d'arguments tirés de l'hybridation[1], que voulez-vous que devienne le pauvre vigneron ?

Que M. le Dr Despetis veuille bien, surtout, ne se croire indirectement visé ni dans ces lignes, ni dans aucun de mes articles. Il y a un passage de sa réponse (ci-dessus, p. 432), il y en a plusieurs dans sa solide étude en cours de publication, que je signerais des deux mains[2]. Je ne vise pas des personnes, mais des idées qui me paraissent manquer de fondement et que je crois dangereuses.

Terminons par quelques observations succinctes.

I. — La série, l'échelle de résistance n'est donc pas une illusion, comme l'affirme M. de Lafitte ; elle existe réellement...

1. Voir p. 539 *b*.

2. Cependant j'ignore pourquoi, disant : *des journaux*, M. Despetis ajoute : *politiques* (page 432).

Certainement elle existe, le raisonnement suffit à le prouver : raisonnement si bien intuitif, que j'ai pu l'omettre dans le passage de la *Revue* cité par mon honorable contradicteur. Je ne nie donc nullement l'existence de ces séries, je nie qu'on puisse les construire, ce qui est bien différent.

Ainsi, M. Despetis compare encore des classements, sous le microscope d'une part, selon le nombre des phylloxeras de l'autre ; mais il faudrait d'abord, dans une réponse, ou dédaigner comme sans valeur les objections produites, ou discuter les arguments invoqués en faveur de cette opinion que ce double classement est impossible à faire. Il faudrait montrer, par exemple, comment ces objections disparaissent quand on opère sur des plants d'un, deux, trois ans plantés dans une même pépinière.

II. — M. Foëx a fait sa liste, M. Despetis a fait la sienne :

Sur ma liste les vignes occupent des places naturellement bien différentes de celles qu'elles occupent sur la liste de M. Foëx.

A quoi peut bien servir une liste de cette sorte, si les places changent « naturellement » avec les observateurs qui rangent les objets enregistrés? L'auteur reconnaît le changement de position « extraordinaire » du *Solonis*, et attribue ce changement « au mélange du sang de *Vitis candicans* ». C'est très bien ; mais que peut la parenté du *Solonis* sur un classement ayant uniquement pour base (il s'agit du nombre des phylloxeras nourris par la plante) l'observation et l'analyse physique ou chimique du *Solonis* même? les caractères observés ne doivent-ils pas suffire, sans qu'on s'inquiète d'où ils viennent?

III. — M. le D\u02b3 Despetis consacre la seconde partie de sa réponse à l'*adaptation*. Comme j'ai toujours eu soin de faire une large part au milieu où se développe la plante (voir l'article de la *Revue*, et, dans ce journal, celui du

12 octobre), il y a, sur ce point, accord suffisant entre nous pour que nous laissions subsister les divergences qui restent. J'ai une seule observation à faire. D'après mon honorable contradicteur, je reprocherais « un défaut de précision aux mots de *résistance pratique* et de *résistance effective;* » oui, et il semble bien que j'ai raison, puisque l'auteur a besoin d'assez longs développements pour expliquer ces locutions et les définir.

Avec les locutions suivantes, que j'ai proposées : *résistance qui fait vivre* et *résistance qui laisse mourir*, point n'est besoin de commentaires.

IV. — Encore un mot :

... Les questions *touchées* par lui (moi-même) demanderaient des développements *tellement considérables...*

Quelles sont ces questions? Je n'en ai pas touché d'autres que les deux qu'annonce le titre.

(Extrait du *Journal d'Agriculture pratique* du 10 novembre).

L'ENQUÉTE DU COMICE DE BÉZIERS

M. le rapporteur de la Commission d'enquête du Comice de Béziers (voir page 424 *m*) a donné lecture du rapport suivant à la séance du 5 novembre :

Vous vous rappelez que dans la séance du 2 juillet M. le président vous entretint des bruits fâcheux qui circulaient sur la résistance de certains cépages américains. Il fut décidé que la commission des vignes américaines procéderait à une enquête pour s'assurer jusqu'à quel point ces bruits pouvaient être fondés.

Des avis furent insérées dans les journaux pour inviter tous les viticulteurs à signaler au comice les cas de dépérissement qu'ils auraient constatés dans leurs plantations.

Votre commission devait se transporter sur les lieux, apprécier en toute sincérité les causes auxquelles on devait attribuer ces maladies et indiquer les moyens les plus propres à éviter dans l'avenir les mêmes déceptions.

J'ai le regret de vous dire qu'aucune lettre ne nous est parvenue pour nous tracer la route que nous aurions à suivre. Est-ce qu'au moment où a paru notre avis dans les journaux les vignes malades étaient revenues à l'état de santé ? Je me contente de signaler ce fait. Votre commission a donc été obligée de se guider elle-même et elle a visité plusieurs domaines qui, d'après le bruit public, possédaient des vignes américaines mortes, chétives et souffrantes.

Je ne vous ferai pas parcourir avec nous toutes les différentes plantations que nous avons examinées.

Je vous dirai simplement qu'en général nous avons trouvé les vignes américaines, soit produisant directement, soit greffées en plants français, dans un état de végétation et de fructification très satisfaisant.

Nous n'avons pas trouvé, même dans les plus chlorosées, des surfaces un peu considérables à l'état de dépérissement complet. Nous avons bien vu çà et là des souches tout à fait mortes, mais après avoir fait arracher ces souches et en avoir examiné les racines, nous avons dû attribuer au pourridié la cause de leur dépérissement. Plusieurs de ces souches ont, du reste, été envoyées par les propriétaires eux-mêmes à M. le directeur de l'École d'agriculture de Montpellier qui a aussi attribué au pourridié la cause de leur mort.

Nous avons vu quelques vignes entières assez atteintes par la chlorose, mais presque toujours nous nous trouvions en présence de plants de Clinton et de Taylor. Aussi engageons-nous les membres du Comice à abandonner dorénavant ces deux cépages, ou tout au moins, à faire des petits essais préalables pour savoir si au printemps ils se conservent en bon état.

Quant aux autres variétés de vignes américaines telles que le Riparia et le Jacquez, ce n'est jamais que par places, dans une même vigne que nous les avons trouvées chlorosées. Le phylloxera n'est pour rien dans cet état, car on trouve l'insecte aussi bien dans les parties de vigne à feuillage vert que dans les parties à feuillage chlorosé. On ne peut donc attribuer cet état maladif qu'à la nature du sol qui varie dans certains endroits de la même vigne.

Il est à remarquer que la chlorose atteint surtout certaines vignes américaines dans le mois de juin et la première quinzaine de juillet, et qu'elle tend au contraire à disparaître quand arrivent les grandes chaleurs du mois d'août.

En résumé, votre commission estime qu'il n'y a pas lieu de s'arrêter aux bruits fâcheux qui ont circulé sur la résistance des vignes américaines; que cette résistance est surabondamment démontrée par l'existence de ces mêmes cépages depuis une douzaine d'années au milieu de terres phylloxérées.

Je n'avais nul besoin du rapport qu'on vient de lire pour savoir combien il est difficile de trouver les vignes américaines qui fléchissent. D'où provient cette difficulté, alors que les belles vignes s'offrent d'elles-mêmes? — Je ne sais; je ne puis que faire des conjectures. Ainsi je comprends que ceux qui possèdent ces vignes florissantes ont intérêt à les faire connaître, parce que plus on les visitera, plus on les vantera, et plus les boutures seront demandées, plus cher elles se vendront; je comprends que ceux dont les vignes commencent à fléchir ont néanmoins, et aussi longtemps qu'elles ne sont pas mortes, du bois à vendre et que, quel que soit le cépage compromis, leur demander d'appeler les étrangers chez eux pour déprécier eux-mêmes leur récolte serait peut-être excessif. Il y a mieux : je comprends que tout client, ou à peu près, qui a une fois acheté en gros de ces boutures étrangères est une conquête prochaine pour le parti puisque, d'acheteur, il va devenir vendeur.

Compter sur les possesseurs de vignes pour être exactement renseigné sur celles qui fléchissent me semblerait donc un peu naïf.

Reste la ressource de ceux qui n'en ont pas. Pauvre ressource! Je cherche en vain l'intérêt qu'ils peuvent avoir à se mêler de ces choses-là. Ils se contentent de ne rien acheter si la confiance leur manque, le reste les touche peu. A parler ils ne gagneraient rien, désobligeraient leurs amis et se feraient des ennemis parmi les autres. Les situations des personnes peuvent expliquer quelque prudence.

Et au profit de qui parleraient-ils? — D'étrangers qu'ils n'avaient jamais vus, qu'ils ne reverront peut-être jamais. L'étranger n'est pas lui-même trop à l'aise; car enfin, si on arrête tous les jours un inconnu pour demander son chemin, il est plus délicat de le faire pour demander des vignes malades.

Ce fait que la commission du comice n'a pas reçu une seule lettre n'a donc, ce me semble, rien de trop imprévu. Peut-être aurait-on pu se passer de ce moyen, même se passer des journaux; on connaissait, dans l'arrondissement, la commune de Montagnac (voir p. 424); on peut même remarquer, en comparant les textes, qu'il y a plus de mal dans cette seule commune que la commission n'a réussi à en trouver dans tout l'arrondissement. Et pourtant, à moins d'admettre qu'une méchante fée ait jeté un sort sur cette pauvre commune, il faut croire qu'elle n'est pas seule dans son cas.

Pour trouver, comme ont su trouver MM. Delavigne, Buard, Arnaud, Bouïsset, Zacharawitz, il fallait simplement suivre leur méthode. Ces messieurs ont consacré toute une journée, une « longue promenade » à une seule commune; ils auraient pu voir, et aussi bien, tout un canton en moins de deux semaines (gens pratiques, l'idée ne leur fût pas venue d'explorer en six jours, non pas un canton, mais toute une province).

Qu'il y ait une dizaine de cantons dans l'arrondissement de Béziers : il suffisait de dix sous-commissions, chacune de trois membres impartiaux, opérant presque chez eux, pour avoir une excellente enquête en quinze jours. Quoi de plus facile pour un comice aussi considérable que celui de Béziers? Les intérêts qu'une enquête probante pouvait servir ne valent-ils pas que quelques hommes dévoués voulussent bien prendre cette peine? Cependant je n'exprime un regret que sous toutes réserves, parce que le rapport ne contenant ni un nom propre, ni un renseignement quelconque, j'ignore, après tout, si ce n'est pas ainsi que la chose a été faite.

La commission attribue au pourridié la mort de quelques souches dont parle M. le rapporteur ; à cela je n'ai naturellement aucune objection à faire. Seulement, remarquons-le une fois de plus : toutes les fois que deux maladies — le phylloxera, et une autre maladie quelle qu'elle soit — ont passé successivement ou s'observent simultanément sur une vigne américaine et que la vigne meurt, c'est toujours l'autre maladie qui l'a tuée, jamais le phylloxera. Et quand le phylloxera est tout seul ? — Alors... c'est le terrain.

Voilà ce qu'il y a de neuf dans l'*adaptation*.

(Extrait du *Journal d'Agriculture pratique* du 23 novembre 1882).

Le *Journal d'Agriculture pratique* publie le document suivant dans le numéro du 14 décembre 1882 :

Comice agricole de l'arrondissement de Béziers.

Extrait du procès-verbal de la séance du 3 décembre 1882 (80 membres présents).

M. Gustave Giret a la parole :

M. Prosper de Lafitte, président du *Comité central d'études et de vigilance* de Lot-et-Garonne, a publié dans le *Journal d'Agriculture pratique* du 19 octobre 1882, un article intitulé : *Les vignes américaines dans l'Hérault.*

Dans cet article, M. de Lafitte mentionne la partie du procès-verbal de la séance de notre comice du 2 juillet dernier dans lequel il est dit que le comice ouvre une enquête sur les bruits fâcheux qui ont circulé relativement à l'état de chlorose et de dépérissement de certaines vignes américaines de notre région.

M. Giret donne lecture de la partie de cet article qui vise le comice agricole de Béziers.

Dans cet article, M. de Lafitte interprétant d'une manière

fâcheuse le silence gardé jusqu'alors par la commission que vous avez déléguée pour procéder à ladite enquête, le président de notre comice crut faire acte de bonne fraternité viticole en écrivant à M. de Lafitte pour lui expliquer le retard naturel apporté par la commission dans la publication de son rapport[1]. En attendant, pour rassurer M. de Lafitte, M. le président lui donna quelques renseignements sur l'état exact et satisfaisant des jeunes vignes américaines de l'arrondissement de Béziers.

Quelques jours après la séance du 5 novembre, la copie textuelle du rapport, qui avait été déposé ce jour-là par la commission chargée de procéder à l'enquête, fut adressée à M. de Lafitte.

(Ici l'orateur donne lecture du rapport de la commission et de la critique qu'en fait M. de Lafitte[2].)

Il y avait lieu de croire qu'après avoir pris connaissance et de la lettre de M. le président et du rapport de la commission, M. de Lafitte, acceptant les conclusions favorable du rapport, reconnaîtrait que l'enquête confiée à la commission des vignes américaines avait été conduite avec compétence et impartialité, et que les résultats consignés dans le rapport devaient être considérés comme l'expression exacte de l'état des jeunes vignes exotiques dans notre arrondissement.

M. de Lafitte n'accepte pas les conclusions de la commission. Pourquoi ? parce que M. de Lafitte professe sur la résistance et l'adaptation des vignes américaines une théorie toute contraire à celle exposée dans le rapport de votre commission.

Pour que sa théorie reste vraie, M. de Lafitte insinue dans la critique qu'il fait de ce rapport que l'enquête faite par votre commission ne présente pas de garantie sérieuse, soit parce qu'elle n'a pas reçu tout le développement que comportait la solution d'une question aussi importante, soit parce que la commission n'a pas su ou n'a pas voulu comprendre dans l'enquête les vignobles des communes qui auraient pu l'édifier sur l'état de dépérissement réel des jeunes vignes américaines.

M. de Lafitte fait allusion à la commune de Montagnac; M. Arnaud vous renseignera tout à l'heure sur l'état des vignes américaines dans cette commune.

M. de Lafitte veut bien reconnaître que quelques vignes américaines possèdent une résistance au phylloxera plus forte que

---

1. Le comice agricole de Béziers ne tient pas séance pendant les mois d'août, septembre et octobre.

2. Voir le *Journal d'Agriculture pratique* du 23 novembre.

nos cépages français; mais il n'admet pas qu'elles puissent résister complètement sans l'adjuvant d'un traitement insecticide qui leur serait appliqué tous les trois ou quatre ans.

Comme conséquence de cette théorie, M. de Lafitte pose cet axiome viticole :

« La vigne américaine et l'insecticide (en particulier celui qui « détruira *l'œuf d'hiver*) sont deux alliés naturels. Cette associa- « tion est indispensable pour assurer une bonne reconstitution « de nos vignobles. »

N'allez pas dire à M. de Lafitte qu'il existe dans l'Hérault et dans d'autres départements des plantations en cépages américains qui datent de 4, 5, 6, 8 et 10 ans, et dont la vigueur et la fructification (sans traitement insecticide) grandissent et se développent d'année en année et ne présentent aucun symptôme de dépérissement.

Pour M. de Lafitte, tous ceux qui affirment la bonne tenue de ces vignes américaines sont des marchands de plants, ou des viticulteurs qui se sont laissé prendre dans leurs filets. Ces pauvres vignerons s'aperçoivent bientôt que leurs vignes fléchissent, ils se gardent bien d'en replanter les boutures ; mais ils ne se font pas scrupule à leur tour de les vendre et de faire d'autres dupes.

En dehors de ces deux catégories de viticulteurs, M. de Lafitte en crée une troisième, qui, d'après lui, est aussi dangereuse pour.... son système que les deux autres.

Les viticulteurs savent fort bien que les vignes américaines ne sont pas résistantes, mais « ils se contentent de ne rien acheter; « à parler, ils ne gagneraient rien, désobligeraient leurs amis, « et se feraient des ennemis parmi les autres ».

Ainsi d'après M. de Lafitte, tous les viticulteurs sans exception sont ou de mauvaise foi ou complices de ceux qui cherchent à faire des dupes.

M. de Lafitte ne croit pas à l'efficacité d'une bonne adaptation au sol ou au climat.

Lorsque la commission expose dans son rapport que dans ses excursions elle a rencontré quelques vignes chlorosées ou mourantes et qu'elle attribue avec raison cet état maladif à leur défaut d'adaptation au sol, puisque l'insecte se trouve aussi nombreux dans les parties où la vigne américaine se montre vigoureuse que dans celle où elle est rabougrie, M. de Lafitte dit ironiquement : lorsqu'une vigne américaine meurt, c'est toujours l'autre maladie qui l'a tuée, jamais le phylloxera ; et quand le phylloxera est tout seul, alors... c'est le terrain.

Messieurs, dit en terminant l'orateur, il résulte des faits que je viens de vous exposer que si les critiques formulées par M. de Lafitte étaient fondées, votre commission se serait montrée ou incapable ou indigne de remplir la mission que vous lui aviez fait l'honneur de lui confier.

Nous aimons mieux croire que les critiques de M. de Lafitte avaient plutôt pour but de défendre sa théorie sur la résistance et l'adaptation des vignes américaines que d'attaquer la compétence et l'impartialité de votre commission.

Quoi qu'il en soit, nous avons voulu vous signaler les doctrines de M. de Lafitte dont l'adoption par nos viticulteurs retarderait indéfiniment la reconstitution de nos vignobles qui peuvent seuls rendre à notre contrée son ancienne prospérité.

M. Mathieu demande la parole et propoe à l'assemblée de donner son approbation au rapport de la commission et de lui voter des remerciements pour le zèle avec lequel elle a accompli sa mission. Il croit aussi qu'il serait bon de prier M. Lecouteux d'insérer dans le prochain numéro du *Journal d'Agriculture pratique* la réponse que vient de faire M. Giret aux critiques de M. de Lafitte.

Cette proposition est adoptée à l'unanimité des membres présents.

M. Arnaud de Montagnac a la parole et s'exprime ainsi :

Les coteaux de la commune de Montagnac sont argilo-calcaires. Tout le monde sait que dans ces natures de terrain, les cépages américains réussissent très difficilement ; du reste, la vigne française s'y faisait très mal ; aussi un grand nombre de vignes américaines de diverses variétés ayant été plantées sur ces coteaux, on a constaté à la deuxième ou à la troisième année de leur plantation un dépérissement notable, qui dans certaines parties a même entraîné la mort de ces vignes.

Cependant, parmi toutes ces vignes chlorosées ou mourantes, il s'est trouvé deux ou trois variétés de Riparia dont le développement et la vigueur constrastent avec les autres variétés chlorosées et dépérissantes. Aujourd'hui, grâce à une sélection sévère on est arrivé à avoir une ou deux espèces de Riparia qui, déjà âgées de trois ans, annoncent que l'on pourra sûrement reconstituer ces coteaux à l'aide de ces variétés.

Toutes les variétés américaines qui dépérissaient sur les coteaux prospèrent admirablement dans la plaine.

Un examen attentif des racines des vignes de coteaux et de plaine a prouvé que les unes n'étaient pas plus attaquées que les autres par le phylloxera.

Ce serait donc un défaut d'adaptation au sol qui aurait fait mourir les vignes sur les coteaux, défaut auquel on a remédié par une sélection sévère.

Au procès-verbal qui précède, nous avons répondu dans les termes suivants :

Je dois une courte réponse au Comice agricole de Béziers.

L'honorable rapporteur de la commission d'enquête me croit préoccupé de défendre *ma* théorie de la résistance, *ma* théorie de l'adaptation : il n'y a pas de théorie de la résistance, pas de théorie de l'adaptation qui me soient propres, et je n'ai rien à défendre. Je ne me crois pas obligé pour cela d'accepter, faute de mieux, une théorie en l'air de la résistance, encore moins une théorie de l'adaptation dont je n'ai plus rien à dire, pour le moment.

M. Gustave Giret me met sur la conscience un « axiome » qu'il cite. Je ne fais point d'axiomes; de plus, ou ma mémoire est bien infidèle en ce moment — je ne suis pas chez moi — ou cette citation, ornée de guillemets, n'est pas exacte et m'attribue une phrase que je n'ai pas eu l'intention de commettre (Voir p. 411, note 2).

Le procès-verbal du comice fait une analyse non moins risquée de mon article ; en peut-il être autrement quand on perd sa peine à scruter des intentions au lieu de discuter des raisons? Je suis certainement responsable de ce que j'écris ; mais je ne me crois tenu, ni de produire les intentions que j'ai, ni de m'expliquer sur les intentions qu'on me prête.

Comme en ôtant ces choses-là de la réponse de M. Giret il ne reste rien, je n'ai plus qu'à parler de ce qui n'y est pas.

L'enquête de Béziers ne m'a paru ni bien conçue ni bien dirigée ; je l'ai dit, *et j'ai dit pourquoi*. J'ai expliqué comment, selon moi, il eût convenu d'instituer et de conduire une enquête de cette sorte ; *j'ai donné mes raisons*. Le lecteur a certainement vu que, dans l'article incriminé, il n'y a pas autre chose qui regarde le Comice agricole de Béziers : tout le reste est impersonnel; passe au-dessus de la commission des vignes américaines pour atteindre un système général. Si donc M. le rapporteur voulait me faire l'honneur de me répondre au nom du comice, c'est sur ces deux points que la réponse devait porter, et ce sont justement les seuls dont il ne dit pas un mot.

J'ai, je dois le dire, effleuré un troisième point, dont l'honorable M. Giret ne parle pas davantage : on ne trouve dans le rapport de la commission, ni un nom de lieu ni un nom de personne, en sorte qu'aucun contrôle n'est possible. S'il s'agissait de faits matériels, susceptibles de mesure, le dire de la commission suffirait. Ainsi, lorsque je lis que des vignes américaines sont mortes, je le crois. Mais ici, il s'agit, par exemple, de vigueur des sarments, de nuance du feuillage, toutes choses où l'appréciation personnelle joue un grand rôle ; ne serait-il pas bon alors que, sur les lieux mêmes, chacun sût avec précision de quelles vignes on a parlé et pût d'une façon ou d'une autre dire son avis sur les jugements portés par le comice ? Avec les meilleures intentions, une enquête à huis clos, fût-elle d'ailleurs bien faite, ne servira jamais à grand'chose.

Quant au *système* dont je me suis occupé, j'ai dit mon opinion ; le comice — à l'unanimité des 80 membres présents — vient de dire la sienne : c'est maintenant à chacun, qui n'aura pas de parti pris, de s'en faire une.

Nota. — Je me suis permis de demander, dans un récent article, pourquoi on avait tant attendu avant de parler des *Jacquez* de Vauvert ; je demanderai aujourd'hui pourquoi le comice de Béziers a tant tardé à instruire le public des faits que M. Arnaud révèle — après M. Delavigne — touchant les vignes américaines de Montagnac ?

Je parle des *faits* seulement, parce que l'interprétation de ces mêmes faits n'engage que celui qui la donne.

Je m'aperçois que j'ai effleuré un quatrième point, et je le reprends sous forme de question : la commune de Montagnac est-elle seule malheureuse?

LA PÉPINIÈRE

DE

MONTE-CRISTO

J'écrivais en 1878[1] :

Du 15 novembre au 15 mars, nous ne connaissons rien qui puisse se trouver sur les sarments limités au bois de l'année. Les *œufs d'hiver*, en effet, n'ont encore été rencontrés que sur le bois de deux à dix ans d'âge[2]. Il ne paraît donc pas que le transport ou l'introduction des sarments eux-mêmes puisse présenter aucun danger entre ces deux dates. Toutefois, comme à la taille on est amené à supprimer du bois de l'année précédente (qui reste adhérent au sarment de l'année et souvent des années antérieures), l'expéditeur devra avoir le plus grand soin d'enlever toutes ces *crosseltes*, et le destinataire fera sagement de vérifier une à une toutes les broches reçues, afin de détacher et de brûler immédiatement tout le vieux bois qui pourrait avoir été oublié.

Parlant avec une aimable et spirituelle malice des pépinières fondées en Bretagne à la demande de la Commission supérieure du phylloxera, l'honorable M. Planchon écrivait en 1879[3] :

Souhaitons à ces derniers (les Bretons bretonnant du pays du cidre) d'échapper à l'Antrachnose, au Mildew et, faut-il le dire, au produit de l'*œuf d'hiver* qu'on risque bien d'y importer avec les sarments de fondation de ces pépinières bénies.

1. *Discours sur le phylloxera*, 2ᵉ éd., p. 93. (Voir ici même, page 98).
2. M. Balbiani vient de trouver ces œufs sur la souche elle-même (Comptes rendus, 10 avril 1882, p. 1027).
3. *La Vigne américaine*, décembre 1879, p. 284.

Grand émoi dans tout le camp américaniste à l'affirmation aussi autorisée qu'inattendue d'un tel risque !

Quelques-uns de nos amis se sont émus de nous entendre tenir ce langage et constater ainsi le danger de l'importation du phylloxera par des sarments non enracinés. Pour bien exprimer notre pensée à cet égard, quelques explications sont nécessaires [1].

Et le savant professeur explique si bien, qu'il en arrive à cette conclusion (même article, à la fin) :

Donc, en parlant de l'invasion *possible* par l'œuf d'hiver, nous avons voulu simplement nous placer sur le terrain d'une excessive prudence, et nous n'avons pas renoncé pour cela à l'idée que ce mode d'infection ne saurait jouer en fait qu'un rôle des plus secondaires.

Cette prudence n'avait pourtant rien d'excessif. Qu'on en juge :

Les journaux italiens nous apprennent que les délégués du gouvernement ayant trouvé le phylloxera sur près de 7,000 plants de la pépinière de vignes américaines établie en 1881 dans l'île de Monte-Cristo, ont ordonné la destruction de cette pépinière qui renfermait 80,000 plants devant être prochainement transportés à l'île de Pianosa [2].

Le directeur des pépinières italiennes est M. J. Cavazza qui, venu en France pour étudier de près le phylloxera et la vigne américaine, a importé et pratiqué en Italie les doctrines de l'école phylloxérique de Montpellier. Sous ce titre : *le Trésor de Monte-Cristo*, M. J. Cavazza a publié sur ces pépinières un intéressant article dans *la Vigne américaine* du mois de septembre 1881. M. Cavazza a fait subir deux traitements à ces boutures ; malheureusement il semble avoir négligé le bon : l'enlèvement des *crossettes*.

Le cas de *Monte-Cristo* pourrait refroidir quelque peu

1. *La Vigne américaine*, mars 1880, p. 69.
2. *Journal de l'Agriculture*, n° du 22 avril 1882, p. 125.

l'enthousiasme, où il peut y en avoir encore, pour les boutures américaines ; cependant, après avoir péché par une confiance irréfléchie, il faudrait ne pas se laisser aller à l'excès contraire. Redisons-le : à la condition de supprimer rigoureusement la *crossette*, la bouture de vigne, taillée en hiver et débarrassée de toute trace de terre, est sans danger. Ainsi, dans notre pépinière départementale (Lot-et-Garonne), nous avons planté en deux ans, sans y laisser une *crossette*, environ 70,000 boutures aujourd'hui arrachées et distribuées : nos ouvriers n'ont pas vu trace de phylloxera sur les racines provenant de ces boutures.

C'est un témoignage que je rends avec plaisir à la vigne américaine, avec l'espoir qu'elle voudra bien, en retour, entendre sans trop d'aigreur les quelques vérités que je pourrais avoir prochainement à en dire.

P. S. — Au moment où je viens de corriger les épreuves de cette note, je reçois le numéro d'avril de *la Vigne américaine*, et j'y lis (p. 106), dans un article de M. **J.-E. Plan**-chon, ce passage :

Le seul argument qui pouvait laisser quelque espoir en faveur de la rusticité possible des vignes du Soudan sous notre climat, c'était l'assertion catégorique de M. Roche, de Marseille, que le Cissus à lui dédié sous le nom de *Cissus Rocheana*, Planchon, provenait sûrement de l'intérieur de Sierra-Leone. Or, en parcourant les ampélidés de l'herbier du Muséum de Paris, j'ai reconnu que ce *Cissus* supposé nouveau est tout simplement le *Cissus incita*, Nuttal, c'est-à-dire une espèce du Texas (!) *que je n'avais pu reconnaitre sur une description tronquée* (c'est moi qui souligne). Rien d'étonnant qu'une plante du Texas supporte les hivers de Marseille. Mais il ne peut plus être question d'un *Cissus* de l'Afrique tropicale bravant les rigueurs de notre climat.

En acceptant de confiance, sur ce point, les renseignements en apparence très précis de M. Roche, j'ai commis une imprudence dont la réflexion aurait dû me préserver. C'est une raison de plus, pour en faire mon *meâ culpâ* et pour puiser dans cette erreur une leçon de scepticisme scientifique.

Du scepticisme scientifique, j'en ai à revendre, grâce à tout ce qu'on écrit encore tous les jours sur les vignes américaines. En particulier, je n'ai pas d'opinion faite sur l'avenir chez nous des vignes à racines tubéreuses, et il serait difficile d'en avoir, à raison des variations qui se rencontrent touchant ces vignes, parfois sous la même plume. Cela dit, le passage que je viens de transcrire provoque, ce me semble, deux questions :

1° Si la *description tronquée* de M. Roche n'a pas permis de *reconnaître* (il s'agit d'une plante connue de l'auteur) la plante décrite, comment cette même *description tronquée* a-t-elle pu suffire pour reconnaître sûrement l'identité de cette plante et du *Cissus* de l'herbier du Muséum de Paris?

2° Pour justifier ses espérances au sujet de la rusticité des vignes du Soudan, Lécart a soin de dire qu'il les a trouvées à une altitude où le climat se rapproche beaucoup de celui de nos régions. S'il en est ainsi, pourquoi une même plante ne pourrait-elle pas se rencontrer à la fois au Texas, en Cochinchine, dans le Soudan, à l'intérieur de Sierra-Leone... et à Marseille?

Il ne paraît donc pas impossible que *l'assertion catégorique* de M. Roche vaille encore qu'on en tienne compte.

Tout ce qui est signé de M. Planchon est trop important pour qu'on ne se préoccupe pas de contradictions, au moins apparentes.

(Extrait du *Journal d'Agriculture pratique*, du 4 mai 1882.)

LES PÉPINIÈRES DE VIGNES AMÉRICAINES
DANS LES ARRONDISSEMENTS INDEMNES.

M. le ministre de l'agriculture, trouvant mieux que n'avait fait son honorable prédécesseur dans un champ qui pouvait sembler épuisé, a conseillé la création de pépinières de vignes américaines dans les arrondissements où on n'a pas encore vu le phylloxera. Des textes nombreux prouvent que les américanistes les plus déterminés avaient reculé jusqu'à ce jour devant la responsabilité d'un semblable conseil. Ils ont remué ciel et terre pour vendre leurs boutures dans les arrondissements phylloxérés qui n'en voulaient pas, et, en même temps, reconnu de bonne grâce qu'américaniser les pays indemnes serait une souveraine imprudence[1].

La Commission supérieure du phylloxera a émis l'avis que dans les départements où l'introduction des vignes américaines est interdite, la création de pépinières de vignes américaines ne serait autorisée qu'à la condition de les soumettre à deux traitements par le sulfocarbonate de potassium (*Journal de l'Agriculture*, 19 août 1882, p. 283).

Si le conseil de M. le ministre n'est pas bon, l'avis de la Commission supérieure est pire. La Commission, en le donnant, oublie deux choses : la première, que les vignes à leur première feuille sont des plantes bien délicates et qu'on ne leur fera pas subir impunément un traitement énergique ; la seconde, qu'un traitement, quel qu'il soit, n'a jamais détruit complètement l'insecte sur une vigne restée vivante.

Il ne faut pas avoir à détruire le phylloxera dans nos pépinières ; il faut nous arranger pour ne pas l'y mettre, ou bien l'invasion est faite, et passera de la pépinière dans quelques-uns au moins des vignobles où on en distribuera les produits. Le moyen de ne pas l'y mettre n'est plus à trouver : laver avec soin chaque bouture pour en ôter toute trace de terre ; retrancher le bois de deux ans (la *crossette*) où il y en

---

1. Les journaux et revues voués à la plus grande gloire des vignes américaines rivalisent à qui couvrira de plus belles fleurs M. le ministre de l'agriculture : pas un n'a eu, que je sache, la hardiesse de louer la dernière circulaire.

a, et le brûler sur place. Dans la terre peuvent se trouver des œufs ordinaires, même des insectes ; sous les écorces exfoliées de la *crossette* peut se trouver *l'œuf d'hiver*. Sur la bouture, bien propre et réduite au bois de l'année, il n'y a rien.

Je n'aurais pas à revenir une fois encore sur ces principes, s'ils ne venaient d'être méconnus dans une publication officielle italienne. Il s'agit d'une pépinière qui a fait assez fâcheusement parler d'elle : la pépinière de *Monte-Cristo*. J'ai expliqué dans ce journal [1] que M. Cavazza, après avoir fait subir deux traitements à ses boutures, avait négligé la précaution essentielle, l'enlèvement des *crossettes*. Or, du rapport de M. Cavazza, il résulterait que tout le bois vieux aurait été enlevé ; d'où la conclusion que le sarment même serait dangereux, ce qui révélerait une lacune considérable dans l'histoire du phylloxera, telle que nous la connaissons aujourd'hui.

Que l'ordre de détruire les *crossettes* ait été donné, c'est certain, puisque M. Cavazza l'affirme : que cet ordre ait été exécuté, non ! Il ne faudra pas un grand effort de critique pour prouver mon dire. Je cite M. Cavazza, en soulignant quelques passages [2] :

J'avais fait *sur une bonne partie* des boutures que M. le professeur Saintpierre, directeur de l'École d'agriculture de Montpellier, avait bien voulu me permettre de déposer dans une de ses propriétés, un traitement à l'acide sulfureux. Mais, *pour rassurer tout le monde*, j'avais voulu faire un lavage rigoureux à l'eau de savon avant de planter.

Pour mon compte, j'ai foi en ces traitements de désinfection, *surtout quand je suis persuadé qu'il n'y a rien sur les boutures que l'on traite;* les précautions prises dans le choix, la coupe, la préparation des boutures m'autorisent à me croire dans ce cas...

La coupe et la préparation des boutures, dont une partie avait un mètre de longueur, sont expliquées ainsi.

La première compagnie coupait donc les boutures, rafraîchis-

1. Numéro du 4 mai 1882, p. 616, et ci-dessus, p. 459 *b*.
2. *La Vigne américaine*, septembre 1881, p. 263, en bas.

sait les vieilles coupes, décortiquait celles qui devaient l'être... et les lavait soigneusement avec une solution de savon vert...

M. Cavazza voulut « faire deux traitements » sur ces boutures « pour rassurer tout le monde ». Cependant lui-même les jugeait inutiles ; et je dois dire qu'à envisager, non le but à atteindre, mais ces traitements en eux-mêmes, il avait parfaitement raison. Néanmoins il cite ces traitements, tandis qu'il ne songe pas même à mentionner le retranchement du vieux bois : il n'y a pas un seul mot dans sa longue lettre qui y fasse allusion. En parler serait, semble-t-il, commettre une hérésie ; M. Cavazza, en effet, tenait alors pour articles de foi les doctrines en honneur à Montpellier, où les savants les plus en vue ne croyaient pas — peut-être dois-je dire ne *croient* pas — à l'*œuf d'hiver* sous le climat du Languedoc.

Comment les ouvriers auraient-ils eu plus de souci de l'*œuf d'hiver* que M. Cavazza lui-même ? Que l'honorable délégué italien ait ordonné de supprimer les *crossettes*, je le crois ; mais donner un ordre quand il est manifeste qu'on ne tient aucunement soi-même à l'exécution, c'est user de paroles plus qu'inutiles : les esprits forts en prennent le contre-pied, les autres suivent, le chef s'en amuse, rien ne se fait et tout le monde est content !

Il est des arrondissements indemnes où en entrera dans les vues de M. le ministre de l'agriculture ; si les intéressés veulent m'en croire, ils supprimeront toutes les *crossettes*, laveront toutes leurs boutures (une brosse à ongles douce est commode pour le bien), puis, pour aller aux dernières limites de la prudence, feront bouillir un instant l'eau qui aura servi au lavage. Cela fait, que rien ne « trouble leur sommeil » ; qu'ils suppriment en toute sûreté de conscience tout traitement des pépinières comme inutile et, de plus, dangereux.

Un dernier mot : quelques observateurs auraient remar-

que que sur le bois de l'année l'écorce offre parfois un commencement d'exfoliation au voisinage du bois de deux ans,
c'est-à-dire sur la partie la plus âgée du sarment. *L'œuf d'hiver* peut-il se rencontrer sous ces jeunes écorces exfoliées ?
— Je ne le crois pas. Pourquoi ? — Il y a mieux à faire qu'à
discuter une opinion : c'est d'agir comme si le danger qu'on
signale était réel et de traiter toutes les boutures où on verra
une exfoliation de l'écorce. Ces boutures se rencontrent
rarement. Ayez près de vous un petit récipient plein d'un
mélange de goudron et d'huile lourde de houille au 1/10
(Balbiani), et badigeonnez les entre-nœufs où vous verrez
des écorces exfoliées, en évitant de toucher les yeux. Ces
entre-nœuds seront en si petit nombre que le plus simple
serait de les supprimer, tout bonnement, comme les *crossettes*.

Ce qui serait plus simple encore — et plus sûr — ce
serait de renoncer à ces pépinières.

(Extrait du *Journal d'Agriculture pratique* du 26 octobre 1882.

Le *Journal d'Agriculture pratique* du 7 décembre 1882 contient la lettre suivante de M. D. Cavazza :

Monsieur le directeur,

La note sur les pépinières de vignes américaines dans les
arrondissements indemnes, publiée par M. de Lafitte dans
votre excellent journal[1], m'oblige, dans l'intérêt de la science,
de la pratique, et surtout pour rendre hommage à la vérité,
de rompre le silence que je m'étais imposé sur une question
si délicate et pour moi si pénible.

---

1. (Voir le *Journal d'Agriculture pratique*, numéro du 26 octobre dernier,
p. 580 et suivantes). C'est la note précédente.

M. de Lafitte, dont la compétence en matière de phylloxera et de vignes américaines ne peut être méconnue de personne, est tombé, dans l'appréciation des faits relatifs à la pépinière de Monte-Cristo, dans les mêmes inexactitudes qu'on trouve dans les publications italiennes. Cela vient du défaut de données précises sur les choses qui se sont passées dans cette île mystérieuse, et en conséquence, de la confusion qu'on a faite entre la plus grande partie des lots composant la pépinière, qui était parfaitement indemne, et la plus petite partie, bien éloignée de tout le reste, dont elle était à peine le centième et qui seule fut trouvée légèrement infestée.

La première partie avait été plantée avec les boutures traitées comme je l'ai dit dans mon rapport et que je n'ai pas à répéter ici. Je peux assurer M. de Lafitte que son conseil de « laver avec soin chaque bouture pour en ôter toute « trace de terre, retrancher le bois de deux ans (la crossette) « où il y en a et le brûler sur place » avait été exécuté très scrupuleusement. Or, comme les résultats ont fait honneur à la diligence employée dans les opérations, de même je suis heureux de reconnaître la sagesse de ce conseil.

La deuxième partie contenait ces 2,000 Taylors auxquels je fais allusion dans la lettre publiée dans *la Vigne américaine*[1] qui avaient été plantés sans aucune sorte de traitements, ni de lavages, et qui devaient plus tard compromettre le sort de la plantation tout entière.

Je n'entrerai en aucune discussion à cet égard ; il me suffit de prouver que les événements de Monte-Cristo n'infirment nullement nos connaissances actuelles en matière phylloxérique ; que tout y fut exécuté avec connaissance de cause et sans légèreté ; il faut tenir compte des circonstances difficiles qui ont toujours contrarié cette institution.

---

1. *La Vigne américaine,* septembre 1881, p. 268.

M. de Lafitte a déjà reconnu et pourra mieux reconnaître à présent que, pour des phylloxéristes expérimentés comme lui, de même que pour les honorables rédacteurs de *la Vigne américaine*, je n'avais pas besoin d'insister sur la suppression des crossettes ; il me paraissait que dans les expressions de « choix, coupe, préparation des boutures, rafraîchissement des vieilles coupes [1]... » tout était expliqué ; d'autant plus qu'il est à croire que les boutures proprement dites ne doivent pas porter de crossettes. J'ajouterai encore qu'il fut tenu compte des exfoliations de l'écorce du jeune bois, autant que la chose était conciliable avec la patience et l'honnêteté de mes ouvriers : les galériens de Monte-Cristo.

Et, quant à la foi dans l'œuf d'hiver, je dirai, pour être bref, que dans la même lettre publiée par *la Vigne américaine*, j'avais écrit [2] :

« Un autre fait qui m'a beaucoup rassuré, surtout après
« les dernières communications de M. Valery-Mayet, est le sui-
« vant : c'est que ni les Clintons, ni les Vialla, ni tout autre
« cépage, ne portent aucune trace de gallicole, qui pour-
« tant est le produit immédiat de l'œuf d'hiver... » Ce qui prouve évidemment que si je ne suis pas trop dévot à cette foi de l'œuf d'hiver, je ne suis pourtant pas un athée.

Je ne sais si M. de Lafitte voudra faire justice à l'École de Montpellier, mais du moins j'espère qu'il voudra bien faire justice à votre tout dévoué.

D. Cavazza.

Alba, 20 novembre.

1. *La Vigne américaine*, septembre 1881, p. 268.
2. Ib., p. 268 en bas.

CE QU'ON DOIT ENTENDRE

PAR

RIPARIA-FABRE

Dans le Lot-et-Garonne, nous avons distribué dans les écoles primaires des collections de cépages américains où figure le *Riparia-Fabre*. Une question me vient aujourd'hui de divers côtés : Qu'est-ce que le *Riparia-Fabre ;* d'aucuns prétendent qu'il n'existe pas?

C'est cette question que je voudrais serrer de près.

Rappelons d'abord la distinction établie entre le terme *Cordifolia* et celui de *Riparia*. D'après Michaux, le *Vitis Cordifolia* est une espèce, le *Vitis Riparia* en est une autre. Plusieurs botanistes, parmi lesquels Aza-Gray, Chapman et quelques autres plus récemment, n'ont pas admis cette manière de voir. Ceux-ci désignent sous le terme collectif de *Cordifolia* la classe de cépages qui comprend les *Clintons, Taylor, Solonis*, etc. M. le docteur Engelmann, au contraire, s'est déclaré pour l'opinion de Michaux ; et M. Millardet, à qui j'emprunte presque textuellement ces notions, semble avoir tranché définitivement la question. Dans une note insérée au numéro d'octobre 1878 de *la Vigne américaine*, que j'ai sous les yeux, M. Millardet a montré avec beaucoup de clarté et en apportant des preuves décisives que le *Vitis Cordifolia* et le *V. Riparia* sont deux espèces distinctes, qui diffèrent l'une de l'autre « autant que le *V. Labrusca*, par exemple, diffère du *V. Æstivalis*. »

Le *V. Cordifolia* n'est pour nous d'aucune ressource, et je n'ai rien de plus à en dire. Chez le *V. Riparia,* nous avons quelques variétés qui offrent encore de sérieuses espérances.

Ajoutons : *quelques variétés de l'espèce sauvage.* Les variétés cultivées, telles que le *Clinton* et le *Taylor,* sont en petit nombre, et le mieux qu'on puisse faire est de les laisser oublier. Les variétés sauvages, récoltées dans les forêts du Nouveau Monde, sont au contraire fort nombreuses. Parlant de « 100,000 boutures de *Cordifolia* (lisez *Riparia*) sauvages ramassées autour de Saint-Louis » seulement, l'honorable M. Planchon ajoute : « C'est dire combien de diversité doit se « rencontrer dans ce mélange ». Lors donc qu'on lit, dans quelque annonce ou catalogue : *Riparia sauvage,* ou bien *Riparia* tout court, c'est d'un semblable mélange qu'il s'agit, ou, tout au moins, le vendeur n'est pas tenu par son offre de livrer autre chose.

Au mois d'octobre 1877, feu M. Fabre signala à l'Académie des sciences une vigne « appartenant à l'espèce *Riparia* », et la signalait après l'avoir « longtemps et longuement étudiée,... plantée dans tous les terrains,... dans les sols les plus arides, les argiles les plus compactes, dans les terres les plus épuisées par une longue culture de la vigne [1]. »

A quelques jours de là, M. Millardet, après avoir connu cette vigne « chez M. Fabre même », écrivait à l'Académie : « J'ajouterai que la plante dont je parle et qui fait le sujet de la note de M. Fabre n'est pas, comme il le dit, un cépage appartenant à l'espèce *Riparia* : c'est la forme mâle de cette espèce elle-même, le *V. Riparia,* type de Michaux. [2] »

M. Fabre n'a pas présenté cette vigne sous son nom, à lui ; il a dit : « Le cépage que j'indique appartient à l'espèce *Riparia;* les premières plantes me furent données par le gé-

1. *Comptes rendus,* 29 octobre 1877, p. 780.
2. *Comptes rendus,* 12 novembre 1877, p. 899, note.

néral des Paillières, qui mourut sans m'en avoir fait connaître le nom. » A défaut d'un nom particulier, on disait
alors le *Riparia* de M. Fabre; quelques-uns : le *Riparia* de
M. des Paillières. En 1878, M. Henri Marès proposa de donner à ce cépage le nom de *Riparia-Fabre*. La chose était
pour ainsi dire faite d'avance et ce nom est resté.

C'est cette vigne, non une autre, qui est le *Riparia-Fabre*.

Cette conclusion, pourtant bien naturelle, n'est pas acceptée de tout le monde. Mais toutes les objections qui ont
été formulées (du moins celles qui me sont connues) reposent, ce me semble, sur une confusion, comme, par exemple, celle-ci :

... Le mérite de M. Fabre, dans cette occurrence, est d'avoir su
reconnaître, non pas l'immunité *absolue* de son *Riparia* vis-à-vis du
phylloxera (immunité qui n'est que relative), mais bien la faculté
qu'a ce plant de se contenter pour végéter des terres les plus
maigres et les plus arides. Son tort est de ne pas avoir reconnu
que ce Riparia prétendu nouveau n'était autre que le *Cordifolia*
sauvage alors très largement cultivé dans la région de Montpellier [1].

Le mérite reconnu à M. Fabre dans les premières de ces
lignes est très réel et justifie pleinement la dédicace de
M. Marès; mais le tort qui lui est reproché ensuite me semble
imaginaire : comment un objet unique serait-il identique à
un amas d'objets divers? Le *Riparia-Fabre* a pu, a dû se
rencontrer en nombreux exemplaires dans ce fouillis de
boutures venues d'Amérique, mais personne avant M. Fabre
ne s'était avisé qu'il pût avoir quelque mérite particulier, ne
l'avait même distingué des autres.

Je ne veux pas insister ; mais je crois devoir signaler une
objection d'un autre ordre :

... D'une lettre de MM. Bush et Meisner à MM. Blouquier et
Leenhart, en date du 20 décembre 1877, il résulte que les premiers

1. *La Vigne américaine* du 15 octobre 1878, p. 221, 1. 12.

ont expédié à M. Fabre 100,000 boutures de *Cordifolia* sauvages...
Or, c'est probablement de ce stock d'importation américaine
qu'ont dû sortir la plupart des *Riparia* introduits dans le commerce... Qu'on les appelle *Riparia* si l'on veut, au lieu de *Cordifolia*, nous l'admettrons volontiers; mais le nom de *Riparia-Fabre*
supposerait qu'ils sont d'un seul type bien déterminé. Or, la
description de ce type n'existe nulle part [1].

La description désirée est implicitement contenue dans
le passage cité ci-dessus de M. Millardet. Nous avons même
mieux que la meilleure des descriptions : nous avons la
plante elle-même en un lieu et à une place déterminés où
on peut encore la voir (du moins je le présume) et en faire
ensuite une description aussi détaillée, aussi précise qu'on
jugera convenable de la faire [2]. Pour ce qui est des 100,000
boutures expédiées à M. Fabre, si ces boutures avaient été
répandues sous le nom de *Riparia-Fabre* (comme l'auteur
semble l'indiquer, mais sans fournir aucune preuve), ce serait un très grand tort assurément, mais qui ne saurait
changer l'état civil de la vigne reçue de M. le général des
Paillières.

Il y a un intérêt considérable (j'entends pour les acheteurs) à ne laisser s'introduire aucune confusion dans cette
matière. Pour le montrer, je rends la parole à M. Millardet
(je souligne quelques passages) :

... Si d'un côté il est impossible de nier que certaines *vignes
sauvages* de l'Amérique du Nord l'emportent réellement, pour la
résistance et la vigueur, sur la plupart des variétés cultivées, d'un
autre côté, il n'est pas moins certain que *l'identité de ces plantes
est extrêmement difficile à établir*. Il n'y a aucun doute que l'Amérique enverra bientôt sur notre marché un nombre considérable
de ces formes sauvages, *produits de croisement entre espèces et
variétés*, en même temps que d'une variation poussée à l'extrême.
Parmi ces formes, *un petit nombre seulement sera d'une distinction*

1. *La Vigne américaine*, 15 octobre 1878, p. 221, en bas.
2. M. Millardet signalait en 1877 quatre individus de cette même
vigne au Jardin botanique de Bordeaux, et chez M. Henri Vilmorin.

facile, et partant, d'une application certaine, tandis que *la ma-jorité n'offrira à l'acheteur aucune garantie de résistance, de re-prise par bouture ou par greffe* [1].

Les innombrables variétés de *Riparia* sauvages n'échappent nullement à la fâcheuse incertitude que signale M. Millardet (c'est même à leur sujet qu'il la signale), ce qui a induit un viticulteur des plus compétents à traiter assez sévèrement l'espèce tout entière au congrès de Bordeaux [2] :

Disons-le ici en deux mots, mais bien haut, parce que nous devons toute la vérité au public viticole : Comment le simple vigneron se défendra-t-il des marchands de *Riparia*, dans le dédale de *tomenteux* et de *glabres*, de *luisants* et de *ternes*, de *soyeux* et de *veloutés*, de *violets* et de *verts*, de *jaunes* et de *chamois*, car, vous ne l'ignorez pas, messieurs, il y en a de toutes les couleurs et pour tous les goûts ; comment, dis-je, le vigneron se défendra-t-il de ceux qui jaunissent un peu et de ceux qui, comme le n° 4 de la Gaillarde, arrivent fréquemment au dernier degré du rabougrissement?

Il se défendra peut-être en maintenant beaucoup d'ordre dans cette classification difficile, seul moyen qui lui reste de savoir tant bien que mal ce qu'il fera en achetant du *Riparia*, dont maintes variétés — et le nombre en croît tous les jours — ne valent pas mieux que le *Clinton*, qui termine la série. Parmi les variétés qui offrent encore une chance, le *Riparia-Fabre* tient incontestablement la corde [3] ; et c'est, à vrai dire, cette variété qui, à tort ou à raison, a fait la fortune du terme générique de *Riparia*. Les viticulteurs ne s'y trompent point : au mois de février le *Riparia* sauvage était offert au prix moyen de 75 francs le mille, tandis que le *Riparia-Fabre*, acheté pour tel, se payait 120 francs, et tous ceux qui en voulaient n'en ont pas eu. S'imaginerait-on que, le nom

1. *Comptes rendus*, 12 novembre 1877, p. 900, 1. 8.
2. *Compte rendu du Congrès*, p. 287, 1. 10.
3. Voir les rapports de M. H. Marès, dont nous avons reproduit un extrait étendu, page 405 *b*.

de *Fabre* oublié, la faveur du public se reporterait sur cette vague étiquette de *Riparia* sauvage? Je crois, au contraire, qu'une fois disparue la variété qui soutient l'espèce, l'espèce entière sera bien malade!

Ce n'est pas à dire que d'autres variétés ne puissent valoir autant, plus peut-être que le *Fabre;* je n'ai à prendre parti ni pour ni contre aucune variété particulière qui pourrait être recommandée; sous cette réserve toutefois qu'en pareille matière, le « scepticisme scientifique », c'est la sagesse; si bien qu'avec le *Fabre* lui-même je ne dors que d'un œil! Ainsi, le *solonis* aurait sur ce dernier l'avantage capital d'une détermination facile; malheureusement, il est fort loin d'en posséder la ·qualité maîtresse : l'immunité, au moins relative. Le phylloxera abonde sur les racines de ce joli cépage, qui est en train d'en mourir au Mas de Las Sorrès et ailleurs.

Ne pas oublier que c'est en 1887 qu'il a été question pour la première fois de ces cépages, il y a cinq ans, pas plus.

(Extrait du *Journal d'Agriculture pratique* du 8 juin 1882).

EXTRAIT

DE

NOTRE RAPPORT

A M. LE MINISTRE DE L'AGRICULTURE (1881).

Évitant tout ce qui eût été un empiétement sur le domaine de l'industrie privée, le comité central d'études et de vigilance de Lot-et-Garonne a voulu limiter son action à un rôle d'étude et d'enseignement : d'étude, en observant la tenue et la résistance au phylloxera des cépages réputés les meilleurs, plantés et cultivés dans les divers terrains qu'on rencontre dans notre département ; d'enseignement, en instituant notre expérience sous les yeux du public éclairé et avec le concours de tous.

On a pris pour base et instrument de ces recherches l'école primaire. Une collection des meilleurs cépages connus est placée dans le jardin ou la cour de l'école. 149 de ces établissements sont déjà pourvus, et ce nombre sera porté à 500 au moins cette année, si nous trouvons assez de parties prenantes. Les avantages que nous attendons de cette méthode sont les suivants :

1° Ce n'est plus le viticulteur qui vient, parfois de fort loin, chercher une pépinière centrale pour y étudier les nouvelles plantes, c'est la pépinière qui va trouver le viticulteur tout près de chez lui.

2° Les enfants, merveilleusement doués pour cet apprentissage des yeux, voient ces cépages toute l'année, apprennent à les connaître, portent ensuite cet enseignement dans leurs

familles, familles de paysans pour la plupart et qu'il serait
à peu près impossible d'atteindre par une autre voie.

3° Ces collections se trouvent placées, par la force même
des choses, dans tous les terrains qu'on peut rencontrer dans
le département tout entier, et dans toutes les conditions que
peut exiger une étude complète de l'*adaptation*.

4° Nous aurons par l'instituteur un jugement éclairé,
impartial sur la tenue de chaque espèce ; des renseignements
certains sur la composition chimique et les caractères physiques du sol, sur les soins cultureux, les engrais, etc., qu'on
aura donnés. Et cela, non seulement pour les pieds cultivés
à l'école même, mais pour toutes les plantations-filles cultivées
dans le rayon de l'école, parce que le maître trouvera chez
les élèves les éléments de l'enquête la plus sûre, la plus
étendue.

5° Le comité central, en rapprochant tous ces témoignages, pourra établir le dossier de chaque espèce ou variété,
de manière à résoudre le problème de l'*adaptation* pour le
département tout entier.

6° Enfin ces petites collections seront, dans les mains de
l'instituteur, un matériel scolaire permettant d'instruire
l'élève de tout ce qu'il a intérêt à savoir de ces nouvelles
vignes, en particulier l'art de les greffer.

Dans cette voie, la solution complète du problème n'est
plus qu'une question de temps et de correspondance...

Nos études ne peuvent jeter quelque lumière sur cette
question compliquée et difficile qu'avec le temps, avec beaucoup de temps. Nous avons commencé le jour où l'introduction des cépages étrangers a été autorisée dans le
département, et nous continuerons en donnant la plus grande
attention à tout ce qui se fera ailleurs pour en faire notre
profit.

Il y a une trentaine d'années, la culture de la vigne

n'était qu'un appoint dans l'agriculture du département; c'en
est aujourd'hui la branche la plus importante. Par des causes
que je n'ai pas à expliquer ici, le vin s'est vendu beaucoup
plus cher, et l'on a pu, avec grand profit, planter en vignes
des terres mauvaises ou médiocres, donnant auparavant très
peu de revenu, et qui n'en donneraient plus aucun aujour-
d'hui parce que la main-d'œuvre a renchéri dans des proportions énormes. La vigne s'est ensuite étendue peu à peu sur
des terres de meilleure qualité, mais en restant essentiellement l'industrie des coteaux ; ce sont ces terres médiocres
des coteaux qui ont fait la fortune de notre contrée en
donnant un revenu important, supérieur à celui que
donnent les céréales dans nos plaines, là où autrefois on
n'en avait aucun. Grâce à la vigne, on peut dire que nous
n'avons plus de mauvaises terres, parce que la précieuse
plante végète et fructifie plus ou moins dans toutes. La vigne
disparue, l'agriculture deviendra ruineuse dans nos coteaux,
et tous les intérêts économiques de la région se trouveront
bouleversés.

Chez nous, comme dans les départements où la vigne
produit en petite quantité un vin d'une faible valeur, la
défense contre le phylloxera est singulièrement difficile ; il
y a plus : nos vignes une fois mortes, il n'est nullement
certain que les vignes américaines permettent d'en créer
d'autres dans la plupart de nos terrains. Je m'explique : ici,
avec nos vignes françaises, la plantation d'un hectare contenant 5,000 pieds coûte, à forfait, 250 francs ; puis, si la vigne
est donnée à moitié fruits, on laisse, pendant les quatre
années qui suivent la plantation, toute la récolte au vigneron.
Les quatre récoltes perdues peuvent valoir, en tout, 100 à
300 francs selon la qualité de la terre ; c'est, en moyenne,
500 francs qu'il en coûte pour transformer en vignoble un
champ d'un hectare. S'il s'agit de vignes américaines, il faut

ajouter aux frais sus-énoncés, premièrement le coût du plant : 5,000 racinés à 250 francs le mille pour les *Riparia, Solonis* ; à 300 francs le mille pour l'*York-Madeïra*, coûtant de 1,250 à 1,500 francs (les espèces pour la culture directe coûteraient bien davantage) ; deuxièmement le coût du greffage. En admettant le prix de 30 francs pour 1,000 greffes, c'est 150 francs pour 5,000. Ajoutant 50 francs pour remplacer les greffes non soudées et faisant le total, nous arrivons à une somme de 1,950 à 2,200 francs. Il y a bien peu de terres dans nos coteaux qui vaillent 2,000 francs l'hectare !

Sans doute chacun pourra, en s'y prenant à l'avance, faire chez lui le plant qui lui sera nécessaire, et il l'obtiendra à meilleur marché, quoique avec beaucoup de frais encore ; cela importe peu ; les racinés que l'on emploie valent le prix qu'on pourrait les vendre sur le marché, même quand le viticulteur se les achète à lui-même.

Or la question de durée prend, dans ces conditions, une importance capitale ! Autrefois, on ne regardait pas à dépenser 500 francs sur un hectare de terre, lequel parfois ne valait pas beaucoup plus, parce que, la vigne une fois plantée, c'était pour cinquante ans, pour quatre-vingts ans, pour plus longtemps encore ; c'était un capital incorporé au sol, et l'opération était excellente. Mais combien de temps durera la vigne sur racines américaines ? Les ardeurs d'entraînements qu'on n'avait pas coutume d'observer dans les régions paisibles de la botanique ont si bien obscurci la question que personne ne sait rien. On ne dit rien des *Riparia*, des *York*, que nous n'ayons entendu, il y a cinq ans à peine, des *Concord*, des *Clinton* et de tant d'autres. Le *Solonis*, le premier, je crois, auquel on ait accolé l'épithète d'*indemne*, voit aujourd'hui sa réputation compromise. Qu'adviendra-t-il de ceux qui paraissent tenir encore (ils sont trois ou quatre), mais ne sont guère étudiés d'un peu près que depuis quatre ou cinq ans (voir le rapport de M. H. Marès dans le compte rendu de la dernière session de la commission supérieure)? Et pense-t-on qu'il soit prudent de confier, en opérant sur une grande échelle, 2,000 francs à une terre où il faudrait trente ans et plus pour les amortir?

Dans les bonnes terres de l'Hérault et du Gard, en dix ans on amortit de semblables dépenses et l'on gagne, en plus, beaucoup d'argent. M. Michel Fermaut a loué, pour dix ans seulement, un champ de 90 ares, touchant son vignoble phylloxéré depuis plus de quinze ans, et l'a planté en *aramons*. Cette année, à la troisième feuille, il a récolté 71 hectolitres de vin sur ces 90 ares! Les dix années écoulées, il rendra au propriétaire et la terre et ce qui restera de la vigne, et avec l'argent gagné il pourra au besoin acheter le tout. Dans les sables d'Aigues-Mortes, on loue des champs à des conditions analogues; ces prodigieux rendements justifient toutes les audaces. Les cépages dont on les obtient mûrissent mal chez nous, et ne peuvent pas être cultivés. Avec le modeste revenu de nos vignobles, si la vigne ne devait vivre que quinze ans, vingt ans, trente ans même, ce serait une aberration agricole que de planter avec une dépense pareille.

Quelle sera la durée de la vigne américaine attaquée par le phylloxera? C'est certainement la question la plus importante qu'on puisse se poser aujourd'hui dans le Lot-et-Garonne.

Décembre 1881.

(Commission supérieure du phylloxera; session de 1881; extrait des *pièces annexes*, page 183).

EXTRAIT DE NOTRE RAPPORT

A M. LE MINISTRE DE L'AGRICULTURE (1882).

Nos pépinières de 1882 sont aux portes d'Agen, dans l'enclos de la nouvelle école normale des filles, où notre installation dans la partie du jardin qui nous a été concédée est fort avancée. Grâce à la qualité du terrain et aussi à des circonstances météorologiques exceptionnellement favorables, ces pépinières offrent un succès sans précédent et que nous n'espérons pas revoir. Nous avons eu soin d'en avertir les visiteurs étonnés et enclins à voir là, non un accident, mais la règle.

Le carré du *Jacquez* a été franchement maltraité par le *Mildew* (*Mildiou*). Il reste cependant assez de feuilles pour un aoûtement passable du bois. Les *York-Madeïra*, les *Solonis*, les *Vialla* ont été attaqués nettement, mais le dommage est insignifiant. Les *Rupestris* se conduisent bien. Le carré des *Herbemont* est très frais et n'offre que quelques très rares atteintes, principalement au voisinage d'un pied de *Jacquez* fourvoyé là dedans, et que nous nous y avons laissé à dessein. Le carré des *Riparia* (*R. Fabre*) est absolument indemne.

SUPPLÉMENT AU RAPPORT PRÉCÉDENT.

Dans notre rapport annuel, fait à l'époque prescrite par M. le ministre de l'agriculture, ce qui est dit de notre pépinière se rapporte à la date du 15 septembre. Dans les premiers jours d'octobre, nous venons de constater un fait dont la gravité est telle pour notre région du sud-ouest que j'ai le devoir d'adresser à M. le ministre un supplément au rapport précité.

J'ai pu dire qu'au 19 septembre le carré des *Herbemont* n'offrait que de très rares atteintes du *Mildew*. Aujourd'hui (7 octobre), tous les pieds à peu près sans exception en sont atteints aussi complètement que les *Jacquez* et que les *Othello*. De loin, l'aspect est encore vert et frais ; de près, on voit sur la face supérieure de presque toutes les feuilles les taches jaunes caractéristiques, et en retournant la feuille,

on y voit la jolie arborescence d'apparence saline de la cryp-
togame.

Si cette invasion ne devait jamais se produire qu'à la fin
de septembre, on pourrait ne pas s'en préocupper trop vivement; pour le moment, il reste acquis que la feuille de
l'*Herbemont* se prête parfaitement à un développement rapide
et intense du *Mildew*.

Le comice agricole d'Agen avait aujourd'hui sa réunion
mensuelle. Sur mon invitation, un grand nombre de ces
messieurs sont venus à la pépinière et on vu le fait alarmant
que je signale. M. Couanon, délégué régional, a vu le 3 octobre ces *Herbemont* mildiousés.

CINQUIÈME PARTIE

PIÈCES DIVERSES

NOTE

SUR LA

COMMISSION SUPÉRIEURE

DU PHYLLOXERA

La Commission supérieure du phylloxera a été instituée par un décret du 6 septembre 1878. Je me propose, dans cette note, de présenter quelques remarques sur sa composition et sur la publicité qu'il conviendrait de donner à ses travaux.

Les choix du ministre sont, à mon avis, irréprochables ; aussi n'ai-je pas à critiquer ce qui est dans la Commission, mais à exprimer le regret de ce qui n'y est pas.

Le quatrième vœu émis par la Commission supérieure dans sa dernière session est ainsi formulé :

« La Commission supérieure du phylloxera, considérant que l'histoire du phylloxera, au point de vue des invasions d'été, présente encore des lacunes, et que les observations entomologiques récentes n'ont pas produit l'effet qu'on en attendait, émet le vœu que les études dont l'histoire du phylloxera est l'objet continuent à être encouragées. »

J'ai expliqué dans un écrit imprimé en 1878 que les

lacunes auxquelles on fait allusion sont peut-être plus apparentes que réelles [1]. Quoi qu'il en soit, si provoquer une étude est bien, faire soi-même cette étude serait mieux. N'est-ce pas dire que les entomologistes à qui nous devons l'histoire du phylloxera de la vigne avaient leur place marquée au sein de la Commission supérieure? J'admets sans difficulté que cette histoire est connue des membres de la Commission ; mais nous ne la saurons jamais comme ceux qui l'ont faite, parce que, à côté des observations utiles qu'ils ont décrites, ils ont vu une foule de choses qu'ils ont dû négliger comme étant momentanément sans objet, et qu'au cours d'une étude patiente de la nature elle-même ils ont acquis une expérience et une sûreté de vues que leurs livres ne nous donneront pas.

La Commission supérieure a tenu une première session dont nous connaissons seulement les résultats, savoir : les arrêtés ministériels dés 12, 13 et 15 décembre 1878, où se lit la formule : « La Commission supérieure du phylloxera entendue » ; la circulaire ministérielle du 19 décembre (*Journal officiel* du 20 décembre); enfin des vœux, au nombre de cinq, publiés sans commentaires dans le *Journal de l'Agriculture*.

Un compte rendu de cette première session a été publié depuis, il est vrai, par le ministère de l'agriculture ; mais ce compte rendu n'existe pas encore en librairie (8 février). Je l'ai eu accidentellement entre les mains et je n'y ai pas trouvé ce que j'y cherchais.

C'est qu'en effet le rôle de la Commission supérieure n'est pas seulement d'inspirer les décisions du ministre ; c'est, avant tout, d'être comme la régulatrice des commissions régionales dont elle demande la création (2ᵉ vœu), d'être pour elles un guide autorisé et respecté. Or, on n'ac-

1. L'événement m'a donné raison jusqu'ici (6 janvier 1883); voir page 511.

quiert d'autorité morale durable qu'à la condition d'avoir raison *et de prouver qu'on a raison.* Cette preuve ne résultera jamais d'une simple affirmation. Mettre dans un arrêté : *La Commission supérieure du phylloxera entendue,* c'est mettre une ligne inutile à qui ne sait pas ce qui s'est dit au sein de la Commission, quels membres ont parlé *pour* ou *contre,* de quelles opinions plus ou moins divergentes la décision intervenue est la résultante.

Ce n'est pas tout ; si la Commission supérieure est appelée à guider, à éclairer les commissions régionales, croit-on qu'elle-même n'ait rien à gagner au travail intellectuel qu'elle provoquera dans le pays et à la discussion de ses propres idées ? — J'estime, au contraire, que la mise en mouvement de toutes les intelligences est le plus important service qu'elle puisse rendre.

Or, on peut discuter des arguments, non des formules dogmatiques : dans un cas, on sait ce qu'on apporte de nouveau dans la discussion ; dans l'autre on l'ignore.

Comment discuter, par exemple, cette prohibition inattendue qui frappe le transport des « raisins de vendange. » quand on ignore — et qu'il n'est pas facile d'imaginer — par quelles raisons on a passé outre à une difficulté d'exécution fort singulière ? — Un arrondissement n'est pas enfermé dans quelque chose comme une muraille de la Chine ; ce qui le sépare d'un arrondissement voisin, c'est un ruisseau, un chemin, un fossé, moins encore. Que la ligne de séparation traverse un héritage ; que le chai soit sur l'arrondissement indemne et la vigne sur l'arrondissement phylloxéré ; lisez l'article 2 de l'arrêté du 13 décembre [1] : la vendange ne peut plus aller à la cuve !

---

1. Les raisins de vendange..... ne pourront circuler qu'entre arrondissements phylloxérés, et à la condition de ne pas en traverser d'indemnes. (Arrêté du 13 décembre, art. 2.)

Ces arrêtés ministériels s'éloignent sensiblement, dans un sens restrictif, des vues que j'ai publiées et essayé de justifier dans l'écrit précité ; et cependant je n'avais pas oublié que l'homme sage, s'il veut sauver quelque chose, doit savoir faire la part du feu ! — Je ne connais pas les raisons qui ont porté la Commission supérieure à se montrer si sévère.

Admettant qu'une libre discussion est la condition essentielle de tout progrès, je demande, comme conclusion de cette note, la permission d'émettre ce vœu :

Que la Commission supérieure du phylloxera publie des comptes rendus *in extenso* de ses séances ;

Que la publicité la plus large soit donnée à ces comptes rendus ;

Que les décisions de la commission de permanence, consultée par le ministre, soient motivées et insérées au *Journal officiel*, au moins lorsqu'elles toucheront implicitement à quelque point de doctrine.

(Extrait du *Journal d'Agriculture pratique* du 6 mars 1879.)

LA COMMISSION SUPÉRIEURE DU PHYLLOXERA

Après la réunion viticole de Villefranche, — c'est, je crois bien, la seule, — le comité central de la Gironde a émis le vœu que l'Académie de médecine soit composée en majorité... de malades, non ! — je me trompe : a émis le vœu « que la Commission supérieure du phylloxera, chargée de représenter les intérêts généraux de la viticulture, soit composée en majeure partie de viticulteurs et de délégués des sociétés d'agriculture des régions vinicoles atteintes ou menacées par le fléau [1] ».

1. Voir, dans le journal, la fin de l'article de M. Millardet, 19 février 1880, p. 261.

Disons d'abord que la Commission supérieure du phylloxera n'est nullement *chargée de représenter les intérêts généraux de la viticulture ;* si tant est que cette mission appartienne à quelqu'un, c'est à la Société nationale d'agriculture. La Commission supérieure du phylloxera est chargée de la question spéciale et limitée du phylloxera : c'est bien assez !

Cela dit, si vous ou moi avions à nommer la Commission supérieure, que ferions-nous? Procédons par analogie : que désire connaître, avant toute chose, le médecin en arrivant au chevet d'un malade? — La cause qui produit la maladie. Or la maladie de la vigne est occasionnée par un insecte : le premier groupe que nous introduirons dans la Commission sera donc formé d'entomologistes, pris parmi ceux qui ont le mieux étudié le phylloxera.

Que cherchera ensuite le médecin : — Quelque remède qui puisse détruire ou neutraliser la cause du mal. Nous formerons le second groupe avec des chimistes. Parmi les substances dont l'histoire leur est familière, ils signaleront celles qui peuvent agir sur l'insecte, au besoin dans les profondeurs du sol sans y être elles-mêmes décomposées par les agents telluriques, et en feront une étude spéciale au point de vue du résultat cherché. Que d'écoles grossières, que de temps et d'argent nous économiserons, grâce à eux !

Que va demander maintenant le docteur? — Les antécédents du malade, sa filiation, les causes accidentelles ou héréditaires qui ont pu agir sur son organisme. Notre malade, c'est la vigne ; mettons dans un troisième groupe des botanistes qui connaissent bien la vigne et les lois naturelles de sa végétation.

Puis, ne demandant à l'analogie que ce qui est de son ressort, nous ferons intervenir des considérations d'un autre ordre ; il faudra tenir compte des exigences spéciales de la pratique agricole, soit qu'elles tiennent à la nature des choses, soit qu'elles proviennent d'accidents ou d'usages locaux ; nous ferons un groupe, mais un groupe seulement de viticulteurs choisis parmi les plus éclairés, les plus capables de vues d'ensemble.

Le fléau menace dans ses œuvres vives la fortune de la France, et les pouvoirs publics prennent déjà quelque souci de l'équilibre futur de nos budgets ; le Sénat, la Chambre seront représentés dans la Commission supérieure ; le directeur et les inspecteurs généraux de l'agriculture semblent créés tout exprès pour y représenter le pouvoir exécutif.

Comment seront reliés entre eux ces divers groupes d'origine si différente, de manière à obtenir l'homogénéité et l'harmonie de l'ensemble ? Par la présidence d'honneur du ministre de l'agriculture, par l'influence morale de quelques membres éminents qui seraient comme chez eux dans plusieurs groupes, si ce n'est dans tous.

Je prie maintenant le lecteur de parcourir la liste de la Commission supérieure actuelle ; qu'il veuille bien en grouper les membres d'après les idées qui précèdent, si elles lui semblent justes : peut-être trouvera-t-il aussi que ladite Commission n'est pas trop mal composée.

Pour mon compte, je demande instamment qu'on n'y change rien. Adressez-lui vos vœux en les appuyant de bonnes raisons, vous serez écouté. Le département de Lot-et-Garonne, pour citer seulement celui qui m'intéresse le plus, est la preuve indéniable qu'il n'y a pas dans la Commission supérieure d'hostilité systématique envers la vigne américaine.

Mais, *dans la question du phylloxera il y a autre chose que la vigne américaine.* Ne voulant pas être agressif tant qu'un intérêt général ne l'exige pas, je demande simplement aujourd'hui que cet *autre chose* ne soit pas immolé à la vigne américaine sur le dos de la Commission supérieure, où l'intéressant arbuste est d'ailleurs très honorablement représenté *et très suffisamment protégé.*

Est-ce à dire que tout soit pour le mieux dans la meilleure des commissions possibles? Non, et il faut bien se souvenir que la perfection n'est pas de ce monde, qu'on ne peut pas contenter tout le monde et son père. J'ai moi-même, dans le temps, exprimé quelques vœux dans ce journal (c'est la note précédente). Je ne les reproduis pas : infliger deux fois ma même prose aux mêmes lecteurs serait tout au moins manquer de discrétion. Je dirai simplement qu'un des *desiderata* contenus dans la note précitée a reçu satisfaction le jour où MM. Balbiani et Max Cornu sont entrés à la Commission.

Et comme, en fin de compte, la critique veut aussi sa petite part, j'émettrai, en terminant, le vœu que les sessions de la Commission supérieure aient un peu plus de durée, afin qu'elle puisse se rendre accessible, libéralement et *largement,* à tout homme de bonne volonté ayant quelque communication à lui faire, et en particulier à tout délégué d'un comité de vigilance ou d'une société d'agriculture.

(Extrait du *Journal d'Agriculture pratique* du 26 février 1880.)

LA COMMISSION SUPÉRIEURE DU PHYLLOXERA.

La Commission supérieure du phylloxera est formée de savants et de viticulteurs voués à la défense de nos vignes, et bien résolus à sacrifier tout autre travail à une œuvre si essentielle. Le premier souci de chacun a été de remonter à l'origine de cette douloureuse histoire, d'en suivre, d'en méditer le développement dans les mémoires originaux. Ils savent que cette étude de tous les instants donne la clairvoyance, suggère les rapprochements, rend attentif à des faits, souvent de grande importance, mais que le vulgaire néglige pour n'en pas voir les relations avec d'autres faits encore cachés et qu'il ne saurait prévoir.

Ils reçoivent tout ce qui s'imprime sur cette question compliquée et difficile ; lisent, étudient, discutent tout, et se trouvent assez récompensés de leur labeur s'ils découvrent un grain d'invention ou de vérité dans un amas de redites ou d'hérésies. Lorsque l'abondance des matières l'exige, ils partagent entre eux la besogne et se réunissent ensuite aussi souvent qu'il est nécessaire pour mettre en commun le fruit de leurs lectures et de leurs réflexions.

La Commission supérieure entretient des relations suivies avec les commissions locales instituées sous le nom de Comités d'étude et de vigilance, une dans chacun des arrondissements où l'on cultive la vigne ; et aussi avec le personnel préposé par l'Administration à la lutte directe contre l'insecte. Aux uns et aux autres, elle prodigue les conseils d'une expérience consommée, arrêtant celui qui fait fausse route, remettant dans le droit chemin celui qui tend à s'égarer.

Elle accueille, elle encourage tout travailleur qui offre son concours, demande conseil ou assistance ; elle dépouille avec une scrupuleuse attention toute correspondance imprimée ou manuscrite, ne laisse pas une lettre sans réponse : ferme sur le fond, elle évite jusqu'à l'apparence d'un sentiment qui puisse décourager ou humilier personne, et n'oublie pas que Dieu aime à se servir parfois des petits et des humbles pour apprendre la modestie aux savants.

Très attentive au *fait,* elle ne l'est pas moins à l'*idée :* elle sait qu'on aurait peine à citer une découverte, une seule, qui ne soit point fille d'une idée ou du hasard.

Elle favorise les congrès phylloxériques, qui ont au moins le mérite de tenir l'esprit public en éveil. Elle y est toujours largement représentée, y prodigue un enseignement toujours écouté, toujours fructueux, et se retrempe elle-même à ce contact périodique avec les viticulteurs militants. Elle parcourt les vignobles, vérifie les faits annoncés, redresse les abus, décourage toute assertion imprudente ou coupable, protège tout essai donnant quelque espérance, rapproche les hommes, coordonne les efforts qui tendent au même but par des voies différentes et, réunissant en un faisceau des bons vouloirs isolés et des forces éparses, elle fait une armée de ce qui serait une foule.

Nos savants les plus illustres ne dédaignent point d'apporter leur concours à une œuvre si nécessaire. A ceux-là on ne saurait certes demander le sacrifice d'autres travaux qui sont la gloire du pays : ils n'assistent qu'à quelques réunions où ils apportent l'inappréciable bienfait de leur science et de leurs lumières. Respectés et honorés de tous, ils soutiennent les courages, sauvent par leur exemple de toute défaillance. Ils montrent le but, parfois y tendent eux-mêmes par des découvertes personnelles qu'ils s'efforcent de perfectionner sans cesse, sans que leur bienveillance pour les méthodes rivales en soit jamais compromise. Mettant la fortune du pays au-dessus de toute considération de renommée ou d'amour-propre, leur constante préoccupation est de se défendre de toute partialité inconsciente, sachant bien qu'avec le ferme propos d'être juste, le caractère le mieux trempé peut n'être pas à l'épreuve de la tendresse instinctive du père pour son enfant.

Chaque année une session est tenue à Paris au mois de décembre, et dure le temps nécessaire pour qu'on y puisse passer en revue tous les travaux accomplis au courant de la campagne, tous les résultats obtenus, toutes les découvertes utiles ; y discuter toutes les améliorations que l'expérience a suggérées, y étudier avec maturité le plan de la campagne prochaine. Chaque Comité de vigilance, chaque Société d'agriculture peut s'y faire représenter par des délégués, toujours entendus quand ils le demandent, écoutés quand ils apportent une idée judicieuse, éclairés avec bienveillance quand ils se trompent, et chargés de transmettre à leur retour aux sociétés qu'ils représentent un enseignement autorisé et propre à ramener partout l'accord et la confiance.

La plus large publicité est donnée aux travaux de la session. La presse y est reçue avec empressement ; et non seulement la presse agricole, mais aussi la presse politique dont l'action est plus étendue. Des secrétaires habiles font de chaque séance un compte rendu substantiel et fidèle que publie le *Journal officiel*, et que la plupart des journaux aiment à reproduire, parce que leur public, instruit chaque jour de ce qu'il doit connaître, s'intéresse à une question, en somme facile à suivre, et attrayante par elle-même quand on sait la dégager de ce qui s'y rencontre de trop technique.

La Commission supérieure soutient cet intérêt en ne dissimulant rien des péripéties de la lutte. Elle évite ces stériles formules de satisfaction qui aveuglent sur le danger et amollissent les courages. Bien loin d'affirmer au vigneron qu'il dépend de lui, d'ores et déjà, de dominer le fléau, elle insiste sur ce qui lui manque et n'hésite pas à dire bien haut : « dans les trois quarts au moins de nos vignes, nous sommes désarmés, non découragés. Nous travaillons ; nous travaillerons tant qu'il y aura une vigne française vivante. Venez à nous, travaillez avec nous, qui ne repoussons personne : celui qui doit sauver la vigne est peut-être un homme de bonne volonté qui s'ignore lui-même. »

Telle est... pardon, je me trompe..., telle devrait être la Commission supérieure du phylloxera.

Que nous sommes loin de compte ! — La Commission

supérieure est au choix du ministre, absolument maître d'y nommer qui bon lui semble. Ses choix sont bons, en général[1] ; mais, si les membres nommés ne font rien, leur aptitude à bien faire est sans objet et tout leur mérite stérile. Or, ils tiennent chaque année une seule et unique session qui dure deux séances : je dis bien, *deux séances.* A la première on entend un rapport, — toujours bien fait et très instructif, — de M. le directeur de l'agriculture, et on nomme deux sous-commissions : l'une « chargée (session de 1880) de l'examen des procédés parvenus au ministère et de l'indication des modes de traitement qui seront recommandés par la Commission supérieure » ; l'autre, « chargée de la revision des arrêtés administratifs, des modifications à apporter à la carte du phylloxera et des vœux ». A la seconde séance on entend les rapports des sous-commissions, on en adopte les conclusions, on se donne rendez-vous à l'an prochain, et chacun s'en retourne chez soi.

Un compte rendu de la session est publié plusieurs mois après, mais n'est pas mis en vente, si bien que pour avoir un exemplaire de celui de la session dernière il m'a fallu des protections. J'y lis les rapports, pas un mot de discussion. On y a ajouté des *pièces annexes* où on trouve du bon grain et de l'ivraie : c'est au lecteur de faire le triage.

La Commission supérieure laisse après elle une section permanente qui fonctionne toute l'année. Celle-ci tient, je crois, une séance d'une heure environ par quinzaine. Sa composition actuelle n'est pas connue, et, à part les membres qui en font partie, personne ne sait ce qui s'y passe. Seulement, nous devons à l'obligeance d'un journal agricole des plus justement estimés d'apprendre de temps à autre qu'elle a accordé, ou n'a pas accordé, des subventions à tels ou tels syndicats.

1. Voir pages 484 à 487.

C'est tout ce que nous pouvons savoir de la Commission supérieure du phylloxera, qui reste inaccessible, et très efficacement protégée contre toute oreille profane. Cependant, l'un des rapports entendus et approuvés à la dernière session peut donner une idée juste de l'esprit qui y règne. Ce rapport, dû à la plume de M. le baron Thénard, membre de l'Académie des sciences, est comme encadré par deux alinéas que nous allons reproduire.

Voici le premier, ou plutôt les deux premiers :

« Votre première sous-commission a fonctionné sous la présidence de M. Dumas.

« Dans une première séance, elle a examiné les procédés proposés par 280 concurrents, qui cette année aspirent au prix de 300,000 francs. Malheureusement, c'est aujourd'hui, comme par le passé, un amas d'idées saugrenues, fantaisistes ou ressassées, parfois même impertinentes, qui démontrent que leurs auteurs sont dans la plus grande ignorance de la question. Rarement y rencontre-t-on des propositions qui soient appuyées par une ombre d'expérience ; dans l'esprit des auteurs, l'État et le vigneron doivent se trouver suffisamment satisfaits et se montrer reconnaissants des apparences d'idées qui leur sont soufflées. »

Voici maintenant le dernier alinéa :

« Ces résultats sont la meilleure réponse aux pessimistes, aux maladroits, aux faux savants et aux orgueilleux prophètes. »

Il y a un peu loin de cet « amas » d'adjectifs et de substantifs à la mansuétude que nous avions rêvée ! — Le rapport ne dit pas, d'ailleurs, comment on s'y prend pour dépouiller 280 dossiers en une séance ; en 1879, le rapporteur en a examiné, à lui seul, 334 dans une après-midi.

Dans un prochain article, nous discuterons quelques-uns des alinéas intermédiaires de ce rapport, fruit d'un travail auquel le temps a visiblement manqué, ou qui annonce une étude par trop superficielle du sujet.

(Extrait du *Journal d'Agriculture pratique* du 25 août 1881.)

LE RAPPORT DE M. LE BARON THÉNARD.

J'ai mis dans mon précédent article que le rapport de M. le baron Thénard à la Commission supérieure du phylloxera me semblait digne d'attention; étudions-en rapidement quelques points.

Enfin, messieurs, écrit M. Thénard, votre sous-commission a à vous annoncer ou plutôt à vous confirmer deux bonnes nouvelles.

M. Catta a découvert comment le sulfure de carbone, même à des doses minimes, devient pernicieux à la vigne dans un sol trop mouillé ou récemment dégelé; et c'est à ces circonstances que sont dus les insuccès partiels qui, pendant la campagne de 1878-1879, ont été observés dans le Bordelais. Ce qui en donne la certitude, c'est que depuis sa découverte les mêmes faits se sont, bien malgré lui, renouvelés avec les mêmes symptômes sur les racines, quand des pluies abondantes sont survenues pendant les opérations.

C'est au maintien du sulfure de carbone à l'état liquide pendant un temps trop long que ces accidents sont dus.

Laissons de côté cette explication, qui explique le fait par le fait lui-même, et signalons à ceux qui en désireraient une autre l'intéressante note de M. Max Cornu, publiée dans les *Comptes rendus* de l'Académie[1]. Le sulfure de carbone tue la vigne en terrain mouillé, l'observation est exacte; mais M. le rapporteur n'a-t-il pas fait la remarque que la découverte de M. Catta, bien loin d'améliorer la situation, l'aggrave sensiblement? La première conséquence qu'il en

---

1. Séance du 31 juillet 1881, p. 29, l. 9.

faille déduire, n'est-ce pas qu'il faut suspendre le travail, non seulement quand il pleut, mais quand il a plu, et aussi longtemps que le terrain est détrempé? Comment fera-t-on pour achever les traitements en temps utile quand l'hiver sera pluvieux, c'est-à-dire tous les ans dans certaines régions? Certainement il est toujours bon d'avoir l'explication d'un accident, mais ici, ce que l'explication fournie prouve le mieux, n'est-ce pas que l'accident est beaucoup plus fâcheux, au fond, qu'on ne le croyait?

Cette proposition, nouvelle et bien établie, ajoute le rapport, contribuera puissamment à rendre les viticulteurs à la fois moins craintifs et plus prudents.

Non; elle les obligera seulement à se croiser les bras quand il faudrait ne pas perdre une minute, car la main-d'œuvre est si rare que le temps est ce qui manque le plus. Elle leur donnera, au moment de commencer un traitement, la *crainte* de ne pas le finir.

A tous les points de vue, cet essai de réhabilitation du sulfure de carbone est prématuré. Même en terrain sec, en effet, ce toxique ne laisse pas de beaucoup fatiguer la vigne. Les observations de M. Boiteau sont très nettes sur ce point[1]. Le jour où nous visitâmes le vignoble de Mézel, pendant le Congrès phylloxérique de Clermont-Ferrand, M. Boiteau, voulant convaincre ses contradicteurs, fit rechercher un trou d'injection, ce qui est facile, prit à côté une racine, *très saine en apparence*, et l'ayant entamée avec le tranchant d'un couteau, montra à M. Catta lui-même les lésions caractéristiques des tissus internes. M. Catta a ces traitements sous sa direction, le délégué départemental était présent, et aucune excuse tirée de pluies intempestives ne fut invoquée. On espère que la vigne, à la condition de la

---

1. *Comptes rendus,* séance du 5 mai 1879, p. 895.

soutenir par de riches fumures, pourra supporter de tels accidents, même renouvelés chaque année, mais ce n'est encore qu'une espérance.

Le rapport continue ainsi :

De son côté, M. Marion a payé au pays la croix que M. le ministre de l'agriculture et du commerce lui a fait décerner, en découvrant que le sulfure de carbone, injecté à dose variant de 5 à 10 grammes, à 25 centimètres de profondeur et contre le pied même du cep, produit des effets aussi heureux qu'inattendus. C'est à la suite d'une étude aussi patiente que pénible sur des détails de mœurs du phylloxera et d'expériences longtemps continuées sur la résistance du végétal qu'il est arrivé à cette pratique sûre et hardie.

M. Marion avait certainement gagné sa croix avant de la recevoir, et n'a eu ensuite à la payer à personne.

Cela dit, quels sont les détails de mœurs du phylloxera qui peuvent conduire à cette pratique, et dont la découverte soit due à M. Marion? Quant à la pratique elle-même, on peut, je crois, en attribuer l'invention au premier opérateur qui a eu un pal entre les mains. Voici maintenant ce que M. Catta écrit dans les *Comptes rendus* [1] :

J'aurais aussi beaucoup à dire sur l'emploi d'un trou au pied de la souche, dont j'ai préconisé l'emploi pour la première fois chez M. Grégoire, à Servian, en 1878...

Il semble que M. Catta réclame dans ces lignes ce que le rapport donne à M. Marion ; quoi qu'il en soit, le temps est proche où personne n'en voudra plus. M. Catta lui-même ajoute :

Mais mes observations ne sont pas complètes à ce sujet. Elles tendent cependant à me faire restreindre l'usage de cette pratique.

C'est que, en effet, au moment même où s'imprimait le

1. Séance du 27 juin 1881, p. 1489.

rapport de M. Thénard, et avant qu'il eût paru, M. Jaussan, président du syndicat de Béziers, avait la douleur de signaler des accidents tout semblables à ceux qui avaient, en 1878-1879, si fort ému le Libournais, où on les attribuait à une autre cause. Ces accidents sont signalés cette année un peu partout où on a employé le sulfure de carbone : c'est la condamnation, probablement irrévocable, de cette injection au pied de la souche. M. Boiteau y supplée par un badigeonnage de la jambe du cep, opération des plus faciles, tout à fait inoffensive, dont il obtient de bons effets qu'il a signalés il y a longtemps à l'Académie. Pourquoi le rapport n'en parle-t-il pas?

« Deux bonnes nouvelles », dit M. Thénard ; je serais encore content avec une ; mais où est-elle?

Négligeant les sulfocarbonates, dont je ne veux pas m'occuper ici, je cite, pour finir, le passage saillant du rapport :

> Du reste, si jusqu'à présent la Commission, désirant contribuer à mettre en évidence l'efficacité des insectides, n'a pas cru nécessaire d'en discuter les prix, le moment approche où, leur emploi se trouvant amplement justifié, il y aura lieu de provoquer toute la baisse dont ces prix sont susceptibles. Dès l'année prochaine, cette question sera mise à l'ordre du jour de la Commission.

Les traitements que recommande aujourd'hui la Commission supérieure sont les mêmes qu'elle recommande depuis trois ans, je veux dire depuis qu'elle existe ; elle n'est pas éloignée, depuis lors, de les considérer comme le dernier mot de la science : « L'Académie ne peut plus rien... », disait le 3 août 1878 à l'Académie des sciences l'illustre président de la Commission supérieure ; M. Dumas ajoutait : « Il importe « donc : 1° de considérer que le rôle de la science est terminé, et que c'est à l'industrie et à l'administration qu'il « appartient aujourd'hui... » Ainsi, depuis le mois d'août 1878,

---

1. *Comptes rendus*, 26 janvier 1880, p. 172 au milieu.

l'efficacité de ces traitements est non seulement reconnue, mais encore proclamée assez complète pour qu'il n'y ait plus lieu de chercher autre chose ; et c'est en décembre 1880 seulement que la Commission supérieure songe à « provoquer toute la baisse dont ces prix sont susceptibles », alors que, depuis trois ans, de tous les côtés on lui crie que ces prix excessifs sont ce qui paralyse les applications ! Elle dit : « Le moment approche »; en sorte que, par ces mots : « dès l'année prochaine », elle semble se prévaloir de sa sollicitude, de sa prévoyance !

Je ne veux pas insister ; mais comment ne pas faire cette remarque, que si la Commission supérieure est contente de sa méthode et d'elle-même, et finalement apporte un remède, il est bien à craindre que quand nous aurons le remède nous n'ayons plus le malade !

Conclusion : Je pense encore[1] que tout est bien à la Commission supérieure du phylloxera, ceci excepté, que le plus grand nombre y savent peu de chose de la question et que personne n'y travaille[2].

(Extrait du *Journal d'Agriculture pratique* du 1er septembre 1881.)

1. Voir page 484.
2. Je l'avoue en toute humilité : depuis que ces articles ont paru jusqu'à ce jour (6 janvier 1883), il ne s'est pas produit le plus imperceptible changement dans la manière d'être de la Commission supérieure.

LES VIGNES AMÉRICAINES

ET

LES SUBVENTIONS DE L'ÉTAT

A Lyon, après avoir entendu sans discussion une série de conférences sommaires, une assemblée de viticulteurs, à laquelle on a donné le nom impropre de Congrès viticole, a émis un certain nombre de vœux. Voici le texte de l'un de ces vœux : *Le Congrès émet le vœu que le gouvernement accorde aux vignes américaines, qui s'imposent dans les pays où la vigne française est détruite par le phylloxera, les faveurs accordées aux insecticides dans les régions récemment envahies.* Ce vœu répond à une préoccupation très louable : on songe aux vignes détruites, aux viticulteurs ruinés par le phylloxera, et on cherche à sauver la principale de nos industries agricoles en mettant à sa portée un moyen de réparer le désastre à mesure qu'elle en est frappée. Ce moyen, c'est l'emploi de la vigne américaine.

Je ne veux pas discuter ici les chances contraires du moyen proposé, mais rechercher seulement si ce moyen, dont la valeur reste réservée, serait plus accessible à ceux qui ont perdu leurs vignes après que le vœu émis aurait été entendu.

Que demande-t-on ? Le gouvernement accorde une subvention aux propriétaires qui se réunissent en syndicats pour défendre leurs vignes par un des traitements approuvés par la Commission supérieure du phylloxera ; le vœu émis à Lyon consiste donc en ceci, qu'une subvention équivalente soit accordée aux propriétaires qui se réuniraient en syndicats pour reconstituer leurs vignes détruites en employant les vignes américaines. Qu'il s'agisse de vignes à sauver ou de vignes à créer, l'appui pécuniaire de l'État se justifie par cette considération, que *les vignes produisent du vin*, et que les droits divers perçus sur les vins sont une branche essentielle du budget. Mais, en ce moment même, la vigne américaine constitue en France une industrie qui n'a qu'un rapport assez éloigné avec la production du vin : la vigne américaine *produit du bois américain*, et ce bois se vend à un prix tel, que cette industrie est une des plus lucratives qui fut jamais. Or la subvention, tout comme l'impôt, a parfois des répercussions inattendues; et cette alliance entre une opération purement viticole et une industrie purement commerciale exige qu'on y regarde de près.

Jusqu'ici, pour toutes nos vignes françaises, le prix du bois a été dans le revenu total un appoint insignifiant. Pour les bons cépages américains, le bois est de beaucoup le produit le plus important. En février et en mars 1880, mille boutures de *jacquez* de $0^m,50$ de longueur se vendaient couramment 400 francs. Mille boutures de $0^m,50$ des meilleurs porte-greffes, *York-Madeïra*, *Solonis*, *Riparia-Fabre*, se vendaient de 275 à 300 francs. Et si parfois on a pu acheter à des prix inférieurs, c'est peut-être le cas de se souvenir que, pour les objets similaires, rien n'est souvent plus cher que le bon marché.

Tous ces prix sont supérieurs à ceux qui étaient annoncés et pratiqués au début de la campagne ; c'est que partout, pour les bons cépages, la demande était supérieure à l'offre, et que la marchandise était, au fond, livrée aux enchères. Les choses étant ainsi, toute subvention en faveur de ceux qui achèteront des vignes américaines aura pour premier résultat, dans le présent, de maintenir la hausse, et plus tard de soutenir artificiellement les prix, alors que ces prix auraient fléchi naturellement par le jeu libre de l'offre et de la demande. Ce qui limite la hausse, en effet, c'est qu'un moment arrive où la consommation ne peut plus la suivre et s'abstient. Une subvention lui permettrait alors de se remettre en mouvement, puisqu'elle pourrait payer plus cher sans débourser davantage de ses deniers.

Qui ne le voit? Une subvention de l'État, accordée dans ces conditions à celui qui achète les cépages, ira tout entière, ou peu s'en faut, dans la caisse de celui qui les vend, et celui-ci n'en a pas besoin[1]! En acceptant ce vœu, les viticulteurs qui songeaient à Lyon à leurs vignes détruites ont tiré les marrons du feu ; ce sont les marchands qui les mangeront, si l'État a la naïveté de les leur servir.

Quant aux acheteurs, comme dans toute enchère, il continuera à s'opérer entre eux un triage qui ne laissera que les plus riches aux prises avec les vendeurs. Comme par le passé, ils resteront partagés en deux classes : ceux qui peuvent acheter des cépages américains aux prix actuels et ceux qui ne le peuvent pas. Les grosses bourses continueront à acheter aux nouveaux prix. Les petites bourses continueront à s'abstenir ; et cependant ces dernières payeront une partie de la subvention, puisque c'est le budget, c'est-à-dire l'impôt, qui la fournira. Qui ne reculerait devant une conséquence aussi inique ? L'État lui-même n'a rien à y gagner. Et en effet, on cultivera bien peu de vignes américaines pour leur vin : on préférera avec raison conserver nos cépages français en les faisant porter et nourrir par les racines de quelques espèces

---

1. Au prix moyen de 30 francs le cent de boutures, et à cinquante boutrures par pied, un pied de *Jacquez*, de *Solonis*, d'*York-Madeïra*, de *Riparia-Fabre* rapporte 15 fr.; à 3,500 pieds à l'hectare, le revenu brut est de 52,500 fr.

américaines, si ces dernières tiennent ce qu'on peut encore espérer de leur résistance au phylloxera. Mais cette transformation peut être préparée, non réalisée en ce moment : tant qu'un hectare de vigne planté en *solonis*, *riparia*, etc., rapportera chaque année seulement pour 15 ou 20,000 fr. de boutures, qui pourrait songer à greffer le tout avec une espèce française qui ne donnerait pas pour 1,500 francs de vin ?

Mais si l'État n'a rien à gagner matériellement, moralement il risque beaucoup : il risque de donner, ou du moins de paraître donner une sorte de garantie officielle à une méthode dont le succès est encore fort incertain. Avec les traitements insecticides connus et expérimentés, on peut dire : en dépensant telle somme, vous obtiendrez tel résultat ; avec la vigne américaine, on sait ce qu'on dépense aujourd'hui, mais nul ne peut répondre de ce qui restera demain. Est-ce à dire que les subventions accordées par l'État aux syndicats formés pour défendre leurs vignes au moyen d'un traitement insecticide approuvé par la Commission supérieure du phylloxera soient à approuver plus que celles que l'on réclame aujourd'hui en faveur des vignes américaines ? Tel n'est pas mon avis, et je me suis expliqué sur ce point à Clermont-Ferrand, au Congrès viticole dont le compte rendu s'imprime en ce moment. Et cependant, on pourrait invoquer en faveur des traitements un motif sérieux : en détruisant presque tous les insectes qui restent sur une vigne on protège les vignes voisines, on ralentit la marche de l'invasion. C'est pourvoir à un intérêt public ; et on pourrait admettre, à la rigueur, qu'une subvention de l'État vînt couvrir la part de la dépense qui pourrait être attribuée à la satisfaction de cet intérêt public. Mais lorsqu'un propriétaire plante une vigne américaine, je voudrais bien qu'on me dise à qui l'opération peut bien profiter, si ce n'est à lui-même !

Si les caisses publiques se remplissaient par la baguette d'une fée et étaient inépuisables, je laisserais bien l'État subventionner l'industrie des vignes américaines et toutes les industries possibles, qui sans doute voudraient leur part, — et je ne vois pas comment on pourrait refuser à une seule ce que la vigne américaine obtiendrait aujourd'hui. Mais il n'en est pas ainsi. En particulier, la somme accordée par la loi de finances pour la lutte contre le phylloxera est très limitée, beaucoup trop limitée; on ne peut dépenser d'un coté qu'en économisant d'un autre. Il faut donc se rendre un compte exact du caractère de chaque dépense; cela fait, écarter d'abord toutes celles qui ne répondraient aux intentions ni des particuliers qui les demandent ni du gouvernement qui les ferait, et classer ensuite les autres selon leur importance relative. Sur ce dernier point aussi nous aurions beaucoup à dire.

(Extrait de l'Économiste français du 9 octobre).

LES TRAITEMENTS PHYLLOXÉRIQUES
ET LES SUBVENTIONS DE L'ÉTAT.

De tous les traitements qu'on a proposés jusqu'à ce jour pour défendre la vigne contre le phylloxera, il en est trois seulement que la Commission supérieure a jugés dignes d'une subvention de l'État : la submersion, le traitement au sulfure de carbone et celui au sulfocarbonate de potassium. Ceux qui peuvent en faire usage s'en trouvent bien et s'en contentent, car les trois sont également propres à sauver nos vignes; non que le phylloxera puisse être détruit : il n'y a pas un seul exemple d'une vigne occupée par l'insecte et dont on soit parvenu à le déloger sans sacrifier la vigne elle-même ; il y a plus, il n'y a pas un seul exemple d'un tel sacrifice ayant eu pour conséquence de sauver de l'invasion les vignes voisines. Il faut, en outre, pour que la vigne vive et donne les récoltes habituelles, renouveler chaque année le traitement, faire, chaque année, une dépense supplémentaire de 300 à 350 francs par hectare au minimum[1]. Les vignobles à grand revenu peuvent seuls supporter cette dépense.

L'administration accorde aujourd'hui une subvention importante à ceux qui veulent et peuvent défendre leurs vignobles. Voici la règle établie lorsque des propriétaires se constituent en syndicat pour traiter leurs vignes *au moyen d'un des trois traitements que nous venons de citer* : la subvention est, la première année, de 100 francs par hectare, quand il s'agit du traitement par le sulfure de carbone (que nous prenons pour base de notre discussion, parce que c'est le moins coûteux des trois), s'élève à une somme moindre la seconde année, est supprimée généralement après cette seconde année. On admet que les viticulteurs n'ont plus besoin d'encouragements lorsqu'ils ont pu constater par expérience les bons effets du traitement, la connaissance pratique de leurs intérêts devant suffire.

Une première objection qui se présente est celle-ci : l'État couvre d'une garantie morale, d'une protection officielle, les traitements subventionnés et, en même temps, la fabrication des substances qu'on y emploie[2]. Or une telle garantie, une telle protection, ne rentrent ni dans sa compé-

1. Voir pages 333 à 362.

Voir encore le rapport de la commission des traitements au Congrès phylloxérique de Bordeaux, pages 28 et suivantes, et p. 45, 17º à 22º incl. — Paris, G. Masson ; Bordeaux, Féret et fils.

2. On en a fait la remarque, bien des personnes auraient essayé d'autres traitements, par exemple les badigeonnages, et en ont été empêchées par cette considération, qu'elles perdraient en le faisant le bénéfice des subventions accordées par l'État aux traitements officiels.

tence ni dans son rôle. Encore moins a-t-il qualité pour déconsidérer implicitement tout ce qui n'est pas un de ces trois traitements. Des intérêts industriels sont engagés dans les opérations de ce genre, et l'État n'a pas à intervenir pour protéger le fabricant d'une substance contre le fabricant de telle autre substance, en encourageant le consommateur à user de la première et à délaisser la seconde. Si, de plus, l'offre de la marchandise protégée est inférieure à la demande, en sorte que la concurrence s'établisse entre les acheteurs, la subvention maintient les prix plus élevés qu'ils ne le seraient naturellement et va, dès lors, pour une bonne partie, au fabricant, au lieu du consommateur qu'on veut aider.

Cette répercussion regrettable n'a pas un caractère transitoire; ici, la nature même des choses veut qu'elle soit permanente. Pour qu'il en fût autrement, il faudrait que la production, dans l'espoir d'être suivie à bref délai, consentît à devancer la consommation. Elle ne le fera pas, pour cette raison bien simple, qu'aucun de ces traitements n'est sûr du londemain. Tous peuvent sombrer tout d'un coup : 1° par leurs vices mêmes (ce n'est pas le lieu de développer ce point); 2° parce qu'un traitement nouveau, plus efficace et en même temps d'une application plus facile, exigeant moins de main-d'œuvre et moins d'argent, peut surgir tout d'un coup et faire plus ou moins oublier tout le reste; 3° enfin, parce qu'avec tout ce que nous savons aujourd'hui du phylloxera, *il n'est plus permis d'affirmer que le fléau ne s'atténuera pas suffisamment de lui-même, par le simple jeu de causes naturelles, pour que tout traitement devienne inutile.* Les industriels, en général clairvoyants, savent cela parfaitement ; il est bon que les viticulteurs le sachent aussi et ne se bercent point d'espérances chimériques. Les premiers pourront bien consentir à suivre les seconds à distance, tant qu'ils vendront cher et pourront amortir rapidement les capitaux engagés dans leurs entreprises; qu'ils consentent à les devancer, même après avoir beaucoup gagné, je ne le pense pas.

En attendant, tous les essais que les hommes d'initiative pourraient, à leurs risques et périls, tenter dans une autre voie se trouvent paralysés. Cependant, pour les quatre cinquièmes au moins de nos vignobles, il ne reste d'espoir que dans la découverte de quelque autre moyen de défense. En dehors de certains arrondissements privilégiés, on ne trouve guère de vignes qui puissent supporter une dépense supplémentaire et annuelle de *trois cents francs par hectare*, bien peu même où la subvention rende possible l'emploi d'un de ces trois traitements. Et en effet, nous rencontrons presque tous les syndicats dans les contrées que la vigne avait élevées à un degré de prospérité inouïe, où on a vu deux ou trois récoltes payer la terre, où ceux qui ont eu de la prévoyance pourraient abandonner la terre elle-même et se reposer, leur fortune faite. Ils n'en feront rien; il n'y a pas à craindre qu'ils reculent devant une dépense de trois cents francs, qui peut représenter la valeur de dix hectolitres de vin, où ils ont l'habitude d'en récolter de soixante à trois cents et plus, ou bien encore lorsque cette dépense en représente trois ou quatre, quelquefois moins, comme dans certains crus de la Gironde. Que peut être, pour ceux-là, une subvention de cent francs par hectare? — Une gratification pure et simple. — Qu'ils l'acceptent, c'est fort concevable; mais que penser de l'Etat qui la donne? Qu'en penseront surtout les viticulteurs qui ne la peuvent recevoir parce que, même avec la subvention, le traitement coûterait encore trop cher pour le revenu de leurs vignes, s'ils s'avisent de réfléchir que l'argent donné aux autres est pris, en partie, dans leurs bourses, à eux, puisque c'est le budget qui le fournit? Prendre à ceux qui sont ou vont être ruinés pour donner à ceux qui continuent à s'enrichir est une mesure difficilement justifiable.

Le seul syndicat de l'arrondissement de Béziers comprend plus de cinq mille hectares, et a reçu, en 1881, *quatre cent trente-deux mille francs de subventions*. On prend la peine de nous dire que tout cet argent, qui sort des caisses de l'État, ne reste pas aux propriétaires; qu'une bonne partie va en salaires et aux travailleurs : aux travailleurs de l'arrondissement de Béziers, mais ce n'est pas l'arrondissement de Béziers qui donne la subvention. On ajouterait qu'une autre partie va aux fabricants d'insecticides ou à leurs commanditaires, que l'argument me toucherait peu.

Il n'y a pas davantage à se laisser séduire par cette considération que le vin rend au Trésor bien au delà de ce que l'État donne à la vigne; sur une production de quatre-vingts hectolitres seulement à l'hectare, le Trésor percevrait près de quatre cents francs de droits : quatre fois la subvention! Certes, un placement à 400 pour 100 est un beau placement! Mais est-ce bien à l'État de faire des placements dans des entreprises agricoles et industrielles, en usant de son irrésistible puissance en faveur de celles qui lui agréent, par exemple en créant des vignes où il n'y en a pas, ou bien, ce qui est au fond la même chose, en faisant vivre celles qui veulent mourir? Qu'un propriétaire vienne dire à l'État : Je possède cinq mille hectares de terres arables, où je fais des céréales qui ne vous rapportent à peu près rien ; donnez-moi pendant deux ou trois ans une subvention de quatre cent mille francs, et j'y planterai de la vigne qui vous rapportera deux millions, bon an mal an, et pour longtemps : pensez-vous que l'État reste dans son rôle en faisant l'affaire? Si oui, il y a longtemps qu'il aurait dû y songer, car l'opération s'offrait à lui bien avant l'arrivée du phylloxera!

Un seul argument aurait quelque valeur : c'est que ceux

qui reçoivent la subvention pour faire un traitement détruisent, en le faisant, *une grande quantité d'insectes* et que l'invasion des vignes voisines en est ralentie. Voilà bien, en effét, un intérêt considérable, d'ordre général, pouvant par là même créer des devoirs à l'État. Mais comment ne voit-on pas que ces devoirs commencent précisément avec les vignes qui ne peuvent pas se suffire à elles-mêmes? Et alors, la subvention devrait être d'autant plus forte que le produit serait moindre, jusqu'à couvrir la dépense totale où le propriétaire ne peut rien retrancher de son revenu. C'est dire que la subvention, telle qu'on la donne aujourd'hui, ne pourrait être défendue que là où on ne l'a pas donnée, où on ne la donnera point, parce que personne ne pourrait l'accepter; partout ailleurs, elle est inutile, c'est-à-dire incorrecte. Le syndicat de Béziers aurait fort bien fait les traitements, exactement les mêmes traitements, sans la subvention, avec cette seule différence que les propriétaires syndiqués, pour sauver leurs grasses récoltes, auraient dépensé cent francs de plus par hectare. Seuls, ils ont le bénéfice de la subvention, la situation restant la même pour tous les autres, y compris l'État.

Difficilement justifiable au point de vue économique, la subvention n'est pas beaucoup meilleure au point de vue viticole. Une opération culturale ne vaut que par la balance entre le revenu et la dépense. Or ils sont nombreux, ceux que les traitements, la balance faite, laisseront en perte, et qui auraient évité cette perte sans les encouragements de l'Administration. Combien se disent : Les traitements seront avantageux pour nous, car sans cela l'Administration ne les patronnerait point, ne nous pousserait point ouvertement, officiellement, par tous les moyens en son pouvoir, à nous syndiquer. Ils se syndiquent, traitent, et en viennent à reconnaître que le prix de la récolte ne couvre pas leurs déboursés. Puis, la subvention disparaît, le syndicat, avec elle, et chacun de penser, s'il ne le dit tout haut : C'est l'Administration qui m'a fait perdre! Qu'avait-elle à se mêler de choses où elle manque de compétence, qui ne la regardent point? D'autres moyens m'auraient peut-être réussi. C'est qu'en effet, vouloir, ainsi qu'on le dit et qu'on le fait avec d'excellentes intentions, vaincre l'apathie, l'inertie soi-disant innées des agriculteurs, quand on est si peu sûr de la voie où on les pousse, est une entreprise des plus dangereuses. Si d'ailleurs ceux qu'on réussit à mettre en mouvement restent en si petit nombre, c'est peut-être que les autres apprécient sainement l'instrument de salut qu'on leur offre. Redisons-le, *les grandes vignes peuvent, dès à présent, être défendues; dans les petites, qui font au moins les quatre cinquièmes du tout, nous sommes encore complètement désarmés, parce qu'il n'y a pas une seule de ces dernières qui puisse supporter la dépense inhérente aux traitements connus.* Voilà la situation vraie; la subvention ne la changera point.

Au récent Congrès phylloxérique de Bordeaux, le principe même de la subvention a été un moment plus que compromis. C'est que les principes vrais, même mollement défendus, ont une force intrinsèque capable de vaincre parfois des résistances intéressées. Le sulfocarbonate de *calcium* et la vigne américaine demandaient leur part des subventions de l'État, et le faisaient en invoquant le principe d'égalité devant le budget. L'égalité demandée leur a été offerte sous cette forme : suppression absolue de toute subvention. Cette solution inattendue a causé d'abord quelque surprise, puis un bon mouvement; ce bon mouvement s'est peu à peu ralenti, la réflexion est venue, et la subvention a été sauvée, grâce à une alliance qui s'est faite toute seule.

Alliance léonine s'il en fut! La vigne américaine, en particulier, me semble avoir manqué de clairvoyance. Elle a maintenant pour elle le vœu du Congrès de Bordeaux, comme

elle avait déjà le vœu du Congrès de Lyon : je serais bien
étonné qu'elle eût jamais un centime! Elle aura défendu le
gâteau, elle n'y goûtera point! C'est que, en effet, l'abus
serait ici excessif[1]. Mieux avisée, il dépendra d'elle de conquérir au prochain congrès l'égalité rêvée, en la poursuivant
par le seul moyen qui puisse, qui doive lui réussir. Son désintéressement intelligent sera contagieux, un vœu raisonnable sera voté, et la subvention aura vécu. Car enfin, s'il
n'est pas impossible de refuser une subvention à qui la
demande, il semble malaisé d'en imposer une à qui n'en veut
plus !

(Extrait du *Journal des Économistes*, novembre 1881.)

1. Voir notre note : *la Vigne américaine et les subventions de l'État*, dans
l'*Économiste français;* 9 octobre 1880, p. 446 (c'est la note précédente).
Ajoutons ici que si *la Vigne américaine* n'a pas reçu de subvention directe,
elle a reçu indirectement des faveurs qui sont venues dérouter toutes nos
prévisions.

SUR LES CAUSES DE LA RÉINVASION

DES

VIGNOBLES PHYLLOXÉRÉS

L'Académie des sciences a chargé quelques-uns de ses délégués — je suis au nombre de ceux-là — de rechercher les causes de ce qu'on a nommé la *réinvasion* du mois d'août.

Il est nécessaire de bien poser la question : un mois ou six semaines après un traitement d'hiver, on trouve peu ou point d'insectes ; au mois d'août, en septembre et octobre surtout, on les retrouve tout à coup très abondants ; ce serait comme une explosion soudaine. — Voilà le fait.

Donnant trop à l'imagination, pas assez à une critique un peu attentive ; admettant trop à la légère et pour n'avoir pas pris la peine de les bien chercher, que tous les insectes sont détruits par le traitement, et se laissant ensuite surprendre par leur descendance faute de méthode et de suite dans les recherches ; ne pouvant, en somme, expliquer d'une manière satisfaisante cette *réinvasion* soudaine , on s'étonne, on se décourage : alors, plutôt que de s'accuser soi-même, on se laisse aller à prétendre que l'histoire naturelle de l'insecte offre des lacunes, et à rejeter sur les entomologistes tous les embarras du moment.

Comme il importe de ne laisser aucun doute sur ce point, je cite textuellement, en y soulignant trois mots, un des vœux émis par la Commission supérieure du phylloxera en novembre 1878 [1] :

La Commission supérieure du phylloxera, considérant que l'histoire du phylloxera, au point de vue des invasions d'été, présente encore des lacunes, et que les *observations entomologiques récentes* n'ont pas produit les effets qu'on en attendait, émet le vœu que les études dont le phylloxera est l'objet continuent à être encouragées.

Au moment où la question s'est posée, il y a près d'un an, j'ai essayé, dans un mémoire imprimé[2], de prouver que les insectes échappés au traitement suffisent pour expliquer les invasions d'été bien observées et bien décrites. J'ai reproduit cette discussion, avec quelques développements nouveaux, dans un second mémoire (page 28), cité parmi les pièces imprimées de la correspondance (comptes rendus, séance du 7 juillet 1879); et, chagrin de voir opposer cet *inconnu* hypothétique à l'utilité de mes propres essais sur la destruction de l'*œuf d'hiver*, je me suis permis d'indiquer qu'on se jetait ainsi sur une fausse piste où il n'y avait guère que du temps à perdre.

Jusqu'ici, l'événement paraît me donner raison, puisque les communications reçues jusqu'à ce jour par l'Académie ne laissent rien entrevoir relativement à cette prétendue *cause cachée*, mais tendent uniquement à tout expliquer par l'analyse et la discussion des causes connues. Je demande la permission de présenter moi-même quelques vues sur ce sujet.

1. — Pour expliquer ce qu'on nomme la *réinvasion* du mois d'août, on fait intervenir, parfois avec raison, les aptères domiciliés sur les vignes voisines non traitées ; mais, à mon avis, on en exagère beaucoup l'importance. Ces insectes promeneurs, découverts par M. Faucon, font par eux-mêmes bien peu de chemin. Le vent, d'ailleurs, a sur eux peu de prise, et pas beaucoup plus sur les grains de poussière

1. Rapports et documents, E. Masson, éditeur, janvier 1878 (p. 21).
2. Voir pages 102 et 140.

où ils seraient accrochés. Le vent soulève et emporte au loin la poussière des chemins, où les roches superficielles sont incessamment désagrégées ; mais je n'ai jamais remarqué de poussière sur un champ cultivé, jamais surtout sur une vigne où le sol est protégé par le feuillage et l'herbe. J'ai vu des vignes touchant à d'autres vignes phylloxérées demeurer assez longtemps indemnes. On peut admettre ces migrations d'aptères sur la circonférence du vignoble traité et sur une profondeur de quelques mètres, pas au delà. Notons encore que ces insectes ne sauraient être invoqués, — M. E. Falières l'a fait remarquer après nous, — pour expliquer la *réinvasion* sur une tache entourée de vignes irdemnes et qui demeurent indemnes (voir p. 285, note).

2. — Les aptères provenant par générations successives de l'œuf fécondé ou *œuf d'hiver*, — les *gallicoles*, — apportent à la *réinvasion* un appoint qu'on a tantôt exagéré, tantôt systématiquement amoindri. Leur fécondité est prodigieuse ; mais, à défaut de galles, que l'on rencontre si exceptionnellement sur nos cépages français, ils se trouvent exposés, sans protection, d'une part à toutes les intempéries, de l'autre à une foule d'ennemis. Les ceps où pas un seul ne survit ne doivent pas être rares en temps ordinaire ; ce sont certainement, et de beaucoup, les plus nombreux dans les années qui offrent le printemps que nous avons eu en 1879.

On ne peut donc leur attribuer quelque importance que pour les ceps où les *ailés* ont été très abondants l'année précédente, et où les *œufs d'hiver* sont, en conséquence, très nombreux.

Considérons, en premier lieu, ce qui provient seulement du vignoble traité, en négligeant provisoirement les essaims qui peuvent, chaque année, venir du dehors. On n'a pas assez remarqué que, dans ces conditions, si les traitements se font régulièrement tous les ans, les *ailés* ne tarderont pas à devenir extrêmement rares. Entrons dans le détail.

On le sait, chez le phylloxera, la fécondité va diminuant sans cesse, à mesure que les générations se succèdent. En m'appuyant, d'après M. Balbiani, sur la loi de cette dégénérescence spéciale, sur le petit nombre des œufs pondus par l'*ailé*, sur le petit nombre de ses gaines ovigères, j'ai montré qu'un *ailé* est toujours séparé par un très grand nombre de générations de l'*ailé* dont il descend ; que ce nombre est très supérieur à celui des générations qui se succèdent du 15 avril, où l'*œuf d'hiver* éclôt, au mois de novembre, où les *hibernants* apparaissent ; et, formulant le principe avec une première approximation, j'ai annoncé, le premier, qu'on ne rencontrerait jamais d'*ailés* parmi les *insectes de première année*[1].

De là cette conséquence, que deux traitements souterrains, faits deux années consécutives, peuvent suffire à tout, sans qu'on ait besoin de s'inquiéter de l'*œuf d'hiver*[2]. En effet, admettons que l'on ait détruit tous les *hibernants* en janvier 1879 ; que restait-il ? Simplement des œufs fécondés sous les écorces. De ces œufs sont nés, au printemps, des *gallicoles* ; ceux-ci, après deux ou trois générations, sont passés sur les racines et ont produit une *réinvasion* d'été. Mais, pendant cette année 1879, aucun de leurs descendants ne se transformera en *ailé* ; il n'y aura donc pas d'*œufs d'hiver* en janvier 1880, et, si, à ce moment, on détruit encore tous les nouveaux *hibernants*, il ne restera rien.

Dans la pratique, il est vrai, le premier traitement épargnera toujours quelques insectes, et ceux-ci, venus de l'œuf fécondé de l'année précédente ou d'une année antérieure, pourront avoir, dans l'année, quelques *ailés* parmi leurs descendants ; mais, ainsi que leurs arrière-parents, ces *ailés* se-

---

1. Mémoire signalé parmi les pièces imprimées de la correspondance (*Comptes rendus*, séance du 28 octobre 1878).

2. Voir page 293.

ront en bien petit nombre; et ce que nous avons dit d'abord montre que leur influence sur la *réinvasion* de l'année suivante sera négligeable. Il est, en effet, d'observation que la *réinvasion* d'été, généralement importante après un premier traitement, est insignifiante après le second. Or cette atténuation ne saurait tenir au petit nombre des insectes qui survivent aux traitements; quant à ceux-ci, la situation est à peu près la même après un traitement quelconque, puisque, même après un seul, on trouve les survivants si peu nombreux, qu'on a pu prétendre qu'il n'en restait pas.

Quant aux essaims qui viennent du dehors et s'abattent sur quelques groupes de ceps, ils y ramènent évidemment la situation à ce qu'elle était au début, et suffisent à expliquer toutes les recrudescences locales qu'on peut observer dans la *réinvasion :* un seul insecte issu de *l'œuf d'hiver*, et qui arrive à bon port ainsi que sa progéniture, peut suffire à peupler très convenablement un pied de vigne au cours d'une saison.

3. — Les deux causes précédentes sont donc ou deviennent peu importantes, en négligeant les exceptions. Une cause permanente et, en général, prépondérante, est celle qui provient des insectes épargnés par les traitements. Je ne reviendrai pas sur les explications que j'ai fournies dans mes Mémoires ; je ferai seulement remarquer que les effets de cette cause s'atténueront sans cesse, parce que les traitements successifs écartant indirectement les produits de l'œuf fécondé, les aptères survivants seront à peu près réduits à la reproduction agame. C'est, en effet, ce qui s'observe.

Personne ne prétend plus aujourd'hui qu'un traitement quelconque puisse détruire tous les insectes souterrains.

M. Dumas a donné, à ce sujet, une explication que j'ai besoin de reproduire en substance : dans la terre existent souvent de petites cavités où l'air peut se trouver emprisonné, et offrir à un aussi petit insecte une atmosphère suffisante. Le même accident peut, je pense, se produire avec le sulfure de carbone. Ce n'est, je le veux bien, qu'une *vue de l'esprit*, ainsi que M. Dumas me faisait l'honneur de me le dire ; mais, en dehors des vues de l'esprit et du raisonnement qui les analyse, « on ne saurait échapper à un empi- « risme aveugle et incapable de servir de guide au perfec- « fectionnement des applications [1] ».

. Cette simple vue de l'esprit a suffi pour ruiner instantanément chez moi une conviction que rien n'avait pu entamer, même la commisération de tous ceux qui voulaient bien s'intéresser à mes essais de ce temps-là : la conviction qu'il pourrait n'être pas impossible de tout détruire d'un seul traitement.

Car il ne m'en coûte nullement d'avouer que j'ai tenté moi-même des *traitements d'extinction*. Je ne les demandais pas à une augmentation de la dose toxique, mais à une exactitude en quelque sorte géométrique dans la distribution des trous sur le terrain. Ce serait encore, à mon avis, la meilleure voie à suivre : la dose de sulfure de carbone est, pour les insectes protégés, à peu près indifférente ; et tout ce qui est en excès de la quantité nécessaire pour tuer les autres constitue pour la vigne une fatigue et un danger inutiles.

Je ne veux pas, faute de place, traiter à fond cette question ; encore moins déconseiller la lutte entreprise contre l'insecte ; je veux simplement faire une réserve sur les principes qui président aux applications.

4. — J'ai montré récemment que les *ailés* pouvaient se succéder tous les ans après les premiers parus, et aussi qu'il était, non pas certain, mais possible que leur apparition fût périodique. L'*ailé* n'est pas bon pour cette recherche, parce

---

1. M. Berthelot, *Comptes rendus*, 28 juillet 1879, p. 194.

qu'on peut ne pas le voir et que, si on le voit, on sait rarement d'où il vient. La galle elle-même laisse de grandes incertitudes et est par trop rare. Mais la *nymphe* est ici très précieuse, parce qu'elle est sûrement née sur le pied où on la trouve et qu'elle s'offre assez facilement. Il serait très utile de savoir si la *nymphe* revient tous les ans *dans la même famille* ou si son retour est périodique, et, dans ce dernier cas, quelle est la durée de la période. J'ai expliqué, en son lieu, que ces recherches ne pouvaient aboutir qu'entre les mains d'observateurs ayant une tache avancée et isolée dans le voisinage de leur résidence.

(Extrait pour la majeure partie des *Comptes rendus de l'Académie des sciences*.)

Dans une note de M. Faucon, insérée au compte rendu de la séance du 27 octobre 1879, nous lisons ce qui suit :

Dans la lettre que j'ai eu l'honneur de vous adresser [1] le 11 juillet dernier, je disais :

« Le traitement le plus énergique, le plus efficace, laisse tou-
« jours échapper quelques phylloxeras, lesquels expliquent les
« réapparitions du mois de juillet. Faut-il voir d'autres origines
« dans les réinvasions de l'été? Je pense que oui, et j'espère pou-
« voir le prouver. »

Désireux, pour arriver à ce but, de ne présenter que des observations basées sur des faits, je me suis mis en mesure de suivre, *de visu,* le phylloxera dans toutes ses évolutions, depuis sa sortie de terre jusqu'à sa disparition de dessus le sol.

Ainsi que j'ai eu déjà l'occasion de vous le dire, le phylloxera a tardé beaucoup, cette année, à se montrer sur le sol. Ce n'est que le 15 juillet que nous avons pu en découvrir quelques-uns; mais bientôt le nombre en a augmenté considérablement, et dès le 25 juillet il était facile d'en observer de grandes quantités. De une heure à trois, lorsque la chaleur est à son maximum d'intensité, c'était le moment où on en voyait le plus. Le nombre de ces insectes a été constamment en augmentation, jusqu'à la mi-août.

1. A Monsieur le secrétaire perpétuel.

Le 12 août, mon neveu a trouvé jusqu'à douze aptères, tous jeunes, réunis dans le champ de sa loupe; c'était à deux heures de l'après-midi, par un temps calme et un soleil brûlant; le thermomètre placé à terre, en plein soleil, marquait en ce moment 61 degrés. Les phylloxeras ailés étaient et ont continué à être relativement très rares. Les observations les plus nombreuses, faites presque tous les jours, avaient lieu dans des vignes situées à une très petite distance de mon domaine, l'une à l'est, l'autre à l'ouest; celle-ci séparée de mon vignoble par un chemin, l'autre par un petit cours d'eau large de trois mètres. Ces deux vignes, âgées à peine de trois à quatre ans, sont déjà arrivées aux dernières limites de l'épuisement. A voir les évolutions que les phylloxeras font dans ce champ qui ne leur offre plus une alimentation suffisante, il est facile de comprendre qu'ils sont à la recherche de souches à racines plus succulentes et que leur instinct ne tardera pas à les pousser dans mon vignoble. Cependant, les suivre dans leurs pérégrinations, sans les perdre de vue un instant, et les voir arriver au terme de leur voyage, ce n'était pas chose facile dans les conditions où je me trouvais; je l'ai entrepris plusieurs fois et je n'ai jamais pu réussir. J'ai dû limiter mes recherches dans des vignes contiguës et qu'aucun obstacle ne séparait. Là il m'a été très aisé de voir plusieurs fois de jeunes phylloxeras aptères passant d'une vigne dans l'autre. Au reste, ce fait a été constaté tant de fois depuis que je l'ai signalé, il y a dix ans, que le doute n'est plus possible aujourd'hui sur ce point de la question : *Le cheminement de l'insecte à la surface du sol constitue une des causes des réinvasions estivales.*

Cette conclusion, malgré sa solidité, ne m'a pas satisfait complètement; j'ai voulu avoir une preuve matérielle qui en fût la confirmation la plus éclatante.

Voici ce que j'ai fait pour arriver à ce résultat :

Sur une planchette fixée au bout d'un piquet, j'ai disposé une feuille de papier blanc, enduite d'une couche d'huile. J'établissais un piège qui devait me servir à prendre les phylloxeras que le vent soulèverait et chasserait au loin[1]. Les vents qui règnent ordinairement ici en été venant de l'ouest, il eût été essentiel que mon piège fût placé vis-à-vis du foyer d'infection qui, tout près

---

1. Les personnes qui doutent de la possibilité de ce fait ne sont jamais venues dans notre Provence, ou ne l'ont visitée que par un temps calme; je ne leur souhaite pas de faire connaissance avec nos vents, qui soulèvent non seulement la poussière de nos champs, mais encore le gravier de nos routes. (Note de M. Faucon.)

de mon vignoble, existe de ce côté; mais il y a là un chemin qui n'a pas permis d'opérer de cette manière; le piège ne serait pas resté deux jours en place, il aurait été enlevé par les passants. Force a donc été de le mettre de l'autre côté, en face du foyer qui existe à l'est de mes vignes. Le vent, faible ou fort, a persisté d'une manière désespérante du sud-ouest au nord-ouest, pendant plus d'un mois. J'étais obligé, tous les deux jours, de remettre une couche d'huile sur mon papier. Divers insectes ailés se prenaient bien au piège, mais pas un phylloxera aptère ne s'y collait. Enfin, le 27 août, une brise assez forte du nord-est se leva et dura quelques heures. Ce fut suffisant pour jeter sur le papier huilé de mou piège 19 jeunes phylloxeras aptères.

Je vous envoie ce papier. Chaque phylloxera est entouré d'un petit cercle tracé au crayon : il vous sera facile de les voir.

Quand on pense que ce papier ne présente qu'une superficie de 500 centimètres carrés ($0^m,25$ sur $0^m,20$) et qu'il n'a fallu qu'un instant pour qu'il reçût 19 phylloxeras, on est effrayé de l'incalculable quantité de ces insectes qui, soulevés par le vent, vont porter au loin l'infection, pendant tout le temps de la longue période de leur pérégrination à la surface du sol, laquelle a eu une durée de deux à trois mois. *Là est, sans nul doute, la principale origine des réinvasions estivales.* Il n'est pas nécessaire d'insister sur ce point.

Une troisième cause peut et doit contribuer à ces réinvasions ou réapparitions : ce sont les œufs provenant des insectes sexués. N'ayant jamais pu trouver, dans notre région du Midi, ni ces œufs, ni les insectes en provenant directement, ni aucune génération conservant le moindre reste des caractères qui, suivant quelques auteurs, font reconnaître les premiers descendants de ces insectes, il m'est impossible d'émettre une opinion à ce sujet.

RÉPONSE A M. FAUCON.

Depuis trois ans, je poursuis contre le phylloxera un traitement dont je ne suis point l'inventeur, mais que je voudrais bien voir réussir, parce qu'il n'exige pas une dépense de 30 fr. par hectare, tout compris. En cas d'échec, il me serait agréable, je l'avoue, de pouvoir attribuer l'insuccès à une cause indépendante du traitement même, par exemple aux insectes pris par le vent sur les vignes voisines et déposés ensuite sur la mienne. Malheureusement, je ne trouve pas, et je le regrette, que la dernière Note de M. Faucon suffise pour autoriser un jour une explication de ce genre, même en Provence. Nous n'avons pas, il est vrai, chez nous, les vents classiques de la Provence; cependant nous jouissons, par accident, de vents très avouables, puisqu'ils suffisent à tordre, à arracher des arbres séculaires.

L'expérience de M. Faucon repose sur une idée très ingénieuse, mais ne me paraît pas suffisamment décrite. Il y manque surtout un élément essentiel : la hauteur du piquet sur lequel était fixée la planchette portant le papier huilé[1]. Les vignes ne sont séparées que par un cours d'eau de 3 mètres de largeur; si le papier était très près du sol entre les deux vignes, les insectes pris au piège à sa surface ont pu venir d'une bien petite distance. Or, le débat porte, en grande partie, sur une question de distance.

Puis, personne ne nie que dans un lieu déterminé des circonstances toutes locales ne puissent amener des anomalies; mais il importe que ces influences locales puissent être appréciées, si l'on ne veut pas que les exceptions viennent masquer ou défigurer les lois générales. Comment sont cultivées les vignes de M. Faucon et les vignes voisines? Les pampres sont-ils, comme dans la Gironde, attachés à des carassons, échalas, tuteurs quelconques, de manière à laisser entre deux rangs comme un couloir où le vent puisse s'en-

---

1. M. Faucon a répondu (*Comptes rendus de l'Académie des sciences* du 8 septembre 1879) :

« 1° La planchette, portant le papier huilé de mon piège, avait été placée à 2 mètres au-dessus du niveau du sol.

« 2° La vigne dans laquelle j'ai trouvé un si grand nombre de phylloxeras (quoique considérablement affaiblie) avait des pampres si rabougris, que le soleil dardait en plein ses rayons sur le sol et que rien ou presque rien ne s'opposait à l'action du vent; et il en est ainsi dans toutes les vignes très phylloxérées. »

gouffrer? Les pampres sont-ils, au contraire, comme dans l'Aude, l'Hérault, le Gard, abandonnés à eux-mêmes? Dans le dernier cas, pour peu que la vigne soit vigoureuse et que le vent ne soit pas précisément une tempête à tout briser, le feuillage est un abri très efficace; si efficace, qu'à Aigues-Mortes, dans un sable si mouvant que de grandes précautions sont nécessaires après la taille, on n'en prend plus aucune dès que la vigne est bien feuillée ; le feuillage suffit.

De plus, si la direction du vent est assez constante à une certaine hauteur, à la surface du sol le moindre accident de végétation amène des remous qui ne sont pas à négliger pour apprécier l'origine probable des insectes. Il est vrai que M. Faucon les a observés très abondants sur les vignes voisines *déjà arrivées aux dernières limites de l'épuisement*. Eh bien, c'est encore là une anomalie très rare : il est d'observation constante que, parvenues à ce point, les vignes n'ont plus d'insectes, non seulement à la surface du sol, mais même sur les racines.

M. Faucon fait intervenir l'instinct de ces petites bêtes, qui, dit-il, ne tarde pas à les pousser vers les racines plus succulentes de son vignoble; par contre, il néglige peut-être un peu trop celui qui leur apprend à s'abriter des intempéries. Voici ce que raconte M. Balbiani [1] :

Dans une de mes visites, le 29 août, je trouvai la terre autour des ceps, humide et ramollie, par suite d'une forte averse tombée la veille. Tous les phylloxeras avaient disparu sur le sol ; mais, ayant eu l'idée de retourner les feuilles des sarments les plus rapprochés de terre, je les vis en grand nombre blottis à leur face inférieure et presque toujours appliqués contre une nervure. Le surlendemain, le terrain étant devenu presque sec, de nombreux phylloxeras se promenaient de nouveau sur le sol, et un petit nombre seulement étaient restés sur les feuilles [2].

1. *Comptes rendus*. séance du 14 décembre 1879.
2. Il s'agit ici d'*ailés*. Le texte ne l'indique pas, mais je l'ai appris depuis

La planchette était-elle entre les deux vignes ou dans la vigne même de M. Faucon? Dans ce dernier cas, peut-être aussi dans le premier, les dix-neuf jeunes phylloxeras pourraient bien provenir tout simplement des feuilles les plus proches.

Il faut attendre de nouveaux éclaircissements, attendre surtout que l'expérience ait pu être répétée en des lieux divers. A ce point de vue, il est regrettable que, terminée le 27 août, elle soit publiée seulement le 25 octobre (date de la lettre de M. Faucon), c'est-à-dire deux mois après, et lorsque tout insecte a disparu de la surface du sol.

M. Faucon nous dit que « le vent, faible ou fort, a per-« sisté d'une manière désespérante du sud-ouest au nord-« ouest pendant près d'un mois ». Je ne m'explique pas que cet accident ait pu le gêner. Il avait à sa disposition tout le périmètre de la vigne *épuisée* qui devait fournir les insectes ; il suffisait de déplacer chaque jour la planchette, de la mettre chaque jour sous le vent de ladite vigne. S'il se rencontre sur le pourtour un champ non planté en vigne, c'est là qu'était la place marquée pour la planchette, ou plutôt pour une série de planchettes échelonnées à des distances différentes, fixées sur des piquets de hauteur inégale. Dans ces conditions, en dépit de tous les remous, l'origine des insectes récoltés serait *quasi* certaine, comme aussi la distance *minimum* d'où le vent les aurait apportés. C'est ainsi que l'expérience devra être répétée, si elle l'est, ce qui me paraît inutile, parce qu'une exception toute locale, si accusée fût-elle, ne saurait infirmer les faits généraux. Ceux-ci paraissent assez bien établis :

... Les exemples sont nombreux autour de nous de vignes attaquées sur des points bien caractérisés, ces points étant entourés

de M. Balbiani. La prévoyance des uns est un indice sûr de l'instinct des autres.

de tous côtés par des vignes saines et vigoureuses, exemptes de phylloxeras. La submersion, correctement pratiquée aussi bien sur les foyers que sur les vignes saines de la périphérie, n'empêche pas la réinvasion de se manifester en août, plus souvent en septembre et en octobre ; cette réinvasion a lieu dans les foyers mêmes où l'on constatait l'année précédente la présence du phylloxera, les vignes environnant les foyers restant toujours sans insectes. Comment admettre dans ce cas l'influence d'insectes venus de loin, qui tous auraient dû traverser un territoire circulaire, sans s'y arrêter, pour venir se joindre en un point commun [1]...

Qui dit cela ? Un homme que son savoir et sa connaissance approfondie de la question ont fait nommer membre de la Commission supérieure du phylloxera ; et il le dit justement à propos de la vigne du mas de Fabre. Où dit-il cela ? Dans un rapport adressé au ministre au nom de l'Association viticole de Libourne, rapport approuvé par ses collègues, tous hommes pratiques et observateurs habiles. Est-ce que le vent a pu jouer un rôle ?

Les *réinvasions* se montrent tout aussi abondantes dans les foyers isolés que sur des vignes touchant à d'autres vignes infectées. Comment une cause qui ne laisse apercevoir aucune différence appréciable, lorsqu'elle vient à disparaître, serait-elle une cause *prépondérante?*

Il est d'observation que les *réinvasions* d'été, généralement importantes après un premier traitement, deviennent négligeables après le second. Cependant, les vignes voisines sont toujours là. Comment une cause qui laisse se produire de telles différences, alors que son action propre reste la même, serait-elle une cause *prépondérante?*

Dans la Gironde, toutes les vignes sont carassonnées. Dans les vignes dont les rangs ont la direction des vents dominants, les taches devraient s'agrandir démesurément en lon-

1. E. Falières, *Bulletin de l'Association viticole de Libourne,* 2ᵉ fascicule (voir encore, page 140).

gueur ; aux proportions près, il devrait en être de même partout : ce n'est point cela ; nulle part, on n'a signalé l'influence de la direction des rangs. Les taches affectent, en général et partout, la forme circulaire ou ovale, la forme en *cuvette*.

Je le crois encore, *en négligeant les exceptions*, les aptères domiciliés sur les vignes voisines ont une influence assez faible sur les *réinvasions* d'été. Des observations précises et rigoureusement contrôlées seraient indispensables pour établir le contraire, car les conséquences d'une erreur sur ce point seraient de masquer la valeur absolue de tous les traitements et aussi leur valeur relative, en faisant peser sur tous une influence étrangère capable d'effacer les effets de celles qui sont inhérentes aux traitements mêmes.

(Extrait des *Comptes rendus*, séance du 17 novembre 1879.)

DE LA RECHERCHE

TACHES PHYLLOXÉRIQUES

———

En 1880, la recherche des taches phylloxériques s'est faite sur une très grande échelle dans un certain nombre de départements. A plusieurs reprises, j'ai dit ou écrit ce que je pense de ces recherches dont l'objet est de découvrir le phylloxera dès son arrivée sur un vignoble : ce que j'en pense est tout différent de ce que l'on fait. Des documents nouvellement publiés me permettent de revenir sur cette importante question,

I

Lorsque le phylloxera occupe un vignoble, il peut y avoir des signes extérieurs d'affaiblissement sur quelques souches, tandis que sur d'autres souches il peut n'y en avoir aucun : il y a, comme on a coutume de dire, des *taches apparentes* et des *taches latentes*. La découverte des premières est relativement facile ; il suffit d'une surveillance attentive, et, partout où la végétation semble perdre de sa vigueur normale, de pratiquer des recherches méthodiques. Ces recherches demandent, en général, beaucoup plus de temps qu'on ne semble le croire : il ne suffit point de déchausser le tronc sur une profondeur de quelques centimètres : on rencontre bien alors quelques radicelles adventives ; et si une d'elles montre quelque insecte, on est renseigné. Mais le plus souvent il faut aller bien plus bas. Les premières grosses racines et leurs ramifications se peuvent montrer intactes bien que le pied soit envahi.

La recherche des *taches latentes* est beaucoup plus difficile. Voici ce que j'en disais au Congrès de Clermont-Ferrand [1] :

Il faut le dire bien haut pour épargner de fausses manœuvres : ces recherches sont absolument chimériques ; elles ne peuvent que contribuer à endormir dans une sécurité trompeuse et amener ensuite des déceptions, et avec elles le découragement.

Entrons dans le détail. Et tout d'abord, un fait d'observation : j'ai essayé de délimiter bien des taches apparentes, et exploré, pour le faire, bien des pieds ne présentant aucun signe d'affaiblissement. En général, tant que l'insecte ne s'était pas offert, nous poursuivions les fouilles, divisant à la main les mottes de terre une à une, y passant une heure. Il m'est arrivé bien souvent de rencontrer un chevelu abondant, parfaitement sain, et cela jusqu'à la fin de l'opération ; puis, le pied complètement détaché du sol, d'ouvrir une dernière parcelle de terre, et d'y voir tout à coup un renflement garni d'insectes.

Parfois il arrive que le phylloxera se montre sur les premières radicelles visitées ; c'est même le cas le plus fréquent sur les taches anciennes, nettement déprimées, et encore bien pourvues d'insectes. Mais sur les pieds en pleine végétation et situés sur le pourtour de la tache réelle, *le plus souvent* je n'ai trouvé le puceron qu'après des recherches assez longues.

M. Miraglia a rapporté, à la deuxième séance, des faits très remarquables qui s'accordent avec ceux que je signale.

Voici les paroles de M. Miraglia, directeur de l'agriculture du royaume d'Italie ; je les prends dans le même compte rendu, qui est très exact [2].

Un phénomène assez singulier que l'on remarque en Sicile, c'est que les vignes, celles de Girgenti par exemple, qui ont de

---

1. *Procès-verbaux, sous forme de compte rendu analytique, du Congrès des vignes françaises;* Auguste Pillet, 25, quai Voltaire (p. 37, col. 1, lig. 20).

2. P. 13, col. 2, vers le second tiers.

très longues racines, sur des coteaux très fertiles, ne présentent de phylloxera qu'à l'extrémité de leur système radiculaire. On n'en trouve, dans les recherches qui ont été faites, ni sur le collet des premières racines ni sur le milieu ; il faut descendre à plus de deux mètres sur des racines qui atteignent souvent une longueur de 2^m,50. — On a trouvé du phylloxera à 2^m,40...

Si donc il ne faut parfois que peu de temps pour trouver des insectes sur un pied de vigne *lorsqu'il y en a,* il faut beaucoup de travail et un temps très long pour en constater sûrement l'absence, *lorsqu'il n'y en a pas.* Si une contrée est depuis longtemps envahie, et que les *taches apparentes* y soient assez rapprochées les unes des autres, la recherche des *taches latentes* est inutile : on doit alors considérer le vignoble comme totalement envahi et tout traiter ; il n'y a pas deux opinions sur ce point. Dans une contrée où la maladie débute ou n'a pas encore été reconnue, il en est autrement. Les *taches latentes* sont peu nombreuses, souvent peu étendues ; quelques-unes peuvent n'être que de deux ou trois pieds, rester intercalées entre les souches qu'on examine et échapper complètement. Si on a l'heureuse chance que les fouilles portent sur un des pieds contaminés, on pourra trouver l'insecte assez vite ; mais pour un pied semblable on en examinera des centaines où il n'y aura rien ; et pour avoir une grande probabilité qu'il n'y a rien, — je ne dis pas la certitude, — on devra sur chacun passer une heure, une bonne demi-heure au moins, et sinon l'arracher totalement, le blesser assez pour qu'il n'en vaille guère mieux ensuite. Se contenter de moins, c'est à peu près ne rien faire.

Se figure-t-on bien ce qu'il faudrait de temps et d'argent pour faire sur des milliers d'hectares de vigne des recherches suffisantes pour en apprendre quelque chose ? Aussi ai-je toujours conseillé de s'en tenir à la vérification des *taches apparentes,* où on peut sans inconvénient sacrifier quelques pieds, s'il le faut; de surveiller attentivement partout la marche de la végétation et de faire des recherches *sérieuses* sur tous les points où on la voit faiblir. Cette surveillance ne peut être faite rapidement et sûrement que par les viticulteurs eux-mêmes sur les vignes qu'ils possèdent et qu'ils connaissent bien. La plante, en effet, n'a pas partout la même vigueur. Il y a des points faibles qui tiennent à la nature du terrain, qui ont toujours existé, n'éveillent aucune inquiétude chez celui qui les connaît, et peuvent faire perdre beaucoup de temps à ceux qui, ne les connaissant pas, sont tentés d'attribuer cette faiblesse au phylloxera.

Rien de ce que j'ai pu dire ou écrire sur ce sujet n'a été entendu. On a pratiqué, on pratique encore sur une immense échelle ces investigations que je crois chimériques. Qui a raison? qui se trompe? La discussion impartiale d'opérations sur lesquelles nous avons des renseignements précis va permettre, je crois, de répondre à ces questions.

II

Les opérations que je vais discuter sont celles qu'on a exécutées en 1880 dans le département de l'Aude, et je choisis ce département pour deux raisons : la première, que « dans ce département, les opérations ont été conduites avec un ensemble et une méthode qui doivent servir de modèle. Le service des recherches a été extrêmement actif, car il a porté son examen sur 31,200 hectares ; les pieds de vigne ont été visités de 6 en 6 souches. Une investigation aussi minutieuse a amené la découverte de nombreuses taches qui sans cela seraient certainement restées inconnues plusieurs années encore[1]. » La seconde raison est que nous avons eu au Con-

1. Communication de M. le directeur de l'agriculture à la Commission supérieure du phylloxera ; *Journal officiel* des 26-27 décembre 1880, page 12895, col. 3, en bas.

grès viticole de Clermont-Ferrand des renseignements officiels
et complets sur la manière dont les opérations ont été conduites, renseignements dont il m'a été donné de reconnaître
depuis l'exactitude. Les ouvriers qui font ces recherches sont
répartis en équipes de deux hommes, payés chacun de 3 fr. à
3 fr. 25 par jour. Ces équipes sont réunies par couples placés
chacun sous la conduite d'un moniteur payé de 4 fr. à 6 fr.
par jour. Dans chaque vigne, les rangs sont suivis de 5 en 5,
et sur chaque rang parcouru on visite les pieds de 5 en 5
également [1]. Lorsqu'on trouve des insectes sur les premières
radicelles adventives la tache est constatée ; quand on n'y
en trouve pas, on continue les fouilles jusqu'à 30 ou 40 centimètres de profondeur, soit 35 centimètres en moyenne [2].
Le moniteur chargé de conduire deux équipes va de l'une à
l'autre et contrôle les ouvriers en visitant lui-même à la
loupe les racines. *La dépense totale ne dépasse pas en moyenne
deux francs par hectare* [3]. Le nombre d'équipes qu'on a employées est d'une vingtaine : mettons 25 pour forcer ce
chiffre un peu vague, et dans le sens le moins favorable à
mes propres idées. On a découvert ainsi plus de cent hectares de *taches latentes* [4] : mettons, si on veut, 200 hectares.
Ajoutons que les communes et les propriétaires eux-mêmes
payent une partie de ces dépenses.

A première vue, voilà un plan d'opération excellent et
des résultats bien faits pour encourager à poursuivre dans
la même voie ; mais en y regardant de plus près, on recon-

1. Ainsi on n'a visité, en somme, qu'un pied sur 25, au lieu de un pied
sur 6, que porte l'extrait ci-dessus. J'admettrai que ce soit un pied sur 25,
parce que ce dernier nombre est le plus favorable, non à mon opinion, mais
à l'opinion contraire.

2. Compte rendu précité du Congrès de Clermont, p. 17, col. 2, lig. 11.

3. Même compte rendu, p. 16, col. 2, lig. 26 ; p. 17, col. 2, lig. 17 ; p. 42,
col. 2, en bas.

4. Même compte rendu, p. 17, col. 1, lig. 22.

naît sans trop de peine que ces résultats sont illusoires; que le plan n'a pas été exécuté, parce *qu'il n'a pas pu être exécuté*, et je vais le prouver.

On a trouvé 200 hectares de taches réelles; restent 31,000 hectares, mettons 30,000 hectares, visités et où on n'a rien trouvé; *où on a dû, par conséquent, pousser les fouilles jusqu'à 35 centimètres de profondeur.* Pour le bien faire, il eût fallu passer une demi-heure, au moins, à chaque pied fouillé. Voulez-vous moins, et vous contenter d'un quart d'heure, de dix minutes, de cinq minutes? soit : prenons *cinq minutes;* et que peut bien être une recherche de cinq minutes sur un pied de vigne fouillé à 35 centimètres de profondeur? J'irai plus loin : ne donnons à chaque pied visité qu'une minute, *une seule minute!* vous allez voir où cela nous conduit.

En répartissant les 30,000 hectares entre les 25 équipes, on trouve que le travail de chaque équipe a porté, en moyenne, sur 1,200 hectares. Admettons que le travail ait duré toute l'année; ne supprimons que 65 jours pour les dimanches et les fêtes; ne nous occupons ni de pluie, ni de neige, ni de terrain détrempé à en être impraticable, ni du temps employé à se transporter d'un lieu à un autre, ni du temps consacré à délimiter tant bien que mal les taches reconnues; admettons que chaque équipe ait eu, pour ces seules recherches, 300 journées pleines de travail effectif : pour arriver au chiffre de 1,200 hectares il a fallu faire *4 hectares par jour.*

Ce total de 4 hectares étant la base de ma démonstration, il ne sera pas sans intérêt de montrer que nous y arrivons, ou bien près, d'une autre manière : les deux ouvriers d'une équipe coûtent de 6 francs à 6 fr. 50 par jour; ajoutons-y la moitié du salaire du moniteur (puisqu'il n'y a qu'un moniteur pour 2 équipes), c'est-à-dire 2 francs à 3 francs, et nous avons, par jour, une dépense totale de 8 francs à 9 fr. 50, ou 8 fr. 75 en moyenne. A 2 francs par hectare, c'est donc bien de 4 hect. à 4 hectares et demi qu'a dû faire chaque équipe par journée de travail payé ; et cela, *quel que soit le nombre d'équipes qu'on ait employées dans le département tout entier.*

Reprenons : dans l'Aude, on a environ 5,000 pieds à l'hectare ; on examine un pied sur 25 : ce sont 200 pieds à examiner par hectare, et 800 pieds pour 4 hectares. A une minute par pied, cela exige 800 minutes, c'est-à-dire plus de *treize heures* par journée de travail effectif sur le vignoble, non compris le temps des repas, etc., hiver comme été, pendant 300 jours. Et tout cela pour consacrer *une minute* à chaque pied : si l'on admet que pour faire quelque chose de sérieux il en faille seulement cinq, où en arriverons-nous !

Le programme exposé n'a donc pas été rempli dans l'Aude. Qu'a-t-on fait ? Ici nous sommes réduits à des conjectures. Pour mon compte, j'incline à croire qu'on a fait simplement ce qui était possible, précisément ce que je perds ma peine à conseiller depuis si longtemps. Je pense, mais je n'affirme rien, qu'on a effectivement parcouru les 31,200 hectares, en limitant les recherches aux points où la végétation s'est montrée affaiblie, ce qui réduit singulièrement l'étendue des parties fouillées ! Où on ne voit rien de suspect, on ne fait que passer. Faisons encore un calcul, car rien ne vaut un chiffre : les rangs de vigne étant à 2 mètres, il y en a 50 dans un hectare, supposé un carré de 100 mètres de côté. Pour apercevoir un point faible il suffit pleinement de parcourir ces rangs de 10 en 10, parce qu'on peut très bien voir 5 rangs à sa droite et autant à sa gache. Pour 50, ce sont 5 rangs de 100 mètres de longueur à parcourir en tout. Or, deux équipes et le moniteur faisant 5 hommes, c'est pour chacun un simple parcours de 100 mètres par hectare, parcours fait sans s'arrêter tant qu'il n'y a rien de suspect. En donnant à cette promenade 6 heures par journée de travail, le surplus du temps étant employé à passer d'une vigne à une autre, un parcours total de 15 kilomètres n'a assurément rien d'excessif. On visite ainsi 150 hectares, soit 75 hectares par équipe. A 10 francs par équipe on dépense moins de 15 centimes par hectare. Comme dépense de temps et d'argent, c'est très praticable.

Quant aux 100 ou 150 hectares qui forment l'étendue totale des taches trouvées, c'est autre chose : là il faut beaucoup de temps et beaucoup d'argent. Pour délimiter avec soin une tache, deux équipes et leur moniteur n'ont pas trop d'une bonne journée, qui coûte environ 10 francs. Si la tache effective occupe en moyenne 500 pieds, c'est-à-dire 10 ares, c'est une dépense de 100 francs par hectare d'étendue totale de taches circonscrites, et c'est certainement un minimum si on opère bien : j'ai fait assez de cette besogne pour en parler à bon escient. Eh bien, ce pénible travail de délimitation est, à mon avis, fort inutile. Dès qu'une tache est reconnue, on n'a pas besoin de savoir jusqu'où elle s'étend : *on ne traitera jamais assez loin autour de la tache* [1]. Quant à ce qui est de chercher ensuite les *taches latentes* autour de cette *tache apparente*, c'est un problème très analogue à celui-ci : *chercher une aiguille dans une botte de foin.*

Je terminerai par une anecdote qui répond à un autre côté de la question. En 1876, j'ai reconnu une tache qui s'est trouvée, de beaucoup, la plus avancée qu'on eût signalée encore. Un même jour, trois commissions officielles venues de trois départements différents (Gers, Lot-et-Ga-

---

1. Les observations de M. H. Marès et de tous les praticiens ont mis ce principe hors de doute, et, sur ce point, tout le monde aujourd'hui est d'accord. Remarquons que c'est la condamnation de l'arrachage et des traitements d'extinction qui tuent la vigne traitée.

ronne, Tarn-et-Garonne), en tout une vingtaine de personnes, sont venues la visiter et faire connaissance avec le
précieux insecte. Trois rapports ont été faits, que la presse
locale a publiés. Je conduis mes honorables hôtes sur les
lieux et je leur dis : Voilà la tache! Eux se regardent, et
j'entends ces paroles flatteuses : « On ne dirait jamais qu'il
y a là une tache; pour l'avoir découverte, il a fallu beaucoup de vigilance et de sagacité. » — Je fais la part de la
courtoisie, je la fais très grande ; mais je prie qu'on veuille
le croire : ces étrangers, tous de distinction, sont des hommes
bien élevés, et pas un d'entre eux n'a eu la pensée de me
jeter un pavé à la tête. En toute rigueur, on pouvait donc
s'y tromper, — et je pense qu'on s'y est beaucoup trompé
dans l'Aude. C'est qu'entre les *taches latentes* et les *taches
apparentes* il y a la *vigne suspecte*; et les caractères de celle-
ci, bien qu'attirant l'œil, sont assez vagues pour qu'on puisse
la rattacher, à peu près à volonté, aux premières ou aux
secondes. La vérité est que, sur l'emplacement de cette
tache que nous visitions en 1876, la vigne avait déjà faibli
en 1875 ; le colon nous en avait avertis. Mais il y avait là des
eaux dormantes, le phylloxera était bien loin, et chacun
croyant que l'eau avait fait tout le mal, on s'est contenté de
quelques drainages, sans songer à la bête que personne,
moi compris, ne connaissait encore. La vigne, en effet,
s'en est bien trouvée : mais en 1876 on signale tout à coup
une tache à 15 ou 20 kilomètres d'ici : nous voilà en éveil,
le reste se devine.

En résumé, parcourir les vignobles en se faisant accompagner de gens qui les connaissent de longue date, et fouiller avec soin tout ce qui paraît suspect : c'est excellent et
pourra coûter environ 15 centimes par hectare, en sus du
coût des fouilles où il en faudra pratiquer. Faire plus, c'est
gaspiller son temps et son argent. Que n'emploie-t-on l'un

et l'autre à résoudre enfin cette question, toujours pendante, de l'*œuf d'hiver !*

(Extrait du *Journal d'Agriculture pratique* du 10 mars 1881.)

D'une réponse due à la plume, très autorisée dans cette question spéciale, du *délégué départemental* de l'Aude, nous extrayons le passage suivant :

5° Les équipes tirent tout le parti possible des symptômes du mal qui se présentent tantôt sur les feuilles, *tantôt sur le sol,* tantôt sur les racines. *De la mi-août à la chute des feuilles mêmes, elles cessent de fouiller, cherchent seulement des yeux...* (C'est moi qui souligne.)

6° La surface de 31,000 hectares explorés heureusement sans résultat représente le parcours des équipes sur des parties encore indemnes durant la période comprise entre le 1er juillet 1879 et le 1er octobre 1880. Le rapport mentionné dans l'article peut bien dire autre chose; mais ce n'est qu'à la suite d'un malentendu; or, dans aucun cas, erreur ne fait compte...

Cette réponse, que je crois inutile de reproduire en entier, mais qu'on pourra lire dans le *Journal d'Agriculture pratique* du 14 avril 1881, a amené la courte réplique qui suit (même journal, n° du 21 avril 1881) :

Dans le numéro du 10 mars, j'ai étudié les méthodes suivies pour la recherche des taches phylloxériques en prenant pour base de ma discussion des documents officiels : 1° le rapport de M. le directeur de l'agriculture à la Commission supérieure du phylloxera ; 2° les explications fournies au Congrès viticole de Clermont par M. Catta, délégué régional du ministère de l'agriculture. Je voulais prouver que le plan exposé dans le rapport n'a pas été suivi, qu'il n'a pas pu être suivi dans l'Aude. Qu'on veuille bien se rappeler que ce plan consiste à visiter, *en pratiquant des fouilles,* un pied sur vingt-cinq dans toute l'étendue du vignoble.

M. G. de M... m'a fait l'honneur de me répondre dans le numéro du 31 mars. Trouvant peut-être insuffisante cette première réponse, M. H..., délégué départemental de l'Aude, veut bien me répondre à son tour dans le numéro du 14 avril. Comme la réponse de M. H... pourrait ne pas être la dernière, j'en retiendrai peu de chose.

Racontant ce qui s'est fait dans l'Aude, M. H... ajoute :

Le rapport mentionné dans l'article peut bien dire autre chose; mais c'est à la suite d'un malentendu; or, dans aucun cas, erreur ne fait compte.

Voici sans doute, en partie, le malentendu :

De la mi-août à la chute des feuilles, elles (les équipes) cessent de fouiller, et cherchent seulement des yeux. (Même page, au 5°.)

Mettons du 15 août au 15 octobre; nous aurons deux mois. Admettons 40 journées de travail : j'ai montré qu'en cherchant des yeux seulement, un parcours de 75 hectares par journée d'équipe n'a rien d'excessif : pour les deux mois, c'est-à-dire en 40 journées, cela donne 3,000 hectares; 10 équipes ainsi occupées ont donc pu suffire dans ces deux mois à la visite des 30,000 hectares, avec une dépense de 4,000 francs, en comptant largement, c'est-à-dire 20 francs pour le salaire journalier de deux équipes et d'un moniteur.

Pour peu qu'il y ait de malentendus semblables dans le rapport, nous arriverons à nous entendre!

Note. — Dans les vignes qui ne sont pas tenues trop proprement, un caractère, parfois très net, peut déceler une tache *latente :* c'est la vigueur des plantes adventices, particulièrement des chardons qui y poussent. C'est souvent comme un massif qui se laisse voir d'assez loin. Sur ces parcelles, la vigne, bien que vigoureuse encore extérieurement, vit depuis longtemps sur ses réserves, n'a plus de radicelles, et laisse tous les principes nutritifs du sol aux plantes voisines, lesquelles, n'ayant plus à soutenir la lutte pour la vie contre la vigne même, trouvent à manger à leur faim.

Est-ce à cela que fait allusion M. H... par ces mots que nous avons soulignés : tantôt sur le sol ? — Je le présume.

LES VIGNES AMÉRICAINES

OBTENUES DE SEMIS

Les vignes américaines obtenues de semis offrent, comme porte-greffes, des avantages au premier abord séduisants : on est assuré de ne pas introduire le phylloxera avec la graine; au prix de soins, en somme peu coûteux, on obtient des pieds racinés à très bon marché, et on les obtient dans un temps relativement court, puisqu'il semble que, dès la seconde feuille, on puisse avoir des sujets en grand nombre en état de subir l'opération de la greffe. Les semis réussissent avec des variétés réputées excellentes, mais qui reprennent difficilement de bouture. C'est enfin le seul moyen connu de cultiver les cépages étrangers dans les arrondissements où l'importation des sarments reste interdite.

Cette méthode me paraît cependant des plus dangereuses, et je veux dire pourquoi, ne fût-ce que pour provoquer des explications complètes sur une question des plus graves.

I

Sur les principes, tout le monde est d'accord. — Résumons-les brièvement

Toutes les vignes de l'ancien comme du nouveau monde proviennent d'un nombre restreint d'espèces types, qu'on rencontre encore à l'état sauvage. Elles en proviennent :

les unes par les variations d'une seule et même espèce, sous l'influence du sol, du climat, des agents extérieurs, en un mot: du milieu où les générations se sont succédé; d'autres, par les croisements, soit entre variétés d'une même espèce, soit entre variétés d'espèces différentes. Ces croisements sont le résultat d'un phénomène unique : le transport par le vent ou les insectes du *pollen* d'une fleur mâle sur les organes d'une fleur femelle appartenant à un pied d'espèce ou de variété différente. C'est ce qu'on nomme l'*hybridation*, et les produits de ce phénomène, qu'il soit naturel ou provoqué artificiellement par l'homme, se nomment *hybrides*.

Si, sur un pied de vigne, hybride ou non, on prend une bouture, qu'on la plante et qu'on en obtienne un pied nouveau, ce dernier sera identique au premier, au *pied-mère*, il n'en sera que la continuation. Qu'au lieu de cela on prenne une *graine* dans une *baie*, disons tout bonnement un pepin dans un grain de raisin, ce pepin pourra porter en lui-même le principe des variations les plus complexes, les plus étendues. C'est, en effet, une loi générale que chacun des ancêtres qu'on rencontre dans la généalogie d'une graine peut se reproduire dans la plante qui naîtra de cette graine; quand il ne se reproduit pas identiquement, qu'il peut y revivre dans quelques-uns de ses attributs; que plusieurs des ascendants peuvent exercer simultanément leur part d'influence et modifier par quelques-unes de leurs propriétés spécifiques tous les caractères du nouveau venu.

Toutes les parties de la plante peuvent participer à ces variations : la feuille, le bois, le fruit, la racine, etc., soit toutes à la fois, soit quelques-unes seulement à l'exclusion des autres. Les éléments internes, j'allais dire les qualités morales, comme d'être ou de n'être pas *résistant*, sont soumis à cette loi.

Deux espèces, *V. labrusca* et *V. vinifera*, n'opposent à l'insecte qu'une résistance de peu de durée, et l'on comprend qu'il en puisse être de même de toutes les variétés provenant de chacune de ces deux espèces et de leurs croisements entre elles, sans qu'aucune autre espèce soit intervenue; on les dit *non résistantes*. Toutes les variétés d'Europe appartiennent à la *V. vinifera*. Les *Labruscas* viennent d'Amérique.

Toutes les autres espèces, ainsi que leurs variétés et croisements entre elles, à l'exclusion des deux premières, paraissent résister longtemps au phylloxera; on les dit *résistantes* [1]; et elles le sont peut-être, aucun fait bien caractérisé n'étant venu encore infirmer cette conclusion.

Mais, si les hybridations successives ont eu lieu entre espèces ou variétés dont les unes soient *résistantes* et les autres ne le soient pas, le sujet qui en proviendra sera ou ne sera pas *résistant*, suivant l'état d'équilibre où auront abouti ces influences contraires; on pourra, dans chaque cas, constater le fait : il n'est pas possible encore de le prévoir.

Après ces préliminaires, entrons dans notre sujet.

II

Il n'y a aucun fond à faire sur les graines des cépages cultivés en France. Tous sont des hybrides plus ou moins complexes, et on ne sait à peu près rien touchant les hybridations successives d'où ils proviennent. Quelques-unes ont pu, sans doute, laisser quelque empreinte sur les parties apparentes du végétal; mais combien d'autres ont pu n'en laisser aucune! De plus, ce n'est ni sur la feuille, ni sur le

---

1. Les termes *non résistantes* et *résistantes*, pris dans un sens absolu, sont tout à fait impropres. Nous les emploierons cependant pour nous conformer à l'usage et ne pas introduire une question dans une autre (voir page 378 *b*).

bois, ni sur le fruit qu'on peut trouver des indices directs
de résistance ; ce serait sur la racine ; on a, en effet, étudié
des racines à ce point de vue. Mais lisez toutes les descriptions publiées des différentes espèces ou variétés, toutes
énumèrent les parties aériennes de la plante[1] ; pas une ne
parle des racines. Toutes les modifications plus ou moins
profondes que les croisements successifs auraient pu introduire dans la constitution intime de ces organes restent
ignorées. C'est là cependant qu'est le nœud de la question.

Nous ne connaissons encore, il est vrai, aucun exemple
d'hybridation où la partie aérienne de l'arbuste étant restée
identique à l'un des parents dans ses principaux éléments,
la résistance se soit montrée très inférieure ; mais nous connaissons des exemples très remarquables du fait contraire.
Le *York's-Madeïra*, pour ne citer que celui-là, est, d'après
M. Millardet, un *Æstivalis* hybridé de *Labrusca*. Sa parenté
avec la *V. labrusca* est évidente ; et, cependant, la force de
résistance n'a pas été amoindrie par l'hybridation. *Elle en
semble même accrue*, car elle est plus grande, jusqu'ici, que
chez aucun *Æstivalis* réputé pur.

Aussi M. Millardet a-t-il pu écrire avec raison [2] :

... Reste à savoir si les descendants du *Jacquez* ou du *Clinton*,
tout en différant de leurs parents sous le rapport du bois, de la
feuille et du fruit, ne participent pas cependant à la résistance de
ces derniers dans des proportions suffisantes pour former de bons
porte-greffes.

Mais nous dirons à notre tour : reste à savoir si un pied
de semis, tout en ressemblant au *pied-mère* sous le rapport
du bois, de la feuille et du fruit, n'a pas cependant laissé en
chemin la faculté de résister à l'insecte ; *reste à savoir si les*

---

1. Depuis que cela est écrit, les choses se sont un peu améliorées sous ce
rapport.
2. *La Question des vignes américaines,* au bas de la page 31.

principes, parfaitement inconnus [1], *d'où dérive la résistance, ne seraient jamais, chez l'un et l'autre parent, de nature contraire, et capables de se neutraliser plus ou moins l'un par l'autre chez le rejeton.*

Je tiens donc pour très dangereuses toutes les graines d'hybrides, et je pense qu'un pied venu d'une telle graine n'offrira quelque sécurité qu'après avoir fait lui-même ses preuves... s'il les fait !

A côté de ces causes éloignées, qui constituent l'*atavisme,* nous en trouvons une plus prochaine : l'hybridation directe par la vigne française avoisinante. Interrogeons les faits. Une citation suffira, eu égard au nombre et à l'autorité des témoignages produits. Voici ce qu'a écrit feu M. Pellicot [2].

... Étant allé, il y a peu, visiter notre collègue M. Ganzin, vice-président de notre comice, viticulteur des plus versés dans l'étude et la culture des vignes américaines, il me montra un semis de *Jacquez* de deux feuilles dont aucune ne ressemblait au *Jacquez ;* il en était de même des semis de *Solonis,* de *Pauline,* de *Devereux,* aucun ne ressemblait au type original. Il en a été de même chez nos autres collègues du comice qui ont semé des pepins américains, notamment chez le docteur Davin et le capitaine Martini.

Le *Jacquez* semble être un des cépages les plus variables ; mais le cas du *Solonis* est intéressant [3]. Sans doute, les varia-

1. Voir page 381 *m.*
2. *Messager agricole,* 10 janvier 1879, p. 24.
3. Depuis que cet article a paru, il s'est produit une variation des plus intéressantes du *Solonis* chez M. de Castelmore. Un semis de *Solonis* a produit des plantes entièrement semblables au pied-mère à la première feuille ; à la seconde feuille les différences étaient encore peu sensibles. Mais, dès la troisième feuille, on a observé les variations les plus étendues.

Cette observation amène une difficulté singulière : imaginons qu'à la première feuille on ait pris (et planté) une bouture sur un pied n'ayant pas encore varié ; qu'on ait fait la même chose à la troisième feuille sur ce même pied se montrant très éloigné du pied-mère : la première bouture donnera-t-elle un pied de *Solonis* pur, et restant tel indéfiniment ? Que donnera la bouture cueillie deux ans après sur le même pied offrant déjà une variation très nette ? — On ne peut, je crois, que poser la question.

tions de ce dernier pouvaient être attribuées à l'*atavisme*, et quelques hommes très compétents ont émis l'opinion que, pour les *V. riparia*, et certainement pour les *Riparia* sauvages et le *Solonis*, « la hâtivité de leur floraison exclut toute chance d'hybridation ». Cela n'est nullement certain : d'après M. le docteur Engelmann[1], « ... la *V. riparia* commence à montrer ses fleurs, suivant la saison, d'une à plus de deux semaines plus tôt que les premières fleurs de l'*Æstivalis* dans les mêmes localités... » Or, entre les deux se trouve comme époque de floraison la *V. labrusca* et probablement la *V. vinifera* (même auteur). Si maintenant on veut bien réfléchir que l'intervalle *minimum* n'est que d'une semaine entre les extrêmes, que la floraison ne s'accomplit pas en un jour pour une variété de vigne[2], on contestera difficilement que, pour la *V. labrusca* et la *Vinifera*, les fleurs les plus hâtives ne puissent accidentellement coexister avec les dernières des *Riparia* sauvages et des *Solonis*, et les plus tardives avec les premières des *Æstivalis*.

En présence de telles incertitudes, n'est-il pas prudent de s'abstenir ? Aussi les graines de vignes cultivées étaient à peu près délaissées, lorsque M. Millardet en a proposé d'autres, venues d'Amérique, et récoltées sur les espèces sauvages qui croissent dans les forêts vierges du Missouri.

III

Commençons par une étude des lieux et des êtres, et, pour la faire, lisons *la Question des vignes américaines*, précédemment citée, en y soulignant quelques passages.

... C'est en partant de l'idée de la résistance des deux espèces

1. *Catalogue de Bushberg*, traduction de M. Louis Bazile, p. 13.
2. Il faut même faire attention que la vigne offre des inflorescences anormales jusqu'à la fin de l'été, et que ces grappillons peuvent parfaitement suffire pour qu'il se fasse des hybridations accidentelles.

sauvages que je viens de citer (*Œstivalis* et *Riparia*) que j'ai pu proposer, dans le travail auquel je viens de faire allusion, pour obtenir des porte-greffes irréprochables et à bon marché, de faire récolter, dans les forêts américaines, des sarments de *V. œstivalis* et de *V. riparia* sauvages. Cette manière de faire est parfaitement fondée en principe, mais je dois avouer qu'aujourd'hui elle me paraît à peine réalisable. En effet, j'ai pu me convaincre, depuis l'époque de ce travail, *par l'étude des herbiers et des collections*, que les forêts des États-Unis sont pleines d'une multitude de formes hybrides différentes, *inconnues à tout le monde, même aux botanistes américains...* On courra toujours les plus grands dangers, *quelles que soient l'intelligence et les connaissances botaniques du correspondant auquel on aura affaire*, de recevoir, au lieu du *V. riparia* et du *V. œstivalis*, quelques-unes de ces *formes sans nom, à peine déterminables,* hybrides à divers degrés de toutes les espèces de vignes, *résistantes ou non*, qui peuplent la *partie septentrionale* du continent américain (p. 29).

Notez que c'est d'après *des herbiers et des collections,* c'est-à-dire d'après des données positives, que ce jugement est porté.

Il s'agit là des sarments; plus loin (p. 31), il s'agit de graines :

... Il n'y a aucun doute que le moyen le plus simple et le moins dispendieux de se procurer des porte-greffes irréprochables consisterait à semer des graines des espèces sauvages résistantes si communes dans toute l'Amérique du Nord. Malheureusement, ainsi que je l'ai indiqué plus haut, les hybrides sont tellement nombreux dans les forêts de ce pays, qu'il faudrait *un œil des plus exercés, doublé de la sagacité d'un observateur consommé,* pour reconnaître les espèces types dans le fouillis des formes dues au croisement.

M. Millardet ajoute, en note, au bas de la page :

Je ne pense pas que les ronces, les roses, et les autres genres qui ont fait de tout temps le désespoir des botanistes, soient d'une étude plus difficile que le groupe de vignes dont je parle.

Puis, enfin, je trouve au bas de la même page 31 :

... On peut même dire que, pour les vignes américaines, l'espoir d'obtenir ce que l'on sème est encore bien moindre que pour nos cépages.

Et l'éminent botaniste conclut :

En conséquence, je crois qu'il est sage de renoncer au semis de toute espèce de graines de V. *œstivalis* et de *V. riparia* provenant directement des forêts de l'Amérique du Nord.

Le mémoire où je fais ces emprunts est de 1877.

Les choses en étaient là lorsqu'une assertion, à mon avis très hasardée, de M. le docteur Engelmann est venue tout remettre en question : M. Engelmann assure que la *V. labrusca* ne se rencontre point dans la vallée du Mississipi. Dès lors, admettant — mais à tort, à mon avis, je l'ai expliqué en détail tout à l'heure [1] — que l'hybridation, par quelques variétés de *V. labrusca*, pourrait *seule* compromettre la résistance au phylloxera d'un cep venu de graine ; qu'une telle hybridation n'est plus à craindre dans la vallée du Mississipi, on proposerait d'accepter aujourd'hui avec la plus entière confiance toute graine de vigne sauvage récoltée dans cette vallée, en particulier aux environs de Saint-Louis du Missouri.

Je trouve l'assertion de M. le docteur Engelmann dans le *Catalogue de Bushberg* précité. J'y lis, page 17 :

... Une forme à grandes feuilles, qui conservent leur duvet rouilleux jusqu'à la pleine maturité, a souvent été prise à tort pour le *Labrusca*, qui ne pousse pas dans la vallée du Mississipi.

Et plus loin, page 19 :

... Elle (la *V. labrusca*) s'étend dans les monts Alleghanys, et même çà et là sur leur versant occidental; mais elle est étrangère à la vallée du Mississipi.

Quelle enquête a conduit M. le docteur Engelmann à cette assertion ? Quelles recherches a-t-il instituées sur une ques-

1. Page 539 *b*.

tion inextricable, dans un territoire grand plusieurs fois autant que la France, où des espaces immenses sont occupés par des forêts vierges, pleines des variétés les plus diverses, les plus indéterminables, d'espèces sans nom, dont M. Millardet nous faisait tout à l'heure le tableau ; et comment s'est-il débrouillé, bien qu'excellent naturaliste, dans cet indébrouillable chaos ? Quelles preuves lui donnent le droit de substituer à ces mots : *Je n'ai pas vu...* ceux-ci : *Il n'y a pas* de V. labrusca dans la vallée du Mississipi ? — Je n'en sais rien ; car il n'en dit pas un mot! Je me permets donc de penser qu'accepter son assertion sans plus ample examen serait se montrer bien accommodant! d'autant plus que l'ouvrage même où elle se produit fournit les plus sérieuses raisons de la rejeter. Je lis, en effet, à la page 98 :

« Logan (labr.). — *A wilding of Ohio* (vigne sauvage de l'Ohio)... »

Nous sommes bien dans la vallée du Mississipi.

Il y a donc des *Labruscas* dans la vallée de Mississipi !

Ne trouveriez-vous pas, en effet, surprenant qu'une espèce tout entière se trouvât systématiquement excluc d'un immense territoire, où on rencontre toutes les autres et leurs innombrables mélanges et variétés de toute sorte ? Qu'indigène à l'ouest des monts Alleghanys, qui limitent ce bassin à l'est ; qu'ayant même franchi ces monts, puisqu'on la trouve sur leur versant occidental, elle se soit, depuis des siècles, montrée impuissante à pénétrer plus avant dans ces immenses vallées, et contrainte de les céder tout entières à ses cousines plus heureuses ? — Attendez ! l'explication est toute prête : la V. *labrusca* ne se trouverait point dans la vallée du Mississipi, parce que le phylloxera habite cette vallée, et que le phylloxera aurait anéanti, non seulement les *Labruscas* purs, mais tous leurs hybrides avec les autres espèces, qui

sont résistantes! — Eh bien, non ! mille fois non : le phylloxera, par lui-même, — nous le connaissons assez pour le
dire, — est incapable de faire disparaître une variété quelconque, même la moins résistante que nous connaissions. Je
l'ai écrit depuis longtemps : *pour qu'une espèce se conserve, il
suffit qu'elle résiste et vive assez longtemps pour se reproduire.*
Où en seraient, sans cela, les plantes annuelles? où en
seraient tous les êtres vivants sans exception, puisqu'après
un temps plus ou moins long ils finissent tous par mourir,
et qu'importe que ce soit du phylloxera ou d'autre chose?

Si l'homme s'en mêle, c'est une autre affaire. Ici, en
France, pas un are de terrain qui n'appartienne à quelqu'un ;
pas un pouce de terre où une pauvre graine de vigne puisse
germer et le pied vivre sans la permission du maître, et cette
permission n'est jamais donnée. A peine si quelqu'un
échappe en se dissimulant ou se laissant oublier dans
quelque haie, dans quelque fourré, et encore n'en a-t-il pas
pour longtemps! Mais dans les forêts vierges, immenses,
inhabitées du Nouveau Monde?... Il y suffira d'un oiseau
pour sauver la descendance d'un pied mourant, en transportant une petite graine à quelques centaines de mètres du
lieu infecté.

Puis, n'oublions pas les hybrides. Le *labrusca* type a franchi
les Alleghanys, c'est M. Engelmann qui le dit; — le voilà sur
le versant occidental, à l'entrée du bassin du Mississipi : au
point de rencontre de la bête et de l'arbuste, le choc ne sera
pas foudroyant ; la vigne aura bien le temps de former
quelques hybrides avec les espèces qu'on dit résistantes ; et
ces hybrides, plus résistants que les *Labrusca* purs, iront
aussi plus avant, semant à leur tour de nouveaux hybrides
de plus en plus résistants sur leur passage. Bientôt nous
aurons des variétés vraiment résistantes, comme l'York, et,
ce moment venu, comment tous les phylloxeras de la terre

empêcheraient-ils l'entier bassin d'être et de demeurer envahi? Que peut contre la force des choses une assertion de M. Engelmann, en la parfaite sincérité duquel j'ai d'ailleurs la plus absolue confiance?

Ou la V. *labrusca* n'a jamais existé dans la vallée du Mississipi, ou elle y vit encore et y vivra jusqu'à ce que l'homme intervienne. Ainsi on la rencontre largement répandue à l'état sauvage à l'orient des Alleghanys, et cependant M. Planchon a rencontré le phylloxera du Canada jusqu'à la Floride, ce qui atteste l'ancienneté de l'invasion, peut-être un état primitif et endémique, en tout cas une bien longue coexistence de la V. *labrusca* et du phylloxera [1].

1. Il ne saurait exister aucun doute sur un fait de cet ordre que M. Planchon déclare avoir *vu*. Une contradiction cependant s'est produite : un journal de New-York, *The Sun*, a publié un article où on lit ce qui suit :

« Le professeur Riley, dans une conférence faite à la Société d'horticulture du Missouri, s'exprime en ces termes, au sujet du phylloxera :

« ..... Je suis heureux d'être à même de confirmer (en rapport avec ce « que je disais précédemment) la vérité des faits établis par M. P. J. Berck-« mans, d'Augusta, Géorgie, à savoir que l'insecte n'existe pas dans cette « localité. Ayant passé quelques jours avec M. Berckmans, en septembre « dernier, je me suis trouvé à même de constater l'absence du phylloxera « dans cette localité. »

Tout repose donc sur un passage extrait d'un article de journal, article non signé, puisqu'on ne donne pas de signature, et où on fait parler M. Riley, qui peut-être ne s'en doute pas. Voici ce que je disais, dans une discussion encore pendante, de ma propre manière d'agir :

« ... J'écarte systématiquement tout document douteux, toute relation « de seconde main ; à plus forte raison tout article de journal, lorsque celui .« que l'on fait parler ne l'a pas signé, a même pu ne le point connaître... »

Ai-je besoin d'indiquer que tout individu intéressé à la propagation des boutures ou des graines de vignes sauvages peut faire insérer, dans un journal à son choix, tel article ou *fait divers* de ce genre qu'il lui conviendra de payer? En pareille matière, on me permettra donc de ne pas accepter des autres des documents dont je m'interdis l'usage à moi-même.

Dans le cas présent, j'ai un motif déterminant de ne donner aucune attention à l'article du journal *The Sun* de New-York : je trouve, en effet, dans le numéro de juin 1879 de *la Vigne américaine*, au bas de la page 142, une note ainsi conçue :

« Le célèbre entomologiste américain, M. Riley, a déclaré formellement « l'année dernière que le phylloxera n'existait point en Géorgie. »

Et, maintenant, j'irai plus loin : j'accorderai tout ce qu'on voudra touchant l'excellence des graines récoltées sur des vignes sauvages dans les forêts, aux environs de Saint-Louis du Missouri. Que ce commerce prenne une certaine importance ; qu'au lieu de quelques kilogrammes, comme échantillons, il en faille des tonnes pour la grande culture. Croyez-vous qu'il suffira toujours d'acheter des graines à Saint-Louis du Missouri pour recevoir des graines de vignes sauvages ? Croyez-vous qu'il suffise d'acheter du vin à Bordeaux pour boire du vin de Bordeaux ? Pour moi, à la réflexion que cette cueillette dans les forêts est longue et vétilleuse ; que la récolte est, au contraire, pleine de charme dans un bon et beau vignoble, j'aurais peur de voir bientôt toutes les graines du Nouveau Monde se donner rendez-vous à Saint-Louis du Missouri, et nous être expédiées de là comme graines du cru.

Quant à en faire un triage, s'en charge qui voudra ! Pour moi, qui ne suis point botaniste et qui vois combien les graines de variétés fort différentes se ressemblent, surtout quand on voit les graines elles-mêmes, et non des images théoriques beaucoup agrandies, qui les vois, de plus, dans la même grappe, varier étrangement dans leur forme et dans leur grosseur suivant qu'il y en a une, deux, trois ou quatre dans le même grain, et souvent sans cause appréciable, non seulement je ne me charge pas de les déterminer, mais je manque totalement de confiance dans les déterminations théoriques qu'en pourraient faire les naturalistes [1].

A quoi le directeur de *la Vigne américaine*, l'honorable M. Planchon, répond immédiatement :

« Où M. Riley a-t-il écrit cela ? Ce que je sais bien, c'est que ce savant « entomologiste a reçu de Géorgie des feuilles de vigne portant des galles « phylloxériques. »

M. Planchon est l'ami de M. Riley : la cause est entendue.

1. Voici une anecdote de nature à justifier peut-être notre scepticisme : parmi d'autres présents plus précieux, je reçus, ou plutôt un de mes collè-

VI

Concluons :

En dehors de circonstances spéciales où on aurait des données précises sur la valeur accidentelle des graines à utiliser :

1° Les graines provenant de variétés cultivées, issues par des hybridations successives d'un ou plusieurs types primitifs, sont à rejeter, parce qu'il règne une obscurité profonde, si ce n'est une nuit noire, sur ce que seront les plantes qui en naîtront, quelle que soit d'ailleurs leur apparence extérieure à leur naissance ;

2° Les graines soi-disant de vignes sauvages d'Amérique, laissant une incertitude absolue sur leur provenance et leur mérite, offrent les mêmes dangers que les premières, et sont à rejeter au même titre ;

3° Persévérer dans l'étude des traitements dirigés contre l'insecte.

Il va de soi que nous exprimons une opinion toute personnelle, sans prétendre aucunement formuler un dogme : plus qu'un autre je puis me tromper ! J'admets d'ailleurs que les semis puissent fréquemment réussir. C'est à chacun de peser le pour et le contre, et de se conduire ensuite d'après son propre jugement.

gues reçut de l'École de la Gaillarde, pour le Comité central de Lot-et-Garonne, un sachet de graines de *Jacquez* et un sachet de graines d'*Herbemont ;* deux types figurant, comme exemples, dans les mémoires des botanistes. Ayant à présenter ces graines au Comité, j'eus l'idée de mélanger, par parties égales, une petite quantité de ces deux échantillons, et je soumis le tout à mes honorables collègues. Ils étaient là une quinzaine (nous n'avons pas souvent le plaisir de nous trouver au complet !) la plupart des plus compétents. Eh bien, il n'y en eut pas un seul qui, *ayant les deux sachets sous les yeux,*ait su, plus que moi, déterminer une seule graine du mélange comme appartenant à une variété plutôt qu'à l'autre ! — Voilà une expérience bien simple, facile à varier, que je recommande à ceux que la question intéresse.

Nota. — Ai-je besoin de le dire? Cette discussion porte uniquement sur l'emploi des semis dans la grande culture. Comme moyen d'études et de recherches, on ne saurait, au contraire, les trop encourager. Nous leur devons déjà de bons cépages, et, parmi les américains, le *Vialla,* obtenu par M. Laliman d'un semis de *Clinton.* Qu'il n'y ait donc pas de malentendu sur ce point.

(Extrait de deux articles du *Journal d'Agriculture pratique* : 25 mars et 22 avril 1380. Voir aussi le n° du 8 avril 1880, page 506).

SUR LES CAUSES DE LA CHLOROSE

L'HERBEMONT

M. Foëx, directeur de l'École d'agriculture de Montpellier, a publié dans la *Revue des Sciences naturelles* un mémoire *sur les causes de la chlorose chez l'Herbemont*, mémoire reproduit dans le *Messager agricole*, où je l'ai lu. Il me paraît nécessaire que nous examinions ensemble cet intéressant travail, et cela pour deux raisons : la première, que le *Jacquez*, nommé quelque temps le prince des cépages américains, a été détrôné au Congrès de Bordeaux, au moins pour notre région, et qu'on a désigné l'*Herbemont*, beaucoup moins connu chez nous, comme son successeur naturel ; la seconde, que le mémoire de M. Foëx pourrait être invoqué en faveur d'un autre cépage qui n'est pas sans me laisser encore de sérieuses inquiétudes.

Nous trouvons d'abord tranchée, dès les premières lignes du mémoire, une question incidente : « L'étude de l'adapta- « tion au sol des vignes américaines est », dit l'auteur, « *maintenant* (c'est moi qui souligne) *que leur résistance au* « *phylloxera n'est plus sérieusement discutée...* » L'honorable M. Foëx pourrait être dupe d'une illusion : pour les uns, la résistance des vignes américaines est un dogme ; pour les autres, cette résistance (ce mot pris dans un sens absolu) est encore à prouver, même à l'égard des variétés les plus méritantes. Les deux opinions restent en présence, — le compte rendu du Congrès de Bordeaux en fournit surabondamment la preuve, — et ce n'est pas d'un trait de plume qu'on supprimera la plus sage des deux.

Avant d'entrer dans l'examen du mémoire de M. Foëx, rappelons quelques notions préliminaires.

Il ne semble pas qu'il existe une relation nécessaire entre la *résistance* et la *chlorose;* celle-ci se manifeste fréquemment sur des vignes dont la végétation n'est pas amoindrie. Je connais un vignoble, à l'exposition du midi, sur la pente du coteau de Saint-Jean, qui regarde Astaffort, où une parcelle contenant une quarantaine de pieds, toujours la même, jaunit tous les ans; j'ai remarqué deux parcelles semblables dans nos propres vignes. Des fouilles pratiquées pour la recherche du phylloxera, qu'on n'y a pas trouvé, n'ont rien montré de particulier dans la constitution du terrain. Ni d'un côté ni de l'autre on n'observe rien d'anormal dans le développement des sarments; les feuilles tombées, on ne distingue plus les pieds chlorosés des pieds voisins qui ne chlorosent jamais. Des faits de ce genre s'observent partout. Il y a donc dans la nourriture de la plante, non insuffisance, mais défaut d'équilibre : une substance, la chlorophylle, ne se forme plus ou est résorbée.

Dans d'autres circonstances, au contraire, par exemple lorsque le phylloxera a détruit à peu près entièrement le système radicellaire de la vigne, on n'aperçoit plus que des pousses rabougries, des feuilles de quelques centimètres carrés : souvent ces dernières feuilles sont du plus beau vert [1]. La nutrition, en pareil cas, est insuffisante, ce qu'explique à merveille le manque de radicelles, mais reste bien équilibrée.

Parfois aussi le rabougrissement d'une vigne phylloxérée est accompagné de chlorose.

1. Voir page 93, note.

Les exemples cités montrent que ces symptômes : chlorose et rabougrissement, dépendent de causes différentes, peut-être nombreuses ; que ces causes peuvent agir indépendamment les unes des autres, comme dans les deux premiers cas, parfois aussi plusieurs ensemble et avec des intensités variables, comme dans le dernier.

Quelles sont les causes spéciales qui réduisent ou annulent la production de la chlorophylle ? Tel est l'énoncé du problème.

Le mémoire dans lequel M. Foëx a tenté de le résoudre se compose de deux parties. Dans la première, le savant professeur attribue la chlorose au retard observé dans la production des radicelles ; dans la seconde, il donne pour cause à ce retard l'insuffisance de la chaleur absorbée par le sol et transmise à la plante.

Les exemples, si nombreux avec le phylloxera, de vignes mourantes, où le système radicellaire est entièrement détruit, et où les dernières feuilles, néanmoins, restent vertes jusqu'à l'arrière-saison, suffiraient, à mon sens, à compromettre la première partie du mémoire. Si la chlorose, en effet, était la conséquence du manque de radicelles, une telle cause serait d'ordre général et amènerait les mêmes effets dans toute vigne où elle viendrait à se produire.

Voici une autre objection : dans quelques cas bien remarquables, il semble que quelques-uns, au moins, des principes morbides qui amènent cette affection spéciale n'aient leur siège ni dans le système radiculaire ni dans le sol. Et en effet, on a maintes fois constaté « la parfaite verdeur d'une « souche d'Aramon greffée sur un pied d'Herbemont chlo-« rosé. » Ici, la racine et le terrain sont les mêmes, avant comme après la greffe, la tige seule a changé ; d'où la présomption, tout au moins, que la cause essentielle du mal se trouvait dans la tige supprimée.

M. Foëx cite lui-même ces faits extraordinaires et les explique par cette propriété de la feuille d'*Aramon* d'être douée d'une activité beaucoup plus grande que celle de l'*Herbemont*. Ce n'est pas, à mon avis, une explication décisive : si la racine était placée dans un milieu favorable au développement des radicelles, et qu'une action accidentelle, l'action du phylloxera, par exemple, vînt détruire le chevelu au fur et à mesure de sa formation, ou en réduire le développement, une feuille douée d'un énergie plus grande pourrait venir en aide à la racine et, lui fournissant des principes nutritifs plus abondants et mieux élaborés, lui permettre de réparer en partie ses pertes. Lorsque, au contraire, ce milieu s'oppose, par sa nature même, au bourgeonnement radicellaire, bien loin de voir dans cet excès d'activité de la nouvelle tête une circonstance favorable à la santé de la plante, si le principe morbide n'avait pas disparu avec la tige supprimée, j'y verrais plutôt aggravé le défaut d'équilibre entre les feuilles et la racine et, entre les deux, un antagonisme capable de précipiter la catastrophe.

Ce que ces observations, déjà nombreuses, prouvent bien, c'est qu'un sujet chlorosé ne transmet pas toujours la chlorose au greffon ; j'ignore même si on connaît quelques exemples d'une contagion de ce genre.

A défaut d'une explication plausible, d'une *théorie* de la chlorose, peut-on déterminer avec certitude les circonstances, — au moins quelques-unes, — dans lesquelles elle se produit? — Ici encore nous rencontrons des faits très divers, contradictoires.

Tandis que l'Herbemont, dit M. Foëx, échoue généralement dans les riches alluvions des plaines de l'Hérault, alors même qu'elles sont abondamment fumées, il réussit, au contaire, dans les sols pauvres et arides des Garrigues.

Or je lis un peu plus loin :

Les terrains où ce cépage souffre sont généralement, au contraire, à sous-sol imperméable, peu profonds, compacts et humides ou de couleur blanchâtre...

Il est difficile de reconnaître à ces traits les riches alluvions de l'Hérault.

Admettant entre la chlorose et le développement des radicelles une dépendance qui ne me semble nullement prouvée, M. Foëx écrit :

Or, on sait que, de même que le développement des bourgeons extérieurs est sous la dépendance exclusive de la température atmosphérique, celui des bourgeons souterrains qui donnent lieu aux racines est subordonné à la température du sol; c'est pour cela que les horticulteurs chauffent artificiellement les terres dans lesquelles ils veulent faire enraciner certaines boutures. On conçoit donc aisément, en tenant compte de ce que nous avons établi précédemment, comment les terres qui ne s'échauffent pas facilement au moment de la végétation déterminent la chlorose chez l'Herbemont qui a besoin d'une température relativement élevée pour pousser ses radicelles.

Si la chlorose ne dépend nullement, comme je l'ai montré, de l'abondance ou de la rareté des radicelles, elle pourrait certainement tenir au fonctionnement des radicelles qui existent, quelle qu'en soit la quantité, et ce fonctionnement lui-même être influencé par la température du sol, tant au point de vue de son énergie que sous le rapport des actions chimiques et physiologiques qui se produisent. Ainsi, même pour qui rejette la première partie de la thèse soutenue par l'auteur, cette seconde partie offre un grand intérêt. Toutefois, je crains que parmi les causes qui ont produit les phénomènes observés quelques-unes, et des plus importantes, aient échappé. Deux domaines que je connais bien (l'un m'appartient, l'autre à mon frère) sont distants de 4 kilomètres environ à vol d'oiseau, et à peu près à la même altitude. Invariablement chaque année, l'un mûrit toutes ses récoltes sans exception : céréales, prairies, fruits, avec un retard de quatre à cinq jours sur l'autre. Sur le premier les terres sont plus froides. Or jamais la chlorose n'a été observée généralement sur aucune plante, pas plus sur l'un que sur l'autre de ces domaines ; et même les parcelles de quelques pieds de vigne mentionnées plus haut sont sur le second. Il y a un retard pur et simple de quelques jours dans la durée de l'évolution annuelle des plantes et, à cet égard, c'est probablement un des plus considérables qu'on puisse citer dans l'étendue d'une petite région [1].

Mais voici, d'après le mémoire, des *Aramons* et des *Herbemonts*, qui toujours et dans tous les terrains, débourrent simultanément ; pour l'apparition des radicelles, c'est autre chose : ici, ces organes se montrent en même temps sur les deux espèces, tandis que là, l'*Herbemont* est en retard sur l'*Aramon* ; ce retard pourrait aller à trente-sept jours, et ce serait seulement une différence, assez faible en somme, dans la quantité de chaleur absorbée par le sol qui aurait ainsi séparé deux plantes habituées à marcher ensemble ! Une telle observation, tant qu'elle sera unique, demande beaucoup de circonspection. Pour moi, je ne puis me défendre d'attribuer cet énorme retard à autre chose encore qu'à l'aptitude plus ou moins grande du terrain à absorber la chaleur. Je confesse des doutes du même ordre au sujet d'engrais riches et puissants restés absolument sans action sur des *Herbemonts* chlorosés, en admettant toutefois sur ceux-ci l'existence d'au moins quelques radicelles ; comme aussi sur l'action de cette couche, « de six centimètres d'épaisseur, » de débris de coke sur la température interne du sol. Cette discussion m'entraînerait au delà des limites où je dois me renfermer.

1. C'est ce qu'on observe, en général, pour toute plante en changeant de climat. Ainsi, la vigne mûrit à Suresnes plus tard qu'à Montpellier, mais n'y chlorose pas davantage.

Une dernière remarque : si la chlorose de l'*Herbemont*
où elle se manifeste, dépendait uniquement de la température du sol, il faut bien admettre qu'une telle cause produirait des effets dans le même sens sur tous les cépages où
elle se ferait sentir. Ceux-ci se rangeraient suivant une série
dans l'ordre de leur sensibilité relative[1]. Dans les terrains les
plus froids, tous seraient chlorosés ; dans les terrains les plus
chauds, tous resteraient verts ; dans les terrains intermédiaires, les plus sensibles jauniraient, non les autres. Or,
voici deux cépages, l'*York-Madeïra* et le *Solonis*, sur l'identité desquels il ne peut jamais rester aucun doute : chez
M. Lasserre, l'*York* jaunit, le *Solonis* se conduit bien ; à Las
Sorrès, c'est l'inverse : le *Solonis* est en proie à la chlorose
la plus grave, l'*York* reste du plus beau vert. Quel que soit
celui des deux terrains qui est le plus froid, cette inversion
ne saurait s'expliquer par l'action unique de la température
du sol.

Autre chose : je viens de voir dans un vignoble, et on
observera partout des cas semblables, une quarantaine de
pieds chlorosés ; ces pieds sont par groupes isolés, formés
de deux ou trois pieds, souvent d'un seul pied ; ces petits
groupes sont entourés de souches parfaitement vertes, les
unes et les autres appartenant à la même variété. Dira-t-on
que ces petits cubes de terre de 3 ou 4 mètres carrés de surface extérieure, distribués au hasard dans un champ d'apparence homogène, absorbent moins de chaleur que le sol
environnant ?

Sur un beau *Jacquez*, greffé sur *pinaud*, j'aperçois de
loin quelques magnifiques feuilles jaunes ; je m'approche et
je vois que ces feuilles, au nombre de six aujourd'hui, appartiennent à un seul et même sarment, un des plus vigou-

---

1. Je n'entends nullement qu'il soit possible de *construire* une telle série
(voir page 445 *b*).

reux et sur lequel n'existe aucune lésion. Après quinze jours, la situation est la même, ce sarment seul porte des feuilles chlorosées tout en restant bien vivant et très frais[1]. Sur une souche française franche de pied, c'est l'inverse : la souche entière est chlorosée à l'exception d'un unique sarment dont toutes les feuilles sont vertes : je ne crois pas que les propriétés calorifiques du sol puissent expliquer des faits semblables.

En somme, les conclusions du mémoire ne me paraissent pas offrir tout le caractère de certitude désirable. Mais un phénomène aussi complexe que la chlorose ne pourra être érigé en théorie que lorsqu'un très grand nombre de faits auront été bien observés, exactement décrits, judicieusement interprétés. Le mémoire de M. Foëx apporte, pour cet objet, quelques bons matériaux ; on le lira avec profit, et chacun sera reconnaissant au jeune et savant directeur de la Gaillarde de persévérer dans une étude si intéressante et si difficile. Peut-être pourrait-on demander qu'à l'avenir M. Foëx mesurât, non les *maxima* journaliers seulement des températures, mais aussi les *minima*, afin d'obtenir approximativement les températures moyennes, les seules qui importent[2].

Je dois encore faire une réserve formelle sur un autre point ; je veux parler de la discrétion avec laquelle il convient d'invoquer des faits qui résultent, non d'une mesure, mais d'une simple appréciation personnelle. Ainsi la vigne du Nord, à la Gaillarde, est dite en bon état et l'auteur raisonne d'après cette hypothèse. Or, cette vigne m'a paru en assez mauvais état, en septembre 1881, et j'ai dit ailleurs d'après quel caractère matériel, j'allais dire d'après quelle mesure je la jugeais telle. Si c'est mon appréciation de l'état

1. La situation est restée telle jusqu'à la chute des feuilles.
2. Voir une réserve touchant ces derniers mots, page 257, note.

de cette vigne qui est la vraie, tout ce qu'en dit l'auteur du mémoire tourne contre la thèse qu'il veut prouver[1].

Entre toutes les causes qui peuvent amener, soit la chlorose, soit le rabougrissement, soit les deux ensemble dans les vignes phylloxérées, la plus générale, la plus réellement agissante est encore à mon avis... le phylloxera. Que cela s'accorde mal avec les idées professées par quelques-uns touchant la résistance, je ne le nie point ; aussi rappellerai-je, en terminant, l'opinion d'un des amis les plus éclairés des vignes américaines ; et je n'invoque pas seulement l'opinion de M. Robin, mais aussi les arguments fournis à l'appui :

J'avoue franchement, écrit M. Robin dans *la Vigne américaine* (15 septembre 1878, p. 195), que je n'ai pu me faire à cette idée de vignes continuellement piquées par le phylloxera, et néanmoins parfaitement résistantes. Je déclare même que je ne crois à la résistance absolue de quelques cépages que depuis qu'il est acquis que ces cépages sont très peu hantés par leur ennemi...

Il est bien incontestable, ce me semble, qu'une vigne dont les racines sont continuellement piquées, blessées par des milliers de phylloxeras, doit dépenser une partie de ses forces à se guérir de ses blessures et à réparer ses pertes. Il y a donc là un travail détourné de sa destination naturelle qui est le développemect du bois et la nutrition du fruit. Ne voyons-nous pas la grêle qui, elle aussi, n'endommage souvent que l'écorce des sarments, amoindrir, après l'avoir complètement arrêtée pendant quelque temps, la végétation de la vigne, et cela parce qu'il se fait de suite une division du travail dont une partie va à la cicatrisation des blessures faites par les grelons?

N'est-il pas évident que... les vignes toujours criblées de phylloxeras doivent se montrer beaucoup moins accommodantes (relativement au sol) que celles qui en sont relativement in-

1. Dans le rapport de M. Foëx, inséré parmi les *Pièces annexes* à la suite du compte rendu de la dernière session de la Commission supérieure du phylloxera, je lis (p. 94, en bas) : « La végétation des vignes en grande culture, bien que satisfaisante pour l'année, a été moins belle que l'an dernier, notamment dans la vigne du Nord... » Et un peu plus bas (p. 95, vers le bas) : « Les Herbemonts ont été » (dans cette vigne du Nord) « plus jaunes qu'à l'ordinaire. »

J'ai donc bien vu cette vigne (voir page 409).

demnes? En effet, pendant que ces dernières n'ont à demander à la terre que leur propre subsistance, ne faut-il pas que les autres y trouvent non seulement de quoi vivre elles-mêmes, mais encore de quoi faire vivre les innombrables vampires toujours attachés à leurs racines?

Tout cela me paraît sagement pensé, et je crois que l'emploi des cépages tant soit peu peuplés de phylloxeras, — en particulier du *Solonis*, — commande beaucoup de prudence.

(Étude lue au Comité central d'études et de vigilance de
Lot-et-Garonne, le 10 juin 1882).

LE CONGRÈS VITICOLE

DE LYON

Les journaux de Lyon de toute opinion voulurent bien accueillir la note suivante (numéros du 13 septembre 1880) :

La réunion dite *Congrès international de viticulture* vient d'être inaugurée dans des conditions spéciales dont il me semble nécessaire de saisir sans retard l'opinion publique.

Le Congrès tiendra six séances; chaque séance sera de deux heures et demie. Les rôles principaux sont distribués. Un *nota* réserve, dans les termes suivants, la part de l'imprévu :

Nota. — « Chaque jour, à la fin de la séance, tous les orateurs qui le désireront pourront prendre la parole, à condition de se faire inscrire la veille au bureau de la société. »

Or, à telle séance, nous trouvons sur le programme imprimé *six* orateurs officiels ; pour peu que chacun parle *vingt minutes*, que restera-t-il aux malheureux inscrits de la veille?

Comment revenir utilement à la fin d'une séance sur une question traitée au début, comment y intéresser des esprits fatigués, après que deux ou trois sujets tout différents leur auraient été exposés dans l'intervalle?

Qu'il surgisse un incident; qu'un fait appelle la discussion, une théorie la contradiction : il aura donc fallu prévoir dès la veille l'incident, le fait, la théorie et s'inscrire à l'avance?

M. le président du Congrès a annoncé qu'*un quart d'heure seulement* serait accordé à chaque orateur, et que, ce temps écoulé, il rappellerait inflexiblement chacun aux nécessités des circonstances présentes : Quel est le point de cette vaste question qui pourrait être, je ne dis pas traité, mais indiqué en un quart d'heure, et que peuvent bien espérer de pareilles conférences, sans contradicteurs, ceux qui sont venus à Lyon pour s'éclairer et s'instruire?

Dans toute assemblée impartiale, une part égale est faite, non à chaque orateur qui surgit, mais aux opinions contraires. Après un orateur *pour*, on entend un orateur *contre*. Or, si on ajoute, après le Congrès, tous les *quarts d'heure* consacrés à une louange sans mesure des vignes américaines, on aura au total de nombreuses heures; qu'on totalise tous les *quarts d'heure* consacrés à une critique courtoise, j'allais écrire bienveillante de ces intéressants arbustes, on aura... *mon quart d'heure*, tout seul! — Ce n'est pas assez.

Aucune de ces considérations n'a trouvé grâce ce matin.

Après le *Congrès viticole* de Clermont, allons-nous avoir la *Comédie viticole* de Lyon? Tant qu'il restera un espoir, je me refuserai à le croire, et je n'abandonnerai pas la partie.

PROSPER DE LAFITTE,

Président du Comité central d'études et de vigilance de Lot-et-Garonne.

Les derniers mots soulevèrent au Congrès une émotion très vive devant laquelle je dus me raidir, et je le fis.

Les temps sont déjà loin de nous, et le Congrès de Lyon est bien oublié aujourd'hui; mais on ne supprime pas les faits, et je reviens sur cet incident pour avoir l'occasion de le regretter. Si j'avais cru froisser des personnes que des relations antérieures m'avaient rendues sympathiques, je me serais abstenu, ou j'aurais donné une forme très adoucie à ma pensée.

Deux jours après, les mêmes journaux insérèrent la note suivante :

Monsieur le rédacteur en chef,

Vous avez bien voulu accueillir, le 13 septembre, une note portant ma signature, et relative au Congrès viticole de Lyon.

A la troisième séance du Congrès, cette note a motivé une demande d'explications dont j'ai dû, à regret, rejeter avec beaucoup de netteté et la forme et le fond.

A la suite de cet incident un accord est intervenu, et j'ai obtenu la parole à la fin de la quatrième séance. Mais j'ai dû m'arrêter brusquement lorsque l'heure est venue de rendre le théâtre à son propriétaire, et on ne m'a pas permis d'achever mon exposé à la séance suivante.

36

Dédaignant toute récrimination stérile, je m'accorderai avec mes honorables adversaires pour imputer au manque de temps seul un accident que la bonne volonté de tous n'a pas réussi à conjurer. Toutéfois, je ne puis m'empêcher de trouver bien surprenant qu'une discussion brusquement interrompue la veille par une cause indépendante de la volonté de l'orateur et de l'assemblée [1] n'ait pas pu être reprise et achevée le lendemain ; j'ai été réduit à expliquer que ce tronçon de discours, ne traitant qu'un des nombreux côtés du sujet, pourrait donner une idée très fausse de mes conclusions, et à en demander la suppression pure et simple dans le compte rendu du Congrès.

Je ne connais pas un second exemple d'un fait semblable.

Et maintenant comment se défendre d'une réflexion : est-il vraiment possible que, pour un Congrès viticole résolu et annoncé depuis plus d'un an, on n'ait pas réussi à trouver, dans la seconde ville de France, des conditions de lieu et de durée qui permissent de faire une part égale et suffisante à chacune des opinions en présence?

Veuillez agréer, etc.

PROSPER DE LAFITTE.

NOTE SUR LE CONGRÈS VITICOLE DE LYON.

Le *Journal de l'Agriculture* a publié dans le numéro du 2 octobre un article de M. G. Gaudot sur le *Congrès international de viticulture de Lyon*. Ce travail me semble conçu dans un excellent esprit, très bien fait. Les très courtes observations que je vais présenter portent seulement sur le titre.

Le congrès de Lyon n'a pas été un congrès. « *Congrès* se dit aussi d'une assemblée de plusieurs personnes qui se réunissent pour se communiquer les résultats de leurs études et échanger leurs idées sur des points de science, etc. » (Académie). A Lyon, on n'a pas échangé des idées, on a fait des conférences sur des points de science viticole relatifs au phylloxera.

1. Voir page 443.

Que des personnes animées du désir de se rendre utiles s'entendent pour faire des conférences, rien de plus louable ; mais il serait bien de dire clairement ce dont il s'agit, afin d'éviter toute surprise, soit avant, soit après.

Ainsi, un mouvement d'humeur semble permis, lorsqu'on a fait deux cents lieues avec beaucoup de fatigue et de dépense pour prendre part à un congrès et en tirer quelque profit, et qu'on se voit réduit à entendre, sans discussion, une série de conférences sommaires, déjà entendues pour la plupart dans les congrès précédents ou qu'on a pu lire dans les écrits de leurs auteurs. S'il est, en effet, intéressant et instructif de voir les opinions contraires aux prises dans une lutte courtoise et bienveillante, le temps consacré à un simple défilé d'opinions particulières, mitigées par des *concessions mutuelles* (les mots soulignés sont de M. Gaudot), peut paraître du temps perdu.

La confusion entre les mots *congrès* et *conférence* a un inconvénient d'un autre ordre : une *conférence* n'engage que celui qui la fait ; dans un *congrès*, chacun est moralement responsable de l'usage qu'il fait de la liberté qu'il a de parler ou de se taire, le mot *congrès* exprimant implicitement que cette liberté existe ; or, à Lyon, elle n'existait pas.

Lorsque, après de simples conférences, des formules de vœux sont présentées aux auditeurs et acceptées par eux, de tels vœux ne sauraient avoir l'autorité que donne à une opinion collective la discussion approfondie où elle s'est formée. Une surprise n'est pas facile dans un congrès ; elle est par trop aisée après une suite de conférences.

Croit-on, par exemple, que le dernier vœu accepté par l'assemblée de Lyon[1] aurait tenu devant une critique, même sommaire ?

1. Vœu qu'une subvention fût accordée pour la plantation de vignes américaines. (Voir p. 498).

Je ne veux pas discuter ici de fond, mais poser de simples réserves pour l'avenir.

(Extrait du Journal de l'Agriculture du 9 octobre 1880.)

LES CONGRÈS PHYLLOXÉRIQUÉS.

On annonce un Congrès phylloxérique à Bordeaux pour le mois de septembre ; on parle d'un autre Congrès à tenir à Toulouse à une époque différente. Ces deux Congrès se compléteraient l'un par l'autre : au premier, les *grandes* vignes ; au second, les *petites*. Pour le succès qu'on en peut attendre, il est opportun de rappeler dès aujourd'hui ce qu'ont été la piupart des réunions de ce genre et d'indiquer ce qu'elles devraient être.

Le plus souvent, tout s'est passé en conférences dont l'ordre, le sujet et l'auteur étaient choisis de longue main. Pas de discussion possible : le temps est trop limité pour en permettre. L'auditeur écoute de confiance ce qui se dit, en retient ce qu'il peut ; et comme les sujets traités sont nombreux et que chacun comporte des développements étendus, la mémoire la plus heureuse risquerait de ne pas garder grand'chose de ces leçons si on ne les réunissait ensuite imprimées en un volume que chacun puisse étudier chez soi et à loisir. Le mieux serait de commencer par faire le volume et... de s'en tenir là !

On a voulu, dans quelques cas[1], des discussions très ouvertes, très libres. C'est ce qu'il faudrait, mais voici ce qui arrive : la première question abordée prend des développements imprévus ; on se sent pris de court, et on sabre plus

---

1. Allusion au Congrès de Clermont-Ferrand.

ou moins tout le reste. A Clermont, où cependant les vignes américaines avaient été sagement réservées, après avoir tenu en quatre jours sept séances de quatre heures chacune en moyenne, il a fallu se séparer, plusieurs orateurs non entendus et la plupart ayant dû écourter ce qu'ils voulaient dire.

Dans toute réunion de ce genre, il y a ceux qui savent un peu pour avoir beaucoup travaillé et qui voudraient, en apportant eux-mêmes leur contingent d'observations et d'idées, faire leur profit de l'expérience des autres : à ceux-là la discussion ; et il y a ceux qui ne savent rien, n'ont chez eux ni les moyens ni le loisir de compulser une littérature déjà fort étendue, et saisiraient volontiers l'occasion d'apprendre en quelques jours tout ce qu'il leur importe de connaître : à ceux-là les conférences. Or, le plus souvent, les choses se passent de telle sorte que les premiers n'entendent rien qu'ils n'aient déjà eu occasion de lire dans les écrits des conférenciers eux-mêmes ; que les seconds entendent parfois le lendemain le contraire de ce qu'ils ont appris la veille, et sont fort en peine de choisir.

Il y a encore ceux qui, avec des notions toutes superficielles ou fausses, ont une langue bien pendue : ceux-là peuvent suffire à embrouiller complètement des auditeurs novices.

Ce qui est fait est fait, et il n'y a à retenir du passé que la bonne volonté de tous. Il faudrait mieux faire maintenant, et l'œuvre ne semble pas impossible. Point n'est besoin de rien inventer ; il suffirait d'imiter naïvement ce qui se fait de temps immémorial dans les assemblées délibérantes : partager le travail entre autant de commissions qu'il y a de sujets différents. Chaque commission, composée d'hommes bien préparés, nomme un rapporteur, dont elle entend et approuve le rapport. Un tel rapport n'est plus une conférence qui n'engage que le conférencier : c'est l'expression mûrement réfléchie d'une opinion collective éclairée. Chaque rapport est lu et discuté en séance ; discussion claire et rapide, le rapporteur ayant mis impartialement sous les yeux de tous, en les appréciant avec autorité, les éléments divers de cette discussion. Qu'on ait encore un bon service sténographique[1] pour donner à chacun le sentiment bien net de sa responsabilité morale : que de temps gagné ! que de hardiesses conjurées !

Le plus difficile n'est pas de donner le conseil ; c'est de faire la chose : de plus compétents que moi y aviseront. Je voudrais seulement, au moyen d'un projet provisoire, montrer que le plan n'est pas irréalisable.

Tout congrès comprendrait deux périodes : la première pour le travail des commissions, la seconde pour les séances publiques. Trois commissions principales sont indiquées : une pour l'*œuf d'hiver*, une pour les traitements souterrains, une pour les vignes américaines, les deux dernières pouvant se subdiviser elles-mêmes en sous-commissions. Chacun aurait la faculté de se faire inscrire à l'avance ou à son arrivée à la commission, — ou aux commissions, — où il voudrait travailler.

Chaque commission s'organise elle-même, travaille comme elle l'entend (il suffit qu'on lui fournisse un local), et nomme ensuite deux ou trois délégués. Tous ces délégués se réunissent pour rédiger les vœux. Une commission spéciale nommée, soit au cours de la première période par toutes les commissions réunies, soit au commencement de la seconde, ferait un rapport général sur toutes les inventions soumises au congrès : pas de discussions sur ce rapport particulier, chaque inventeur ayant pu à loisir s'expli-

1. Voir page 193 *b*.

quer devant la commission et devant les membres du Congrès eux-mêmes au cours de leurs visites.

Mais le temps, direz-vous? — Il n'en faudra pas ce que vous pourriez craindre. Voyez la Commission supérieure du phylloxera! elle n'a par an qu'une seule et unique session, qui est le congrès par excellence, le congrès des congrès. Eh bien, il lui arrive de s'en tirer en un jour et demi (en 1879), et d'emporter les chaleureuses félicitations du ministre compétent! — Il faudra plus de temps à Bordeaux et à Toulouse; mais qu'on se rassure: en fait de temps, l'ordre et la méthode sont de grands ménagers.

J'estime que la première période pourrait s'ouvrir un lundi matin; le travail des commissions finir le mardi; le mercredi et le jeudi être pour les visites jugées utiles et la préparation des rapports; ces rapports être lus et approuvés le vendredi dans la matinée, et, dans une ville de ressources, imprimés pour le lundi suivant afin d'être distribués à l'ouverture de la seconde période, qui durera trois jours.

Mais tout cela exige *dix jours* : soit! — Ces délais pourraient être abrégés; puis, à part les rapporteurs, les membres des commissions pourraient ne pas rester pour les séances publiques, et ceux qui viendraient seulement pour les conférences (les rapports) en apprendraient plus en trois jours, le travail ainsi préparé, qu'ils n'auraient pu faire dans toutes les réunions antérieures mises bout à bout.

Une innovation est nécessaire et n'est pas facile : le congrès qui, le premier, la réalisera heureusement restera comme un exemple et aura bien mérité de la viticulture française.

Nota. — Depuis que cet article est écrit, j'ai assisté au *Congrès des Sociétés de secours mutuels* tenu à Paris les 8, 9, 10 et 11 juin : quatre jours, une séance par jour, quatre commissions se réunissant tous les jours et chargées de préparer chacune le travail d'une séance. La première commission ne pouvant se réunir qu'une fois, on n'a mis à l'ordre du jour de la première séance qu'un petit nombre de questions choisies parmi les plus faciles. La deuxième commission a pu se réunir deux fois, et on a chargé un peu plus le programme de la deuxième séance. La troisième commission a pu se réunir trois fois : on a mis au programme de la troisième séance des questions plus nombreuses et plus difficiles. Enfin on a réservé pour le dernier jour la question qui exigeait les études les plus longues, la quatrième commission pouvant se réunir quatre fois. Cette division du travail, due à M. Houdin, secrétaire général du Congrès, mérite d'être remarquée.

(Extrait du *Journal de l'Agriculture* du 10 juin 1881).

LE GREFFAGE DES VIGNES

ET

LA SOUDURE

Nous possédons aujourd'hui quelques livres justement estimés où il est traité du greffage de la vigne, et quelques études remarquables sur cette question difficile. Difficile, puisque des auteurs qui joignent à une science solide une expérience consommée arrivent, sur des points essentiels, à des opinions contradictoires et, d'une manière générale, donnent la préférence, les uns à une méthode, les autres à une autre. On ne doit pas espérer faire disparaître entièrement ces divergences qui, chez les praticiens, tiennent en partie à des habitudes prises; mais il est peut-être possible de les atténuer en dégageant avec plus de précision qu'on n'a cherché à le faire jusqu'ici le caractère essentiel de chacune des principales greffes. Tel est le but de cette étude, où nous supposerons connu ce que chacun peut lire dans les divers traités du greffage.

I

PRÉLIMINAIRES.

« En quoi consiste la soudure, par quel mécanisme s'accomplit-elle, et quel rôle joue la sève dans son accomplissement ? » — De longtemps encore personne ne risquera une réponse claire et précise à ces questions. Bornons-nous à rappeler succinctement quelques notions déjà familières à un grand nombre de viticulteurs, mais qu'il est cependant indispensable de placer au début de toute étude de ce genre. Si on tranche un sarment bien aoûté (il ne sera question que de la vigne) par une section perpendiculaire à l'axe, on aperçoit, en employant la loupe au besoin, un cercle verdâtre à une petite distance de l'arête circulaire extérieure. C'est le *cambium*, qui sépare deux régions : l'une, intérieure, est le bois ; l'autre, extérieure, est l'écorce. Le cambium est formé d'un tissu cellulaire très peu consistant, semi-fluide vers son milieu où les cellules en se multipliant par division produisent tous les tissus nouveaux. Parcourons des yeux un rayon de la section : dans l'épaisseur du cambium nous trouvons la cellule la plus jeune, la plus active; en allant de cette cellule vers le centre, d'autres cellules de plus en plus âgées nous conduisent par degrés à l'aubier ; de l'autre côté, vers l'extérieur, d'autres cellules de plus en plus âgées également nous conduisent, et encore par degrés insensibles, au liber. Ainsi, malgré leur origine commune, les cellules intérieures et les cellules extérieures ont une évolution différente, les premières formant les tissus ligneux, les secondes les tissus corticaux. A quoi tient cette différence ? Peut-être à la nature différente des liquides nourriciers qui les baignent, mais peu importe ici.

Les couches ligneuses qui se forment successivement à l'intérieur du cambium repoussent celui-ci au dehors, en l'obligeant à se répandre sur des circonférences de plus en plus grandes. Comme il n'y a ni rupture ni lacune, il faut que les cellules s'y multiplient non seulement dans le sens des rayons, mais dans le sens perpendiculaire, c'est-à-dire des tangentes, et dans toutes les directions intermédiaires, pour remplir un espace qui va sans cesse s'agrandissant. C'est une notion qui nous servira lorsque nous aurons à montrer comment se ferme une plaie. Extérieurement, les

nouvelles couches corticales repoussent les plus anciennes
au dehors, mais sans augmentation de l'épaisseur totale,
parce que les couches les plus âgées, obligées de s'étendre
sur des cercles de plus en plus grands, s'exfolient (sur la
vigne), se détachent et tombent. Les cellules les dernières
nées et qui restent actives, c'est-à-dire se multiplient par
division, forment au milieu de l'épaisseur du cambium (du
tissu qui se transforme) une couche cylindrique très mince
qu'on pourrait appeler spécialement *couche* ou *zone génératrice*, ce qui nous sera commode et que nous ferons, bien
que d'habitude ces mots désignent le cambium tout entier.

Tranchons perpendiculairement à son axe un raciné d'un
an planté en terre, c'est-à-dire vivant. Le bout retranché offre
une section identique à celle qui termine le plant. Appliquons
les deux sections l'une sur l'autre, exactement comme
elles étaient avant que l'opération fût faite, et imaginons qu'on
les maintienne assez longtemps adhérentes : on observe alors
que les *zones génératrices* superposées en viennent assez vite
à se confondre de nouveau, comme feraient instantanément
deux gouttes d'eau mises en contact, sans qu'il fût possible
de retrouver sur elles, si on pouvait les observer abstraction
faite des autres tissus, aucune trace de la séparation primitive ; et la vie circule de nouveau dans les deux fractions de
la plante reconstituée. Semblable fusion s'opère entre les
couches qui avoisinent les *zones génératrices*, mais on ne sait
trop sur quelle épaisseur un tel phénomène se produit[1],
c'est-à-dire jusqu'à quel âge les cellules se peuvent réunir
ainsi, se *souder*, comme on a coutume de dire. Mais cette
soudure botanique où se reforment, non seulement la continuité de la matière, mais la vie, est fort différente de la
soudure minérale, où on n'aperçoit que l'action des forces

1. Voyez : Duchartre, *Éléments de botanique;* 2ᵉ édition, p. 526, au milieu.

moléculaires attractives qui rendent solidaires des molécules matérielles. Il paraît y avoir encore une troisième espèce de soudure, celle-ci simplement par adhérence entre tissus végétaux qui mourront. C'est seulement la première soudure qui nous intéresse. Nous emploierons le mot, et, pour toute définition, nous nous contenterons, en attendant qu'on puisse faire plus, de ce que nous venons d'en dire.

Terminons ces préliminaires par un examen de ce qui se passe lorsqu'une plaie se ferme. Un cas très simple suffira pour l'objet que nous avons en vue. Imaginons qu'on enlève à une tige, comme à l'emporte-pièce, un fragment d'écorce avec le cambium et une partie du bois sous-jacent. Le cambium forme un cylindre intérieur à la tige dans lequel nous produisons une lacune. Aux limites de la plaie se produit un afflux de sève qui s'accumule. En arrière de cet amas de sève, extravasée ou non, et protégée par lui, la *zone génératrice* se termine par une arête, ou plutôt une tranche très mince où les cellules restent vivantes et actives, et donnent naissance à de nouveaux tissus qui avancent vers le centre de la plaie par le même mécanisme qui fait avancer les couches ligneuses et corticales, et cette double progression se fait en même temps. La surface ligneuse mise à nu se recouvre donc peu à peu, en même temps que la partie restée découverte semble s'enfoncer, parce que les tissus qui avancent sur elle s'élèvent en se superposant aux premiers formés. Ces tissus se rejoignent au centre avec le temps, s'y pressent, et les formations incessantes soulevant tout ce qui est tissu cortical, le cambium finit par affluer au-dessus même du centre de la plaie et la continuité de la *zone génératrice* est rétablie. A partir de ce moment on dit que la plaie est *cicatrisée;* et chaque couche ligneuse ou corticale s'applique par la suite, intégralement et sans lacune, sur la couche de l'année précédente.

Il est nécessaire que nous poussions un peu plus avant cette analyse. La plaie mortifie le bois, non seulement sur la surface même qui est mise à nu, mais sur une épaisseur plus ou moins grande au-dessous de cette surface. Ce bois mort forme comme une calotte ayant la surface de la plaie elle-même pour base, et de forme comme d'épaisseur variable dans l'intérieur de la tige. Or, comme les tissus qui sont venus recouvrir cette surface lignifiée ne sauraient s'y souder, cette calotte reste dans la tige comme un corps étranger. L'observation apprend que les plantes ne souffrent nullement de la présence d'un corps étranger dans leurs tissus, balle, clou, pierre, etc. Le résultat final d'une blessure est donc un petit volume de substance morte, très saine si elle n'a pas été exposée trop longtemps ou si elle a résisté à l'action des agents extérieurs, en partie décomposée dans le cas contraire, et renfermée à l'intérieur de la tige. Mais nous avons admis implicitement que le diamètre de la tige est en voie d'accroissement suffisamment rapide ; si les couches annuelles n'avaient plus qu'une épaisseur insensible, les choses se passeraient autrement. Ce cas ne rentre pas dans notre sujet. Remarquons seulement que l'accroissement en diamètre d'une vigne, même jeune, ne va jamais bien vite, que les couches annuelles restent toujours minces, et que la marche des tissus qui recouvrent progressivement une plaie est assez lente, bien qu'il y ait, consécutivement à une blessure, afflux de sève et hypertrophie habituelle des tissus adjacents.

Après ces préliminaires, nous allons passer en revue les principales greffes applicables à la vigne. Nous les distribuerons en deux classes : celles où l'écorce de la plante unique qui résulte de la greffe est *continue* aussitôt l'opération achevée, et celles où cette écorce est *discontinue*, c'est-à-dire où on trouve des surfaces ligneuses apparentes, soit sur le sujet, soit sur le greffon, soit sur les deux. Nous admettrons, sauf avis contraire, que le sujet est un raciné d'un an.

II

GREFFES A ÉCORCE CONTINUE.

Le type des greffes appartenant à cette classe est la *greffe anglaise simple*. On tranche obliquement le sujet, en faisant la surface du biseau bien plane, bien nette et très allongée. Pour une tige de un centimètre de diamètre, il ne faut pas hésiter à donner au biseau une longueur de cinq à six centimètres : la ligature en sera plus facile. Le greffon choisi d'un diamètre égal à celui du sujet est tranché suivant la même inclinaison ; puis les deux sections appliquées exactement l'une sur l'autre sont maintenues adhérentes par une ligature. Si les *zones génératrices* sont exactement superposées sur tout le contour des biseaux, la soudure se fait comme nous l'avons expliqué. Les couches annuelles, d'aubier en dedans, de liber en dehors, se forment comme si le sujet et le greffon n'étaient qu'une même plante. Les couches corticales préexistantes et que l'outil a tranchées s'exfolient bientôt et tombent, remplacées par les nouvelles qui sont intactes ; et il ne resterait pour l'œil aucune trace de l'opération s'il ne se produisait par hypertrophie un léger renflement sur toute la hauteur de tige occupée par les sections, et un peu au delà. A l'intérieur les choses se passent différemment : les surfaces ligneuses des biseaux appliquées l'une sur l'autre se soudent ou non par adhérence, mais meurent ; la mortification s'étend très peu ou pas du tout en profondeur. Après une année de végétation, une coupe perpendiculaire à l'axe et faite au milieu de la greffe montre ce qui suit : une ligne diamétrale brune très nette finit à une petite distance du contour extérieur. Elle marque la séparation des bois juxtaposés. Sur les prolongements de cette petite ligne, la section primitive n'a rien d'apparent. Il y a partout continuité parfaite des couches ligneuses et corticales formées. depuis le greffage, il y a *soudure*. De part et d'autre de la ligne brune le bois est très sain.

En réalité, les surfaces des biseaux ne seront jamais de forme identique ; et comme les *zones génératrices* sont très minces, il sera très rare qu'elles se superposent exactement partout. Entre les parties qui sont superposées la soudure se fait comme nous l'avons expliqué ; pour celles qui ne le sont pas il arrive autre chose : supposons que la *zone génératrice* du sujet se trouve en un point particulier intérieure à celle du greffon ; elle s'appuiera sur l'aubier du greffon, tandis que celle du greffon portera sur le liber du sujet. Elles formeront sur la surface commune des biseaux comme une petite boucle à branches très peu écartées et réunies suivant des angles très aigus. Dans ces angles, et un peu au delà, les cambium empiètent encore l'un sur l'autre et la soudure se fait ; puis la séparation a lieu, la soudure ne se fait plus, la mortification des tissus commence, même des cambium, en gagnant en hauteur jusqu'au milieu de la boucle où cette hauteur est la plus grande. Les choses se passent donc comme si on avait enlevé à l'emporte-pièce ces tissus mortifiés et fait là une petite plaie, qu'on a même faite en réalité. Si l'étendue des parties soudées est suffisante pour que la plante vive, cette petite plaie se fermera, comme nous l'avons expliqué, en quelques jours si elle est très petite, avec plus de temps si elle est plus étendue ; et, pourvu que ces lacunes isolées n'occupent pas à elles toutes une fraction trop forte du pourtour du biseau, elles seront sans inconvénient. En vue de ces petits accidents, un bon masticage serait, à mon avis, fort utile sans être indispensable.

C'est principalement aux extrémités des biseaux — et ceci me semble très digne d'attention — qu'on a le plus de chances d'obtenir la superposition totale ou partielle des *zones génératrices*, parce que celles-ci étant coupées plus obliquement dans ces parties y présentent plus de largeur sur la coupe. La raison géométrique en est qu'à cet endroit le plan tangent à la tige supposée cylindrique fait avec le plan du biseau un angle plus petit que partout ailleurs. L'œil s'en rendra compte si on coupe très obliquement un tuyau de plume ; on verra aux extrémités de la coupe la matière dont la plume est faite offrir beaucoup de largeur, tandis qu'au milieu cette largeur est réduite à l'épaisseur normale comprise entre les parois intérieure et extérieure du tuyau. Cette propriété donne une importance considérable aux extrémités ovalaires des biseaux. C'est là principalement, dit en outre Mme Ponsot[1], que s'amasse la sève.

Cette greffe, très employée pour les plantes sujettes à la gomme, réussit fort bien. Nous y reviendrons. Le point faible est dans la difficulté de tenir les biseaux bien adhérents au moyen de la ligature, qui devient une œuvre d'art. De cette difficulté est née la *greffe anglaise à double fente*. Après ce que nous venons de dire de la greffe simple, quelques remarques suffiront.

I. — Les fentes que l'on pratique, l'une sur le sujet, l'autre sur le greffon, n'ajoutent ni ne retranchent aucune parcelle de bois ; et lorsque chaque languette a pénétré dans la fente opposée, la tige garde le même volume que dans le cas précédent : deux languettes de bois, appartenant l'une au sujet, l'autre au greffon, se sont tout simplement déplacées pour prendre chacune la place occupée primitivement par l'autre.

1. *De la reconstitution et du greffage des vignes*, par Mme Vve Francis Ponsot, p. 21. Bordeaux, H. Duthu, éditeur.

II. — Après une année de végétation, une coupe perpendiculaire à l'axe et faite au milieu d'une greffe bien réussie[1] montre ce qui suit : Trois lignes brunes très nettes, parallèles, de longueur égale, semblables à celle que nous a montrée la précédente greffe, la médiane passant par le centre de la section. Leur distance très petite représente l'épaisseur des languettes à leur milieu. Les rayons médullaires qui rencontrent les deux lignes extérieures s'y arrêtent nettement; ceux que leur direction amène dans l'espace compris entre deux de ces lignes s'y prolongent plus ou moins. En dehors du rectangle formé par les deux lignes extrêmes, la continuité des tissus est parfaite. Dans le rectangle, le bois continue celui du dehors, est très sain, résistant à la pointe émoussée d'un canif, sauf quelques parties touchant aux lignes et qui semblent être ce qui reste des moelles. Sur les lignes mêmes, dans les parties où elles ont beaucoup de finesse, la pointe trouve la même résistance, mais pénètre facilement dès que l'épaisseur du tissu brun devient sensible. Lorsque la coupe est faite plus haut ou plus bas que le milieu de la greffe, la ligne médiane se rapproche de l'une des extrêmes, jusqu'à se confondre avec elle en un petit rectangle très mince de matière brune, qui est de la moelle ou du bois décomposé. Entre ces deux lignes réunies et la troisième on voit alors un petit cercle médullaire jaune moins foncé, qui contient la moelle intérieure à la languette que la coupe a rencontrée vers la base, tandis qu'elle tranchait l'autre vers l'arête terminale : c'est le canal médullaire du greffon si la coupe est faite vers le haut, et celui du sujet si elle faite vers le bas. Entre les deux il y a toujours une

---

1. J'entends une greffe où l'écorce ne montre plus trace de la section ni des fentes. Celle dont j'ai la coupe sous les yeux est due à la gracieuse obligeance et à l'habileté de Mme Ponsot. J'en ai reçu de très bonnes aussi d'un autre maître, bien connu de nos lecteurs, M. Champin.

lacune, correspondant aux moelles de l'un et de l'autre que l'outil a tranchées[1].

III. — La pénétration réciproque du sujet et du greffon par le fait des languettes produit une bonne adhérence, et on peut se contenter d'une ligature assez simple. De plus, les surfaces en contact sont ici plus considérables, les fentes venant y ajouter toute l'étendue de lèurs joues (la soudure sur l'une des joues de chaque fente présente une particularité intéressante qui s'expliquerait difficilement sans le secours d'une figure ; j'aurai l'occasion d'y revenir). Toutefois, on s'est, je crois, beaucoup exagéré les avantages qui en résultent pour le succès de la soudure. D'abord, en parlant de surfaces on s'exprime mal : c'est le développement en longueur du ruban très étroit du cambium qu'il faut considérer, et c'est cette longueur qui me semble importer médiocrement. Si la soudure se faisait sans lacune, une section perpendiculaire à l'axe suffirait, puisqu'elle rétablirait la continuité parfaite du cylindre de cambium. S'il reste des lacunes entre les parties soudées du contour, ce n'est pas leur longueur absolue qu'il faut considérer, mais l'étendue qu'elles occupent *transversalement*. Ainsi, une fente longitudinale, même très longue, est sans inconvénient sur une tige, parce que les courants séveux marchent dans le même sens que la fente et que celle-ci en intercepte très peu. Une fente transversale, au contraire, devient tout de suite fâcheuse (ou utile, si elle est faite intentionnellement) parce qu'elle arrête ces courants sur une partie importante de la circonférence de la tige. Si donc il y a dans le périmètre de la section des cambium des parties longitudinales et des parties transversales, la soudure des premières importe à peine et tout

1. Une coupe perpendiculaire à ces trois lignes parallèles et passant par l'axe a montré ce qu'il était bien facile de prévoir d'après ce qui précède, et je ne m'y arrête pas.

l'intérêt se concentre sur les secondes. Or, dans la *greffe anglaise à double fente* il n'y a de ces dernières pas plus au fond que dans la *greffe anglaise simple* : il y en a, dans chacune des deux, juste l'équivalent du contour circulaire d'une section perpendiculaire à l'axe. Je reviendrai sur ce point très important dans une note ultérieure, en utilisant une figure qui servira pour une autre question. En attendant je crois que partout où réussira la première greffe, la seconde bien faite aurait réussi également.

IV. — Une dernière remarque qu'il ne semble pas qu'on ait encore faite : si l'on greffe bouture sur bouture, il sera bien de faire le biseau du greffon du côté qu'il faudra pour que l'œil immédiatement au-dessus vienne, le greffon en place, du côté opposé à celui où se trouve le dernier œil du sujet. Les feuilles de la vigne étant naturellement distiques (à deux rangées), il est bon de donner tout de suite cette disposition à la réunion des deux parties qui composeront la nouvelle plante et de placer ainsi cette dernière dans les conditions normales de sa végétation. Plus d'un échec tient peut-être à ce que cette précaution a été négligée.

III

GREFFES A ÉCORCE DISCONTINUE.

I. — Comme type des greffes à écorce discontinue, nous choisirons la *greffe en fente*, le sujet et le greffon ayant le même diamètre. La fente partage le sujet en deux demi-cylindres terminés par une section normale aux génératrices ; chaque joue est un rectangle ayant pour largeur le diamètre de la tige. Les surfaces des deux biseaux suivant lesquels le greffon est taillé ont une tout autre forme : à partir de l'arête inférieure, où les biseaux se réunissent, le contour en est formé par deux lignes légèrement courbes, qui vont se rapprochant jusqu'au sommet où elles se raccordent en formant un arc d'ellipse. Le tout est, en réalité, une demi-ellipse très allongée. Ces deux surfaces différentes ne peuvent donc se recouvrir exactement. Les *zones génératrices* de l'une et de l'autre pourront se croiser, non coïncider dans dans toute leur étendue. Afin d'atténuer ce défaut, lorsqu'on taillera le greffon, que le tranchant du couteau l'attaque franchement de manière à commencer le biseau par une petite gorge qui se rapproche de l'axe, et descende ensuite sous une inclinaison très petite jusqu'à l'arête inférieure. Pour le bien faire, il faut une lame mince et étroite. La surface qui fera suite à la gorge se rapprochera ainsi d'un rectangle ; et comme les cellules capables de se souder occupent, en somme, une épaisseur appréciable, cela pourra suffire pour que la soudure soit continue ou à peu près. Le greffon ne sera enfoncé, bien entendu, que jusqu'à la naissance de la gorge.

II. — Les demi-cylindres du sujet se terminent par une coupe normale aux génératrices et qui fait saillie au dehors, lorsque le greffon est en place. Il faut rabattre ces saillies par un biseautage et substituer à chacune un petit plan incliné faisant suite à la gorge du greffon. On enlève ainsi une parcelle de bois qui se mortifierait, ce qui est tout à fait analogue à la suppression de l'*onglet* que laissent certaines greffes[1]. Cette suppression faite, nous avons une plaie à peu près pareille à celle qu'on ferait sur une tige en y pratiquant une première entaille de haut en bas, puis une seconde de bas en haut venant rejoindre la première et faisant sauter l'onglet compris entre elles. La blessure qui en résulte est presque celle qui nous a servi d'exemple pour montrer comment une plaie se ferme. Ici la plaie est grande,

1. Voyez l'*Art de greffer*, par Ch. Baltet; 2e édition, page 212. G. Masson, éditeur.

mais sur des tissus aussi jeunes que ceux d'un raciné d'un an et d'un sarment de l'année précédente, la cicatrisation marche vite, et pourvu que la soudure se fasse bien, le vide sera rapidement comblé. Le succès sera mieux assuré si les *zones génératrices* tranchées sont protégées sur leurs tranches par un afflux de sève, d'ailleurs sans inconvénient parce qu'une plante, pas plus qu'un animal, ne meurt d'une saignée. On attendra donc pour faire cette greffe que le sujet et le greffon, surtout le premier, soient bien en sève.

III. — Si le greffeur est habile, au lieu de faire les biseaux extérieurs, il biseautera les deux joues de la fente vers leurs extrémités, de manière à les terminer par une surface arrondie qui se puisse mouler sur la gorge du greffon. En enfonçant un peu plus celui-ci dans la fente, il viendra recouvrir ces biseaux courbes, les écorces deviendront continues, et la greffe ainsi modifiée rentrera dans celles de la première classe. Le perfectionnement est très important puisque les nouvelles surfaces qui se recouvrent correspondent aux trois quarts, au moins aux deux tiers, de la circonférence du sujet et du greffon, et ne semble pas d'une exécution bien difficile, si on a la précaution de tenir la fente ouverte, ce qu'on fera en y introduisant une lame très étroite à section triangulaire. On tranchera alors le bois de bas en haut, en introduisant dans la fente un couteau à lame mince et étroite comme une lame de canif. Avec cette greffe, ce qu'on introduit du bois du greffon dans le sujet surpasse sensiblement en volume ce qu'on enlève de bois au sujet par le biseautage. Les joues du sujet tendent à s'écarter comme par l'action d'un coin, et leurs extrémités arrondies devront être ramenées de force contre les gorges du greffon par la ligature, qui prend une importance extrême. Lorsque le lien une fois pourri n'agira plus, les couches ligneuses et corticales produites après soudure auront-elles une épaisseur et, par suite, une résistance suffisante pour maintenir l'adhérence? — Je le crois, mais c'est à vérifier.

IV. — La *greffe à cheval* est exactement la *greffe en fente* renversée, si on gréffe bouture sur bouture ; mais si le sujet et le greffon ne sont pas du même âge, il peut n'être pas indifférent que le bois le plus âgé soit fendu et recouvre le bois le plus jeune, ou que ce soit l'inverse. En fait, M. Raibaud-L'Ange a remarqué, — c'est M. Eug. Raspail qui le rapporte, — que dans son procédé de greffage pratiqué en sens inverse, la reprise est nulle.

V. — La *greffe Raibaud-L'Ange* ou *Camuzet*, bien connue des lecteurs du *Journal de l'Agriculture*, est une *greffe en fente* à deux fentes parallèles, équidistantes de l'axe, laissant entre elles une languette de bois d'une épaisseur égale au tiers du diamètre du sujet, et qu'on termine à arête vive au moyen de deux petits biseaux ; le coin du greffon est divisé en deux autres par une fente médiane, et on insère un de ceux-ci dans chaque fente du sujet. Tout ce que nous avons dit de la *greffe en fente* simple ou modifiée[1] s'y applique. Incontestablement bonne sous toutes ses formes, cette greffe, comparée à la précédente, me semble pouvoir être caractérisée par cet adage : *le mieux est parfois l'ennemi du bien.*

VI. — Incontestablement bonne aussi, la *greffe Champin!* Elle a sur la *greffe anglaise à double fente* cet avantage qu'elle est plus facile d'exécution ; mais, je dois le dire sincèrement, je ne lui en trouve aucun autre. Elle lui est inférieure en ce qu'elle supprime deux des extrémités ovalaires des biseaux, où la soudure est le plus favorisée, et qu'elle y substitue deux plaies, interrompant ainsi la continuité des écorces et des cylindres du cambium. Une comparaison plus précise de ces greffes ne sera pas sans utilité ; mais pour la faire clai-

---

1. Si j'ai bien compris un passage de la dernière note de M. Eug. Raspail, le biseautage intérieur des fentes du sujet est ce que M. Victor Pulliat a indiqué.

rement, deux figures, d'ailleurs très simples, seront nécessaires ; et je renvoie cette discussion à une prochaine note en même temps que les questions en partie réservées ci-dessus [1].

IV

COMPARAISON DES PREMIÈRES GREFFES.

Essayons de comparer entre elles les premières greffes que nous avons étudiées. La *greffe anglaise* est bien difficile à faire si le sujet est planté. La vigne, en effet, se greffe toujours sous terre, et ce que le greffeur pourrait faire de mieux serait de se coucher à plat ventre pour bien opérer. Peut-être même après s'être couché d'un côté du sujet pour y faire le biseau devrait-il se relever et aller s'étendre de l'autre côté pour faire commodément la fente. Pour toute opération faite au-dessous de la surface du sol, je pense qu'on doit, ne fût-ce que par humanité, renoncer à la *greffe anglaise* comme à toutes celles qui en dérivent, *greffe au galop*, etc. Il ne reste plus alors que la *greffe en fente* : il suffit pour celle-là d'être à genoux. Si le greffeur est adroit, il fera le biseautage des joues ; s'il craint de ne pas bien le faire, il biseautera les demi-cylindres extérieurement. Dans les deux cas, il faut soigner la ligature et recouvrir d'argile.

Les choses s'arrangent donc assez facilement en pleine vigne ; à l'atelier, les préférences deviennent exclusives et nous voici sur un terrain brûlant.

Elle (la *greffe anglaise à double fente*) me semble le dernier mot du greffeur, comme la barrique contenant, enfermant, roulant le liquide est le dernier mot du tonnelier [2].

1. On trouvera cette note p. 590.
2. Mme Ponsot, ouvrage précité, p. 9. au milieu.

C'est précis et net ; peut-être même serait-ce juste si la *greffe anglaise simple* n'existait pas. Cette dernière serait la perfection absolue si on savait maintenir une parfaite adhérence des biseaux par une bonne ligature qui permît, avec l'aide d'un bon tuteur, de traverser sans accident la première année. On se pourrait mettre à deux pour la faire, un enfant tenant les bois et une femme liant, et on y pourrait consacrer tout le temps qu'on économise en ne faisant pas les fentes, qui sont une œuvre d'art. Des biseaux très allongés rendraient le glissement peu à craindre ; on pourrait, par surcroît de précaution, user d'un artifice bien simple : faire dans le bois de chaque biseau une petite languette de chaque côté de la moelle, d'*une profondeur de 4 à 5 millimètres seulement*. Cette faible longueur permettrait d'attaquer carrément le bois, de manière à avoir des arêtes vives, et chaque languette (quatre en tout) viendrait s'encastrer dans la fente adjacente à la languette opposée. L'œil apprend bien vite à mettre ces fentes à la hauteur convenable, et la main la plus novice les fait en se jouant. La seule condition qui resterait à remplir serait l'identité absolue des biseaux : ce serait le triomphe de la machine. Il est regrettable qu'on n'ait pas cherché à perfectionner cette greffe comme on a fait des autres ; on en a été détourné par cette idée que plus les surfaces en contact sont étendues, plus il y a chance de soudure. J'ai essayé de prouver que c'est une illusion, et j'y reviendrai. Ma conviction est que c'est la greffe de l'avenir : simplifier, c'est perfectionner.

Avec une ligature à la portée de tous les doigts, la *greffe anglaise à double fente* est suffisamment solide. Le point faible est celui-ci : on n'apprend en un jour, ni à faire une bonne barrique, ni à faire une belle *greffe anglaise à double fente*. En attendant que la précédente soit prête à la remplacer, celle-ci n'en sera pas moins la greffe de l'atelier, surtout du grand atelier avec ouvriers de choix et machines : elle sera la greffe industrielle. Mais dans la petite et moyenne culture où chacun fait chez soi ce dont il a besoin et le fait avec les ouvriers qu'il a sous la main, la *greffe en fente* se défendra vaillamment par la facilité relative de l'opération et le peu de temps qu'elle réclame. Faite avec soin, l'expérience prouve qu'elle réussit fort bien. Ne perdons pas de vue que toute plaie se ferme pourvu qu'il y ait une longueur suffisante de soudure ; que, la plaie fermée, la continuité est rétablie dans le cylindre du cambium ; qu'à partir de ce moment chaque couche annuelle de bois ou d'écorce s'applique sans lacune sur celle de l'année précédente ; et qu'enfin une année ou deux après que cette condition est remplie, toutes les greffes se valent, quelles que soient les phases, tranquilles ou critiques, qu'ait parcourues la soudure.

V

GREFFES EN FENTE SUR VIEILLES SOUCHES.

Je terminerai cette étude par quelques remarques sur la greffe en fente sur vieilles souches.

I. — Tous les auteurs recommandent de ne fendre la souche que partiellement. Admettons qu'on ait opéré ainsi. L'outil enlevé, la fente est limitée : sur la table par deux lèvres horizontales ; sur la tige par deux lèvres verticales ; au fond par une courbe en rapport de forme avec le tranchant de l'outil, et située dans un plan vertical passant par l'axe. Les joues sont actuellement planes. Le greffon, en venant se loger dans la fente, forme *coin*, et les deux lèvres verticales s'écartent en formant un angle qui s'ouvre vers le haut. A ce moment, les joues ne sont plus des surfaces planes, puisque, pour chacune, la lèvre verticale et la courbe de fond ne sont plus dans un même plan. Ce seraient des surfaces gauches si les horizontales étaient restées des lignes droites ; mais l'élasticité des tissus et les forces moléculaires mises en jeu en font des lignes courbes. Que les biseaux du greffon soient plans ou qu'un tour de main du greffeur leur ait donné une autre forme, sur toute leur étendue les joues de la fente se modifient pour s'y appliquer exactement et reprennent une allure indépendante au delà. Cette déformation prouve qu'il se produit, entre la souche et le greffon, une compression extrêmement forte, à laquelle les tissus obéissent en se comprimant, en se pénétrant en quelque sorte. L'adhérence devient telle qu'on ne peut plus enlever le greffon par une simple traction, et qu'on peut se passer de ligature. Portée à l'excès, cette pression est-elle favorable ou nuisible à la soudure ? C'est fort difficile à dire *a priori*. Le succès, lorsque la fente est diamétrale, prouve qu'elle n'est point nécessaire ; et dès lors le mieux est d'employer des greffons de moyenne grosseur, afin que cette pression soit elle-même moyenne. Si l'on n'a que de gros greffons, on en préparera le logement en enlevant un peu de bois, mais très peu, sur les joues de la fente, ce qui a quelque analogie avec la *greffe à la Pontoise*.

II. — M. Ch. Baltet s'exprime ainsi (ouvrage précité, p. 124) :

> Si la tige avait une écorce épaisse, nous inclinerions faiblement le greffon dans la fente, rentrant au sommet, sortant à la base, afin que le croisement des couches de liber et d'aubier des deux parties amenât inévitablement quelque point de contact.....

Les mots « sommet » et « base » sont ambigus. Quel qu'en soit le sens, la précaution me semble inutile : le cambium monte en ligne droite sur les joues du sujet ; sur les biseaux du greffon — nous l'avons expliqué — il monte suivant une courbe qui s'infléchit vers l'intérieur de la fente, jusqu'à venir en haut au milieu de l'épaisseur du greffon. Le croisement cherché est donc inévitable en faisant affleurer les écorces à la partie inférieure du dos du biseau. Puisque l'écorce du sujet sera toujours un peu plus épaisse que celle du greffon, la *zone génératrice* de celui-ci, d'abord en dehors, doit finir par passer en dedans. La courbe du cambium du greffon est heureusement peu accusée à partir de l'arête inférieure, et il y aura au point de croisement une coïncidence assez étendue. Les arêtes des biseaux coïncideront avec celles des joues sur une grande partie de la hauteur, mais seront forcément un peu rentrantes vers la table à raison de leur forme même. Dans la pratique ces détails disparaissent et se perdent dans les inégalités de l'écorce.

III. — Supposons le greffon logé dans la fente. Ce qui frappe tout d'abord, s'il s'agit d'une grosse souche, c'est l'immense lacune produite dans le double cylindre des cambium : entre le sujet et le greffon il n'y a continuité que sur une étendue circulaire égale à ce qui reste d'écorce sur le dos du biseau au point où il émerge de la table, et c'est le plus qu'on puisse avoir pour si bien que se fasse la soudure. Il est facile de suivre par la pensée la tranche restée vivante du cambium : cette tranche vivante, partant de la table à droite et à gauche du greffon, contourne ce dernier en s'élevant, d'abord rapidement le long des petits pans coupés qui restent à découvert, et forme ensuite comme une ellipse dont le plan reste sensiblement incliné sur celui de la table; sur le sujet, elle contourne la tige en descendant, et figure une autre ellipse dont le plan est encore notablement incliné sur celui de la table. Des coupes sur des greffes âgées montrent nettement cette disposition.

Les formations annuelles de tissus viendront prolonger ce contour vivant en en faisant avancer peu à peu les deux branches l'une sur l'autre, mais très lentement, et pour peu que la souche soit âgée il faudra bien du temps pour que la continuité du cylindre se rétablisse, si elle se rétablit. Dans les premières années, le greffon ne tiendra au sujet que par des couches annuelles n'occupant que la largeur de son biseau au sommet : le moindre effort faisant levier amènera la rupture. De là la nécessité d'un bon tuteur.

On facilitera le recouvrement de la plaie totale en abattant la table du sujet par une section inclinée du côté opposé au greffon. M. Ch. Baltet conseille de commencer par là (ouvrage précité, p. 153), et avec d'autant plus de raison que cette opération préliminaire rend plus aisé de fendre partiellement la souche. Au-dessus de la table il reste sur le greffon deux petits pans coupés ; leur suppression, au moyen d'une entaille horizontale formant une petite retraite qui reposerait à plat sur là table, me semble moins heureuse ; il n'y aura point de soudure sur le bois de la table, et le contour vivant du cambium ira encore en s'élevant en avant du greffon. Il se produira donc un onglet mort qu'il serait utile d'enlever, opération qui se trouve toute faite quand on laisse à découvert les plans inclinés qui terminent les biseaux.

IV. — On fera sagement d'obturer soigneusement la plaie afin de la soustraire à l'action des eaux. Ce qui serait à craindre, plus encore que la pourriture des tissus, si on ne le faisait pas, ce sont les alternances d'humidité et de sécheresse capables d'amener dans le bois des mouvements qui pourraient être désastreux pour la soudure au cours de la première année. Si on ne mastique pas ou si on le fait mal, on doit s'attendre à d'énormes différences dans la réussite d'une année à l'autre, suivant les circonstances météorologiques.

V. — Si la souche est jeune, de deux, trois ou quatre ans,

les mêmes circonstances se produisent, mais sur une plus petite échelle, et la fermeture des plaies sera assez prompte. Par contre, il sera bien difficile avec des souches de faible diamètre d'éviter la fente totale, à moins qu'on n'emploie des greffons très petits. Il y aura certainement avantage en pareil cas à employer les extrémités des sarments, si elles sont bien aoûtées, et de s'en tenir à la fente partielle.

Malheureusement, il faut un habile ouvrier pour ne fendre la souche, même forte, que partiellement ; beaucoup la fendent de part en part. Alors les joues restent planes ; le biseau des greffons se taille aussi épais en avant qu'en arrière, et ceux-ci peuvent être fort gros sans risquer de produire une pression trop forte. Quand la fente est totale, on ne saurait apporter trop de soins à la ligature et au masticage.

Le défaut le plus grave de cette pratique est que la fente totale fait descendre outre mesure, du côté où elle reste ouverte, le contour de la tranche vivante du cambium. Il faut bien du temps alors pour que les plaies se recouvrent ! sur des souches plantées en 1862 (j'en ai près de 15,000) et greffées en 1872, avec fente diamétrale, j'ai vu récemment sur toutes celles que j'ai visitées les fentes encore béantes. C'est un défaut très grave, mais qu'il est bien facile d'atténuer : il faut mettre un second greffon à l'autre extrémité de la fente, et tenir la table horizontale. Le second greffon, en se soudant, rétablira la continuité du cambium entre les lèvres de la fente. S'il est du même bois que le premier, on pourra les conserver l'un et l'autre ; si le bois du greffon est rare, on taillera la souche obliquement, comme nous l'avons dit plus haut, et en mettra au point le plus bas un greffon de n'importe quelle espèce, qu'on supprimera l'année suivante au niveau de la table inclinée, la partie soudée restant dans la fente. Par cet artifice on avancera de dix ans peut-être le

recouvrement de la plaie. Ne pas craindre surtout que ce
second greffon affame le premier, fût-il pris sur un sarment
de la souche elle-même : la première année, ce n'est pas le
greffon qui est en danger de pâtir ; c'est la racine du sujet
tout à coup privée de son dû de feuilles. Le second greffon
la nourrira pour son compte, la laissera mieux équilibrée
l'année suivante, et le greffon conservé s'en trouvera bien.

VI

LA GREFFE ANGLAISE ET LA GREFFE CHAMPIN.

Nous représentons la *greffe anglaise* (fig. 1) par une coupe
passant par les axes (supposés dans le prolongement l'un de
l'autre) du sujet et du greffon, et normale aux plans des
biseaux supposés parallèles et en face l'un de l'autre.

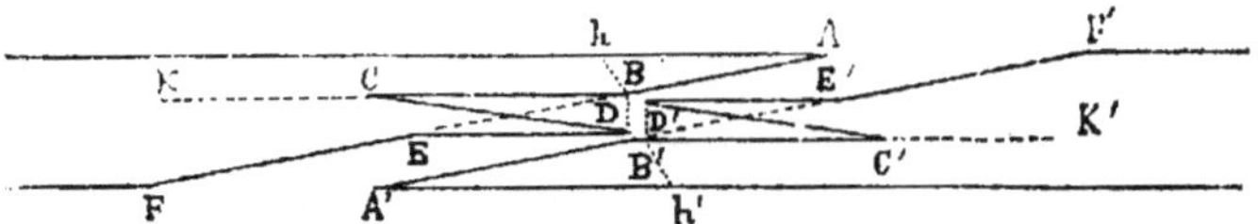

Fig. 1. — Coupe théorique de la greffe anglaise.

Les lignes ABEF et A'B'E'F' représentent ces biseaux.
Pour faire la *greffe simple*, on les place l'un sur l'autre ; pour
faire la *greffe à double fente*, on fait deux fentes suivant les
lignes CB et C'B'. Les fentes faites, sujet et greffon sont préparés. La greffe achevée, chaque fente s'est ouverte pour le
logement de la languette opposée. Ces fentes sont alors telles
que les montre la figure où, pour plus de clarté, on a laissé
le sujet et le greffon simplement en regard l'un de l'autre,
chaque languette en face de la fente prête à la recevoir. En
général, les fentes sont faites au tiers de l'épaisseur du sujet
et du greffon ; le point B' s'arrêtera au point E lorsque le

greffon sera en place puisque A' doit s'arrêter au point F ; par suite, la pointe D' de la languette ne saurait avancer plus loin que le point C, situé à la même hauteur que E. La fente BC s'arrêtera donc à ce point, c'est-à-dire qu'elle aura seulement la profondeur correspondante au tiers de la longueur des biseaux.

Supposons maintenant le sujet et le greffon réunis. Comparant les choses avec ce que serait la *greffe simple*, on voit que, sur le sujet, la portion EB (pointillée) du biseau a pris la position ED ; on a donc en plus ici les surfaces des joues de la fente CB et CD. Mais la joue CB est parallèle à l'axe, c'est-à-dire à la direction des courants des sèves ; et la partie E'D' du biseau du greffon est venue prendre une direction parallèle à celle de cette joue pour venir s'y appliquer. La soudure de ces deux surfaces (nous entendons des cambium qui leur appartiennent, ceci dit une fois pour toutes) est à peu près indifférente ; qu'elle ait lieu ou non, les choses seront à peine changées et on aura ou on n'aura pas une simple fente verticale. La même chose se passe au contact de la joue B'C et de ED. La soudure des deux joues CD et CD' qui prennent une direction transversale est la seule qui importe. Or elle équivaut (réserve faite de ce que nous dirons tout à l'heure) à ce que donnerait dans la greffe simple la soudure des portions des biseaux EB E'B' ; et la soudure de ces dernières surfaces équivaut tout simplement à ce que donnerait la soudure de deux surfaces telles que BD et B'D' sur une section perpendiculaire aux axes. C'est que, en effet, ces deux dernières laisseraient passer ou arrêteraient les mêmes courants, suivant qu'elles seraient soudées ou non.

Toutefois, ces explications ne doivent pas être prises en toute rigueur, parce que les courants, bien que la direction en soit dans l'ensemble verticale, peuvent cependant s'infléchir pour tourner un obstacle. Les explications que nous avons fournies sur la fermeture d'une plaie, et aussi sur le contour de la tranche vivante du cambium, tant sur le sujet que sur le greffon, dans les *greffes à écorce discontinue* le montrent implicitement. Je pense donc, qu'à tout prendre, une soudure parallèle à l'axe vaut mieux que rien ; mais que c'est à peu près le plus qu'on en puisse dire ; que si, sur l'ensemble des *zones génératrices* ayant une direction transversale, les parties soudées n'ont pas assez d'étendue pour que les tissus nouveaux qui s'y formeront puissent donner passage à une circulation suffisante de sève et de sucs élaborés, ce qui pourrait se passer sur les *zones génératrices* verticales y ajoutera si peu de chose que la plante ne vaudra jamais rien ; que, de plus, ce qui est à considérer sur les premières, ce n'est pas la longueur absolue des parties soudées prises ensemble, mais le rapport de cette longueur à la longueur totale du contour : ce rapport restant le même, une section perpendiculaire à l'axe, c'est-à-dire circulaire, vaudrait autant pour la réussite que le biseau le plus oblique et le plus orné de fentes.

Sur les joues parallèles à l'axe, la soudure est d'ailleurs compromise par une particularité intéressante que j'ai mentionnée plus haut. Voici en quoi elle consiste : la surface de la joue CB du sujet est un rectangle ayant pour largeur la corde du biseau menée par le point B perpendiculairement au plan de la figure ; la surface E'D' qui vient s'appliquer sur cette joue appartient au biseau du greffon, et est limitée en E' par cette même corde, en D' par une corde égale ; mais ici les extrémités de ces deux cordes sont réunies, non plus par des lignes droites comme sur la joue CB, mais par des arcs de l'ellipse qui forme le contour des biseaux. Il s'ensuit que, le greffon en place, la *zone génératrice* rectiligne de CB sera la corde de la *zone génératrice* elliptique de E'D'. Si le sujet et le greffon étaient rigoureusement des cylindres égaux, il n'y aurait superposition qu'aux extrémités C et B. En réalité l'une et l'autre zone s'écartent de ces lignes idéales dans la pratique, et il pourra y avoir contact suffisant. C'est cependant un point faible, et il est heureux que ces soudures n'aient aucune importance.

Faisons maintenant ces remarques, que les deux joues CD et C'D' qui se superposent suivant une direction transversale sont deux rectangles parfaitement égaux ; que le plan de chacune de ces joues ayant une obliquité sensible sur les plans tangents (suivant les arêtes de ces mêmes joues) au cylindre du cambium, la section des *zones génératrices* y a plus de largeur que sur les parties médianes et elliptiques des biseaux, et que, par suite, il y a plus de chances pour qu'elles soient en contact ; que les deux languettes étant retenues par leurs extrémités au fond des fentes, ces deux mêmes joues auront toujours une adhérence suffisante quelque imparfaite que soit la ligature [1]. Pour tóutes ces raisons, c'est sur cette soudure transversale que reposent les meilleures chances de la greffe ; après les extrémités ovalaires des biseaux, toutefois, si leur adaptation est parfaite, et si, de plus, elles restent adhérentes. En fait, il est assez rare que ces conditions soient remplies. Il y faut surveiller de très près la ligature ; les tours du raphia (ou autre lien) y devraient être à peu près jointifs, et un peu de mastic au-dessus de ces parties serait une excellente précaution.

Supprimons les extrémités BA et B'A' des biseaux (fig. 1)

---

1. Dans la greffe *Raibaud-L'Ange* ou *Camuzet*, les languettes du greffon sont retenues également par leurs extrémités au fond des fentes du sujet et adhéreront suffisamment à la languette médiane, mais il faut remarquer que la fente du greffon se fait au milieu de son épaisseur, tandis que les fentes du sujet se font au tiers ; la première aura donc un peu plus de largeur que la seconde si le sujet et le greffon sont égaux. D'après cela il y aura avantage, si on veut une soudure sur les deux arêtes de chacune des

par des sections B*h* et B'*h'*, et nous aurons la *greffe Champin*. Il y a cependant autre chose à faire : le point B' pourra venir, non plus seulement jusqu'au point E, mais jusqu'au point F puisque B'A'*h'* n'existe plus ; l'extrémité D' de la languette ne s'arrêtera plus au point C, mais viendra au point K situé à la même hauteur que F. Les fentes doivent donc être continuées jusqu'en K et K', ce qui double leur longueur. Sur le sujet, les deux joues de la fente augmentent chacune de CK ; mais comme on perd l'extrémité BA du biseau, de longueur à peu près égale à CK, le gain, à lui supposer quelque importance, équivaut seulement à la surface parallèle à l'axe de la joue primitive. La figure 2 représente une coupe de la *greffe Champin* avant que l'assemblage du sujet et du greffon soit terminé.

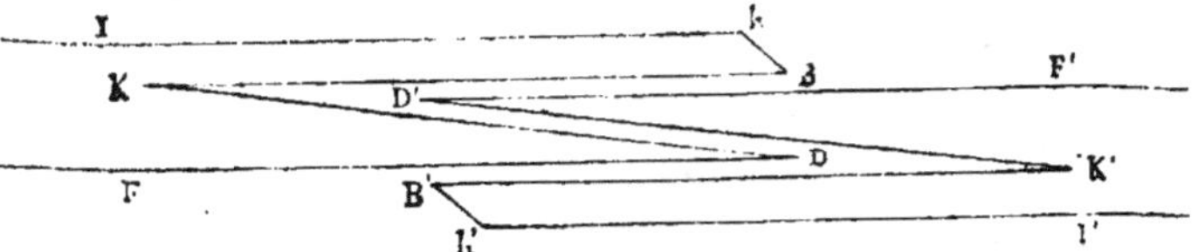

Fig. 2. — Coupe théorique de la greffe Champin.

On a fait ce reproche à la *greffe anglaise* que la *ligne droite* FEB' du biseau du greffon (en coupe) devait s'appliquer sur la *ligne brisée* ABC du sujet [1]. C'est qu'on a regardé sur un ancien ouvrage une mauvaise figure où les fentes sont mal ouvertes. Quand la fente du greffon s'ouvre, la joue B'C' (fig. 1) reste en place, et l'autre joue tourne autour de C' pour

joues de la fente faite sur le greffon, de prendre ce greffon d'un diamètre un peu plus petit que celui du sujet. La partie biseautée de la languette médiane émergera un peu au-dessus de l'écorce du greffon ; on tranchera ce qui pourrait dépasser, d'où une petite plaie sans inconvénient.

La différence calculée entre le diamètre du sujet et celui du greffon est seulement de 1/15 du premier. C'est dire, qu'ici encore, on aura quelque peine à retrouver ce détail dans la pratique.

1. *Traité théorique et pratique du greffage de la vigne*, par Aimé Champin, pages 218 à 223. — Georges Masson, éditeur.

prendre la position C'D'. Il faut bien alors que E'B' (pointillée) tourne autour de E' pour prendre la position E'D', ce qui donne une ligne brisée D'E'F' en complet rapport de forme avec CBA. Il y a extension du tissu le long de C'D' et compression le long de D'E'. *Il en sera ainsi toutes les fois qu'une fente s'ouvrira.* Pour la *greffe Champin*, les deux joues de chaque fente participent au mouvement de rotation comme on le voit sur la figure 2. Les pivots de rotation sont en F et F' (fig. 2), au lieu de E et E' (fig. 1), et il y en a deux autres en I et I', à cause de la rotation des joues BK et B'K', tandis que ces deux dernières joues restent immobiles sur la *greffe anglaise*. Si l'ingénieux et sympathique créateur de cette greffe fait des angles sans le savoir, c'est que, sur la figure 59 de son excellent Traité (page 227) il a négligé d'ouvrir les fentes.

Cette critique de la *greffe anglaise* venant d'un maître dans l'art du greffage, j'ai cru devoir montrer qu'elle n'est point fondée. De là cette minutieuse analyse dont il sera bien difficile de retrouver les éléments dans la pratique : on a pu faire des milliers de *greffes anglaises* sans remarquer qu'on courbait des surfaces ; des milliers de *greffes Champin* avec la conviction qu'on n'en courbait aucune; et cela, « grâce à la flexibilité et à la complaisance du bois de la vigne », à quoi il faut ajouter : et à une grande habileté de main.

La *greffe Champin* n'en garde pas moins cette précieuse qualité, d'être plus facile à faire que la *greffe anglaise;* et je préfère, sans hésiter, une *greffe Champin* très bien faite à une *greffe anglaise* seulement assez bien.

Nota. — Dans l'étude de ces quelques greffes, je n'ai rien dit de l'affranchissement possible du greffon. Je n'y attache aucune importance, et voici pourquoi : lorsqu'on déchausse une vieille souche au moment des façons, on trouve des radicelles adventives bien au-dessus du collet ; on en trouve jusqu'à quelques centimètres de la surface du sol. On ne saurait avoir la prétention d'empêcher ces radicelles de pousser sur une souche greffée ; et qu'importe alors que ce soit sur la soudure elle-même ou au-dessus ? Il faudra mettre la greffe aussi près que possible de la surface du sol, et supprimer *chaque année* et *à perpétuité* ces radicelles adventives jusqu'à une profondeur telle qu'on soit bien sûr d'aller plus bas que la greffe, quelle qu'elle soit. Ce qui est vrai, c'est que la racine qui pousse au bas du greffon est souvent *la conséquence* d'un défaut de soudure dans le voisinage de cette partie : faites des greffes qui se soudent, et s'il pousse des racines *malgré* la soudure, coupez-les chaque année.

(Extrait du *Journal de l'Agriculture*, avril-juin 1881.)

FIN.

Paris. — Typ. A. QUANTIN, rue Saint-Benoît, 7 [2309]